肌肉 解剖、功能與測試全書

超過1000幅肌肉3D解剖圖、解剖學示意圖、肌力測試手法圖

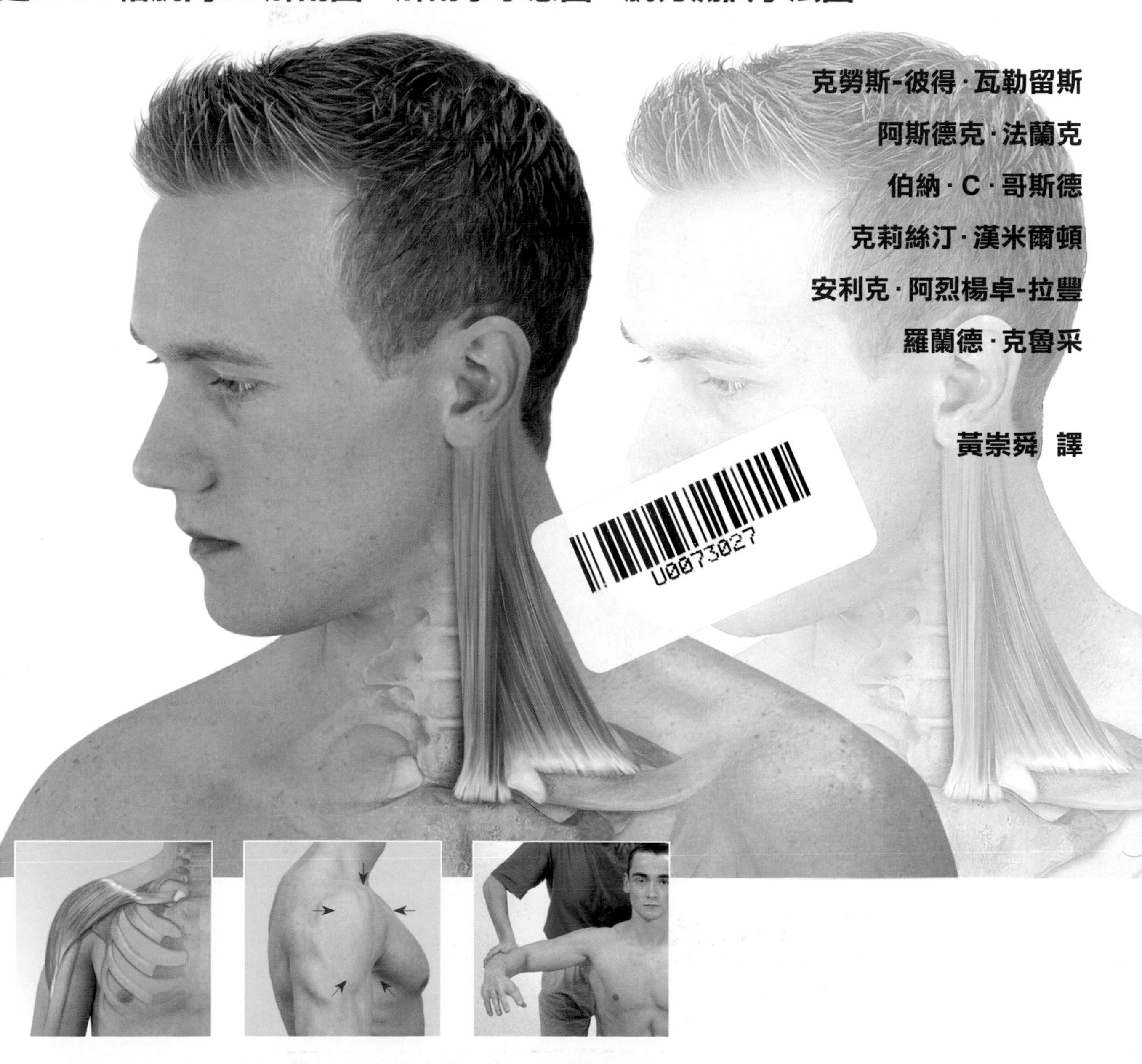

克勞斯-彼得·瓦勒留斯

阿斯德克·法蘭克

伯納·C·哥斯德

克莉絲汀·漢米爾頓

安利克·阿烈楊卓-拉豐

羅蘭德·克魯采

黃崇舜 譯

作者

克勞斯–彼得・瓦勒留斯

醫學博士、自然科學博士

於德國柏林和哥廷根研讀生物學，主要側重於人類學與脊椎動物形態學的研究，於吉森研讀人類醫學；自1990年以來，在吉森大學擔任科學研究員解剖與細胞生物學研究所員工。另外也參加人類醫學臨床前和臨床研究中解剖學和生物學之課程。

阿斯德克・法蘭克

物理治療師

為訓練有素的物理治療師，在骨科、外科、婦科、內科領域醫學和兒科皆有實際臨床經驗。自1981年以來，在德國馬爾堡魯道夫・克拉普學校（Rudolf-Klapp-Schule）培訓中心擔任物理治教師，專精於骨科教學。1992至1998年於德國穆瑙和聖彼得－奧爾丁，擔任布魯格醫師（Dr. Brügger）指導委員會內的成員（肌肉骨骼系統之功能性疾病），負責這些地區的物理治療師和醫生的後續教育和培訓。自2002年以來，在物理治療所中擔任自由執業人員。

伯納・C・哥斯德

醫學博士

在德國馬爾堡研究人類生物學和醫學，通過物理治療師的培訓以及物理醫學及其他方面的臨床培訓紀律，特別關注表現形式和使用反射療法程序。曾出版與編輯其他專業領域的相關書籍，如地區藥物、物理療法、自然療法和復健醫學。

克莉絲汀・漢米爾頓

於1979年澳洲昆士蘭大學研究物理治療，擁有物理治療學士學位。後於瑞士伯爾尼任職直到1986年以及於在德國任職到1987年；1993至1995年則在布里斯班從事研究工作。於1995年獲得碩士學位，主要研究領域為深層肌肉功能以及下背部肌肉。後加入由昆士蘭大學卡羅琳・理查森博士（Dr. Carolyn Richardson）所指導的聯合穩定性研究小組。

安利克・阿烈楊卓-拉豐

於吉森大學研讀人類醫學。自2004年擔任助理醫生，後接受進一步培訓成為放射學專家（外科臨床）。為活躍12年的田徑運動員並接受九年的舉重訓練。

羅蘭德・克魯采

自1991年以來擔任物理治療師，任職於馬爾堡大學診所（理療研究課程），後自行獨立練習。為許多專業書籍的作者、手動治療師，以及為布魯日柏林培訓協會（BFG）的布魯日講師（以蘇黎世為中心）和常務董事。

序

本書是針專業讀者需求而設計。此外，肌肉是針對功能以及相關個別關節的動作做分類。然而，任何讀者需要查詢的肌肉，都清楚列在書中的表格中。

之所以會這樣呈現，是為了讓醫師，或工作涉及運動訓練、疾病與治療的物理治療師和其他相關專業人員能快速查找。

物理治療師不僅需要具備精準的肌肉解剖知識，還要知曉對人體在執行大量不同動作時，由什麼肌肉參與。因此，書中列出了肌肉功能對應的關節與動作。不同關節中牽涉肌肉動作的協同肌與拮抗肌也會一併列出。雖然稍嫌囉唆，但能讓讀者一眼看到廣泛的資訊，節省解讀複雜表格和實際的諮詢時間。

當然這樣的呈現仍然有其限制，畢竟肌肉具備許多不同功能，但許多動作可能很細微或影響很小，我們便會略過，以免混淆；此外，一條肌肉位在關節末端角度和正中位置，經常具有完全不同功能。因此，本書呈現的資訊一般是與正中位置相關，其他位置只有「肌肉功能測試」的章節才會考量，文獻上有爭議的功能則不列入。

再者，本書對於頸部與胸廓肌肉於正常呼吸的情況下扮的角色與功能也慎重地省略，因為詳細的論述不在本書的範疇內。書中特別著重在主動運動器官的表層解剖，協助執業者辨識肌肉與觸診。然而，不是每條肌肉都可以透過皮膚和皮下組織立刻看出。即使有些肌肉在皮膚下也能觸診到，但還是有可能看不見。其他肌肉的起點主要在身體的筋膜裡，特別是在等長收縮時會往內拉，而這種情況下，肌肉會在皮膚下凹陷。為了減少這樣的問題，這些肌肉的邊緣或在皮膚下的區域會用箭頭標示。在某些情況，則會用黑點表示收縮時可以觸診的位置。

我們也衷心感謝Sabine Rasel女士以及在KVM出版社的員工（Bernard Kolster先生、Martina Kunze女士、SabinePoppe女士和Astrid Waskowiak女士）的貢獻與友善並有力的幫忙，以及Peter Mertin先生拍攝的高品質照片。

基森，2007年7月

克勞斯-彼得・瓦勒留思（代表所有作者）

本書架構註記

為了確保清楚與具啟發性的價值，每條肌肉在本書中都有屬於自己的頁數。如果讀者需要尋找任何一條肌肉可以直接透過索引找到。

每條肌肉有簡短的介紹文字詳細描述它與其他肌肉的功能，在「功能」表格中列出協同肌與拮抗肌。在這涵蓋的肌肉進一步根據相較於其他肌肉的功能與肌肉力量和強度順序作區分。對相關動作貢獻最大力量的肌肉會擺在第一位。

表層解剖的呈現是重要的要求。謹記此點，解剖繪圖與實體照片會一起顯示。一般來說，這些圖片中的肌肉用不同符號標記。

另外的關鍵訊息是，每條個別肌肉總是以作用在相關關節的其他肌肉交互作用呈現。

如果讀者希望聚焦在涉及特定方向動作的肌肉（例如，髖關節外轉），在附錄中的表格「個別動作主要肌肉」有列出上下肢關節的肌肉。

功能與力量的評估對解決臨床問題很重要。因此，書中會列出每條肌肉的肌肉功能測試（橫膈膜與骨盆底肌除外）。書中呈現肌肉解剖與其「功能原則」，提供使用者對功能測試有真實與視覺的基本了解。在本文中，每個測試提供病患清楚與可理解的指導是很重要的。

因此，書中也有提供我們建議的口頭指令。「把肩膀抬離床面」是一個對特定方向動作簡短與恰當的指導。請使用這些有幫助的指導當作日常執業指南。為指導的簡易，將病患寫作「他」。

其他注意的要點是，並非所有骨骼肌都有肌肉的個別功能測試。如果在許多肌肉介紹後才有一次功能性測試，表示該測試適用於前面介紹的這些肌肉。

縮寫與符號

以下是本書使用的縮寫與符號：

關節

DIP	遠端指間關節
PIP	近端指間關節
MCP	掌指關節
CMC	腕掌關節
MTP	蹠趾關節

脊椎區域

C	頸椎
T	胸椎
L	腰椎
S	薦椎

●	表示相關肌肉收縮可觸診的區域
●	表示肌肉的起點
●	表示肌肉的終點
→	顯示文中描述結構的界限
▤	影線區域代表無法觸診的表面或位在看不到的區域

骨骼肌的功能：分類與延展能力

在肌肉功能測試中，我們使用Hislop和Montgomery在2000年創立的肌力測試評定標準，並將肌肉力量列為6個等級。

肌肉狀態5（正常）

肌肉狀態5為肌肉能使用完全的力量。在測試中要達到這個狀態是指，肌肉在完全的活動度下收縮要能對抗治療師外在給予的次大阻力。受試者也要能支撐受測身體部分的重量。

肌肉狀態4（良好）

肌肉狀態4為肌肉能使用大約75%的正常力量。像肌肉狀態5一樣需要達到完全的活動度。測試同樣也要能對抗受測身體的重量，但這次只要能對抗治療師給予的中等阻力。

肌肉狀態3（微弱）

肌肉狀態3大約是正常肌肉功能的50%。測試上要達到完全的活動度且能對抗受測身體的重量，但治療師不會給予額外阻力。

肌肉狀態2（非常微弱）

肌肉狀態2為正常肌肉力量的25%。肌肉只有在受測身體被支撐下能達到完全的活動度，即肌肉沒有能力對抗重力帶來的些微阻力。

肌肉狀態1（收縮差不多無法偵測）

肌肉狀態1指僅有10%的正常肌肉力量存在。唯一能看見或觸診的是肌肉收縮，例如以抽動的形式收縮。這表示肌肉仍有在收縮，但力量不足以移動身體部分。測試執行可能與肌肉狀態2的起始姿勢一樣（無抗重力），但在對抗重力狀態下收縮（見狀態3～5）通常更有效，因為這樣更容易產生肌肉收縮。

肌肉狀態0（無功能）

肌肉狀態0表示沒有看得見或可觸診的動作。

治療師必須確認給予阻力是漸進且緩慢以避免受傷。以測試肌肉狀態5為例，阻力的等級必須根據受測肌肉的大小與功能不同，並適應病患的體型。在許多情況下，治療師會根據他們的經驗來執行。當受測肌肉僅能達到部分活動度就會給予較低的力量分級。如果是這樣給予額外註解是好主意。

有一點需要更進一步釐清的是，是否有其他因子會限制活動度，像是拮抗肌延展能力下降或關節（包含滑囊與韌帶）內的問題。在這情況下，建議小心執行被動動作去限制這些因子。如果被動下可以執行完全活動度，就代表問題可能是來自支配肌肉的神經。

對於手部、手指、腳與腳趾的小肌肉，無法給予肌肉狀態2和3不同的起始姿勢。受測身體部分的重量在這些區域扮演較小的角色。

頭部肌肉（例如臉部與眼睛肌肉）沒有測試肌肉狀態或牽拉而只有肌肉活動，因為很難去測量這些肌肉的力量。將這些肌肉分類為顯著、些微與無收縮是一個可能的方式。

有些動作很難有意識去執行。因此，要給予病患事先「練習」動作的機會，只有在第2或3次動作時才評估。

除了肌肉力量，肌肉適當的延展能力是確保動作協調有效率的另一個關鍵因素。單關節肌肉必須能牽拉到整個關節活動度。雙關節或多關節肌肉的延展能力取決於受測肌肉通過關節的關節位置。被動不足可能在兩個或多個關節同時牽拉時發生。如果是這樣，肌肉延展測試無法完全評估關節可能的活動度（參考198頁的腿後肌群延展能力），這個情況下會無法呈現相關關節的預期角度。

目次

1
理論

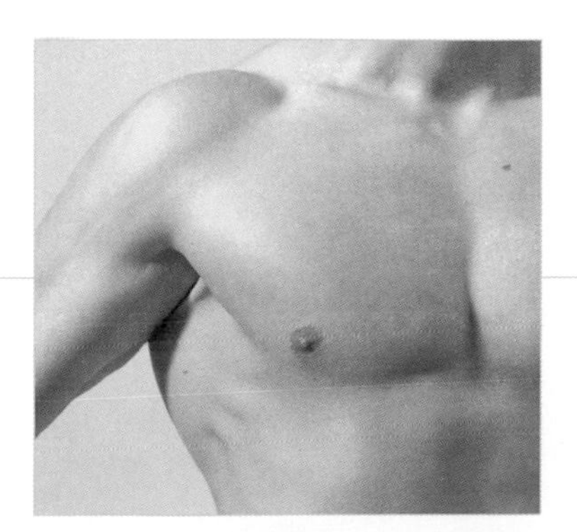

1.1 骨骼肌功能

骨骼肌與骨骼系統本身（例如骨頭、關節囊和韌帶）對運動器官有兩個重要任務：動作與保護。為此，骨骼肌需要發揮兩個幾乎相反的功能，它們要同時啟動並控制動作（Twomey and Taylor, 1979）。這樣的動作控制被稱為穩定性（White and Panjabi, 1990）。身體動作發生在三個不同層面：

1. 空間中的身體動作（例如跳躍）
2. 不同身體部位間的動作（例如胸廓與骨盆）
3. 關節內動作（關節面動作）

三個層面間的所有動作交互影響，並需要控制來達到整體穩定性與適當保護（圖1-1）。平衡定義為空間中身體質量動作的控制和身體部位相對彼此間動作的控制；在這過程中，不同身體區段依據其他區段與重力進行調整。關節內動作的控制（例如關節面滑動與轉動）代表區段穩定性，這樣的穩定性對保護關節與周邊組織的疼痛敏感結構（例如神經和器官）深具貢獻。

在所有三個層面下，肌肉牽涉到執行動作與維持穩定性。

因此，骨骼肌有以下功能：

- 起始與執行動作
- 維持平衡
- 維持區段穩定（圖1-1）

這三個功能需要肌肉特定的解剖、生物力學與生理學特性。原則上，所有肌肉都能完成三個功能。然而，不同肌肉在工作效率上有所不同。

身體動作三個層面

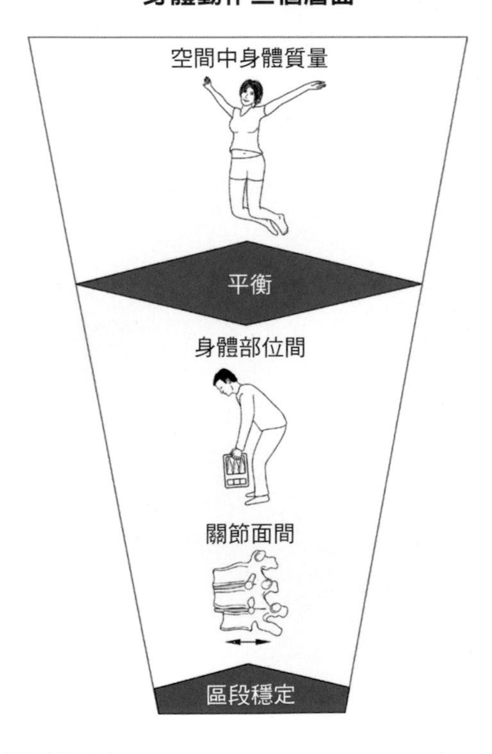

圖1-1：身體動作與穩定性的三個層面（修改自Richardson, Hodges et al. 2009）

1.2 骨骼肌分類：肌筋膜系統

在肌筋膜系統（圖1-2）中，骨骼肌如何分類主要取決於它的解剖學特性。根據該原則，所有骨骼肌先籠統地分為兩大類：局部肌和整體肌（Bergmark, 1989）；整體肌又被分為單關節肌和多關節肌（Janda, 1996）。

與骨和骨連結緊密相連的是位於身體深層的局部肌。局部肌的肌束通常比較短小、靠近關節，其走向往往與關節的瞬時運動軸平行或斜交，產生的肌力矩較小，因此更適合用來保持關節的精確吻合和穩定（Bergmark, 1989）。

詳細地說，局部肌傾斜的、貼近關節的肌纖維就像關節的彈簧，通過使關節面盡可能地精確吻合和吸收機械壓力，來支持關節囊、韌帶和椎間盤發揮各自的生理功能。局部肌的特點決定了它們適合穩定關節。而位於身體淺層的整體肌長肌束走向大多垂直於關節的瞬時運動軸，擁有相對較長的力臂，可以產生較大的肌力矩和明顯的運動。

肌筋膜分類系統的革新之處就在於，它在傳統的骨骼肌分類方法（根據肌肉的功能、運動和力量分類）的基礎上，還考慮了肌肉的走行路徑。它看起來似乎有點教條，而且無法將所有的骨骼肌都明確地納人其中。另外，骨骼肌的功能存在相互重疊的問題，軀幹肌（軀幹部分的骨骼肌）的功能劃分更是異常複雜；除運動功能外，它們還兼具呼吸功能和對臟器的支撐功能，並且參與腹壓的維持與調節。原則上，每一塊骨骼肌都既能實現運動功能，又能實現控制功能。但總的來說，肌筋膜分類系統這種分層式的分類系統，能夠直觀地展現每一塊骨骼肌在不同運動過程中的神經肌肉效能。接下來，我們將詳細闡述肌筋膜分類系統的整體結構，以及它對肌肉功能的詳細劃分。

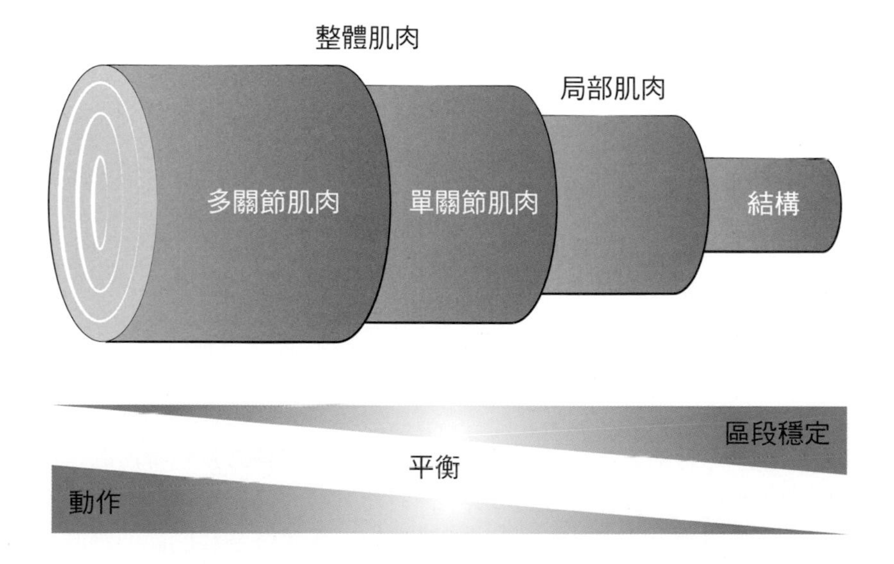

圖1-2：在肌筋膜系統中，個別骨骼肌根據它們的功能區分為階層。在身體深層的局部肌肉最適合主動維持區段穩定性。相反地，表層多關節肌肉產生最有效的動作加速。在這兩個肌肉群中間的單關節肌肉能控制平衡穩定性（修改自 Richardson, Hodges et al. 2009）

1.2.1 起始與執行動作

導致運動產生的骨骼肌的收縮大多是向心、快速且短暫的，即肌肉朝著目標方向發生短暫而強烈的收縮；長且淺層的多關節肌很適合進行這種收縮（Bergmark, 1989）。骨骼肌收縮產生的肌力矩大小，取決於肌肉在生物力學和生理學方面的多個因素，其中最重要的因素包括：肌肉生理性截面積大小、肌力臂的長短以及肌束的長度和排列方式，這些因素都會對骨骼肌的運動效能產生影響。

骨骼肌能夠興奮、收縮和產生力量，進而通過自身的主動收縮以及在骨骼上直接或間接的附著點產生肌力矩和運動（van den Berg, 1999），骨骼肌因此得以使不同身體部位之間，發生相對位置的變化，或使整個身體在空間中發生位移。根據其形態學上的特點，一塊骨骼肌可能有一個或多個運動方向，還會產生大小不同的肌力矩和運動效能。

骨骼肌的肌束走行路徑、肌拉力線到關節運動中心點的垂直距離（即力臂的長短）、肌肉的大小和收縮前的長度，這些因素都會影響肌力矩以及運動的產生和控制。一塊骨骼肌無論伸長還是縮短20%，都可能使肌肉力量減少，造成肌力不足（Macintosh, Bogduk et al., 1993）。因此，骨骼肌在處於中立位時或肌肉長度為功能性長度時，才能以最理想和最經濟的方式發力。這時，肌小節上的肌動蛋白和肌凝蛋白絲能處在最佳相對位置。例如，肱二頭肌的功能性長度在手肘屈曲90度。所以說，在以治療為目的的力量訓練和增肌訓練中具有至關重要的意義。長且淺層的多關節肌特別容易產生肌力不足現象。而局部肌，比如節段間深層的多裂肌和腹橫肌，即使在軀幹進行最大幅度的前屈和後伸時，其長度也幾乎沒有變化，既不會伸長也不會縮短。因此，局部肌的肌力不足與身體姿勢以及關節和肌肉的初始位置無關（Macintosh, Valencia et al., 1986）。

骨骼肌體積越大，它能夠發出的力量就越大。除此之外，還有其他一些非固有因素，比如肌肉的黏彈性（由肌肉中脂肪等結締組織的含量決定）和肌腱的長度，都會影響肌肉力量的產生和傳遞。一些生理學和神經學方面的因素也會影響肌力矩和運動的產生。例如，不同類型（I型、IIa型、IIb型）肌纖維的分布能夠影響一塊骨骼肌的力量特點：I型肌纖維含量較高的肌肉，力量較小但持續發力時間較長；II型肌纖維含量較高的肌肉，力量較大但持續發力時間較短（van den Berg, 1999）。

骨骼肌本身的力量大小和肌力矩的產生，取決於針對某一運動模式的運動單位的動員情況。在運動單位的動員過程中，神經肌肉因素（比如神經支配能力）扮演了重要角色。神經支配不良的肌肉只能動員較少的運動單位，產生的力量就相對應較小（Kendall, McCreary et al., 1993）。感覺障礙也會影響運動的協調性和經濟性。

心理因素同樣影響力量的發揮。運動者的內在動力和對運動的恐懼感都會對肌力測驗結果有巨大影響，對運動內容的熟悉程度也會影響肌肉的運動效能。已經習得的運動就是具有經濟性的運動。心理因素（如恐懼和信任）尤其會影響到運動時拮抗肌的收縮（Damiano, 1993）。因此，在進行臨床肌力測試時必須考慮到心理方面的因素（Mannion, Taimela et al., 2001）。

1.2.2 維持平衡

每一次導致運動產生的肌肉收縮不僅會對整個身體姿勢產生力學效應，也會對與肌肉相鄰的關節產生力學效應，也就是說會有不同的力（壓力與剪力）作用在關節面上。要想確保運動穩定地進行，這些力量對身體的作用必須是可控的。運動過程與整個身體的姿勢控制、身體各部位間相對位置的控制和關節的控制之間存有明顯的相互影響（圖1-3）。

例如，站立時肩關節前屈（上臂從身體前方向上舉起）會使身體重心前移，同時引起軀幹微微前屈、肩胛骨微微向前翻轉。為抵銷這個動作對身體平衡產生的負面影響，軀幹和肩胛骨部位的肌肉必須產生完全相反的肌力矩，這就是人體的自我平衡機制。因此，平衡就是指身體和／或身體部位在外部和／或內部力量的作用下保持靜止的能力，此時所有肌力矩的總和為零。要使身體達到平衡狀態，骨骼肌就要承擔起制動和支持的任務，這是身體能夠保持一定的方向、位置和姿勢的前提。反向肌力矩的產生方式與產生運動的正向肌力矩的產生方式是一樣的，其力學原理、生理學原理和神經學原理都是相同的。因此，淺層的整體肌不僅能夠產生運動，還能夠制動。運動的產生通常需要短促的向心收縮，而對運動的控制則需要持續的靜力收縮或離心收縮。

1.2.3 維持區段穩定性

「區段穩定性」這個概念涉及對關節運動的控制。關節內部發生的運動以及存在的壓力和剪力，既可能是由肌肉收縮產生運動導致，也可能是因外力（比如重力）作用於關節導致。作為身體「框架」的骨和骨連結系統，幾乎不能為關節及其周圍那些易發生疼痛的組織和結構提供足夠、有針對性的保護（Cholewicki and McGill, 1996），因此，關節的保護必須借助於肌肉的作用。在區段穩定性的維持上，肌力矩的作用小於由肌肉固有或非固有因素造成的肌肉緊張收縮的作用。保持區段穩定性的目標是使關節面盡可能地精確吻合、避免關節內部發生我們不希望發生的相對滑動（Panjabi, 1992）。可以說，局部肌對區段或者區段的穩定作用，主要是通過自身彈性係數的改變實現，很少是通過肌力矩的產生實現（Johansson, Sjolander et al., 1991 Panjabi, 1992）。又因為肌肉彈性的改變不會使肌肉活性的改變幅度超過其最大值的25%，所以單獨一塊

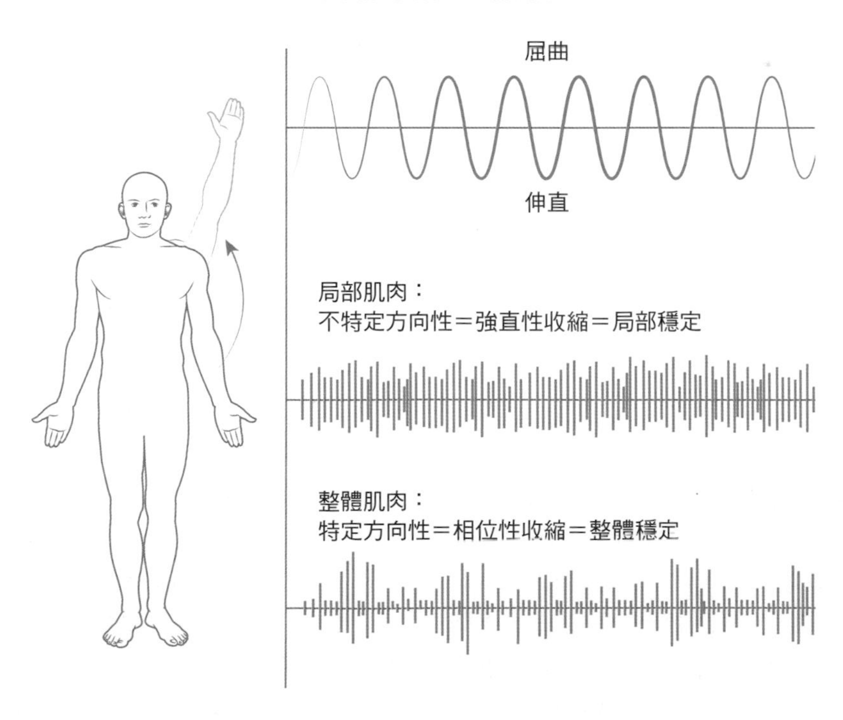

圖1-3：圖解交替動作下的肌肉協同作用（修改自Richardson, Hodges et al. 2009）

骨骼肌收縮的強度（力量）遠遠小於多塊骨骼肌協同收縮的強度（Hoffer and Andreassen, 1981；Hogan, 1990）。

局部肌的協同收縮可以用廁紙盒滾軸兩端的彈簧來比擬。當紙捲滑向左右兩側時（因為人們經常斜著拉扯廁紙），彈性十足的彈簧就會把紙捲推回滾軸中段，並且吸收掉紙捲產生的反作用力。局部肌也以這樣的方式使關節盡可能地保持精準吻合，並吸收掉機械壓力，同時還不妨礙整體肌執行使身體運動的任務。局部肌要完成自身的任務，並不需要太大的力量，但「彈簧」必須盡可能地靠近「滾軸」兩端。由於大多數關節都比廁紙盒擁有更多的運動軸，這就需要關節周圍有多組肌肉進行協同收縮（Lioyd, 2001）。另外，當身體負荷改變時，局部肌也會表現出這種持續、協同的緊張性收縮。

在站立狀態下進行肩關節（或者上臂）的屈伸運動時，局部肌（如橫腹肌）進行了力量小於最大力量但持續的協同收縮，也就是緊張性收縮。而典型的軀幹整體肌（如腰髂肋肌）則不斷地根據運動方向和運動節奏的變化，來改變自身的收縮程度，這叫相位性收縮。整體肌通過這種方式發揮它的平衡作用（圖1-3）。

關節處於精確吻合狀態對於保護局部的關節結構（如軟骨和椎間盤）有重要意義，其中關節面的精確吻合，可確保負荷盡可能均勻地分散在盡可能大的關節面上。如果負荷集中於一小塊地方，那就如同高跟鞋的細鞋跟踩在實木地板上，關節就會面臨極大的受傷風險。

綜上所述，我們可以說，使關節保持穩定的生物力學、解剖學和生理學條件與產生身體運動所需的相關條件幾乎完全相反（Bergmark, 1989；Crisco and Panjabi, 1991；Ettema, 2001）。因此，局部肌能夠起維持區段穩定性的作用，但幾乎不能產生有效的肌力矩而產生運動，也不能抵銷肌力矩而起平衡作用（Lieb and Perry, 1968；Bergmark, 1989）。同樣，整體肌即使在發出最大力量時，也無法起維持區段穩定性的作用（Bergmark, 1989）。

此外，局部肌維持區段穩定性的力學效能大小，既不取決於關節和肌肉的初始位置，也不取決於身體姿勢。局部肌能在整個運動過程中發揮持續和穩定的保護作用，最大限度地實現運動的經濟性。局部肌含有很高比例的I型肌纖維（Bajek, Bobinac et al., 2000）和很高密度的肌梭，這意謂這類肌肉的耐力更持久、動覺更靈敏。回旋肌等局部肌因此常被視作感覺器官（Bogduk, 2000）。

肌筋膜系統對骨骼肌進行的分類，有力地證明了骨骼肌承擔著兩大相互矛盾的生理學職責——運動和穩定，即整體肌負責產生運動和保持身體平衡，局部肌則負責維持區段穩定性。

1.3 臨床實用性

肌筋膜系統對骨骼肌進行分類的臨床意義，主要在於對肌肉功能的深入闡述及對肌肉損傷和肌肉骨骼疼痛的康復性治療。整體肌和局部肌各有弱點，因此對它們進行康復性治療需要採取不同的物理治療策略，骨骼肌可能出現的功能障礙包括：肌肉薄弱無力、肌肉耐力不足（肌肉疲勞）、多塊肌肉的協調性障礙、肌肉組織學變化、肌肉萎縮、神經肌肉性功能障礙和感覺失調等。

1.3.1 局部肌肉

已有眾多研究項目對局部肌功能障礙引發的肌肉骨骼疼痛問題，進行了深入探索（Hides, Richardson et al., 1996；Hodges and Richardson, 1996；Belavy, Richardson et al., 2007；Grimaldi,

Richardson et al., 2009；Belavy, Armbrecht et al., 2011）。那些反覆發作的身體疼痛的根源，主要在於局部肌的協調性障礙。例如，下背痛時，局部肌本該發生在手臂運動之前的正常預先收縮延遲發生了，緊張性協同收縮變成強直性共同收縮（Hodges et al., 1996；MacDonald, Moseley et al., 2006），這使得脊柱相應節段的關節失去了即時且穩定的保護。採用運動療法治療慢性身體疼痛的主要目標，就是消除局部肌的這種協調性障礙。局部肌功能障礙的表現還包括肌肉萎縮（Hides, Richardson et al., 1996）以及肌肉組織學變化，比如脂肪等結締組織的比例增高（Zhao, Kawaguchi et al., 2000）。所有這些問題都與疼痛的發生密切相關。而且，即使疼痛得到了緩解、人們恢復了日常活動和運動，這些已經出現的問題也不會自行消失（Hides, Richardson et al., 1996；Hodges and Richardson, 1996；Hides, Jull et al., 2001）。因此，我們必須對局部肌系統進行針對性運動治療，對反覆發作的疼痛採取復健和預防措施。多項隨機對照試驗均已證明了對局部肌採取針對性運動治療的有效性（O'Sullivan, Twomey et al., 1997；Hides, Jull et al., 2001；Ferreira, Ferreira et al., 2006；Goldby, Moore et al., 2006；Tsao and Hodges, 2008）。

1.3.2 整體肌肉

與局部肌的功能障礙相比，整體肌的問題更複雜且情況因人而異，但這些問題往往會在症狀消除、人們恢復日常活動和運動後自行消失。

長條多關節肌在肌肉功能障礙方面的表現與局部肌幾乎完全相反。它們往往對拉伸更加敏感（也就是發生了攣縮），也常有過早收縮和過度收縮（過度興奮）的傾向。此外，多關節肌常與某些對受力特別敏感的神經結構緊密相連。例如，若坐骨神經受到刺激，在股後肌群被拉伸時，股二頭肌就會提前很久收縮（Hall and Elvey, 1999）。在患者感受到拉伸造成的疼痛和運動受阻很久之前，這塊肌肉的活性就升高了。多關節肌的過早收縮是神經受到刺激的可重複且可靠的訊號之一。單關節功能障礙的表現形式則更加多樣，既有肌肉在力量水平、耐力水平、協調性和形態方面的變化，也會表現出拉伸疼痛和過度興奮等問題。

肌肉失衡也是整體肌的常見功能障礙之一。我們可以採用不同的測試方法，通過測試不同類別肌肉之間的比例，來確定是否發生了肌肉失衡，包括測試主動肌和拮抗肌之間的力量對比（Schifferdecker-Hoch and Denner, 1999），以及多關節肌和單關節肌的肌肉興奮性對比（Janda, 1996；Ng, Richardson et al., 2002；Belavy, Richardson et al., 2007）。

整體肌功能障礙還可能表現為身體各部位間相對位置的控制失調（Klein-Vogelbech, 1990；Sahrmann, 2001；Luomajoki, Kool et al., 2008）和全身平衡的控制失調（Smith, Coppieters et al., 2008；Smith, Chang et al., 2010）。這些問題都可歸因於協調性障礙（Redebold, Cholewicki et al., 2001；O'Sullivan, Dankaerts et al., 2006）、感覺障礙（Brumagne, Cordo et al., 2000；O'Sullivan, Burnett et al., 2003；Moseley, 2008）或肌肉失衡（Hides, Brown et al., 2012）。

此外，整體肌的過度協同收縮會降低運動的經濟性，同時增加身體結構的負擔。例如，下樓梯時股後肌群的過度協同收縮會加速造成膝關節骨性關節炎（Hodges, van den Hoorn et al., 2012）。

肌肉力量薄弱大多由運動缺乏或營養不良造成（Mandell, Weitz et al., 1993；Wang, Macfarlane et al., 2000；Nadler, Malanga et al., 2002）。因此，肌肉力量薄弱通常來說是自限性的，只要肌肉骨骼系統重新運動起來，重新承受負荷，這個問題就會自行消失。測試肌肉力量和耐力的方法有多種。我們的力量訓練計畫和耐力訓練計畫應該根據治療對象的運動情況、日常生活情況和工作情況採取針對性制定，這樣即使訓練有間歇期，肌肉力量也能長期保持。在慢性疼痛治療方面，運動療法的療效比其他方法更持久，這不僅是因為它能提高肌肉力量，更是因為它能消除人們對運動的恐懼並改善運動缺乏的問題（Mannion, Muntener et al., 2001）。

可供人們選擇的運動治療理念五花八門。肌筋膜分類系統在三個身體層面上對肌肉功能和功能障礙進行層次分明的闡釋，可以幫助我們更加方便和系統地開展運動治療。例如，對深層肌肉進行針對性訓練可以消除局部肌的協調性障礙（Tsao, Galea et al., 2010）；在給軀幹以適度負荷的情況下進行腰曲曲度的保持訓練，可以提高身體姿勢的控制能力和全身的協調性；利用生物反饋療法針對腰曲進行感受訓練，也可以提高姿勢的控制能力；用手法治療技術對多關節整體肌進行抑制和脫敏處理，可以緩解其過早收縮和過度收縮的問題；針對性耐力訓練可以支持和鼓勵患者重新投入運動和工作；在有安全措施的情況下進行針對性平衡訓練，可以治療跌倒恐懼症。

臨床上選擇運動治療方法時，不僅要考慮肌肉在肌筋膜分類系統中的所屬類別、功能和相應的功能障礙，還要考慮患者個人的肌肉骨骼狀況和需求。

肌筋膜系統肌群特性			
特性	局部肌肉	單關節整體肌肉	多關節整體肌肉
解剖	靠近關節，區段	橫跨關節	橫跨多關節
肌肉大小	小	大	很長
路徑	深且短	較深且較長	表層且長
相較於動作方向的位置	斜向且呈直角	平行	通常平行，但變異性大（因為多關節的複雜生物力學）
纖維型態	主要是型態I	型態I和II混合，變異性大	主要是型態II，長且呈紡錘狀
接受器型態	大多為肌梭	混合多變	大多為感覺末梢
周圍組織連結	緊密連結關節囊與筋膜	中層	緊密連結神經結構
功能	區段穩定性	保持平衡／產生運動	產生運動
力學不足可能性	不會	可能	高度可能
力量產生	持續，30%最大收縮	變異混合力量與耐力，30-80%最大收縮	短暫加速力，80%最大收縮
典型收縮類型	靜態，強直性	靜態且離心，閉鎖鏈	向心，開放鏈
控制	任何時間非常早期預先程序，與動作方向無關	早期預先程序，與動作方向有關	早期預先程序，與動作方向有關
失能	萎縮／抑制	萎縮／抑制	「痙攣」
失能臨床表徵	疲勞	無力且疲勞	牽張敏感度，「縮短」
協調	根據動作方向延遲協調控制	偶爾延遲	提前活化
組織病理相關	增加脂肪與結締組織比例，減少微血管與纖維管徑（大多為型態I>型態II）	增加脂肪與結締組織比例，減少微血管與纖維管徑	型態I纖維萎縮，肌肉管徑大幅下降
症狀關聯	與症狀密切相關	變異性大，不直接相關	與神經結構疼痛敏感度相關
臨床檢查	自主選擇性次大運動張力測試	肌肉功能測試：力量、持續時間、肌力不平衡	牽張敏感度測試，誘發測試，肌力不平衡，神經結構
根據肌筋膜系統內區域選擇性肌肉分類			
脊椎（頸椎、腰椎）	頸長肌、頭直肌、頭長肌	頭半棘肌、頸半棘肌、胸骨舌骨肌	腹直肌、胸鎖乳突肌、胸骼肋肌
上肢	旋轉肌群：棘上肌、棘下肌、肩胛下肌、小圓肌	三角肌	闊背肌、肱二頭肌長頭
下肢	骨內斜肌、膕肌	股外側肌、股中間肌	股直肌、半膜肌

2
上肢

2.1 胸帶肌群

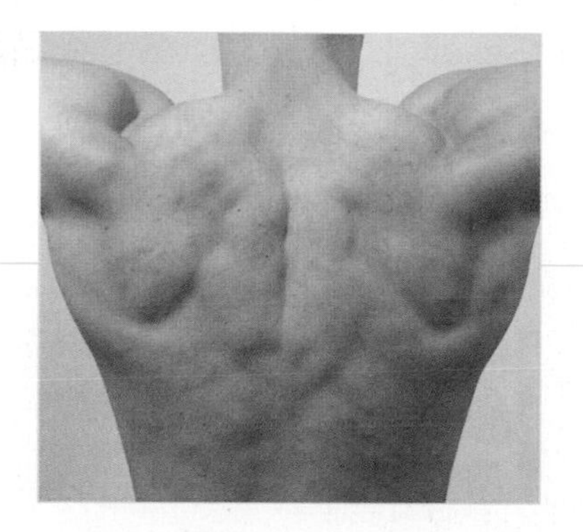

斜方肌上升部（下斜方肌）

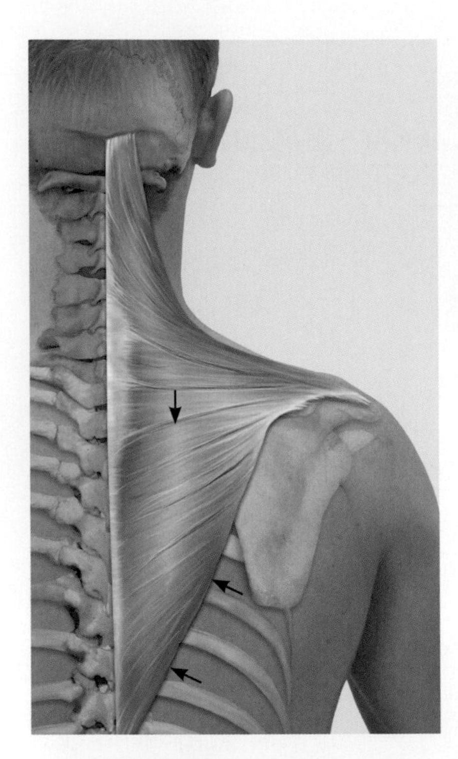

斜方肌上升部將肩胛骨往下移，如果和下降部一起收縮時，可以使肩胛盂窩向上旋轉與肩胛下角向外上轉。

起點	胸椎第4～12節棘突；棘上韌帶
終點	透過腱膜連到內側肩胛棘
神經支配	副神經第2～4節頸神經腹側分支

功能

協同肌	拮抗肌
肩峰鎖骨與胸骨鎖骨關節	
肩胛骨向下位移	
前鋸肌下部	斜方肌下降部（上斜方肌）
胸小肌	提肩胛肌
透過連到肱骨時而間接協同作用的肌肉：	菱形肌
闊背肌	前鋸肌上部
胸大肌	
肩胛骨向內位移	
斜方肌下降部與水平部（上斜方肌與中斜方肌）	前鋸肌
菱形肌	
提肩胛肌	
透過連到肱骨時而間接協同作用的肌肉：	
闊背肌	
胸大肌	
肩胛骨向上旋轉	
前鋸肌下部	菱形肌
斜方肌下降部（上斜方肌）	前鋸肌上部
	透過連到肱骨時而間接拮抗作用的肌肉：
	闊背肌
	胸大肌

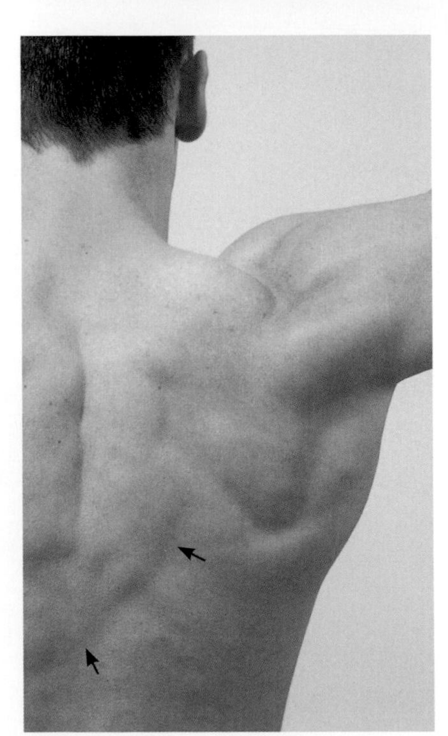

肌肉功能測試

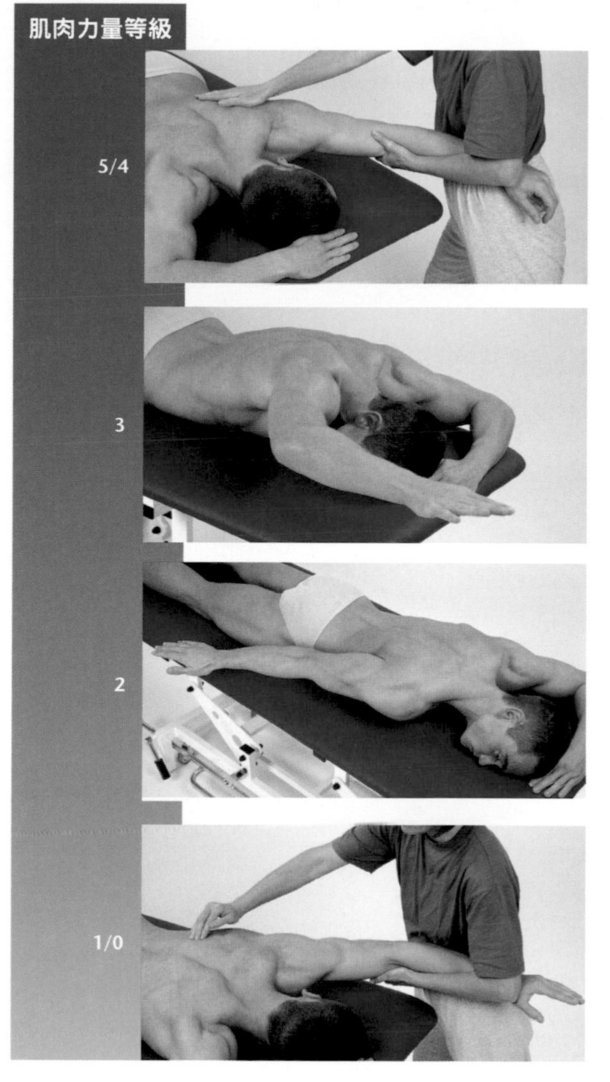

5/4

起始位置：病患採趴姿，讓受測手臂擺放在頭旁。

測試過程：測試者用一隻手支撐病患抬起的手臂，另一隻手給予肩胛下角向肩胛骨抬起方向的阻力。

指導語：撐住你伸出去的手臂，將肩胛骨往下背方向夾，抵抗我的阻力並維持姿勢。

3

起始位置：病患採趴姿，讓受測手臂擺放在頭旁。

測試過程：測試者觀察肩胛骨動作。

指導語：把你的手臂抬離床面並將肩胛骨往下背方向夾。

2

起始位置：病患採趴姿，並讓手臂擺在身體旁並外轉。

測試過程：測試者觀察病患。

指導語：把你的手臂抬離床面並將肩胛骨往下背方向夾。

1/0

起始位置：病患採趴姿。

測試過程：測試者觸診斜方肌上升部。

指導語：嘗試將你的肩胛骨往下背方向夾。

臨床關聯性

- 因副神經受損所導致的斜方肌無力，常使肩胛骨翼狀外突（翼狀肩胛）。翼狀現象在肩膀外展時特別明顯。
- 單側斜方肌攣縮常見於斜頸患者上。
- 斜方肌無力會讓手臂難以外展抬起超過肩膀的高度。
- 容易在肌肉上找到活性激痛點。

問題／評論

- 如果肩膀的活動度受限，可以讓手臂向外懸掛於床緣。

斜方肌水平部（中斜方肌）

斜方肌水平部使肩胛骨向內位移並固定於軀幹上。

起點	項韌帶 第5頸椎到第3胸椎棘突
終點	肩胛棘 肩峰
神經支配	副神經 第4～6節頸神經腹側分支
特殊性質	水平部連同菱形肌腱膜起始於棘突

功能

協同肌	拮抗肌
肩峰鎖骨與胸骨鎖骨關節	
肩胛骨向下位移	
斜方肌下降部與水平部（上斜方肌與中斜方肌）	前鋸肌
菱形肌	
提肩胛肌（微弱）	
透過連到肱骨時而間接協同作用的肌肉：	
闊背肌	
胸大肌	

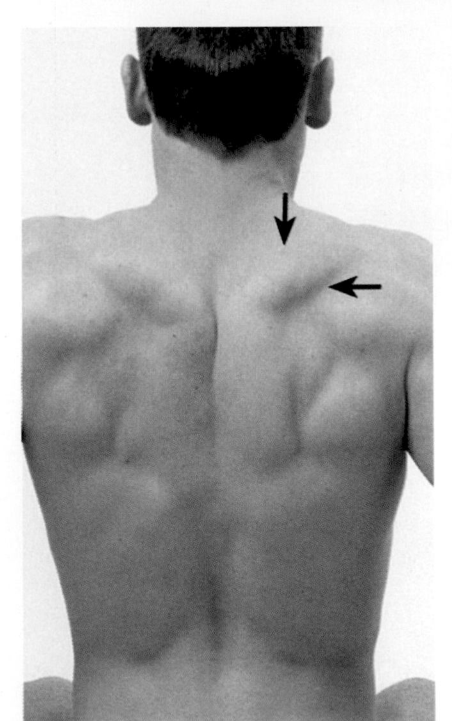

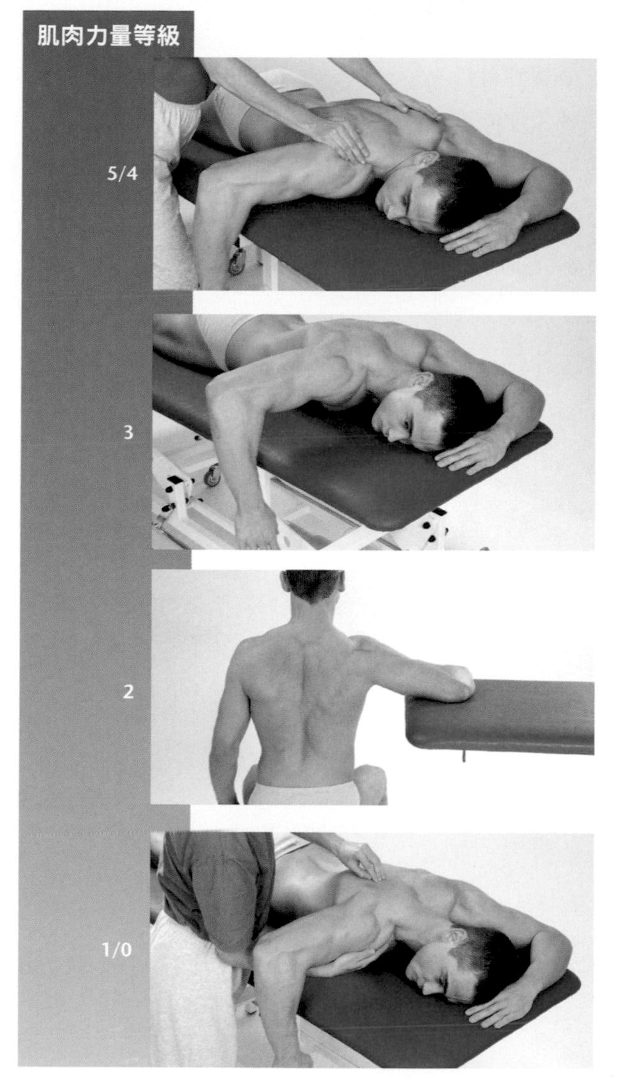

肌肉功能測試

起始位置：病患採趴姿。手臂外展90度，手肘屈曲90度。

測試過程：測試者用一隻手固定胸廓，另一隻手給予肩關節向下往床面的阻力。

指導語：將你的手臂與肩膀抬離床面，抵抗我的阻力並維持姿勢。

起始位置：病患採趴姿。手臂外展90度，手肘屈曲90度。

測試過程：測試者觀察肩膀動作。

指導語：將你的手臂與肩膀抬離床面。

起始位置：病患採坐姿，手臂外展90度，手肘屈曲90度平放在桌上。

測試過程：測試者觀察肩膀動作。

指導語：沿著床面將你的手臂往後推。

起始位置：病患採趴姿。

測試過程：測試者觸診斜方肌水平部。

指導語：嘗試將你的手臂與肩膀抬離床面。

臨床關聯性

- 因副神經受損所導致的斜方肌無力，常使肩胛骨翼狀外突（翼狀肩胛）。翼狀現象在肩膀外展時特別明顯。
- 單側斜方肌攣縮常見於斜頸患者上。
- 斜方肌無力會讓手臂難以外展抬起超過肩膀的高度。
- 容易在肌肉上找到活性激痛點。

斜方肌下降部（上斜方肌）

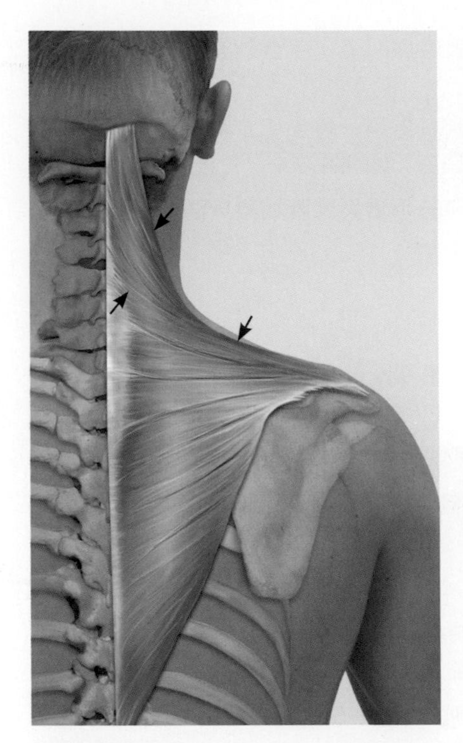

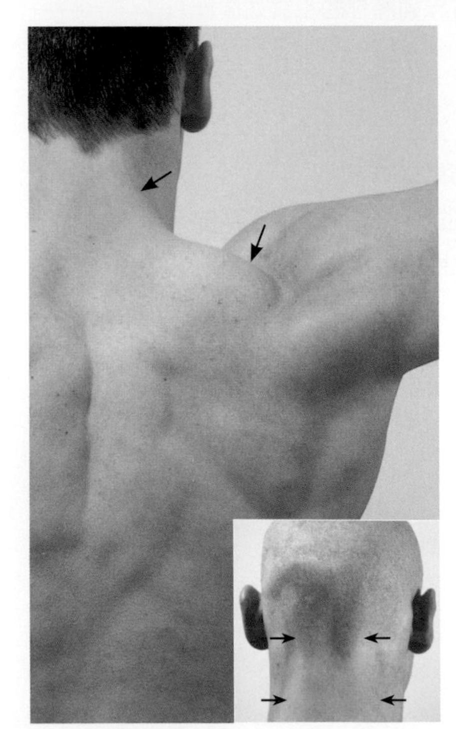

斜方肌下降部使肩胛骨往頭方向位移。如果和上升部一起收縮時，可以使肩胛盂窩向上旋轉與肩胛下角向外上轉。這條肌肉也使頸椎向後伸直和向內側彎。

起點　枕外隆凸，上項線內側1/3，項韌帶上部
第1～4節頸椎棘突

終點　鎖骨外1/3，肩峰

神經支配　副神經（第11對腦神經），第2～4節頸神經腹側分支

功能

協同肌	拮抗肌
椎間關節	
頸椎同側側彎	
胸鎖乳突肌（同側方向）	左側列舉協同肌之對側部
提肩胛肌　髂肋肌	
最長肌　橫突間肌	
棘肌　多裂肌	
半棘肌	
頸椎向後伸直	
同側頸部背側深層肌肉	頸長肌
雙側胸鎖乳突肌	雙側胸鎖乳突肌（頸部已向前彎曲）
雙側提肩胛肌	頭長肌
肩胛骨向上位移	
提肩胛肌	斜方肌上升部（下斜方肌）
前鋸肌上部	前鋸肌下部　胸小肌
菱形肌	透過連到肱骨時而間接拮抗作用的肌肉：
	闊背肌　胸大肌
肩胛骨向內位移	
斜方肌下降部與水平部（上斜方肌與中斜方肌）	前鋸肌
菱形肌　提肩胛肌	
透過連到肱骨時而間接協同作用的肌肉：	
闊背肌　胸大肌	
肩胛骨向上旋轉	
前鋸肌下部	菱形肌　前鋸肌上部　胸小肌
斜方肌下降部（上斜方肌）	透過連到肱骨時而間接拮抗作用的肌肉：
	闊背肌　胸大肌

肌肉功能測試

肌肉力量等級

5/4

起始位置：病患採坐姿，手臂自然放鬆。

測試過程：測試者將病患肩膀下壓。

指導語：聳肩到底，抵抗我的阻力並維持姿勢。

3

起始位置：病患採坐姿，手臂自然放鬆。

測試過程：測試者觀察病患肩膀動作。

指導語：盡可能聳肩。

2

起始位置：病患採趴姿且手臂放身體旁。額頭靠在床上。

測試過程：需要時測試者從腹側支撐肩膀。

指導語：盡可能聳肩。

1/0

起始位置：病患採坐姿。

測試過程：測試者觸診斜方肌下降部。

指導語：盡可能聳肩。

臨床關聯性

- 單側斜方肌攣縮常見於斜頸患者上。
- 斜方肌無力會讓手臂難以外展抬起超過肩膀的高度。
- 縮短的肋骨鎖骨韌帶會阻礙肩胛骨上抬。
- 容易在肌肉上找到活性激痛點。

提肩胛肌

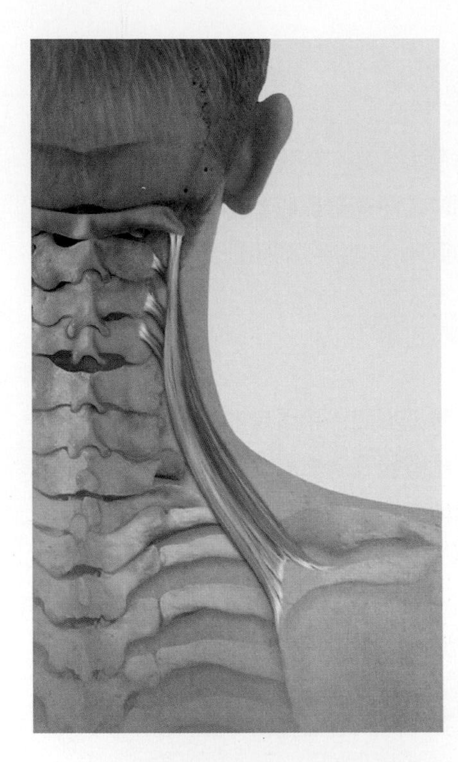

提肩胛肌根據動作或固定位置抬起肩胛骨或防止肩胛下沉（例如提重物）。它也將肩胛骨往內拉。如果雙側提肩胛肌同時收縮，可以將頸椎向後伸直；如果只有單側收縮，可以將頸椎向同側側彎。

起點	頸椎第1～4節橫突後側結節
終點	肩胛上角與鄰近肩胛內緣
神經支配	背肩胛神經（第3～5節頸神經）， 第3～5節頸神經腹側分支

功能

協同肌	拮抗肌
肩峰鎖骨與胸骨鎖骨關節	
肩胛骨向上位移	
斜方肌下降部（上斜方肌）	斜方肌上升部（下斜方肌）
菱形肌	前鋸肌下部
前鋸肌上部	胸小肌
	透過連到肱骨時而間接拮抗作用的肌肉：
	闊背肌
	胸大肌
肩胛骨向內位移	
斜方肌	前鋸肌
菱形肌	
透過連到肱骨時而間接協同作用的肌肉：	
闊背肌	
胸大肌	

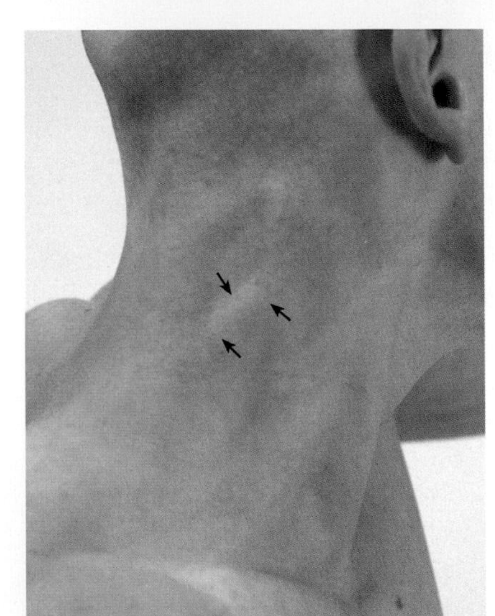

肌肉力量等級

肌肉功能測試

5/4

起始位置：病患採坐姿，手臂自然放鬆。

測試過程：測試者將病患肩膀下壓。

指導語：聳肩到底，抵抗我的阻力並維持姿勢。

3

起始位置：病患採坐姿，手臂自然放鬆。

測試過程：測試者觀察病患肩膀動作。

指導語：盡可能聳肩。

2

起始位置：病患採趴姿且手臂放身體旁。額頭靠在床上。

測試過程：需要時測試者從腹側支撐肩膀。

指導語：盡可能聳肩。

1/0

起始位置：病患採坐姿手臂自然放鬆。

測試過程：測試者觸診肩胛上角上的提肩胛肌。

指導語：盡可能聳肩。

臨床關聯性

- 如果斜方肌無力，提肩胛肌會主導將肩胛上角向上拉。
- 提肩胛肌終點處經常有活性激痛點。

問題／評論

- 很難區分提肩胛肌與斜方肌下降部的功能。

大菱形肌

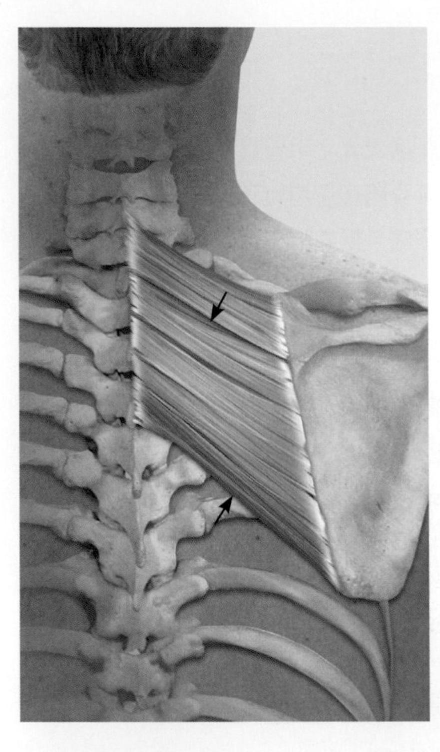

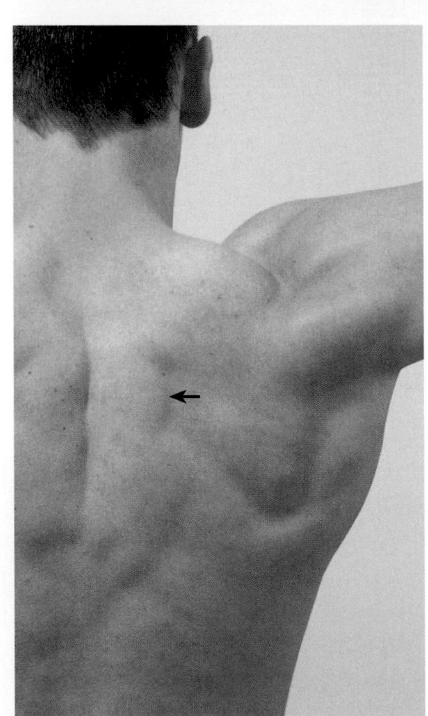

大小菱形肌將肩胛骨提起並往脊椎靠近。與拮抗的前鋸肌一起作用時，可以將肩胛內緣固定在胸廓上。

起點	第1～5節胸椎棘突
終點	肩胛內緣（肩胛棘與下角間）
神經支配	背肩胛神經（第4～5節頸神經）

功能

協同肌	拮抗肌
肩峰鎖骨與胸骨鎖骨關節	
肩胛骨向上位移	
斜方肌下降部（上斜方肌）	斜方肌上升部（下斜方肌）
提肩胛肌	前鋸肌下部
小菱形肌	胸小肌
前鋸肌上部	透過連到肱骨時而間接拮抗作用的肌肉：
	闊背肌
	胸大肌
肩胛骨向內位移	
斜方肌	前鋸肌
小菱形肌	
提肩胛肌（微弱）	
透過連到肱骨時而間接協同作用的肌肉：	
闊背肌	
胸大肌	

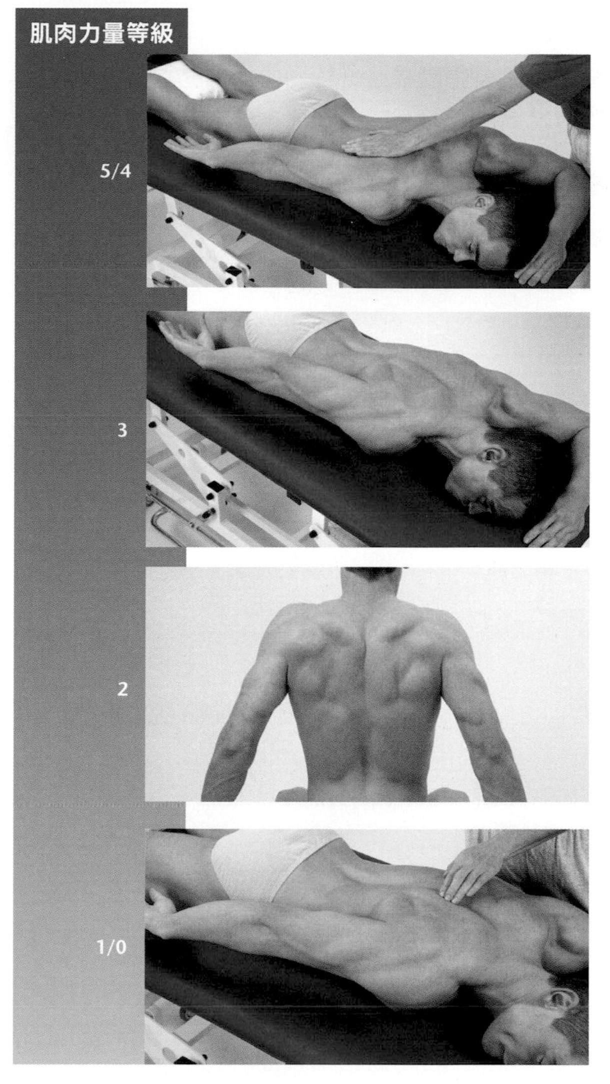

肌肉功能測試

起始位置：病患採趴姿，受測手臂內轉放在床上。

測試過程：測試者一隻手固定對側肩胛骨，另一隻手給予向外向尾部方向的阻力。

指導語：將你的手臂與肩膀抬起，抵抗我的阻力並維持姿勢。

起始位置：病患採趴姿，受測手臂內轉放在床上。

測試過程：測試者觀察肩胛骨動作。

指導語：將你的手臂與肩膀抬離床面。

起始位置：病患採坐姿並肩膀內轉。

測試過程：測試者觀察肩胛骨動作。

指導語：盡可能將你的肩胛骨往後夾。

起始位置：病患採趴姿。

測試過程：測試者觸診大菱形肌。

指導語：嘗試盡可能將你的手臂與肩膀抬離床面。

臨床關聯性

- 如果肩胛骨沒有被菱形肌固定，上臂內收與伸直力量會受到限制。
- 菱形肌問題造成的肩膀功能下降較斜方肌與前鋸肌小。
- 肌肉無力會導致肩胛突出（翼狀肩胛）。

問題／評論

- 大菱形肌與小菱形肌會一起測試。
- 確認病患沒有用肱骨頭推床的方式抬起手臂。手臂與肩胛骨要一起動作。

小菱形肌

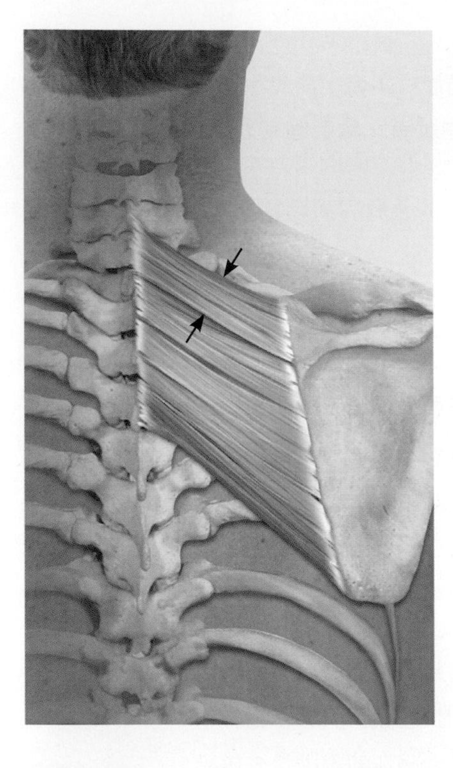

大小菱形肌能使肩胛骨提起並往脊椎內收。與拮抗的前鋸肌一起作用時，可以將肩胛內緣固定在胸廓上。

起點	頸椎第6～7節棘突
終點	肩胛棘內側的肩胛內緣
神經支配	背肩胛神經（第4～5節頸神經）

功能

協同肌	拮抗肌
肩峰鎖骨與胸骨鎖骨關節	
肩胛骨向上位移	
斜方肌下降部（上斜方肌）	斜方肌上升部（下斜方肌）
提肩胛肌	前鋸肌下部
大菱形肌	胸小肌
前鋸肌上部	透過連到肱骨時而間接拮抗作用的肌肉：
	闊背肌
	胸大肌

協同肌	拮抗肌
肩胛骨向內位移	
斜方肌	前鋸肌
大菱形肌	
提肩胛肌	

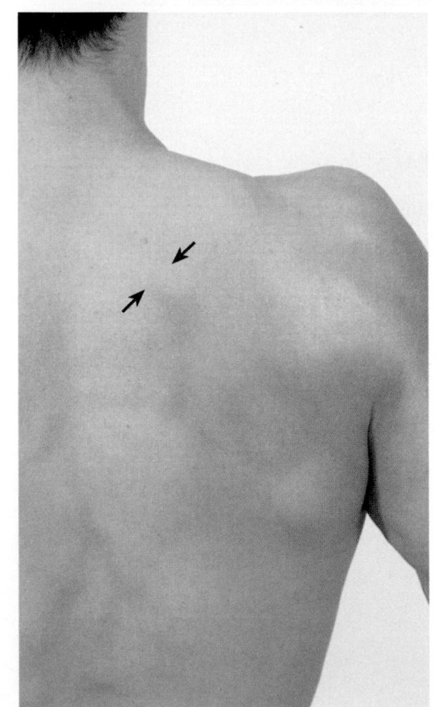

肌肉功能測試

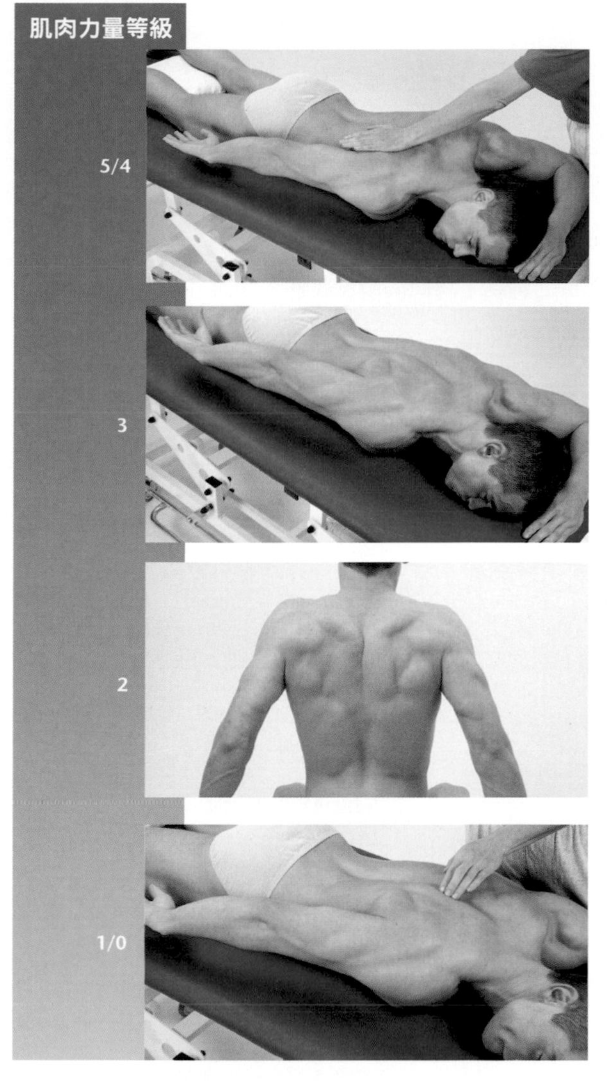

5/4

起始位置：病患採趴姿，受測手臂內轉放在床上。

測試過程：測試者一隻手固定對側肩胛骨，另一隻手給予向外側尾部方向的阻力。

指導語：將你的手臂與肩膀抬起，抵抗我的阻力並維持姿勢。

3

起始位置：病患採趴姿，受測手臂內轉放在床上。

測試過程：測試者觀察肩胛骨動作。

指導語：將你的手臂與肩膀抬離床面。

2

起始位置：病患採坐姿並肩膀內轉。

測試過程：測試者觀察肩胛骨動作。

指導語：盡可能將你的肩胛骨往後夾。

1/0

起始位置：病患採趴姿。

測試過程：測試者觸診小菱形肌。

指導語：嘗試盡可能將你的手臂與肩膀抬離床面。

臨床關聯性

- 如果肩胛骨沒有被菱形肌固定，上臂內收與伸直力量會受到限制。
- 菱形肌問題造成的肩膀功能下降較斜方肌與前鋸肌造成的小。
- 肌肉無力會導致肩胛突出（翼狀肩胛）。

問題／評論

- 小菱形肌與大菱形肌會一起測試。
- 確認病患沒有用肱骨頭推床的方式抬起手臂。手臂與肩胛骨要一起動作。

前鋸肌

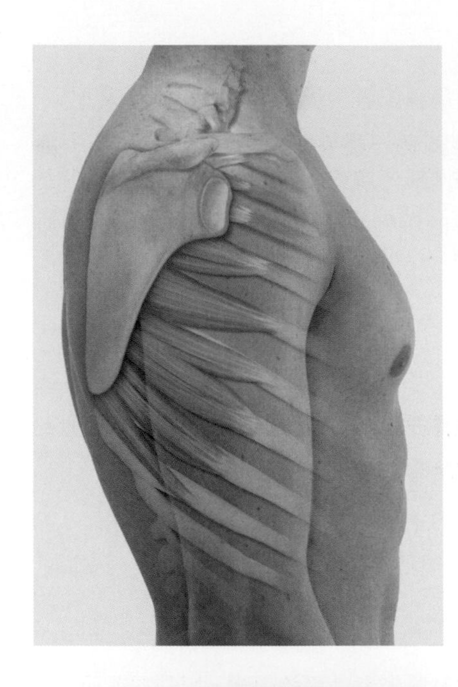

前鋸肌（肋骨肩胛肌）可以將肩胛骨向外、向下位移，而與拮抗的斜方肌一起作用時可顯著將肩胛骨向上旋轉。與拮抗的菱形肌一起作用時可以將肩胛內緣固定在胸廓上。

起點　起始於腋下弓的第1～9肋骨

終點　肩胛上角到下角間的肩胛腹側表面與內緣

神經支配　長胸神經（第5～7節頸神經）

特殊性質　前鋸肌與肋骨一起形成腋下內壁

功能

協同肌	拮抗肌
肩峰鎖骨與胸骨鎖骨關節	
肩胛骨向外位移	
透過固定在肱骨上的接點間接作用	斜方肌（全部，特別是水平部）
胸大肌	菱形肌
	提肩胛肌
	透過連到肱骨時而間接拮抗作用的肌肉：
	闊背肌
肩胛骨向上旋轉	
斜方肌（下降部與上升部）	菱形肌
	胸小肌
	透過連到肱骨時而間接拮抗作用的肌肉：
	闊背肌
	胸大肌

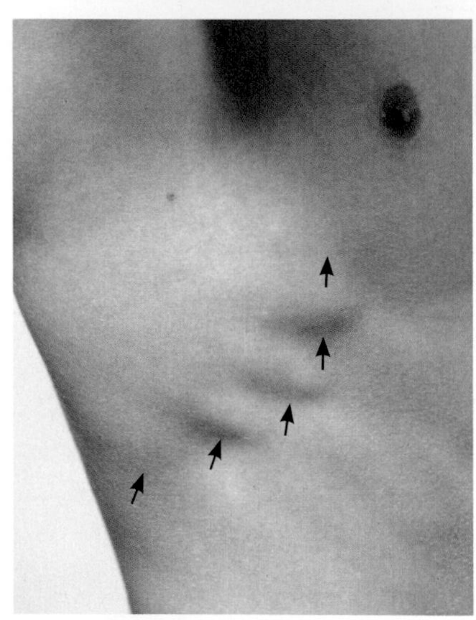

肌肉功能測試

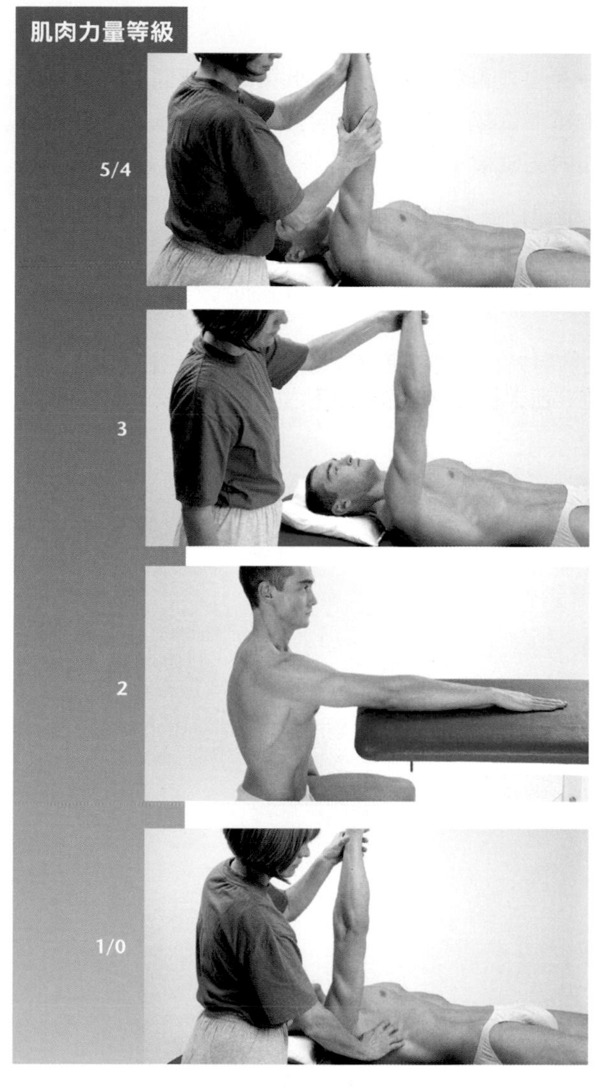

起始位置：病患採躺姿，手臂前傾90度並些微外展。

測試過程：測試者一隻手握住前臂遠端，另一隻手握住手肘。沿著上臂的縱向施加向下的阻力（向床面方向）。

指導語：將你的手臂向上推抵抗我的阻力。

起始位置：病患採躺姿，手臂前傾90度並些微外展。

測試過程：測試者觀察肩胛骨動作。

指導語：將你的手臂向上推向天花板。

起始位置：病患採坐姿。手臂前傾90度平放在床上。

測試過程：測試者觀察肩胛骨動作。

指導語：沿著床面將你的手臂向前推。

起始位置：病患採躺姿，手臂前傾90度並些微外展。

測試過程：測試者觸診前鋸肌。

指導語：嘗試將你的手臂向上推向天花板。

臨床關聯性

- 前鋸肌無力會導致翼狀肩胛（特別是肩胛下角）。
- 前鋸肌無力會使手臂屈曲與外展更加困難。

問題／評論

- 需要觀察肩膀動作和觸診肩胛下角，以確認動作不是靠其他方式協助。
- 手臂在腹側方向動作時通常使用「屈曲」一詞而非「前傾」，與其他關節的動作相似。

胸小肌

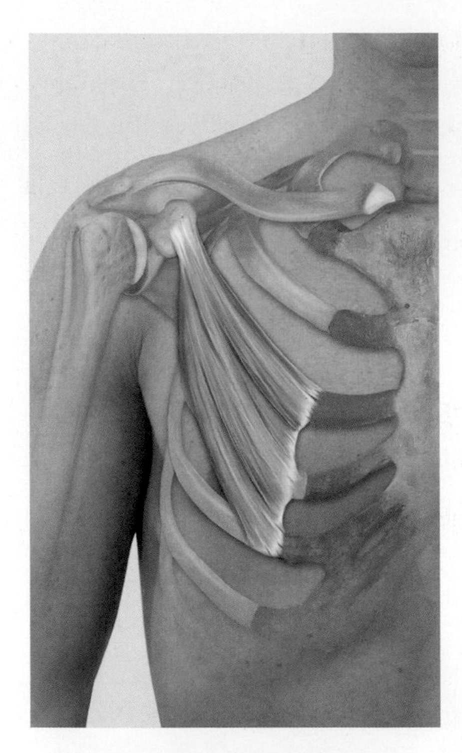

胸小肌將肩胛骨強力固定在軀幹上，抵銷掉向背側位移（例如伏地挺身）或頭部位移（例如引體向上）。因此，它可以將肩胛骨往下方和內側位移。

起點	第3～5肋骨上緣與腹側表面，靠近肋軟骨 肋間肌相關筋膜
終點	喙突
神經支配	內胸與外胸神經（第6節頸神經～第1節胸神經）
特殊性質	胸小肌是形成腋下前壁的結構之一

功能

協同肌	拮抗肌
肩峰鎖骨與胸骨鎖骨關節	
肩胛骨向下位移	
斜方肌上升部（下斜方肌）	斜方肌下降部（上斜方肌）
前鋸肌下部	提肩胛肌
透過連到肱骨時而間接協同作用的肌肉：	菱形肌
闊背肌	前鋸肌上部
胸大肌	
肩胛骨向內位移	
菱形肌	前鋸肌
提肩胛肌	
斜方肌	
透過連到肱骨時而間接協同作用的肌肉：	
闊背肌	
胸大肌	

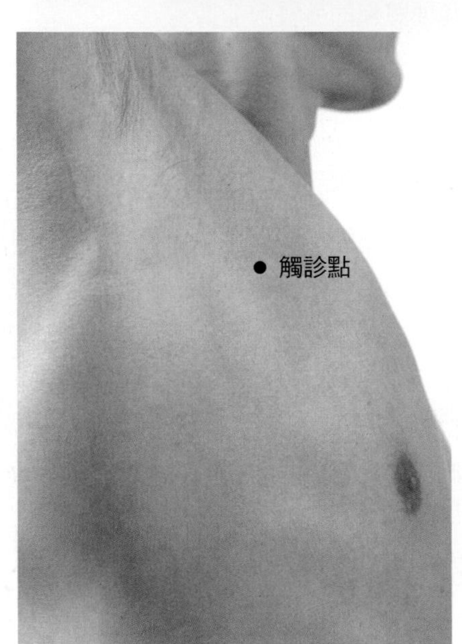

肌肉功能測試

肌肉力量等級

5/4

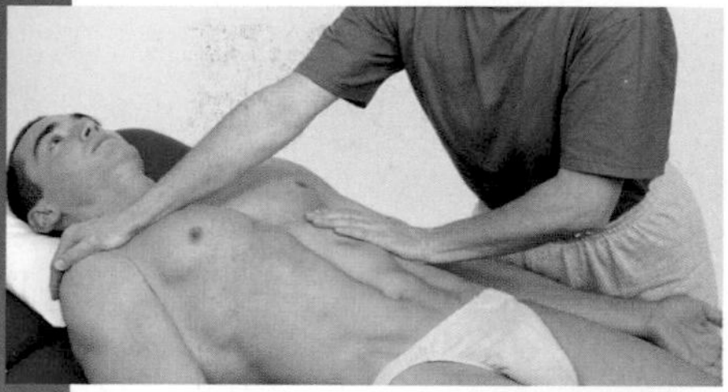

起始位置：病患採躺姿。手臂放身體旁。

測試過程：測試者用一隻手固定胸廓，另一隻手給予肩膀向上抬與床面方向阻力。

指導語：將你的肩膀抬離床面並抵抗我的阻力。

3

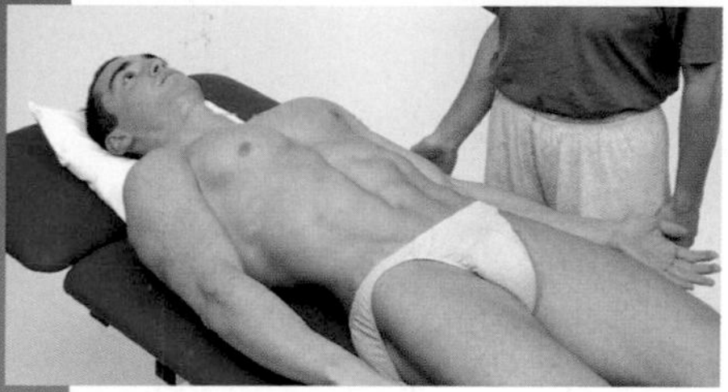

起始位置：病患採躺姿。手臂放身體旁。

測試過程：測試者觀察肩膀動作。

指導語：將你的肩膀抬離床面。

2

起始位置：病患採側躺姿。

測試過程：測試者支撐手臂並觀察肩膀動作。

指導語：將你的肩膀往肚臍方向用力。

1/0

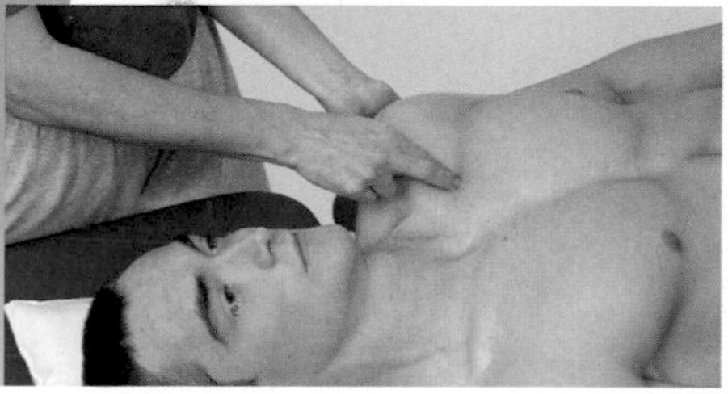

起始位置：病患採側躺姿。

測試過程：測試者觸診喙突下方的胸小肌。

指導語：嘗試將你的肩膀抬離床面。

臨床關聯性

- 胸小肌無力，會造成肩胛骨下降，導致手臂後傾及無力。
- 如果肌肉縮短會夾到臂神經叢或腋下血管而導致手臂疼痛（胸廓出口症候群）。
- 胸小肌攣縮會限制手臂前傾。

問題／評論

- 病患需要避免手往下壓來迫使肩膀向前。確認測試時不是靠手或手肘下壓，這點很重要。
- 胸小肌是胸大肌的附屬肌肉。

鎖骨下肌

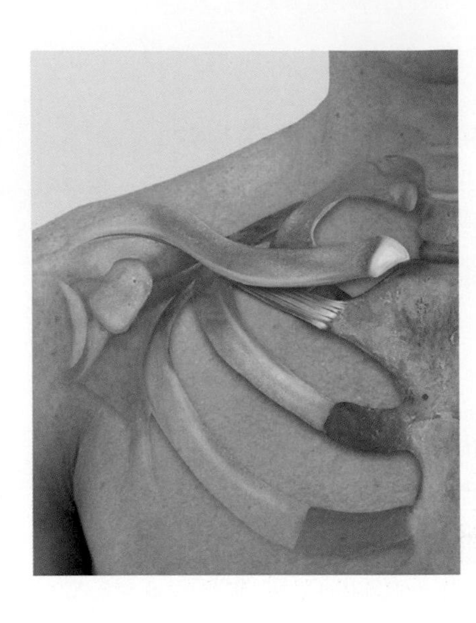

鎖骨下肌使尖峰端鎖骨向下移動並擠壓胸骨。同時也透過肩峰鎖骨關節固定肩胛骨。此外，它也在第1肋骨與鎖骨間形成肉墊，確保彼此之間有足夠距離維持鎖骨下血管的血流供應。

起點	第1肋的上側表面靠近肋軟骨處
終點	鎖骨的肩峰端
神經支配	鎖骨下神經（第5～6節頸神經）
特殊性質	胸小肌失能時這條肌肉會變得肥大

功能

協同肌	拮抗肌
肩峰鎖骨與胸骨鎖骨關節	
下降鎖骨	
透過連到肩胛骨時而間接協同作用的肌肉：	胸鎖乳突肌
胸小肌	透過連到肩胛骨時而間接拮抗作用的肌肉：
斜方肌上升部（下斜方肌）	斜方肌下降部（上斜方肌）
透過連到肱骨時而間接協同作用的肌肉：	菱形肌
胸大肌	提肩胛肌
闊背肌	

肌肉延展測試

胸小肌

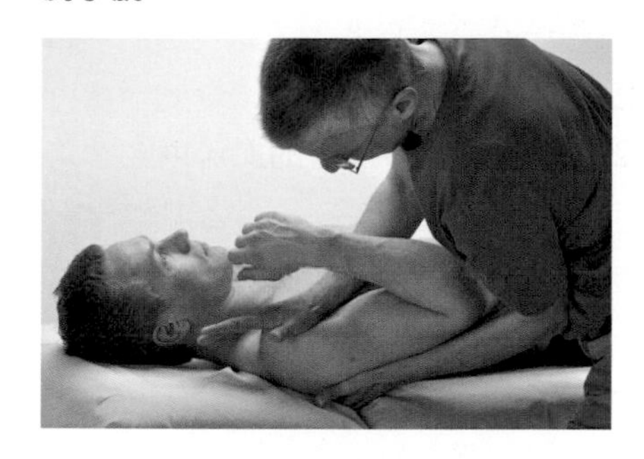

方法

將病患胸部帶往最大後縮與抬起方向延展，並屈曲手肘。

發現

如果動作無法執行到最大範圍，且病患末端角度感覺到柔軟、有彈性的組織在限制動作範圍，表示肌肉有縮短現象。病患在肌肉延展過程有牽拉感。

評論

症狀放射到手臂，表示壓迫到胸小肌下方的臂神經叢。

斜方肌下降部

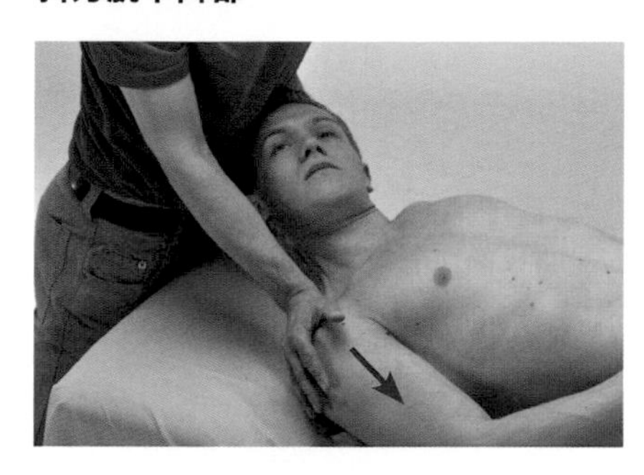

方法

治療師給予輕微牽引，將病患頸椎與頭帶向屈曲、側彎至對側與旋轉至同側，然後將病患胸帶上的肩胛骨，向尾部與背側方向給予最大下壓與後縮。

發現

如果動作無法執行到最大範圍且病患末端角度感覺到柔軟、有彈性的組織在限制動作範圍，表示斜方肌下降部有縮短現象。病患在肌肉延展過程會產生牽拉感。

提肩胛肌

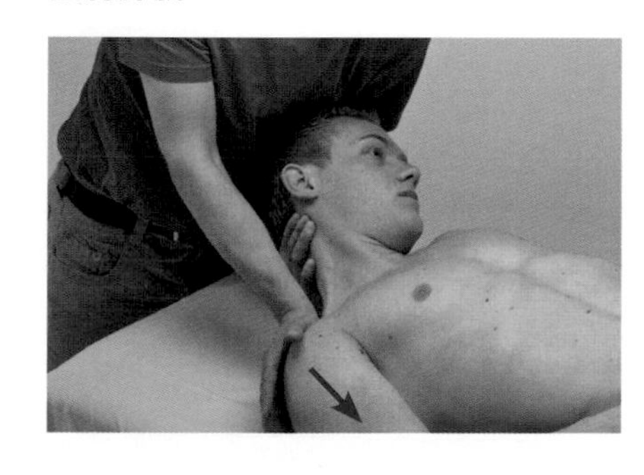

方法

治療師給予輕微牽引將病患頸椎與頭帶向屈曲、側彎至對側與旋轉至對側，然後將病患胸帶上的肩胛骨，向尾部與背側方向給予最大下壓與後縮。

發現

如果動作無法執行到最大範圍，且病患末端角度感覺到柔軟、有彈性的組織在限制動作範圍，表示肌肉有縮短現象。病患在肌肉延展過程會產生牽拉感。

2

上肢

2.2 肩膀肌群

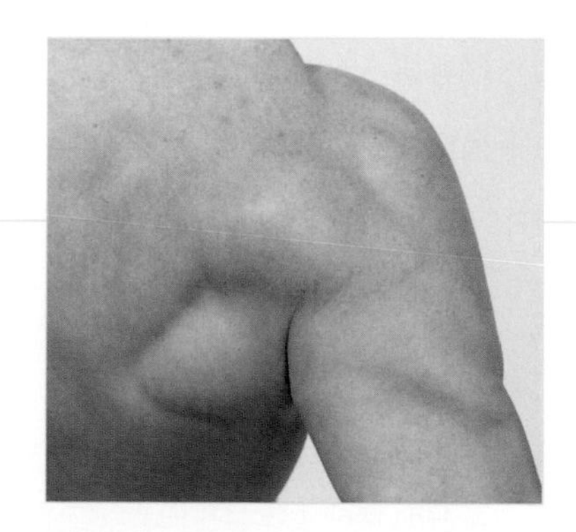

三角肌鎖骨部（前三角肌）

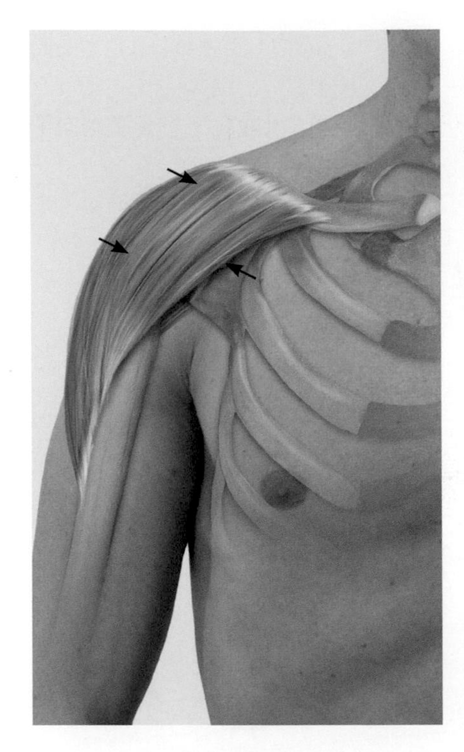

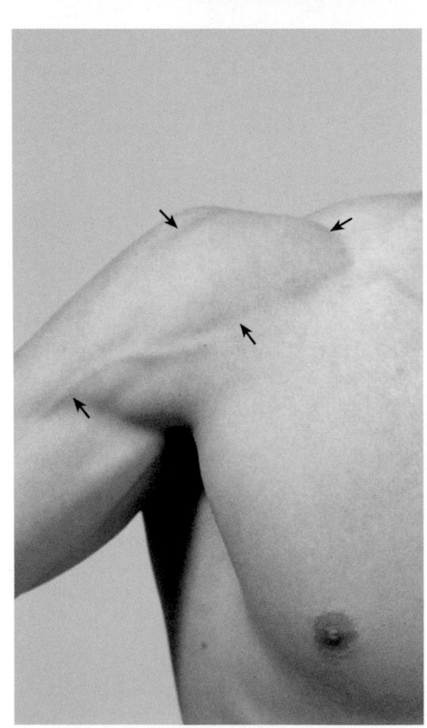

三角肌是肩膀最有力的外展肌，因為它具有不同走向的肌肉，也涵蓋了前傾（屈曲）與後傾（伸直）以及內轉與外轉動作。提重物時，這條肌肉抵銷肱骨往下脫位的力。

三角肌鎖骨部單獨收縮時，會造成肱骨前傾與內轉。當它與三角肌棘部共同作用時，其功能會取決於肩關節的位置。當手臂內收時，兩條肌肉會共同扮演肩峰部的拮抗肌而成為強力的內收肌。當手臂已經外展時，一旦肩峰部的外展變得無力，兩條肌肉則會協助繼續外展。

起點	鎖骨外側1/3
終點	肱骨的三角肌粗隆
神經支配	腋神經（第5～6節頸神經）
特殊性質	三角肌鎖骨部是鎖骨下凹窩的邊界；三角肌是第5節頸神經的指標肌肉

功能

協同肌　　拮抗肌

盂肱關節

前傾（屈曲）

協同肌		拮抗肌	
胸大肌	肱二頭肌長頭	闊背肌	肱三頭肌長頭
喙肱肌	棘下肌上部	大圓肌	
		三角肌棘部（後三角肌）	

內轉

協同肌		拮抗肌	
肩胛下肌	胸大肌	棘下肌	小圓肌
闊背肌　大圓肌	肱二頭肌	三角肌棘部（後三角肌）	

內收（手臂內收姿勢）

協同肌		拮抗肌
胸大肌　闊背肌	大圓肌	三角肌肩峰部（中三角肌）
小圓肌	喙肱肌	肱二頭肌長頭
三角肌棘部（後三角肌）		棘下肌上部
肱二頭肌短頭	棘下肌下部	肩胛下肌上部
肱三頭肌長頭		

外展（手臂外展姿勢）

協同肌		拮抗肌	
三角肌棘部（後三角肌）		胸大肌	闊背肌
肱二頭肌長頭	棘下肌上部	大圓肌	小圓肌
肩胛下肌上部		喙肱肌	
		三角肌棘部（後三角肌）	
		肱二頭肌短頭	棘下肌下部

肌肉功能測試

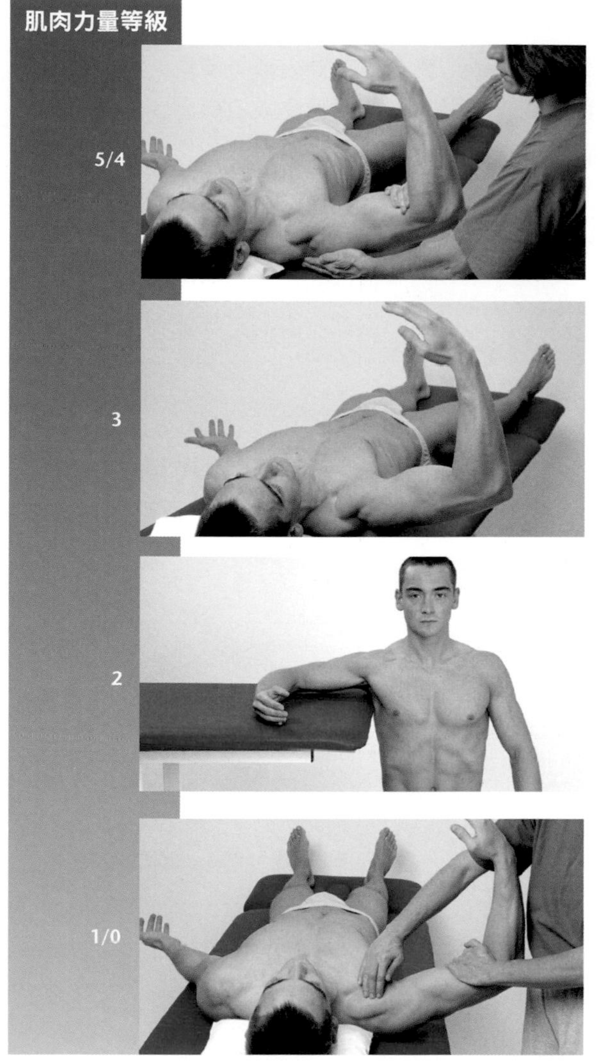

5/4

起始位置：病患採躺姿，測試手臂外展90度且手肘屈曲。

測試過程：測試者支撐肩膀，並給予上臂遠端向下阻力（向床面）。

指導語：將你的手臂抬離床面往對側肩膀用力，抵抗我的阻力並維持姿勢。

3

起始位置：病患採躺姿，測試手臂外展90度且手肘屈曲。

測試過程：測試者觀察肩膀動作。

指導語：將你的手臂抬離床面直到垂直地面。

2

起始位置：病患採坐姿。測試手臂外展90度平放於床面或其他平面。

測試過程：測試者觀察肩膀動作。

指導語：沿著床面將你的手臂向前滑動。

1/0

起始位置：病患採坐姿。測試手臂外展90度平放於床面或其他平面。

測試過程：測試者觸診三角肌鎖骨部。

指導語：嘗試將你的手臂抬離床面。

! 問題／評論

- 三角肌鎖骨部的功能無法與胸大肌做區分。

三角肌棘部（後三角肌）

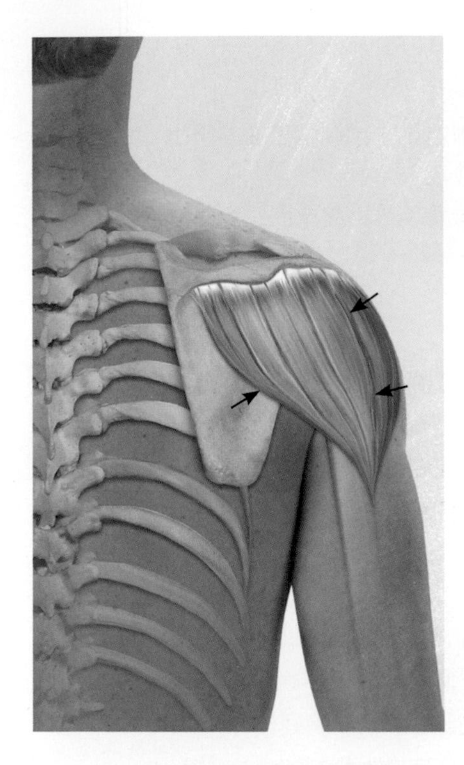

三角肌棘部單獨收縮時，會造成肱骨後傾（伸直）與外轉。當與三角肌鎖骨部共同作用時，其功能會取決於肩關節的位置。當手臂內收時，兩條肌肉會共同扮演肩峰部的拮抗肌而成為強力的內收肌。手臂處理外展狀態時會協助繼續外展。

起點	肩胛棘
終點	肱骨的三角肌粗隆
神經支配	腋神經（第5～6節頸神經）
特殊性質	三角肌是第5節頸神經的指標肌肉

功能

盂肱關節

協同肌	拮抗肌
後傾（伸直）	
闊背肌、肱三頭肌長頭、大圓肌、棘下肌	胸大肌、三角肌鎖骨部（前三角肌）、肱二頭肌長頭、喙肱肌
外轉	
棘下肌、小圓肌、肱二頭肌長頭	肩胛下肌、胸大肌、闊背肌、肱二頭肌、大圓肌
內收（手臂內收姿勢）	
胸大肌、闊背肌、大圓肌、小圓肌、喙肱肌、肱二頭肌短頭、三角肌鎖骨部（前三角肌）、棘下肌下部、肱三頭肌長頭	三角肌肩峰部（中三角肌）、肱二頭肌長頭、棘下肌上部、肩胛下肌上部
外展（手臂外展姿勢）	
三角肌鎖骨部（前三角肌）、肱二頭肌長頭、棘下肌上部、肩胛下肌上部	胸大肌、闊背肌、大圓肌、小圓肌、喙肱肌、肱二頭肌短頭、棘下肌下部、肱三頭肌長頭

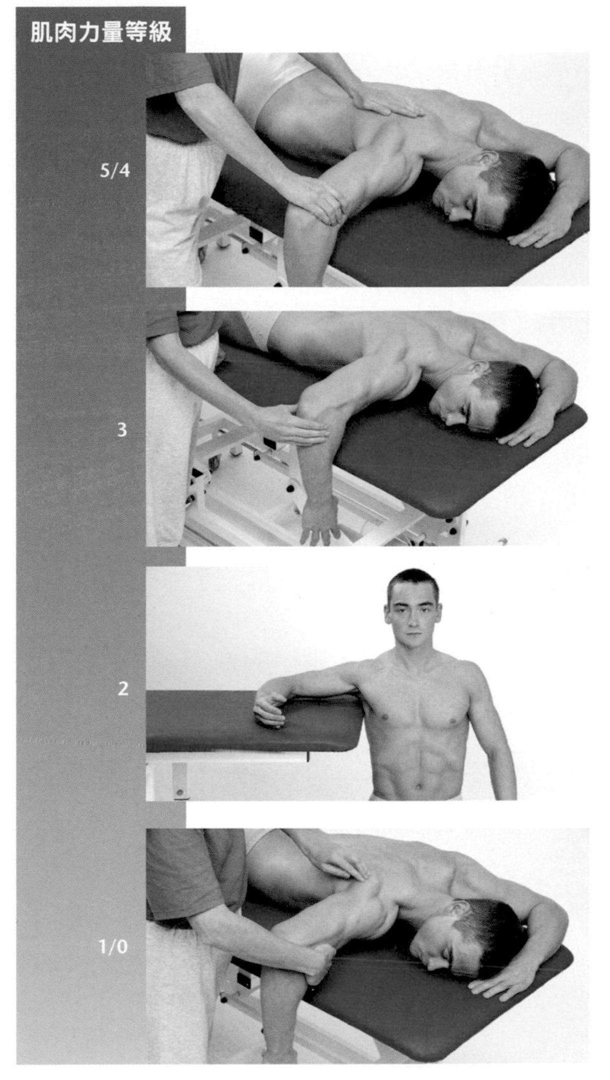

肌肉功能測試

起始位置：病患採趴姿且手臂外展90度。上臂平放於床面，前臂垂出床面垂直床緣。

測試過程：測試者一隻手固定肩胛骨，另一隻手給予手肘向下阻力。

指導語：將你的手臂抬離床面，抵抗我的阻力並維持姿勢。

起始位置：病患採趴姿且手臂外展90度。上臂平放於床面，前臂垂出床面垂直床緣。

測試過程：測試者觀察肩膀動作。

指導語：將你的手臂抬離床面。

起始位置：病患採坐姿。手臂外展90度平放於床面。

測試過程：測試者觀察肩膀動作。

指導語：沿著床面將你的手臂向後滑動。

起始位置：病患採趴姿且手臂外展90度。上臂平放於床面，前臂垂出床面垂直床緣。

測試過程：測試者觸診三角肌棘部。

指導語：嘗試將你的手臂抬離床面。

! 問題／評論

- 為了減少肱三頭肌長頭協助代償，測試可以在手肘伸直下執行。

三角肌肩峰部（中三角肌）

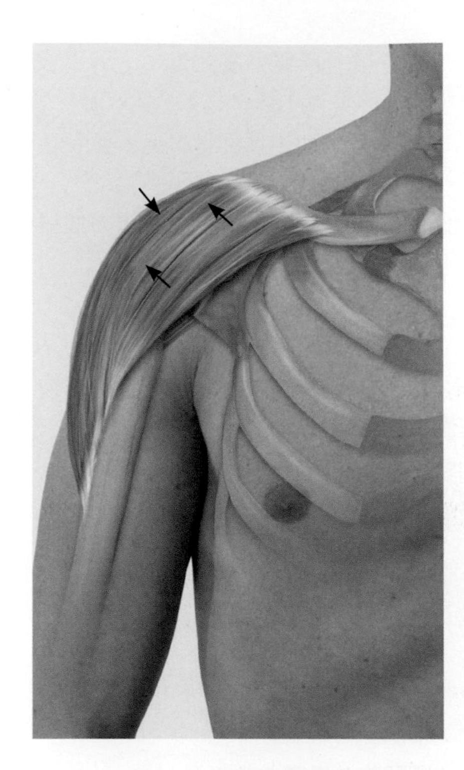

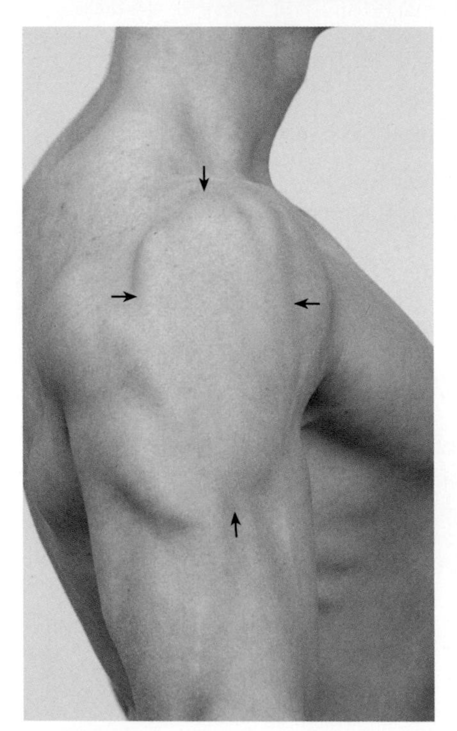

三角肌肩峰部使手臂外展，此時棘上肌將肱骨頭控制在盂窩中心。當三角肌肩峰部外展縮短而變得無力時，三角肌棘部（後三角肌）與鎖骨部（前三角肌）會協助外展動作。

起點	肩峰
終點	肱骨的三角肌粗隆
神經支配	腋神經（第5～6節頸神經）
特殊性質	三角肌是第5節頸神經的指標肌肉

功能

協同肌	拮抗肌
盂肱關節	
外展	
三角肌鎖骨部與棘部（手臂外展姿勢）	胸大肌
棘下肌上部	闊背肌
肱二頭肌長頭	大圓肌
肩胛下肌上部	小圓肌
	喙肱肌
	肱二頭肌短頭
	三角肌鎖骨部與棘部（手臂內收姿勢）
	棘下肌下部

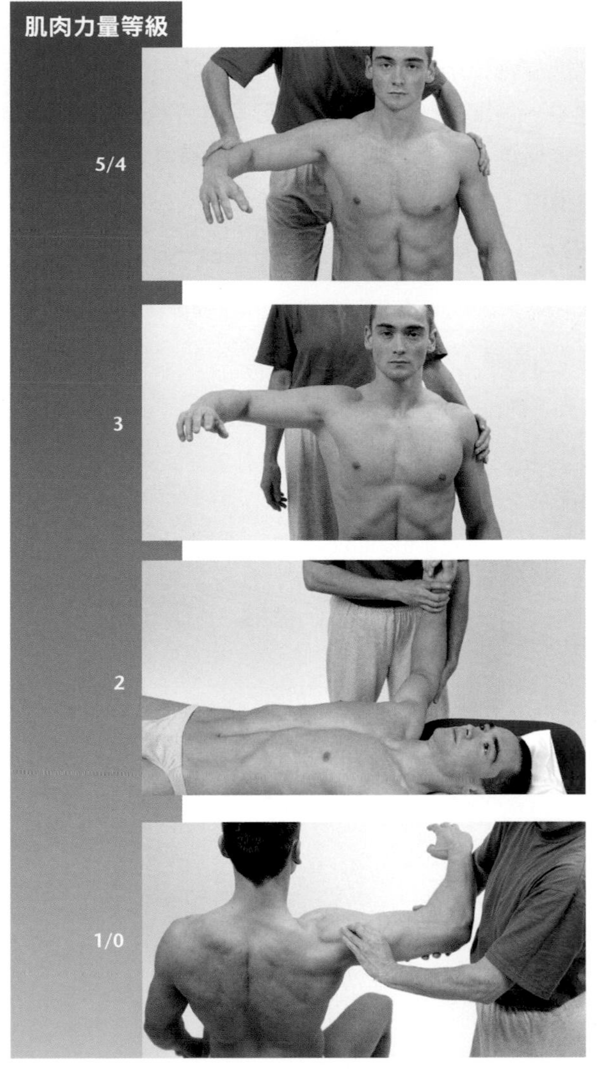

肌肉功能測試

起始位置：病患採坐姿，一隻手臂放鬆在身體旁，受測手臂外展，手肘屈曲90度。

測試過程：測試者給予上臂遠端內收方向的阻力。

指導語：將你的手臂遠離身體，抵抗我的阻力並維持姿勢。

起始位置：病患採坐姿，一隻手臂放鬆在身體旁，受測手臂外展，手肘屈曲90度。

測試過程：測試者固定對側胸帶並觀察手臂動作。

指導語：將你的手臂遠離身體。

起始位置：病患採躺姿。受測手臂外展，手肘屈曲90度。

測試過程：測試者支撐上臂與前臂，在動作時支撐手臂重量。

指導語：將你的手臂遠離身體。

起始位置：病患採坐姿，一隻手臂放鬆在身體旁，受測手臂外展，手肘屈曲90度。

測試過程：測試者觸診三角肌肩峰部。

指導語：嘗試將你的手臂遠離身體。

問題／評論

- 不要讓病患產生手臂外轉，因為肱二頭肌會代償動作。
- 當測試三角肌肩峰部時，確認病患沒有抬起肩膀並將上半身傾斜至另一側，看起來很像做出肩膀外展。
- 棘上肌會協助三角肌肩峰部的功能。

棘上肌

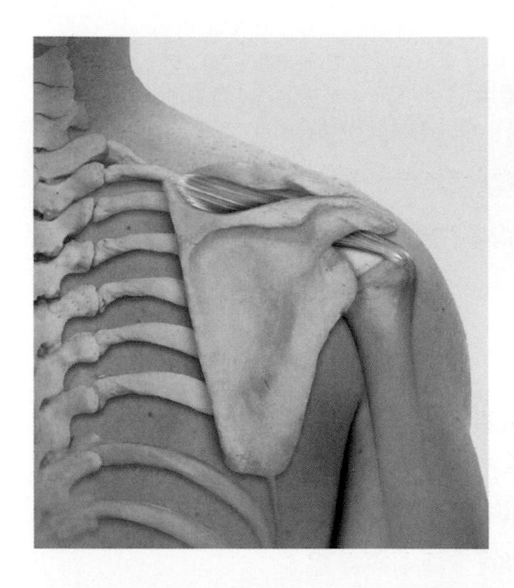

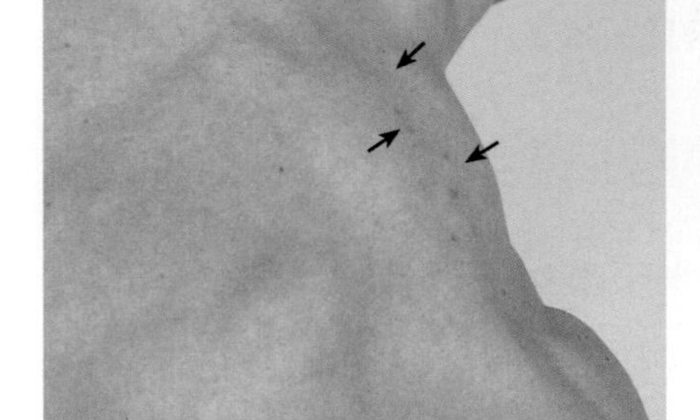

棘上肌沒有明顯旋轉作用。作為旋轉肌群的一部分，它將肱骨頭固定於盂窩中，特別是在起始外展、三角肌將肱骨頭拉出盂窩時。如果棘上肌癱瘓，三角肌會將肱骨大粗隆拉向肩峰頂，特別是中段外展時。

起點	棘上窩 棘上筋膜
終點	肱骨大粗隆上關節突
神經支配	肩胛上神經（第4～6節頸神經）
特殊性質	棘上肌的神經支配是臂神經叢鎖骨上部的分支；這條肌肉為旋轉肌群的其中一條

功能

協同肌	拮抗肌
盂肱關節	
固定肱骨頭以防止向上滑動	
棘下肌	三角肌
小圓肌	
大圓肌	
肩胛下肌	
闊背肌	
胸大肌	

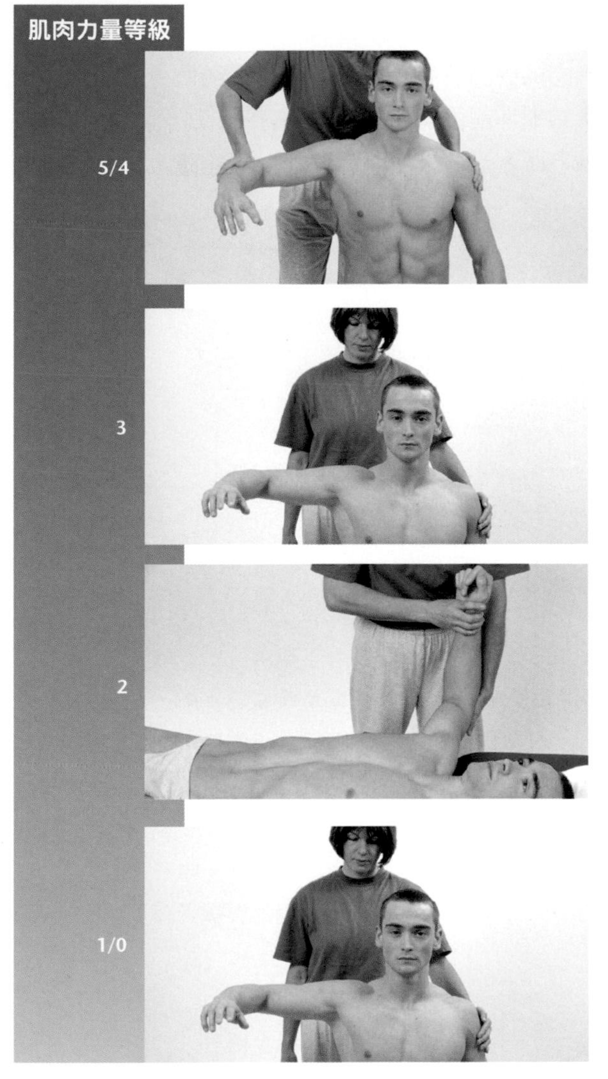

肌肉功能測試

起始位置：病患採坐姿，一隻手臂放鬆在身體旁，受測手臂外展，手肘屈曲90度。

測試過程：測試者給予上臂遠端內收方向的阻力。

指導語：將你的手臂遠離身體，抵抗我的阻力並維持姿勢。

起始位置：病患採坐姿，一隻手臂放鬆在身體旁，受測手臂外展，手肘屈曲90度。

測試過程：測試者固定對側胸帶並觀察手臂動作。

指導語：將你的手臂遠離身體。

起始位置：病患採躺姿。受測手臂外展，手肘屈曲90度。

測試過程：測試者支撐上臂與前臂，並在動作時支撐手臂重量。

指導語：將你的手臂遠離身體。

起始位置：病患採坐姿，一隻手臂放鬆在身體旁，受測手臂外展，手肘屈曲90度。

測試過程：測試者觸診三角肌肩峰部。

指導語：嘗試將你的手臂遠離身體。

臨床關聯性

- 棘上肌癱瘓時，患側肱骨頭較高且有更高脫位風險。
- 棘上肌肌腱斷裂會降低肩關節穩定性。
- 棘上肌症候群是棘上肌肌腱伴隨嚴重疼痛的慢性疼痛現象。病患伴隨的保護性姿勢會在幾週內顯著攣縮關節囊並限制活動度。

問題／評論

- 因為棘上肌與三角肌肩峰部同時執行相同動作而難以區分。棘上肌在外展起始時較活化，負責將肱骨拉到肩峰下。當繼續外展時，三角肌力臂會增大並產生更大力量。
- 病患不能在肌肉功能測試時手臂外轉，因為肱二頭肌會代償動作。不能有肩膀上抬和軀幹旋轉或側彎，這些動作也會造成明顯外展。

棘下肌

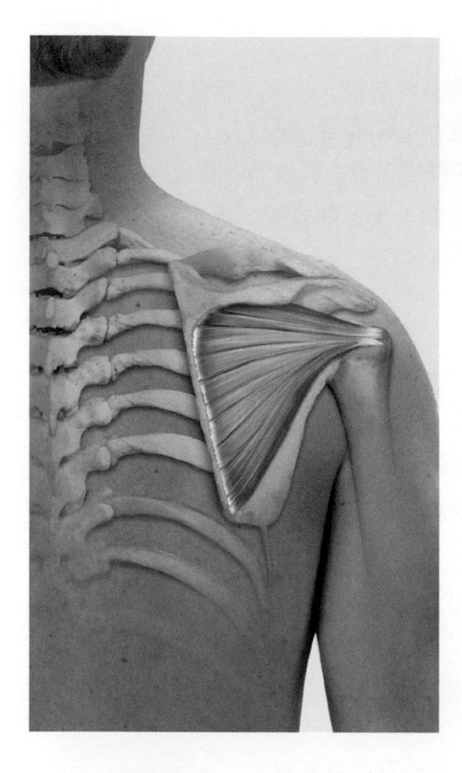

棘下肌產生有力的外轉，特別是在末端外展時肱骨大粗隆需要外轉，以避免撞擊肩峰而影響持續外展。它的上部使手臂外展而下部使手臂內收。

起點	棘下窩；肩胛棘下緣；棘下筋膜
終點	肱骨大粗隆中關節突
神經支配	肩胛上神經（第4～6節頸神經）
特殊性質	此肌肉為旋轉肌群的其中一條

功能

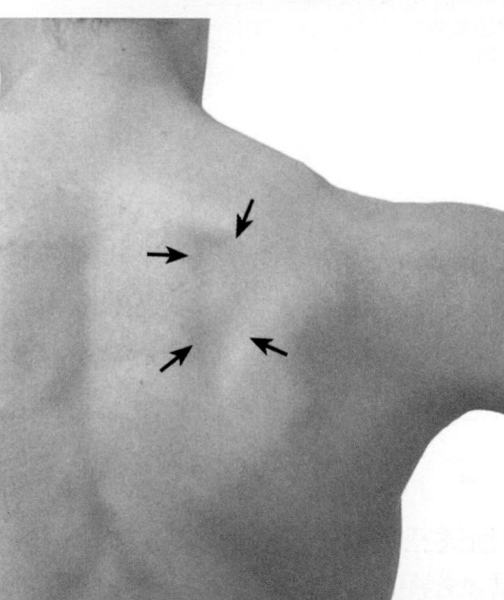

協同肌	拮抗肌
盂肱關節	
外轉	
小圓肌	肩胛下肌　胸大肌
三角肌棘部（後三角肌）	三角肌鎖骨部（前三角肌）
肱二頭肌長頭	闊背肌　大圓肌　肱二頭肌
內收（下部）	
胸大肌	三角肌肩峰部（中三角肌）
闊背肌	三角肌棘部與鎖骨部（手臂外展姿勢）
大圓肌	肱二頭肌長頭
小圓肌	肩胛下肌上部
喙肱肌	
肱二頭肌短頭	
三角肌棘部與鎖骨部（手臂內收姿勢）	
肱三頭肌長頭	
外展（上部）	
三角肌肩峰部（中三角肌）	胸大肌　闊背肌
三角肌棘部與鎖骨部（手臂外展姿勢）	大圓肌　小圓肌
肱二頭肌長頭	喙肱肌　肱二頭肌短頭
肩胛下肌上部	三角肌棘部與鎖骨部（手臂內收姿勢）
	肱三頭肌長頭

肌肉功能測試

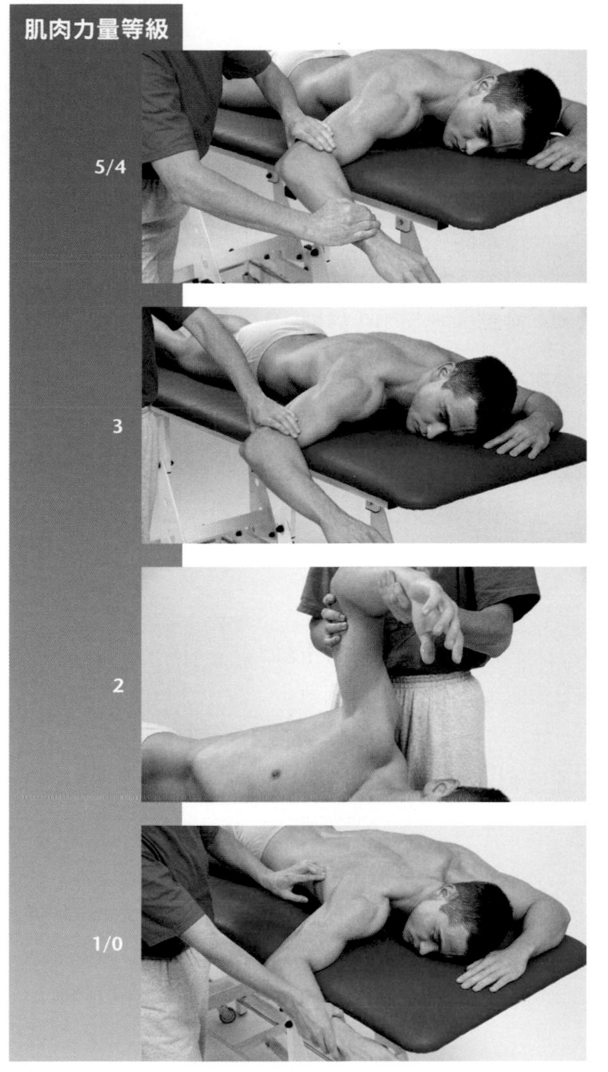

起始位置： 病患採趴姿。手臂外展90度且手肘屈曲90度。前臂垂掛在床緣。

測試過程： 測試者一隻手固定上臂，另一隻手給予前臂內轉方向的阻力。

指導語： 將你的前臂向前、向上旋轉，抵抗我的阻力並維持姿勢。

起始位置： 病患採趴姿。手臂外展90度且手肘屈曲90度。前臂垂掛在床緣。

測試過程： 測試者固定上臂。

指導語： 將你的前臂向前、向上旋轉。

起始位置： 病患採側躺。手臂外展90度且手肘屈曲90度。

測試過程： 測試者支撐前臂。

指導語： 盡可能將你的前臂向頭方向旋轉。

起始位置： 病患採趴姿。

測試過程： 測試者觸診棘下肌。

指導語： 嘗試將你的前臂向前、向上旋轉。

問題／評論

- 小圓肌、棘下肌與三角肌棘部在測試中難以區辨。
- 若手臂伸直，手肘旋後會造成肩膀外轉。
- 因為表面覆蓋闊背肌，因此不一定能觸診到棘下肌。

小圓肌

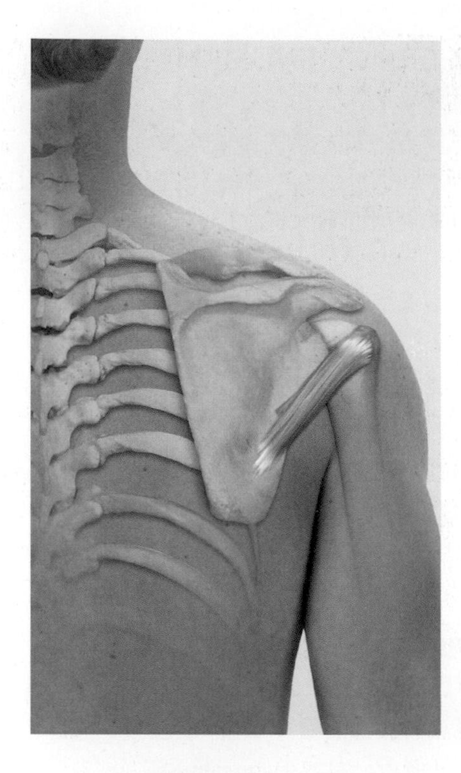

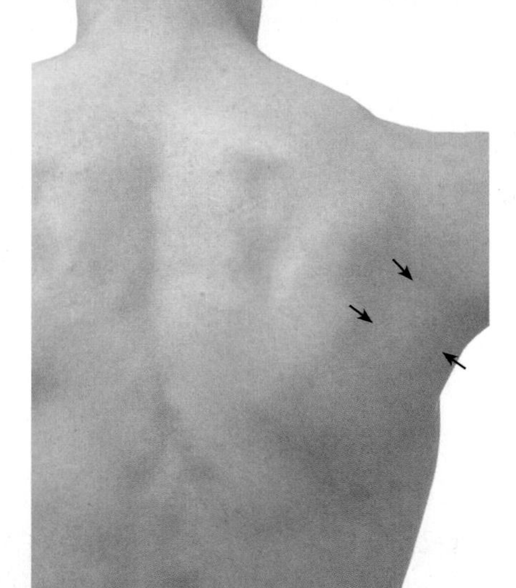

小圓肌產生肩膀外轉，如果手臂外展時則可使手臂內收。作為旋轉肌群一部分，它能穩定肩關節。

起點	肩胛骨外緣上2/3 分開小圓肌和大圓肌與棘下肌的筋膜
終點	肱骨大粗隆下關節突，棘下肌終點下方
神經支配	腋神經（第5～6節頸神經）
特殊性質	小圓肌形成外腋裂孔上緣與旋轉肌群一部分

功能

協同肌	拮抗肌
盂肱關節	
外轉	
棘下肌	肩胛下肌
三角肌棘部（後三角肌）	胸大肌
肱三頭肌長頭	三角肌鎖骨部（前三角肌）
	肱二頭肌
	闊背肌
	大圓肌
內收	
胸大肌	三角肌肩峰部（中三角肌）
闊背肌	三角肌棘部與鎖骨部（手臂外展姿勢）
大圓肌	棘下肌上部
喙肱肌	肱二頭肌長頭
肱二頭肌短頭	肩胛下肌上部
三角肌棘部與鎖骨部（手臂內收姿勢）	
棘下肌下部	
肱三頭肌長頭	

肌肉功能測試

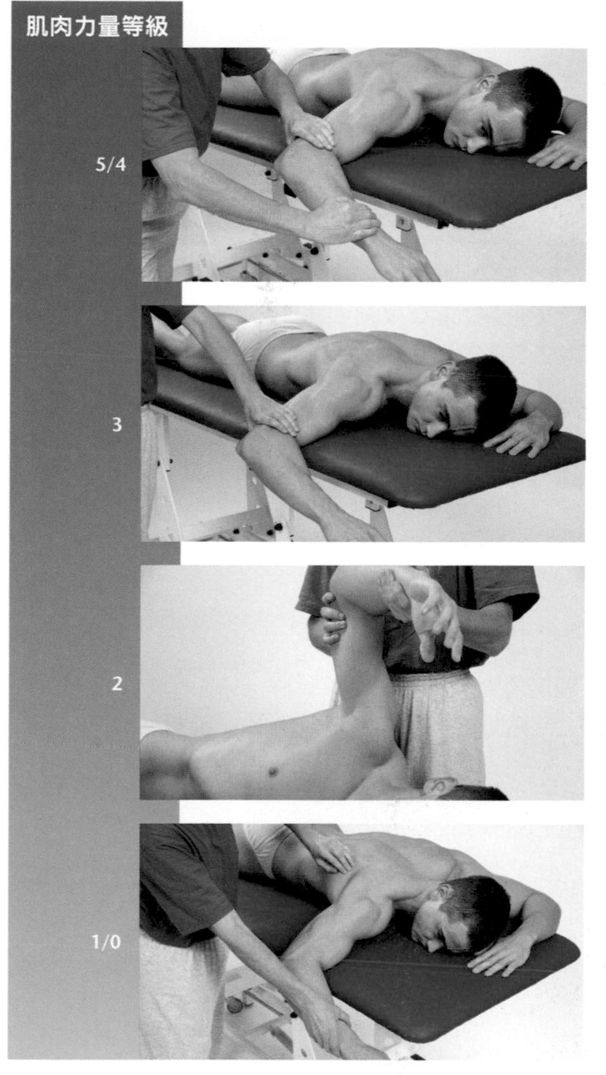

起始位置：病患採趴姿。手臂外展，手肘屈曲90度。前臂垂掛在床緣。

測試過程：測試者一隻手固定上臂，另一隻手給予前臂內轉方向的阻力。

指導語：將你的前臂向前、向上旋轉，抵抗我的阻力並維持姿勢。

起始位置：病患採趴姿。手臂外展，手肘屈曲90度。前臂垂掛在床緣。

測試過程：測試者固定上臂。

指導語：將你的前臂向前、向上旋轉。

起始位置：病患採側躺。手臂外展，手肘屈曲90度。

測試過程：測試者支撐前臂。

指導語：盡可能將你的前臂向頭方向旋轉。

起始位置：病患採趴姿。

測試過程：測試者觸診小圓肌。

指導語：嘗試將你的前臂向前、向上旋轉。

問題／評論

- 小圓肌、棘下肌與三角肌棘部在測試中難以區辨。
- 若手臂伸直，手肘旋後會造成肩膀外轉。

肩胛下肌

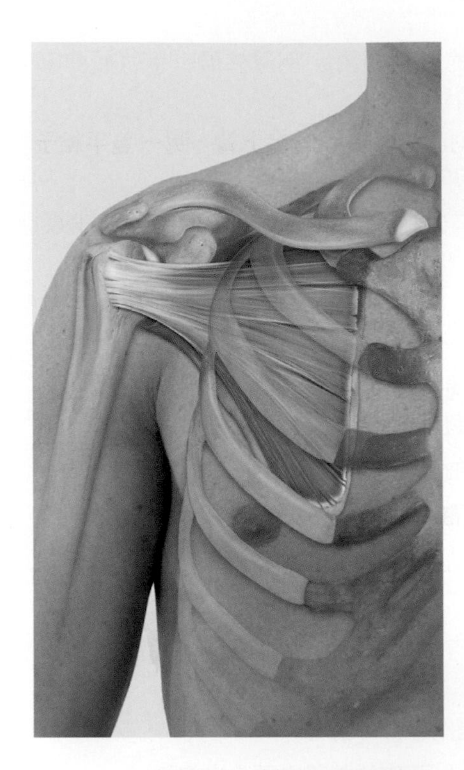

肩胛下肌是上臂強力的內轉肌，並將外展手臂內收至軀幹。作為旋轉肌群一部分，它能穩定肩關節。

起點	肩胛下窩
終點	肱骨小粗隆 肩關節囊前
神經支配	肩胛下神經（第5～6節頸神經） 腋神經作為輔助
特殊性質	與肩胛骨共同形成腋下後壁，為旋轉肌群一部分

功能

協同肌	拮抗肌
盂肱關節	
內轉	
胸大肌	棘下肌
三角肌鎖骨部（前三角肌）	小圓肌
闊背肌　大圓肌	三角肌棘部（後三角肌）
肱二頭肌	肱二頭肌長頭

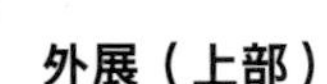

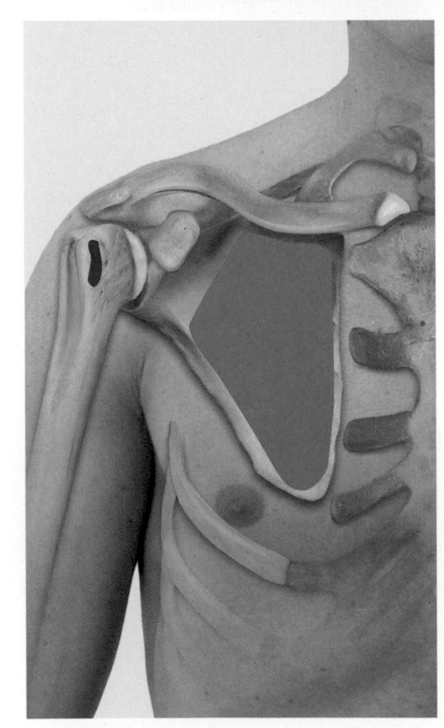

協同肌	拮抗肌
外展（上部）	
三角肌肩峰部（中三角肌）	胸大肌　闊背肌
三角肌棘部與鎖骨部（手臂外展姿勢）	大圓肌　小圓肌
	喙肱肌　肱二頭肌短頭
棘下肌上部	三角肌棘部與鎖骨部（手臂內收姿勢）
肱二頭肌長頭	
	棘下肌下部　肱三頭肌長頭
	三角肌肩峰部（中三角肌）
前傾（明顯外展姿勢）	
胸大肌	
三角肌鎖骨部（前三角肌）	闊背肌
肱二頭肌	肱三頭肌長頭
喙肱肌	大圓肌
	三角肌棘部（後三角肌）
後傾（明顯前傾姿勢）	
闊背肌	
肱三頭肌長頭	胸大肌
大圓肌	三角肌鎖骨部（前三角肌）
三角肌棘部（後三角肌）	肱二頭肌　喙肱肌

肌肉功能測試

肌肉力量等級

5/4

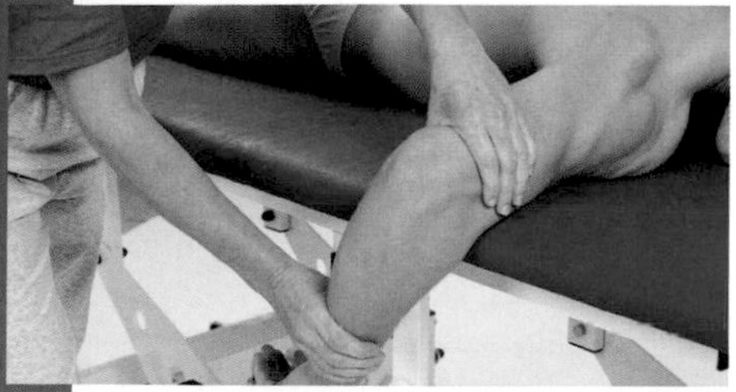

起始位置：病患採趴姿。手臂外展，手肘屈曲90度。前臂垂掛在床緣。

測試過程：測試者一隻手固定上臂，另一隻手給予前臂外轉方向的阻力。

指導語：將你的前臂向後向上旋轉，抵抗我的阻力並維持姿勢。

3

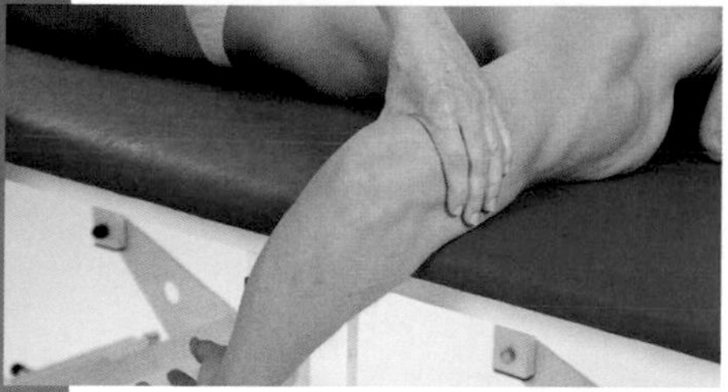

起始位置：病患採趴姿。手臂外展，手肘屈曲90度。前臂垂掛在床緣。

測試過程：測試者固定上臂。

指導語：將你的前臂向後向上旋轉。

2

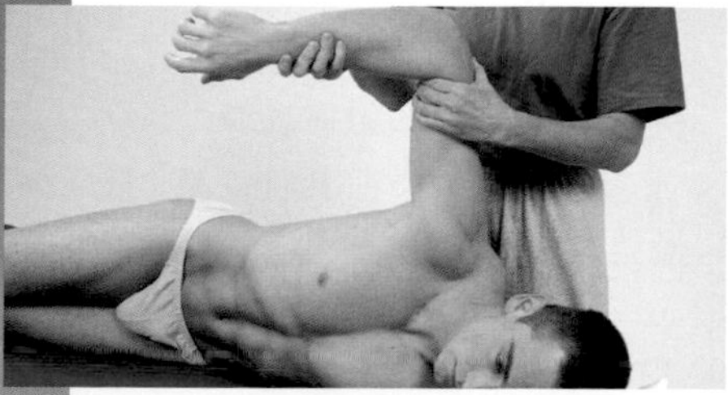

起始位置：病患採側躺。手臂外展，手肘屈曲90度。

測試過程：測試者支撐前臂。

指導語：盡可能將你的前臂向骨盆方向旋轉。

1/0

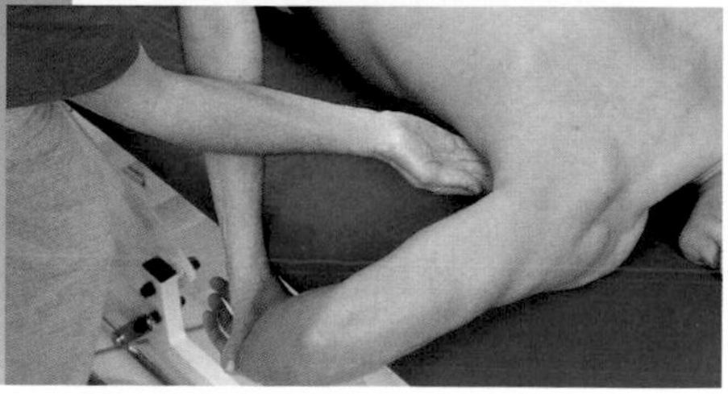

起始位置：病患採趴姿。

測試過程：測試者觸診腋下的肩胛下肌。

指導語：嘗試將你的前臂向後向上旋轉。

問題／評論

- 測試時肩胛下肌與大圓肌共同作用。
- 肩胛下肌與其他強力的內轉肌難以區辨功能。
- 若手臂伸直，手肘旋前會造成肩膀內轉。

闊背肌

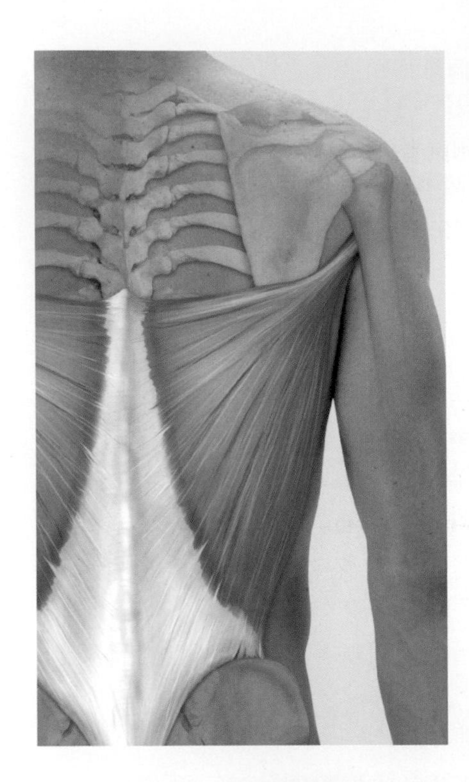

闊背肌收縮造成肱骨後傾（伸直）、內收與內轉。闊背肌透過間接連在肩關節與直接連到肩胛下角，將肩胛骨沿胸廓往下位移。其作用在脊椎的動作不在此討論。

起點	胸腰筋膜；棘上韌帶；髂嵴背側1/3；第9～12節肋骨；肩胛下角（一小部分）
終點	肱骨小粗隆
神經支配	胸背神經（第6～8節頸神經）
特殊性質	闊背肌形成後側腋下皺褶

功能

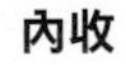 協同肌　　拮抗肌

盂肱關節

內轉

協同肌	拮抗肌
肩胛下肌　胸大肌	棘下肌　小圓肌
三角肌鎖骨部（前三角肌）	三角肌棘部（後三角肌）
大圓肌　肱二頭肌	肱二頭肌長頭

內收

協同肌	拮抗肌
胸大肌　大圓肌	三角肌肩峰部（中三角肌）
小圓肌　喙肱肌	三角肌棘部與鎖骨部（手臂外展姿勢）
肱二頭肌短頭	棘下肌上部
三角肌棘部與鎖骨部（手臂內收姿勢）	肱二頭肌長頭
棘下肌下部　肱三頭肌長頭	肩胛下肌上部

後傾（伸直）

協同肌	拮抗肌
肱三頭肌長頭	胸大肌　棘下肌上部
三角肌棘部（後三角肌）	三角肌鎖骨部（前三角肌）
肩胛下肌下部	肱二頭肌長頭
大圓肌	喙肱肌

肩峰鎖骨與胸骨鎖骨關節

肩胛骨向下位移

協同肌	拮抗肌
斜方肌上升部（下斜方肌）	斜方肌下降部（上斜方肌）
前鋸肌下部　胸小肌	提肩胛肌
	菱形肌
透過連到肱骨時而間接協同作用的肌肉：胸大肌	前鋸肌上部

肌肉功能測試

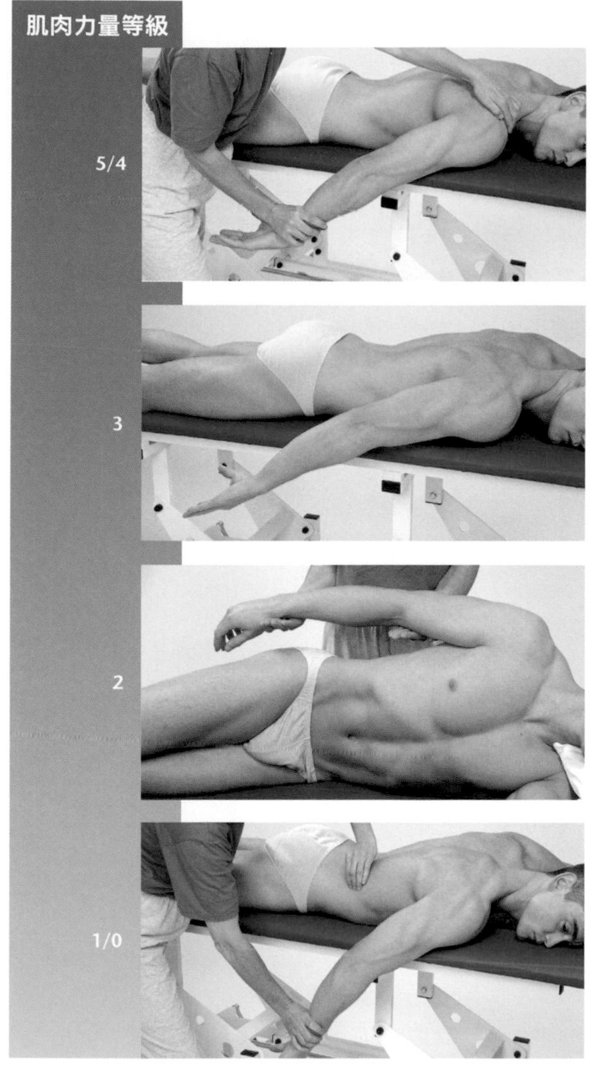

5/4

起始位置：病患採趴姿。肩膀靠床緣且手臂自然垂放。

測試過程：測試者一隻手固定同側肩膀，另一隻手給予肩膀前傾（屈曲）、外展與外轉方向的阻力。

指導語：將你的手臂往後抬起並靠近身體，抵抗我的阻力並維持姿勢。

3

起始位置：病患採趴姿。肩膀靠床緣且手臂自然垂放。

測試過程：測試者觀察肩膀動作。

指導語：將你的手臂往後抬起並靠近身體。

2

起始位置：病患採側躺。

測試過程：測試者支撐手臂。

指導語：將你的手臂往後移動。

1/0

起始位置：病患採趴姿。

測試過程：病患觸診闊背肌。

指導語：嘗試將你的手臂往後抬起並靠近身體。

臨床關聯性

- 闊背肌對於使用助行器與任何需要軀幹靠近手臂的活動相當重要。
- 這條肌肉縮短會造成手臂屈曲與外展受限。這常見於脊椎側彎、駝背與長期使用助行器個案身上。
- 這條肌肉在用力吐氣（咳嗽、打噴嚏）和手臂固定的深吸氣時需要用到。闊背肌外緣（咳嗽肌）在慢性阻塞性肺病個案上經常有肥大現象。

問題／評論

- 闊背肌是游泳、划船或是砍柴、騎馬動作時主要的驅動肌肉。

大圓肌

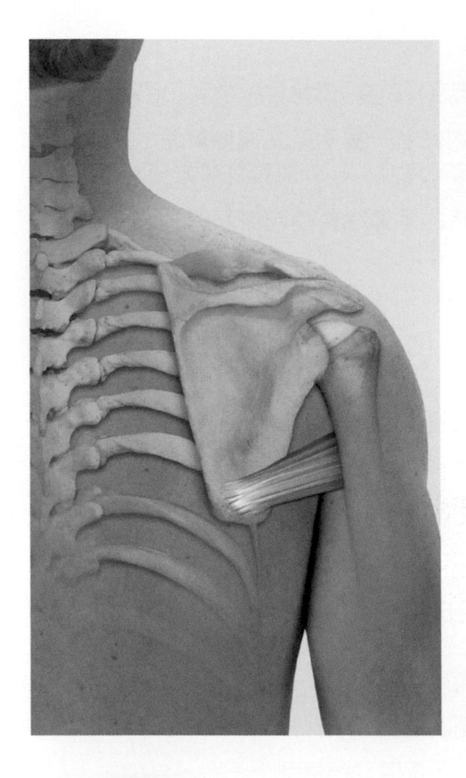

大圓肌使上臂內收與內轉。它將肱骨處在前傾（屈曲）姿勢後傾（伸直）回到正中姿勢。

起點	肩胛下角背側表面與鄰近的肩胛外緣
終點	肱骨小粗隆
神經支配	胸背神經（第6～8節頸神經）
	肩胛下神經（第5～6節頸神經）

功能

協同肌	拮抗肌
盂肱關節	
後傾（伸直）	
闊背肌	胸大肌
肱三頭肌長頭	三角肌鎖骨部（前三角肌）
三角肌棘部（後三角肌）	肱二頭肌
肩胛下肌下部	喙肱肌　棘下肌上部
內收	
胸大肌	三角肌肩峰部（中三角肌）
闊背肌	三角肌棘部與鎖骨部（手臂外展姿勢）
小圓肌	棘下肌上部
喙肱肌	肱二頭肌長頭
肱二頭肌短頭	肩胛下肌上部
三角肌棘部與鎖骨部（手臂內收姿勢）	肱三頭肌長頭
棘下肌下部	
內轉	
肩胛下肌	棘下肌
胸大肌	小圓肌
闊背肌	三角肌棘部（後三角肌）
三角肌鎖骨部（前三角肌）	肱三頭肌長頭
肱二頭肌	

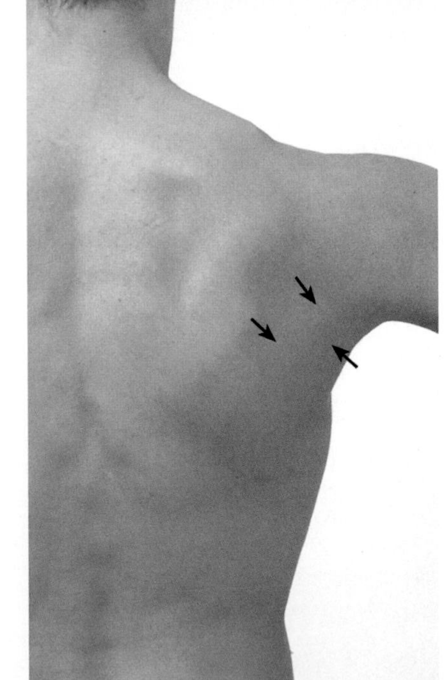

肌肉功能測試

肌肉力量等級

5/4

起始位置：病患採趴姿。肩膀靠床緣且手臂自然垂放。

測試過程：測試者一隻手固定同側肩膀，另一隻手給予肩膀前傾（屈曲）、外展與外轉方向的阻力。

指導語：將你的手臂往後抬起並靠近身體，抵抗我的阻力並維持姿勢。

3

起始位置：病患採趴姿。肩膀靠床緣且手臂自然垂放。

測試過程：測試者觀察肩膀動作。

指導語：將你的手臂往後抬起並靠近身體。

2

起始位置：病患採側躺。

測試過程：測試者支撐手臂。

指導語：將你的手臂往後移動。

1/0

起始位置：病患採趴姿。

測試過程：測試者觸診大圓肌。

指導語：嘗試將你的手臂往後抬起並靠近身體。

臨床關聯性

- 在手臂前傾（屈曲）與外展出現肩胛骨不對等動作（肩胛骨上轉）時，可能是來自大圓肌與肩胛下肌縮短所致。
- 因為大圓肌與闊背肌執行相同動作，大圓肌有時被稱作「小闊背肌」。

問題／評論

- 由於闊背肌的覆蓋，不一定都能觸診到大圓肌。
- 在描述手臂背側方向動作時，「伸直」和「過度伸直」比「後傾」一詞常用，可以對應到其他關節相似動作。

胸大肌腹部

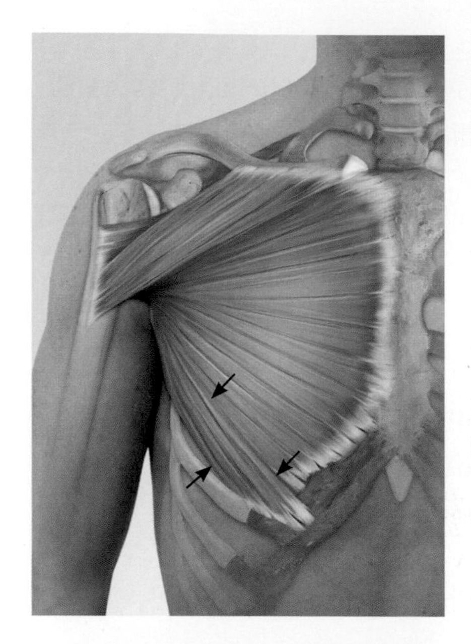

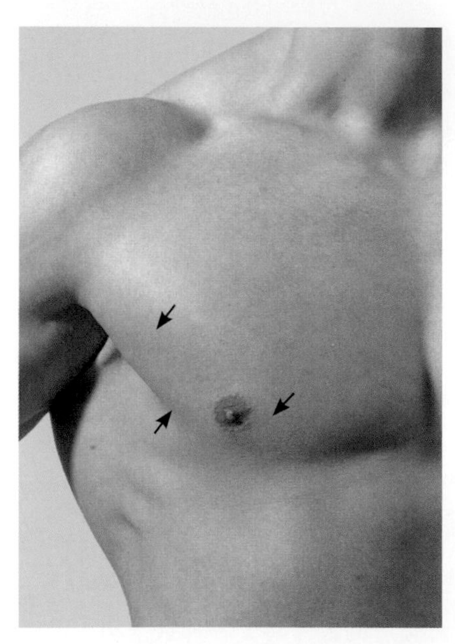

胸大肌腹部使肱骨內收與內轉。這條胸大肌也會將前傾（屈曲）姿勢的肱骨後傾（伸直）帶回正中姿勢，並透過連到肱骨間接下壓肩胛骨。

起點	腹直肌鞘前側層
終點	肱骨小粗隆
神經支配	內胸神經（第8頸神經～第1胸神經）
特殊性質	此肌肉形成前側腋下皺褶

功能

協同肌 / 拮抗肌

盂肱關節

內收

協同肌：闊背肌、大圓肌、小圓肌、喙肱肌、肱二頭肌短頭、三角肌棘部與鎖骨部（手臂內收姿勢）、棘下肌下部、肱三頭肌長頭

拮抗肌：三角肌肩峰部（中三角肌）、三角肌棘部與鎖骨部（手臂外展姿勢）、棘下肌上部、肱二頭肌長頭、肩胛下肌上部

內轉

協同肌：肩胛下肌、三角肌鎖骨部（前三角肌）、闊背肌、大圓肌、肱二頭肌

拮抗肌：棘下肌、小圓肌、三角肌棘部（後三角肌）、肱二頭肌長頭

後傾回正中姿勢

協同肌：闊背肌、肱三頭肌長頭、大圓肌、三角肌棘部（後三角肌）、肩胛下肌下部

拮抗肌：三角肌鎖骨部（前三角肌）、肱二頭肌、喙肱肌、棘下肌上部

肩胛骨向下位移（間接作用在肱骨終點）

協同肌：前鋸肌下部、胸小肌、斜方肌上升部（下斜方肌）、闊背肌

拮抗肌：斜方肌下降部（上斜方肌）、提肩胛肌、菱形肌、前鋸肌上部

肌肉功能測試

肌肉力量等級

5/4

起始位置：病患採躺姿且手臂外展120度。

測試過程：測試者一隻手固定肩膀，另一隻手給予上臂遠端向下（向床面）方向阻力。

指導語：將你的手臂向腹部方向用力，抵抗我的阻力並維持姿勢。

3

起始位置：病患採躺姿且手臂外展120度。

測試過程：測試者觀察肩膀動作。

指導語：抬起手臂直到垂直床面。

2

起始位置：病患採坐姿。手臂外展90度並平放於床上。

測試過程：測試者觀察肩膀動作。

指導語：將你的手臂沿著床面往前滑動。

1/0

起始位置：病患採躺姿且手臂外展120度。

測試過程：測試者觸診胸大肌腹部。

指導語：嘗試抬起手臂。

臨床關聯性

- 當手臂固定時，胸大肌腹部可作為附屬呼吸肌肉。

問題／評論

- 測試肌肉力量等級2時，包含胸大肌全部肌肉。

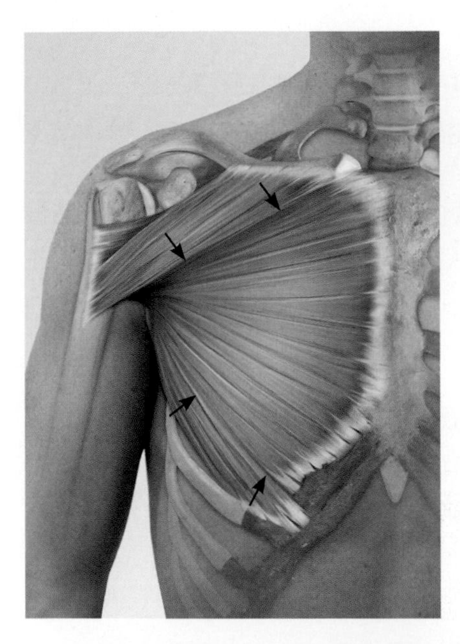

胸大肌胸骨肋骨部

胸大肌胸骨肋骨部使肱骨內收與內轉。這條胸大肌也會將前傾（屈曲）姿勢的肱骨後傾（伸直）帶回正中姿勢。

起點 胸骨腹側表面；第1～6/7肋軟骨；腹外斜肌腱膜（腹直肌鞘前側層）

終點 肱骨小粗隆嵴（下方肌肉部扭轉並連接到更背側與上側）

神經支配 外胸神經（第5～7節頸神經）
內胸神經（第8節頸神經～第1節胸神經）

特殊性質 此肌肉形成前側腋下皺褶

功能

盂肱關節

內收

協同肌		拮抗肌
闊背肌	大圓肌	三角肌肩峰部（中三角肌）
小圓肌	喙肱肌	三角肌棘部與鎖骨部（手臂外展姿勢）
肱二頭肌短頭		棘下肌上部
三角肌棘部與鎖骨部（手臂內收姿勢）		肱二頭肌長頭
棘下肌下部	肱三頭肌長頭	肩胛下肌上部

內轉

協同肌		拮抗肌
肩胛下肌	大圓肌	棘下肌
三角肌鎖骨部（前三角肌）		小圓肌
闊背肌		三角肌棘部（後三角肌）
肱二頭肌		肱二頭肌長頭

後傾回正中姿勢

協同肌		拮抗肌
闊背肌	肱三頭肌長頭	三角肌鎖骨部（前三角肌）
大圓肌		肱二頭肌
三角肌棘部（後三角肌）		喙肱肌
肩胛下肌下部		棘下肌上部

肌肉功能測試

肌肉力量等級

5/4

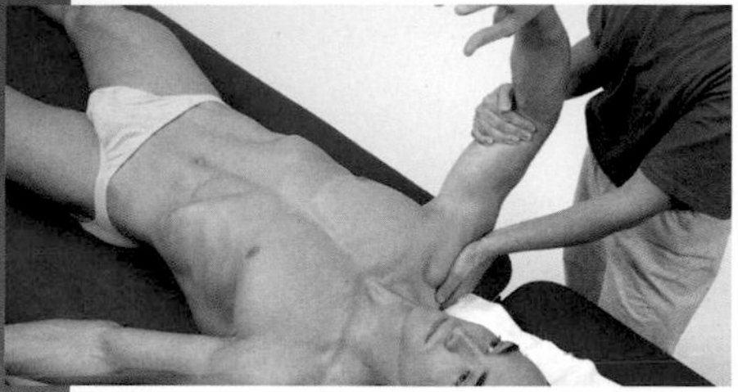

起始位置： 病患採躺姿且手臂外展90度。

測試過程： 測試者一隻手固定肩膀，另一隻手給予上臂遠端向下（向床面）方向阻力。

指導語： 將你的手臂向身體另一側用力，抵抗我的阻力並維持姿勢。

3

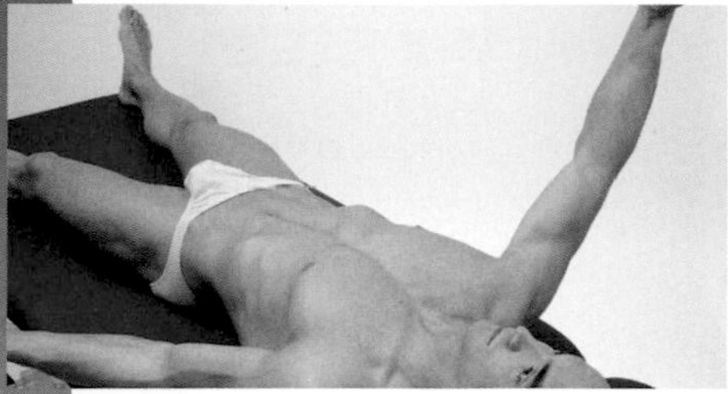

起始位置： 病患採躺姿且手臂外展90度。

測試過程： 測試者觀察肩膀動作。

指導語： 抬起手臂直到垂直床面。

2

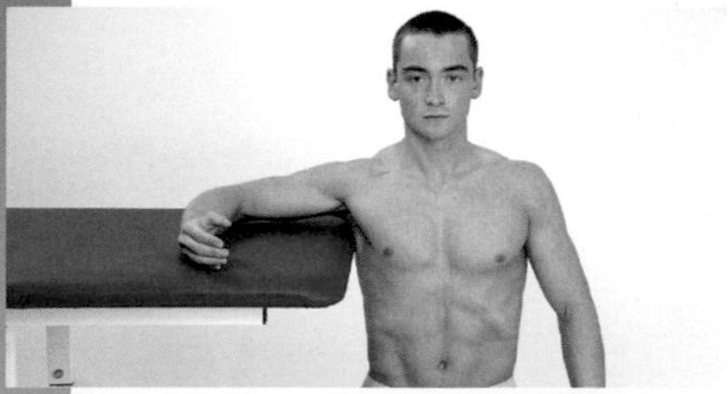

起始位置： 病患採坐姿。手臂外展90度並平放於床上。

測試過程： 測試者觀察肩膀動作。

指導語： 將你的手臂沿著床面往前滑動。

1/0

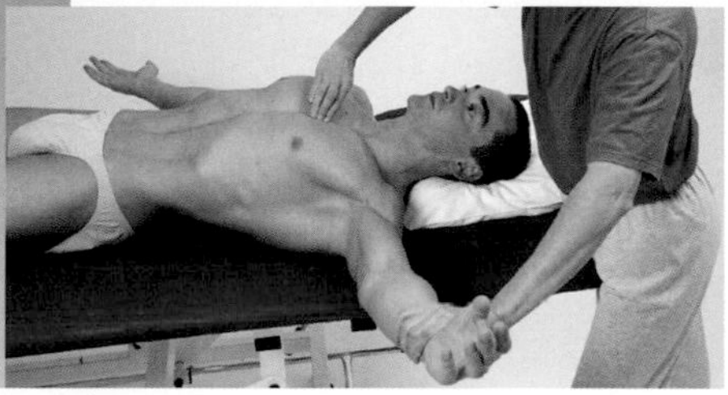

起始位置： 病患採躺姿且手臂外展90度。

測試過程： 測試者觸診胸大肌胸骨肋骨部。

指導語： 嘗試抬起手臂。

臨床關聯性

- 胸大肌胸骨肋骨部對使用助行器與在平衡桿上運動很重要。
- 胸大肌胸骨肋骨部無力時，執行砍柴、騎馬和打擊動作會有困難。
- 胸大肌胸骨肋骨部無力時，使用雙手在髖關節高度提重物會有困難。
- 沒有胸大肌胸骨肋骨部，表示沒有前側腋下皺褶且乳頭會下陷。

問題／評論

- 測試肌肉力量等級2時，包含胸大肌全部肌肉。

胸大肌鎖骨部

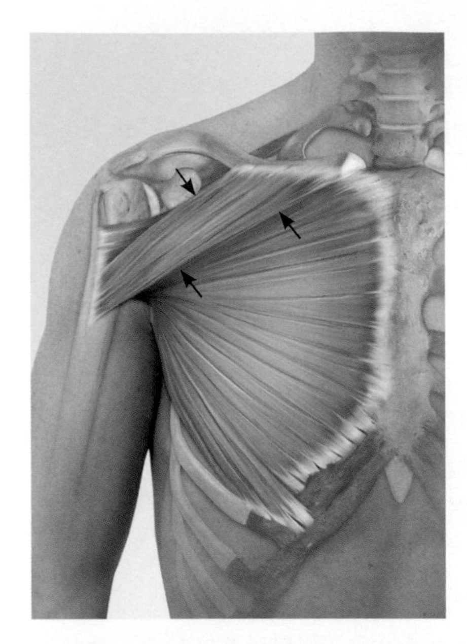

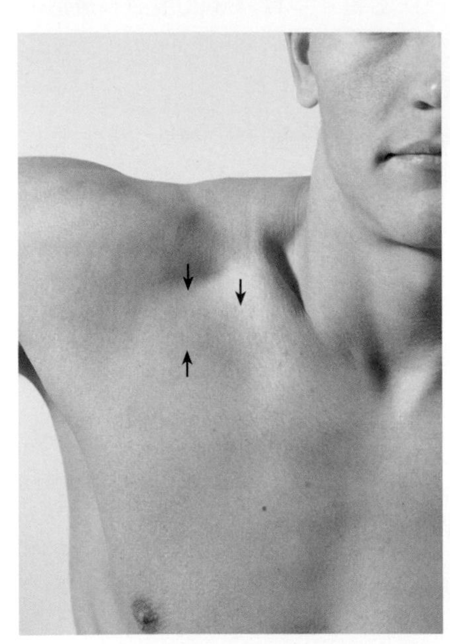

胸大肌鎖骨部單獨收縮會使肱骨前傾（屈曲），合併胸骨肋骨部會產生內收與內轉動作。

起點　鎖骨內側1/2的前側表面

終點　肱骨大粗隆

神經支配　外胸神經（第5～7節頸神經）

特殊性質　胸大肌鎖骨部為鎖骨下凹窩界線

功能

協同肌	拮抗肌
盂肱關節	
內收	
闊背肌	三角肌肩峰部（中三角肌）
大圓肌	三角肌棘部與鎖骨部（手臂外展姿勢）
小圓肌	棘下肌上部
喙肱肌	肱二頭肌長頭
肱二頭肌短頭	肩胛下肌上部
三角肌棘部與鎖骨部（手臂內收姿勢）	
棘下肌下部	
肱三頭肌長頭	
內轉	
肩胛下肌	棘下肌
三角肌鎖骨部（前三角肌）	小圓肌
闊背肌	三角肌棘部（後三角肌）
大圓肌	肱二頭肌長頭
肱二頭肌	
前傾（屈曲），鎖骨部	闊背肌
三角肌鎖骨部（前三角肌）	肱三頭肌長頭
肱二頭肌	大圓肌
喙肱肌	三角肌棘部（後三角肌）
棘下肌上部	肩胛下肌下部

肌肉功能測試

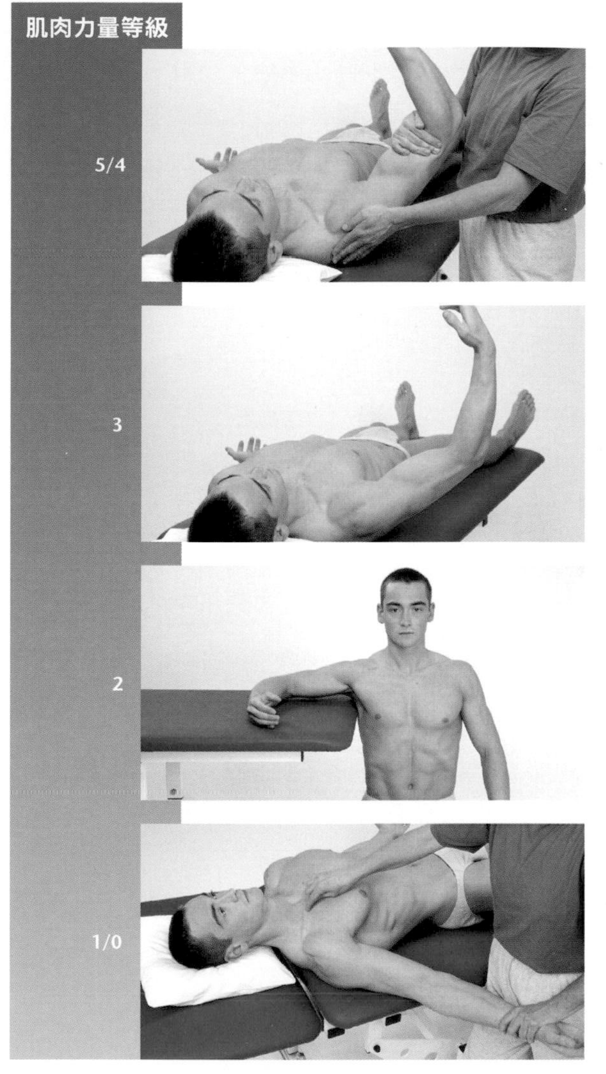

起始位置：病患採躺姿且手臂外展45度。

測試過程：測試者一隻手固定肩膀，另一隻手給予上臂遠端向下（向床面）方向阻力。

指導語：將你的手臂向鼻子方向用力，抵抗我的阻力並維持姿勢。

起始位置：病患採躺姿且手臂外展45度。

測試過程：測試者觀察肩膀動作。

指導語：抬起手臂直到垂直床面。

起始位置：病患採坐姿。手臂外展90度，並平放於床上。

測試過程：測試者觀察肩膀動作。

指導語：將你的手臂沿著床面往前滑動。

起始位置：病患採躺姿且手臂外展45度。

測試過程：測試者觸診胸大肌鎖骨部接點。

指導語：嘗試抬起手臂。

臨床關聯性

- 胸大肌鎖骨部無力的病患無法碰到對側肩膀。

問題／評論

- 測試肌肉力量等級2時，包含胸大肌全部肌肉。
- 胸大肌鎖骨部與喙肱肌的動作無法區辨。

喙肱肌

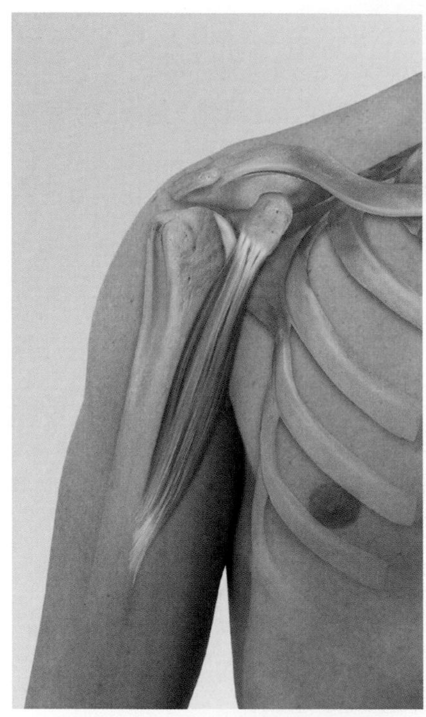

喙肱肌使肱骨內收，並有些微前傾（屈曲）功用。它主要的功用為固定肱骨頭在盂窩中（例如提重物）。

起點　肩胛骨喙突

終點　肱骨中段內側表面（三角肌粗隆高度）

神經支配　肌皮神經（第5～7節頸神經）

功能

盂肱關節

協同肌	拮抗肌
內收	
胸大肌	三角肌肩峰部（中三角肌）
闊背肌	三角肌棘部與鎖骨部（手臂外展姿勢）
大圓肌	棘下肌上部
小圓肌	肱二頭肌長頭
肱二頭肌短頭	肩胛下肌上部
三角肌棘部與鎖骨部（手臂內收姿勢）	
棘下肌下部	
肱三頭肌長頭	
前傾（屈曲），鎖骨部	
胸大肌	闊背肌
三角肌鎖骨部（前三角肌）	肱三頭肌長頭
肱二頭肌	大圓肌
棘下肌上部	三角肌棘部（後三角肌）
	肩胛下肌下部
使肩關節旋內	
肩胛下肌	棘下肌
三角肌前部	小圓肌
闊背肌	三角肌後部
大圓肌	肱三頭肌長頭
肱二頭肌	

肌肉功能測試

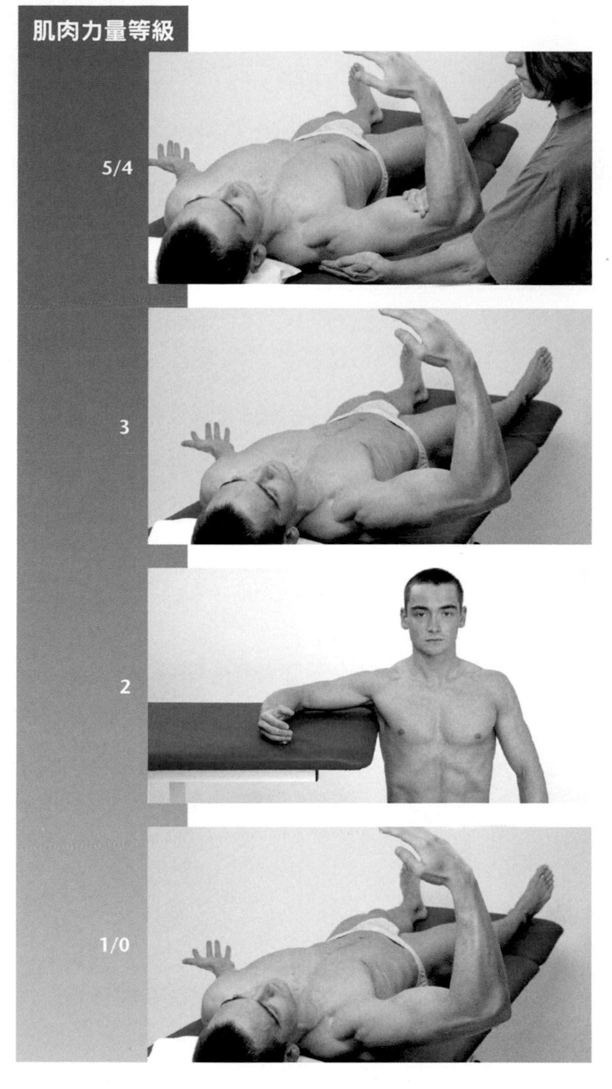

5/4

起始位置：病患採躺姿且手臂外展45度。

測試過程：測試者一隻手固定肩膀，另一隻手給予上臂遠端向下（向床面）方向阻力。

指導語：將你的手臂向鼻子方向用力，抵抗我的阻力並維持姿勢。

3

起始位置：病患採躺姿且手臂外展45度。

測試過程：測試者觀察肩膀動作。

指導語：抬起手臂直到垂直床面。

2

起始位置：病患採坐姿。手臂外展90度，並平放於床上。

測試過程：測試者觀察肩膀動作。

指導語：將你的手臂沿著床面往前滑動。

1/0

起始位置：病患採躺姿且手臂外展45度。

測試過程：測試者觀察肩膀動作。

指導語：嘗試抬起手臂。

臨床關聯性

- 肌皮神經可能會在喙肱肌的區域損傷。在這些罕見個案中，喙肱肌通常保留神經支配，但支配肱二頭肌與肱肌的神經可能會受損。

問題／評論

- 胸大肌鎖骨部與喙肱肌的動作無法區辨。

肌肉延展測試

胸大肌

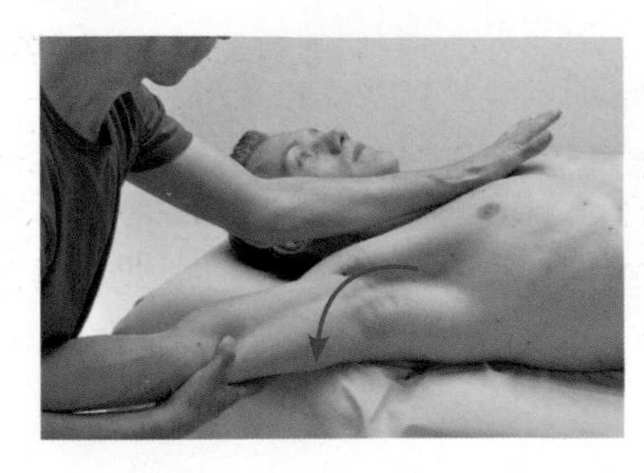

方法

治療師將病患手臂達到最大水平外展與外轉姿勢。胸袋需要後縮與上抬。

區辨各部位肌肉

執行水平外展與外轉
- 鎖骨部：低於70度外展
- 胸骨肋骨部：90度外展
- 腹部：高於120度外展

發現

如果動作無法執行到最大範圍，末端角度感覺到柔軟、有彈性的組織在限制動作範圍，表示肌肉有縮短現象。病患在肌肉延展過程會產生牽拉感。

大圓肌

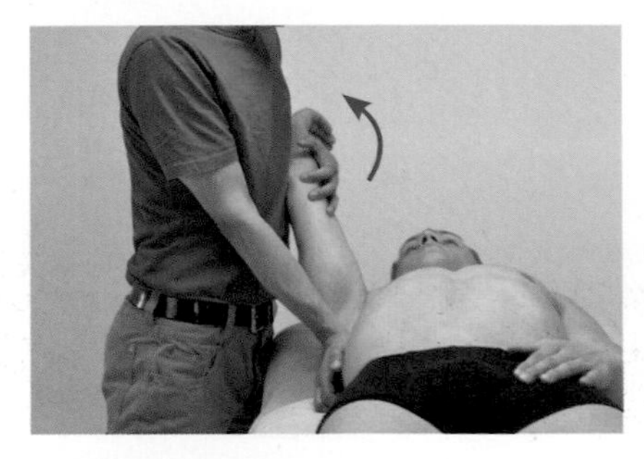

方法

治療師固定肩胛骨，並將病患手臂達到最大屈曲與外展。

發現

如果動作無法執行到最大範圍，末端角度感覺到柔軟、有彈性的組織在限制動作範圍，表示肌肉有縮短現象。病患在肌肉延展過程會產生牽拉感。

闊背肌

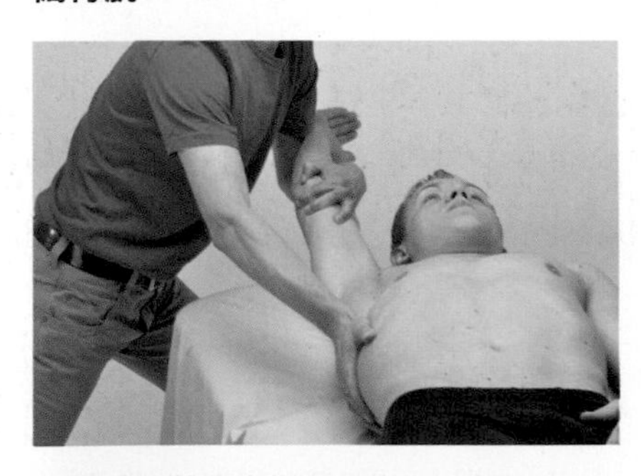

方法

治療師將病患手臂達到最大屈曲、外展與外轉。軀幹需要向對側側彎。

發現

如果動作無法執行到最大範圍，末端角度感覺到柔軟、有彈性的組織在限制動作範圍，表示肌肉有縮短現象。病患在肌肉延展過程會產生牽拉感。

肩胛下肌

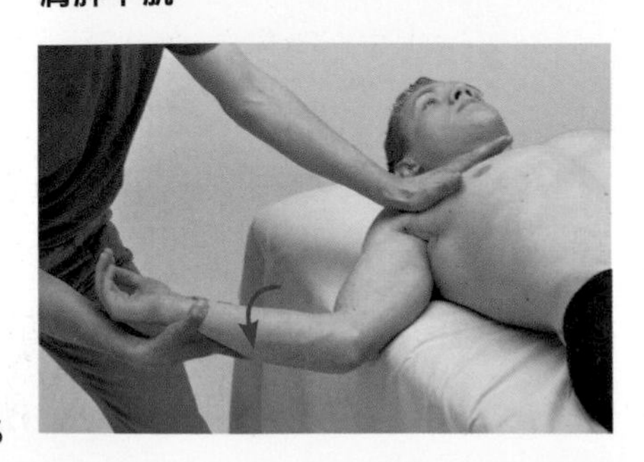

方法

治療師將病患手臂達到最大外轉。

發現

如果動作無法執行到最大範圍，末端角度感覺到柔軟、有彈性的組織在限制動作範圍，表示肌肉有縮短現象。病患在肌肉延展過程會產生牽拉感。

2
上肢

2.3 手肘肌群

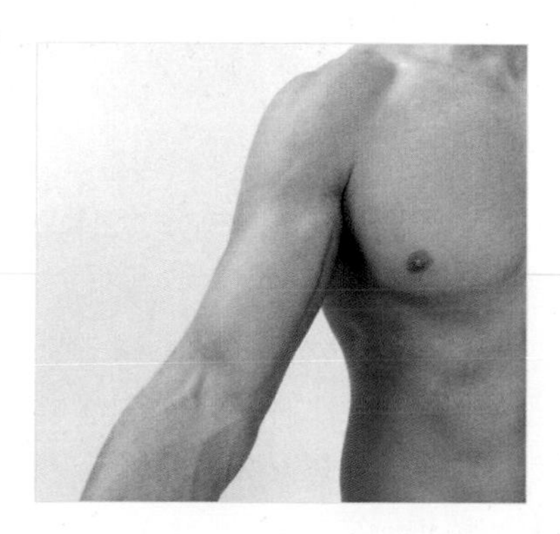

肱二頭肌長頭

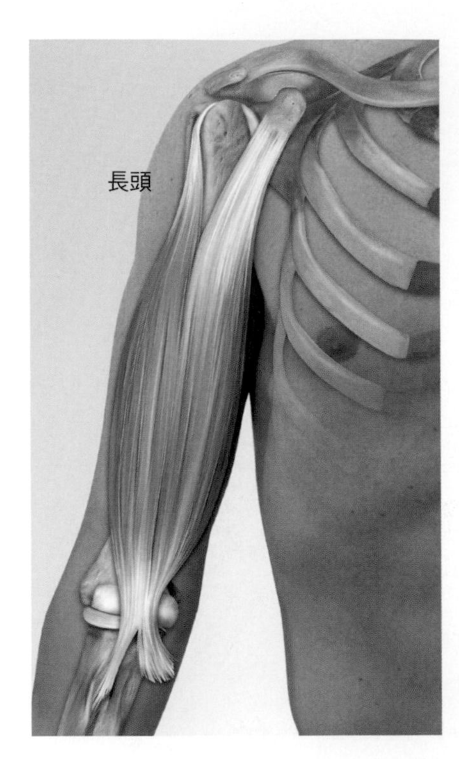

肱二頭肌長頭能引起肩關節前屈和外展，特別是在肩關節已處於旋外位時。此時，長頭肌腱能夠與肩袖肌群一同起穩定肩關節的作用。肱二頭肌長頭還能作用於肘關節，引起肘關節的屈曲和前臂的旋後。肘關節充分伸展時，肱二頭肌沒有明顯的旋後功能。

起點	肩胛骨盂上結節
終點	橈骨粗隆；前臂筋膜（以腱膜的形式）
神經支配	肌皮神經（第5～7節頸神經）
特殊性質	肱二頭肌是第6節脊髓節段的指標肌肉

功能

協同肌	拮抗肌
肩關節	
前屈	
胸大肌　三角肌鎖骨部（前三角肌） 喙肱肌 棘下肌上部	闊背肌　肱三頭肌長頭 大圓肌　三角肌棘部（後三角肌） 肩胛下肌下部
外展（上臂外轉姿勢）	
三角肌肩峰部（中三角肌） 三角肌棘部與鎖骨部（手臂外展姿勢） 棘下肌上部　肩胛下肌 棘上肌	胸大肌　闊背肌　大圓肌 小圓肌　喙肱肌 三角肌棘部與鎖骨部（手臂內收姿勢） 肱三頭肌長頭
旋內	
肩胛下肌　肱二頭肌短頭 三角肌鎖骨部（前三角肌） 闊背肌　大圓肌	棘下肌　小圓肌 三角肌棘部（後三角肌） 肱三頭肌長頭
肱橈與肱尺關節	
屈曲	
肱肌　肱橈肌　旋前圓肌 橈側伸腕長肌　尺側屈腕肌（微弱） 橈側屈腕肌（微弱）	肱三頭肌　肘肌
近端與遠端橈尺關節、肱橈關節	
旋後	
旋後肌 肱橈肌（從旋前回到正中姿勢）	旋前方肌　旋前圓肌 肱橈肌（從旋後回到正中姿勢） 橈側屈腕肌（手肘伸直） 橈側伸腕長肌

肌肉功能測試

肌肉力量等級

5/4

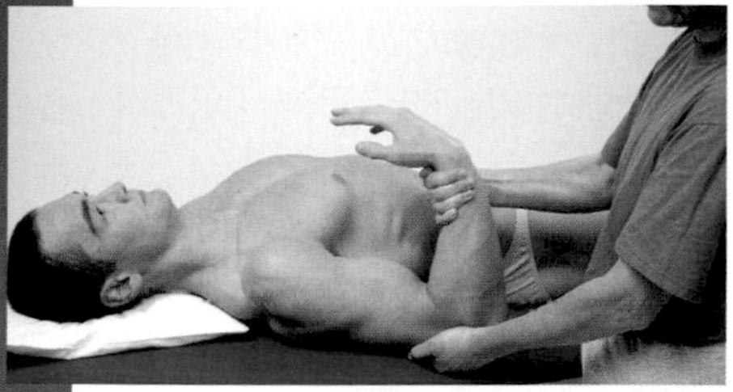

起始位置：病患採躺姿或坐姿。待測試一側手臂置於身體側並旋後，肘關節伸展。

測試過程：測試者一隻手固定上臂，另一隻手給予前臂手肘伸直方向的阻力。

指導語：屈曲你的手臂，抵抗我的阻力並維持姿勢。

3

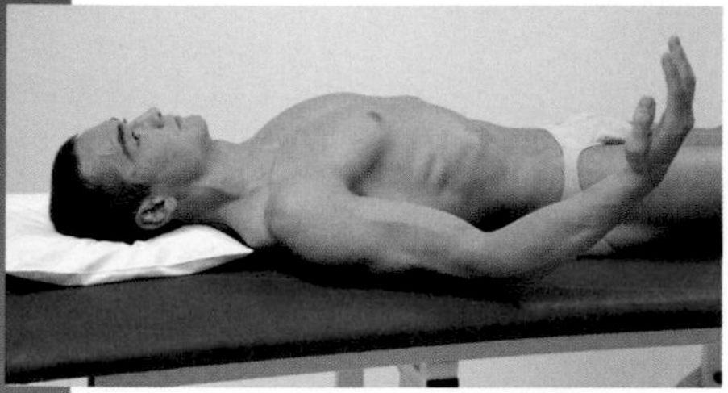

起始位置：病患採躺姿或坐姿。待測試一側手臂置於身體側並旋後，肘關節伸展。

測試過程：測試者觀察手肘屈曲。

指導語：盡可能屈曲你的手臂。

2

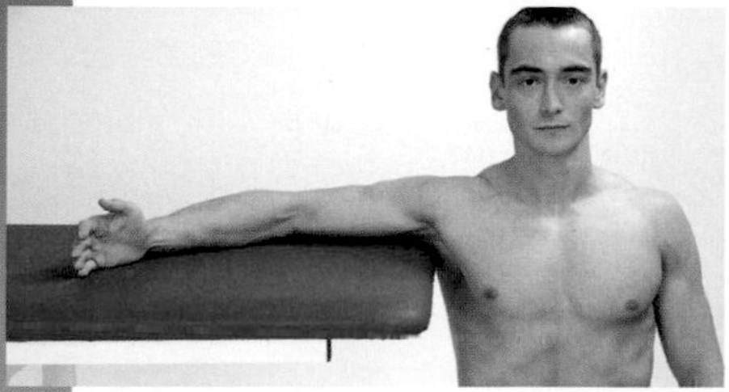

起始位置：病患坐在床旁邊並將伸直的手臂平放在床面。

測試過程：測試者觀察手肘屈曲。

指導語：盡可能屈曲你的手臂。

1/0

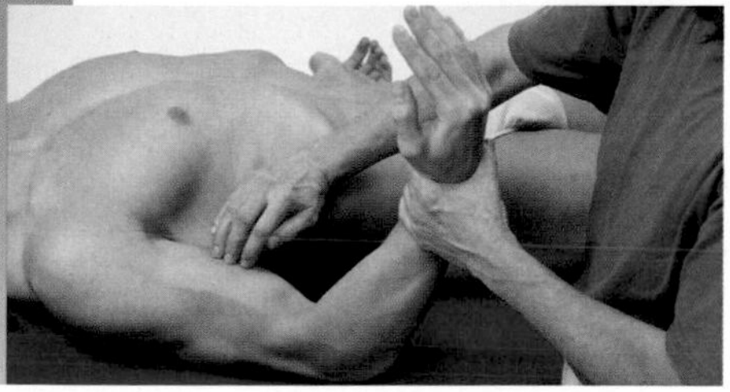

起始位置：病患採躺姿或坐姿。待測試一側手臂置於身體側並旋後，肘關節伸展。

測試過程：測試者觸診肱二頭肌。

指導語：嘗試屈曲你的手臂。

臨床關聯性

- 如果肌皮神經損傷，手肘屈曲時由肱二頭肌收縮引起的前臂就無法做出旋後動作。
- 肱二頭肌長頭肌腱無痛性斷裂通常與年紀和負荷過重有關，會看到明顯隆起。
- 前臂處於旋前位時會增高引體向上的難度，這是因為從力學角度來說，肱二頭肌此時無法充分發揮力量。

問題／評論

- 手腕屈肌要維持放鬆，否則無法參與手肘屈曲。

肱二頭肌短頭

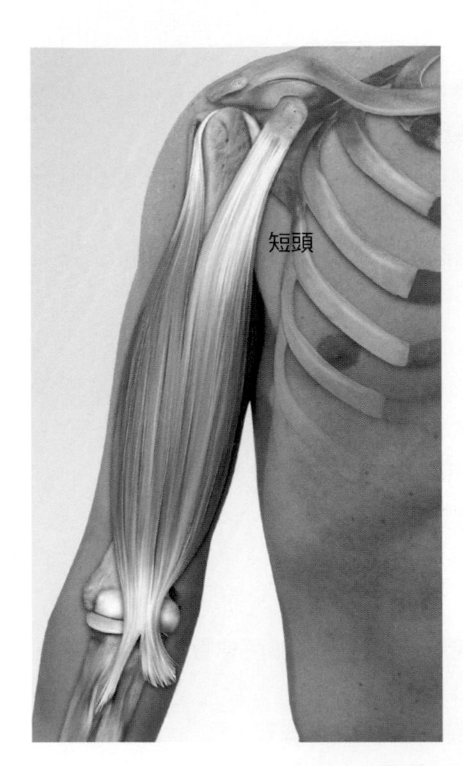

肱二頭肌短頭也能使肩關節前屈，並且也能作用於肘關節，引起肘關節的屈曲和前臂的旋後。肘關節充分伸展時，肱二頭肌沒有明顯的旋後功能。

起點	肩胛骨喙突
終點	橈骨粗隆 前臂筋膜（以腱膜的形式）
神經支配	肌皮神經（第5～7節頸神經）
特殊性質	肱二頭肌是第6節脊髓節段的指標肌肉

功能

肩關節

內收

協同肌	拮抗肌
胸大肌　闊背肌　大圓肌 小圓肌　喙肱肌 三角肌棘部與鎖骨部（手臂內收姿勢） 棘下肌上部	三角肌肩峰部（中三角肌） 三角肌棘部與鎖骨部（手臂外展姿勢） 棘下肌上部　肱二頭肌長頭 肩胛下肌下部　棘上肌

旋內

協同肌	拮抗肌
肩胛下肌 三角肌鎖骨部（前三角肌） 闊背肌　大圓肌　肱二頭肌長頭	棘下肌　小圓肌 三角肌棘部　肱三頭肌長頭

肱橈與肱尺關節

屈曲

協同肌	拮抗肌
肱肌　肱橈肌　旋前圓肌 橈側伸腕長肌 尺側屈腕肌（微弱） 橈側屈腕肌（微弱） 近端與遠端橈尺關節、肱橈關節	肱三頭肌 肘肌

旋後

協同肌	拮抗肌
旋後肌 肱橈肌（從旋前回到正中姿勢）	旋前方肌　旋前圓肌 肱橈肌（從旋後回到正中姿勢） 橈側屈腕肌（手肘伸直） 橈側伸腕長肌

肌肉力量等級

肌肉功能測試

5/4

起始位置：病患採躺姿或坐姿。待測試一側手臂置於身體側並旋後，肘關節伸展。

測試過程：測試者一隻手固定上臂，另一隻手給予前臂手肘伸直方向的阻力。

指導語：屈曲你的手臂，抵抗我的阻力並維持姿勢。

3

起始位置：病患採躺姿或坐姿。待測試一側手臂置於身體側並旋後，肘關節伸展。

測試過程：測試者觀察手肘屈曲。

指導語：盡可能屈曲你的手臂。

2

起始位置：病患坐在床旁邊並將伸直的手臂平放在床面。

測試過程：測試者觀察手肘屈曲。

指導語：盡可能屈曲你的手臂。

1/0

起始位置：病患採躺姿或坐姿。待測試一側手臂置於身體側並旋後，肘關節伸展。

測試過程：測試者觸診肱二頭肌。

指導語：嘗試屈曲你的手臂。

臨床關聯性

- 如果肌皮神經損傷，手肘屈曲時由肱二頭肌收縮引起的前臂就無法做出旋後動作。
- 前臂處於旋前位時會增高引體向上的難度，這是因為從力學角度來說，肱二頭肌此時無法充分發揮力量。

問題／評論

- 手腕屈肌要維持放鬆，否則無法參與手肘屈曲。

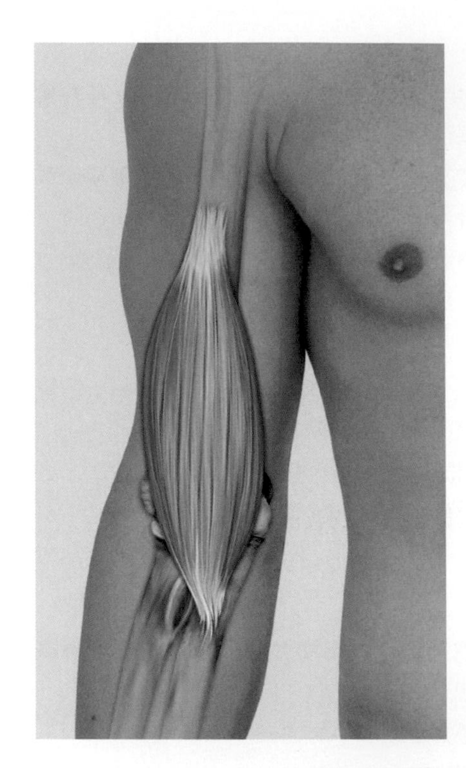

肱肌

肱肌是最主要的肘屈肌。由於止點在尺骨上，肱肌不作用於橈尺關節。

起點	肱骨體前面下2/3段
	肱肌與肱三頭肌之間的肌間隔
終點	尺骨粗隆
	尺骨冠突
神經支配	肌皮神經（第5～7節頸神經）
	橈神經（第5～6節頸神經）
特殊性質	肱肌也受到橈神經的一個小分支的支配

功能

協同肌	拮抗肌
作用於肱橈關節和肱尺關節	
使肘關節屈曲	
肱二頭肌	肱三頭肌
肱橈肌	肘肌
旋前圓肌	
橈側腕長伸肌	
尺側腕屈肌（作用弱）	
橈側腕屈肌（作用弱）	

肌肉功能測試

肌肉力量等級

5/4

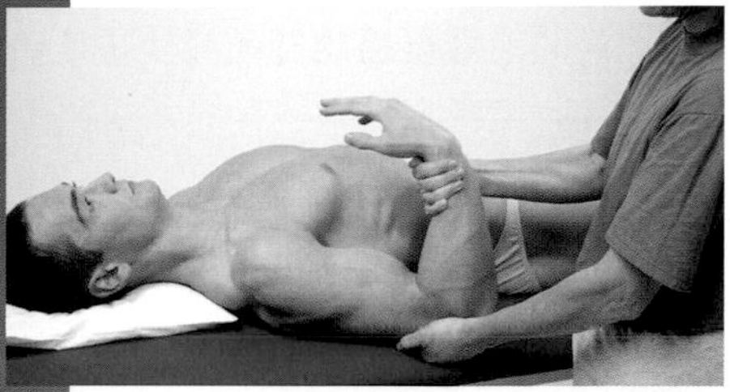

起始位置：病患採躺姿或坐姿。待測試一側手臂置於身體側並旋後，肘關節伸展。

測試過程：測試者一隻手固定上臂，另一隻手給予前臂手肘伸直方向的阻力。

指導語：屈曲你的手臂，抵抗我的阻力並維持姿勢。

3

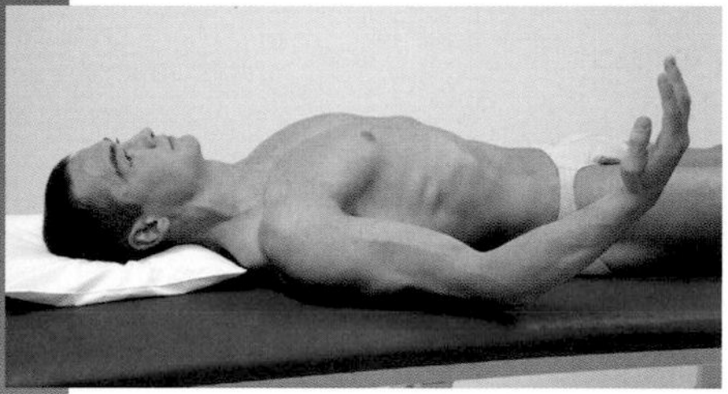

起始位置：病患採躺姿或坐姿。待測試一側手臂置於身體側並旋後，肘關節伸展。

測試過程：測試者觀察手肘屈曲。

指導語：盡可能屈曲你的手臂。

2

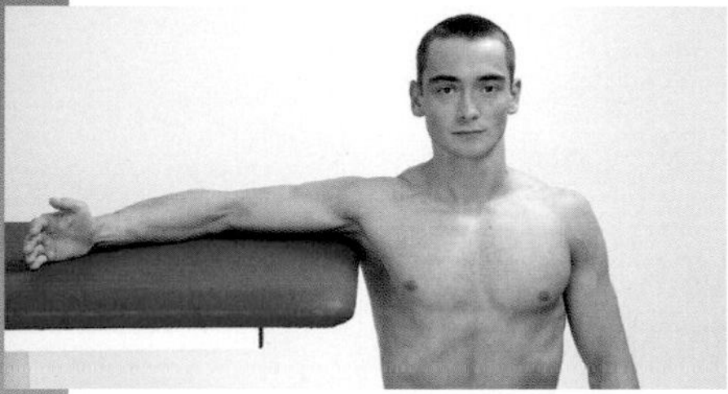

起始位置：病患坐在床旁邊並將伸直的手臂平放在床面。

測試過程：測試者觀察手肘屈曲。

指導語：盡可能屈曲你的手臂。

1/0

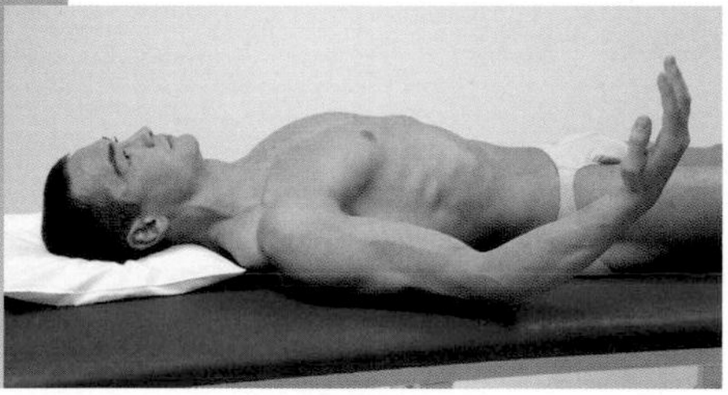

起始位置：病患採躺姿或坐姿。待測試一側手臂置於身體側並旋後，肘關節伸展。

測試過程：測試者觸診肱二頭肌。

指導語：嘗試屈曲你的手臂。

臨床關聯性

- 肱肌的下外側部分受橈神經的一個分支支配

問題／評論

- 腕屈肌要保持放鬆，否則會參與屈肘動作

肱橈肌

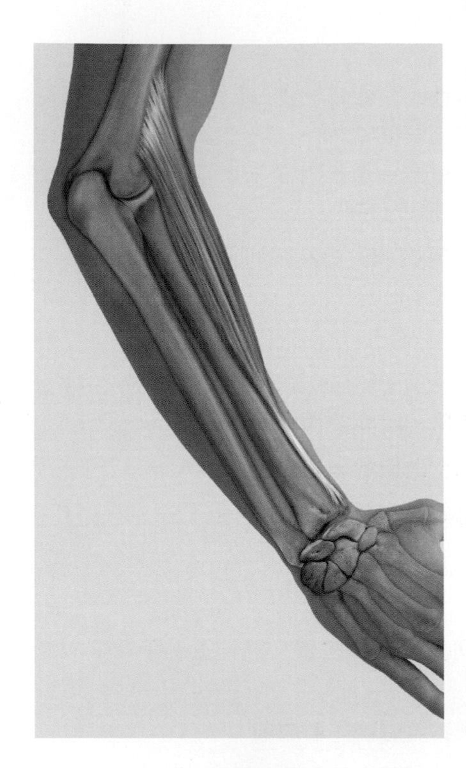

肱橈肌屈曲手肘，並將前臂從極端旋前或旋後姿勢帶回正中姿勢。當提重物時，其收縮會降低對橈骨的彎曲負荷。

起點　肱骨外上髁嵴；手臂外側肌間隔

終點　橈骨莖突基部近端的外側表面

神經支配　橈神經（第5～7節頸神經）

功能

協同肌	拮抗肌
肱橈與肱尺關節	
屈曲	
肱肌	肱三頭肌
肱二頭肌	肘肌
旋前圓肌	
橈側伸腕長肌	
尺側屈腕肌（微弱）	
橈側屈腕肌（微弱）	

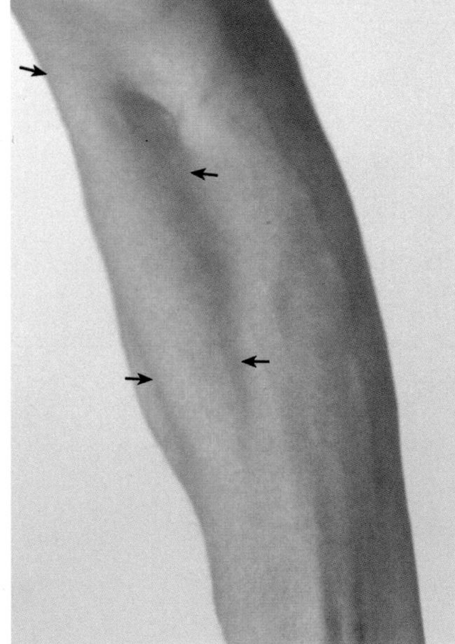

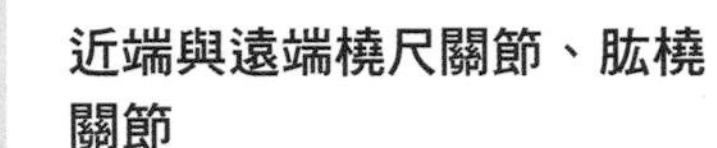

協同肌	拮抗肌
近端與遠端橈尺關節、肱橈關節	
旋後（從旋前回到正中姿勢）	
肱二頭肌	旋前方肌
旋後肌	旋前圓肌
	肱橈肌（從旋後回到正中姿勢）
	橈側屈腕肌（手肘伸直）
	橈側伸腕長肌

協同肌	拮抗肌
旋前（從旋後回到正中姿勢）	
旋前方肌	旋後肌
旋前圓肌	肱二頭肌
橈側屈腕肌（手肘伸直）	
橈側伸腕長肌	

肌肉功能測試

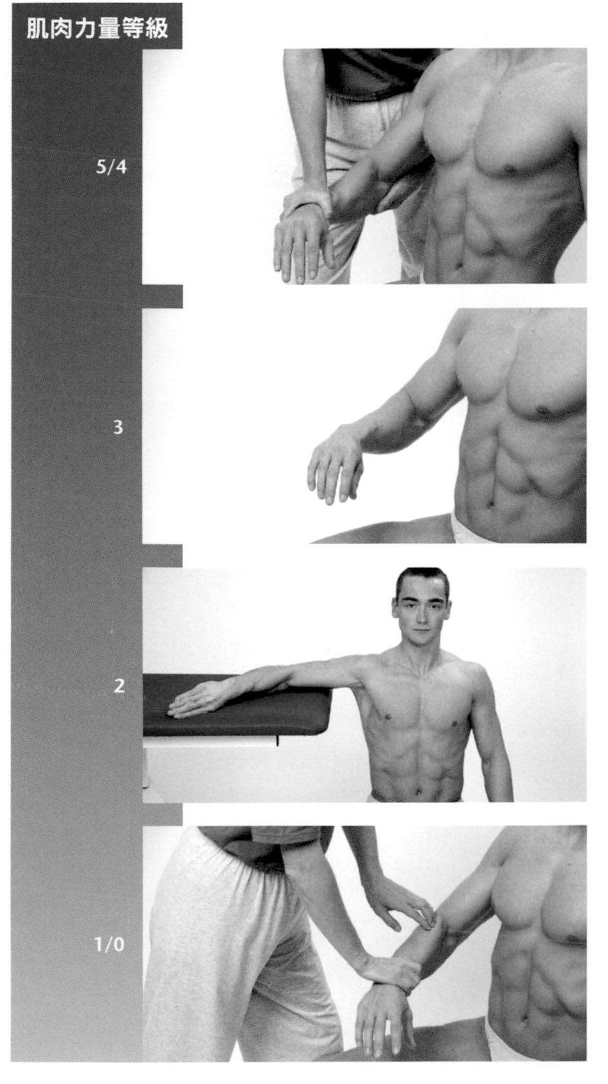

5/4

起始位置：病患採坐姿。手臂懸掛身體旁且前臂旋前。

測試過程：測試者一隻手支撐手肘，另一隻手給予遠端前臂手肘伸直方向的阻力。

指導語：屈曲你的手臂，並抵抗我的阻力以維持姿勢。

3

起始位置：病患採坐姿。手臂懸掛身體旁且前臂旋前。

測試過程：測試者觀察手臂動作。

指導語：屈曲你的手臂。

2

起始位置：病患採坐姿。伸直的手臂平放在床上，或其他水平表面且前臂旋前。

測試過程：測試者觀察手臂動作。

指導語：沿著床面屈曲你的手臂

1/0

起始位置：病患採坐姿。手臂懸掛身體旁且前臂旋前。

測試過程：測試者觸診肱橈肌。

指導語：嘗試屈曲你的手臂。

問題／評論

- 肱二頭肌在旋後較活化，而肱橈肌在旋前時較活化。

肱三頭肌

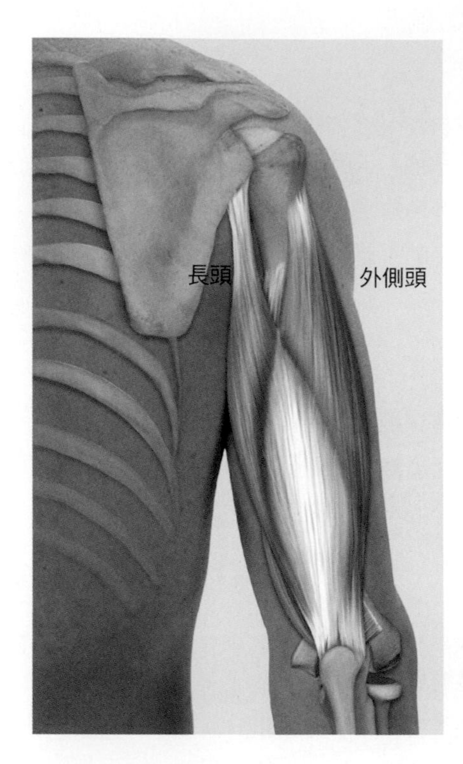

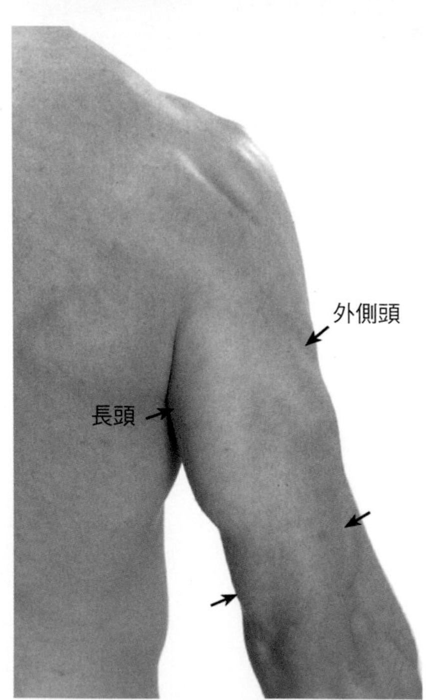

肱三頭肌是強力的手肘伸直肌（例如伏地挺身時）。長頭也有肩關節內收作用。

起點	長頭：肩胛骨盂窩下結節；外側頭：肱骨背側外側表面，橈神經溝外側；內側頭：肱骨遠端2/3的背側內側表面；橈神經溝內側以及內側肌間隔背側
終點	鷹嘴；關節囊後壁
神經支配	橈神經（第6～8節頸神經）
特殊性質	肱三頭肌長頭形成外腋的內緣，外側頭形成外腋的外緣；肱三頭肌是第7節頸神經的指標肌肉

功能

協同肌	拮抗肌
盂肱關節	
後傾（伸直）（僅長頭）	
闊背肌	胸大肌
大圓肌	三角肌鎖骨部（前三角肌）
三角肌棘部（後三角肌）	肱二頭肌長頭
肩胛下肌下部	喙肱肌
	棘下肌上部
內收（手臂外展姿勢）	
胸大肌　闊背肌	三角肌肩峰部（中三角肌）
大圓肌　小圓肌	三角肌棘部與鎖骨部（手臂外展姿勢）
喙肱肌　肱二頭肌短頭	棘下肌上部
三角肌棘部與鎖骨部（手臂內收姿勢）	肱二頭肌長頭　肩胛下肌上部
棘下肌下部	棘上肌
肱橈與肱尺關節	
伸直	
肘肌	肱肌　肱二頭肌
	肱橈肌　旋前圓肌
	橈側伸腕長肌
	尺側屈腕肌（微弱）
	橈側屈腕肌（微弱）

肌肉功能測試

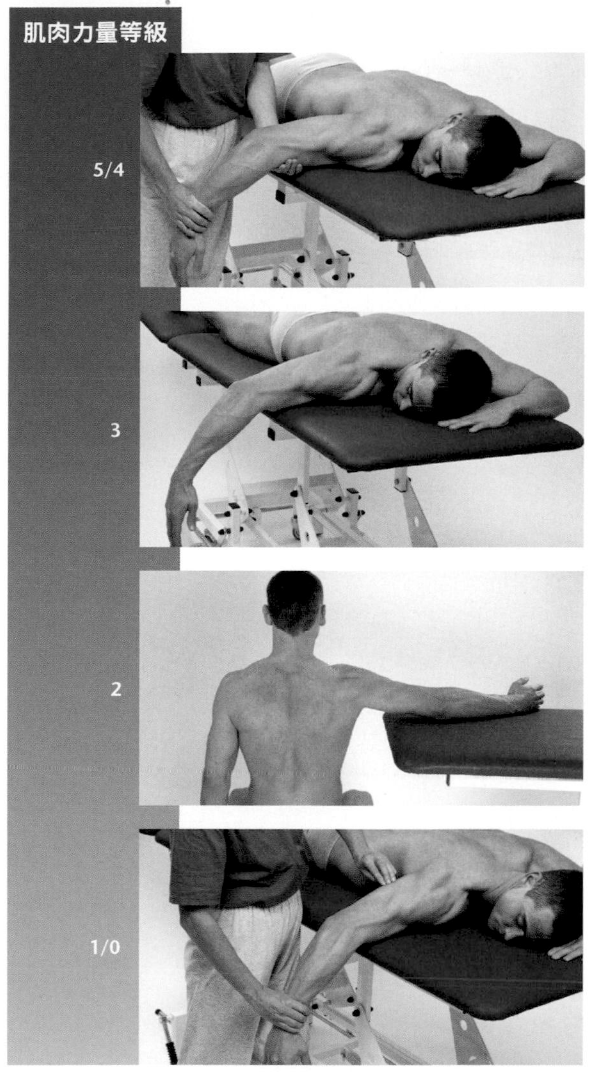

5/4

起始位置： 病患採趴姿且手臂外展90度。

測試過程： 測試者給予前臂手肘屈曲方向的阻力。

指導語： 伸直你的手肘，抵抗我的阻力並維持姿勢。

3

起始位置： 病患採趴姿且手臂外展90度。

測試過程： 測試者觀察手肘伸直動作。

指導語： 完全伸直你的手肘。

2

起始位置： 病患採坐姿。手臂平放於床面，肩膀外展且手肘屈曲。

測試過程： 測試者觀察手肘伸直動作。

指導語： 伸直你的手肘。

1/0

起始位置： 病患採趴姿且手臂外展90度。

測試過程： 測試者觸診肱三頭肌。

指導語： 嘗試伸直你的手肘。

臨床關聯性

- 肱骨骨折經常造成橈神經損傷。然而，支配肱三頭肌的神經通常不受影響，因為它在橈神經溝上方分支。因此，肱三頭肌的功能得以保留，但其他受橈神經支配的肌肉都會癱瘓。

肘肌

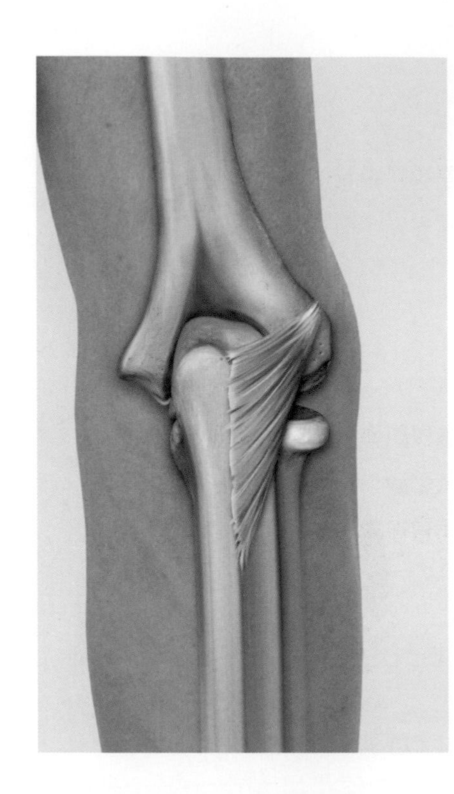

肘肌使手肘伸直，其收縮會使尺骨做橈側方向外展。因此，在前臂旋前時，旋前與旋後的動作軸會穿過近端手腕中間，以及伸直中指的延長線上。

起點	肱骨外上髁背側表面 肘關節囊背側
終點	鷹嘴外側 尺骨近端背側1/4
神經支配	橈神經（第6～8節頸神經）

功能

協同肌	拮抗肌
肱橈與肱尺關節	
伸直	
肱三頭肌	肱肌　肱二頭肌　肱橈肌 旋前圓肌　橈側伸腕長肌 尺側屈腕肌（微弱） 橈側屈腕肌（微弱）

協同肌	拮抗肌
關節／手臂旋外（僅長頭）	
棘下肌 小圓肌 三角肌棘部（後三角肌）	肩胛下肌　胸大肌 三角肌鎖骨部（前三角肌） 肱二頭肌　闊背肌　大圓肌

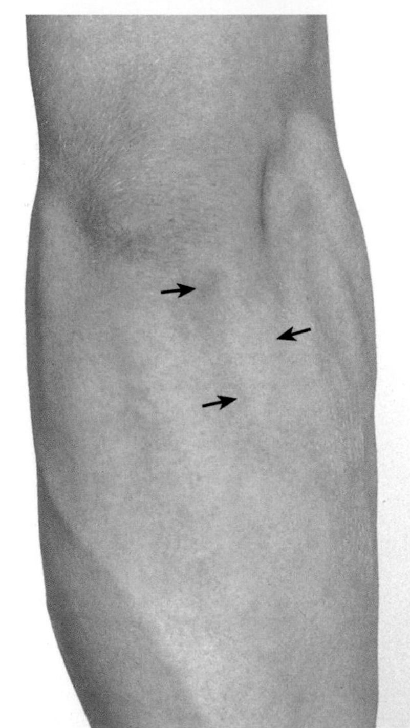

肌肉功能測試

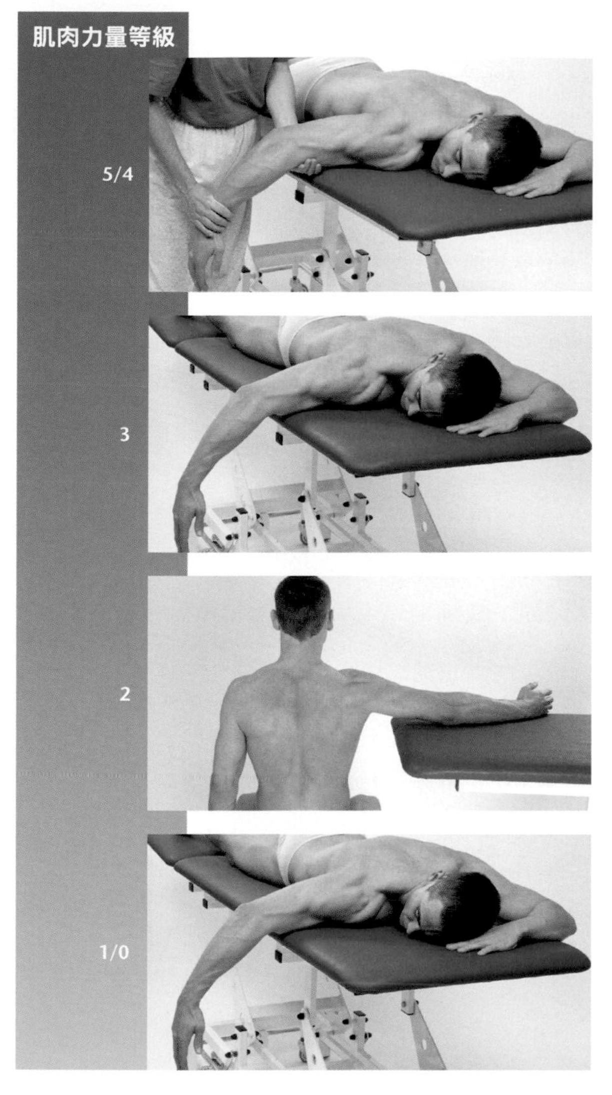

5/4

起始位置：病患採趴姿且手臂外展90度。

測試過程：測試者給予前臂手肘屈曲方向的阻力。

指導語：伸直你的手肘，抵抗我的阻力並維持姿勢。

3

起始位置：病患採趴姿且手臂外展90度。

測試過程：測試者觀察手肘伸直動作。

指導語：完全伸直你的手肘。

2

起始位置：病患採坐姿。手臂平放於床面，肩膀外展且手肘屈曲。

測試過程：測試者觀察手肘伸直動作。

指導語：伸直你的手肘。

1/0

起始位置：病患採趴姿且手臂外展90度。

測試過程：測試者觀察手肘伸直動作。

指導語：嘗試伸直你的手肘。

臨床關聯性

- 肱骨骨折經常造成橈神經損傷。然而，支配肱三頭肌的神經通常不受影響，因為它在橈神經溝上方分支。因此，肱三頭肌的功能得以保留，但其他受橈神經支配的肌肉都會癱瘓。

問題／評論

- 肘肌與肱三頭肌可共同測試。

旋後肌

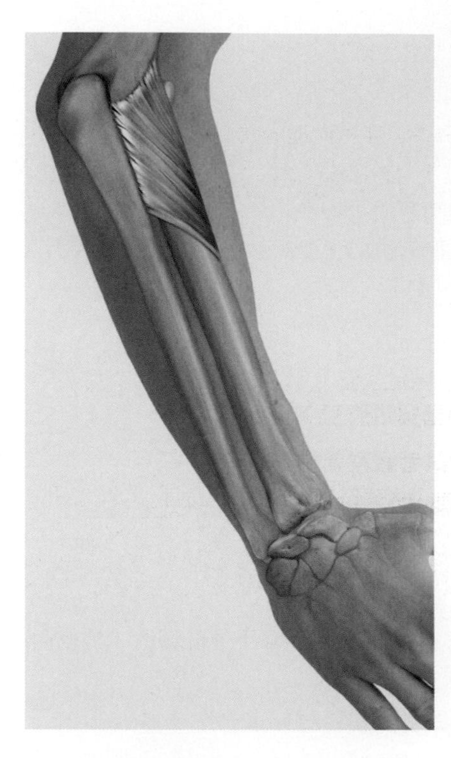

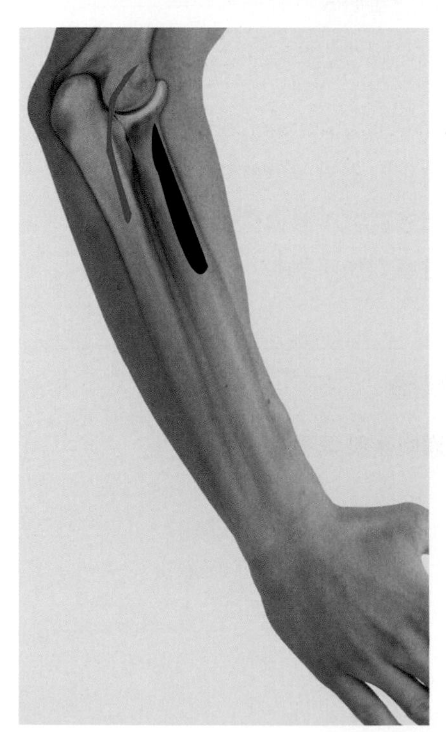

旋後肌在手肘任何姿勢下執行旋後動作，它固定橈骨位置使其與尺骨平行。當手肘完全伸直時，它是最重要的旋後肌；或是有需要由強力的肱二頭肌做輕微協助。

起點 肱骨外上髁
尺骨旋後肌嵴
橈骨環狀韌帶
橈側副韌帶

終點 橈骨近端1/3（通過一片區域）

神經支配 橈神經深層分支（第5～6節頸神經）

功能

協同肌	拮抗肌
近端與遠端橈尺關節、肱橈關節	
旋後	
肱二頭肌	旋前圓肌
肱橈肌（從旋前回到正中姿勢）	旋前方肌
	橈側伸腕長肌
	橈側屈腕肌（手肘伸直）

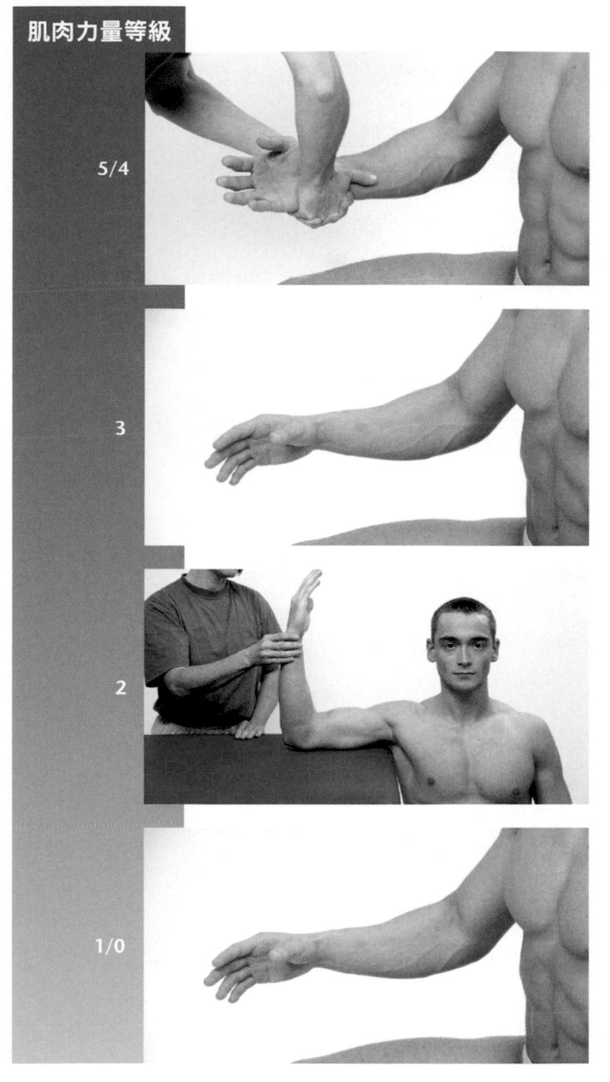

肌肉功能測試

起始位置：病患採坐姿。手臂垂掛於身體旁且手肘屈曲90度。手指與手腕肌肉放鬆。

測試過程：測試者兩手抓握病患手腕與前臂，給予旋前方向阻力。

指導語：扭轉你的前臂向外，但不要伸直上臂。抵抗我的阻力並維持姿勢。

起始位置：病患採坐姿。手臂垂掛於身體旁且手肘屈曲90度。手指與手腕肌肉放鬆。

測試過程：測試者觀察前臂動作。

指導語：扭轉你的前臂向外，但不要伸直上臂。

起始位置：病患採坐姿且上臂平放於床面。手肘屈曲且前臂垂直床面。

測試過程：測試者觀察前臂動作。

指導語：扭轉你的前臂使手掌向內。

起始位置：病患採坐姿。手臂垂掛於身體旁且手肘屈曲90度。手指與手腕肌肉放鬆。

測試過程：測試者觀察前臂動作。

指導語：嘗試扭轉你的前臂向外。

臨床關聯性

- 相較於肱二頭肌，旋後肌可以在手肘伸直下將手臂旋後。

問題／評論

- 幾乎很難區辨旋後肌與肱二頭肌的功能。

旋前圓肌

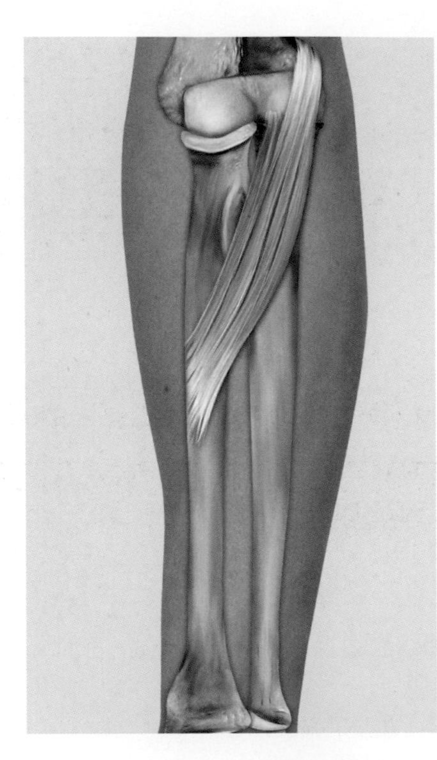

旋前圓肌使前臂旋前，也是微弱的手肘屈曲肌。

起點	肱骨起點：肱骨內上髁 尺骨起點：尺骨喙突
終點	橈骨中段外側表面；旋前肌粗隆
神經支配	正中神經（第6～7節頸神經）；少數情況下也有肌皮神經

功能

協同肌	拮抗肌
肱橈與肱尺關節	
屈曲	
肱肌	肱三頭肌
肱二頭肌	肘肌
肱橈肌	
橈側伸腕長肌	
尺側屈腕肌（微弱）	
橈側屈腕肌（微弱）	
近端與遠端橈尺關節、肱橈關節	
旋前	
旋前方肌	旋後肌
肱橈肌（從旋後到正中姿勢）	肱二頭肌
橈側屈腕肌（手肘伸直）	
橈側伸腕長肌	

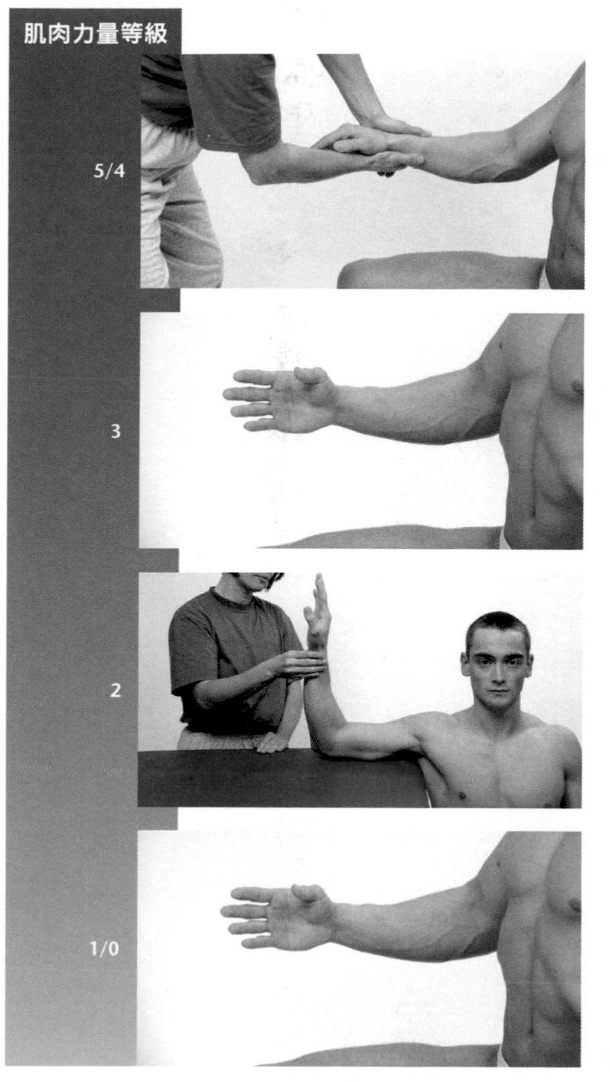

肌肉功能測試

起始位置：病患採坐姿。手臂垂掛於身體旁且手肘屈曲90度。手指與手腕肌肉放鬆。

測試過程：測試者兩手抓握病患手腕與前臂，給予旋後方向阻力。

指導語：扭轉你的前臂向內，但不要伸直上臂。抵抗我的阻力並維持姿勢。

起始位置：病患採坐姿。手臂垂掛於身體旁且手肘屈曲90度。手指與手腕肌肉放鬆。

測試過程：測試者觀察前臂動作。

指導語：扭轉你的前臂向內，但不要伸直上臂。

起始位置：病患採坐姿且上臂平放於床面。手肘屈曲且前臂垂直床面。

測試過程：測試者觀察前臂動作。

指導語：扭轉你的前臂向內。

起始位置：病患採坐姿。手臂垂掛於身體旁且手肘屈曲90度。手指與手腕肌肉放鬆。

測試過程：測試者觀察前臂動作。

指導語：嘗試扭轉你的前臂向內。

問題／評論

- 旋前方肌與旋前圓肌在功能上難以區辨。

旋前方肌

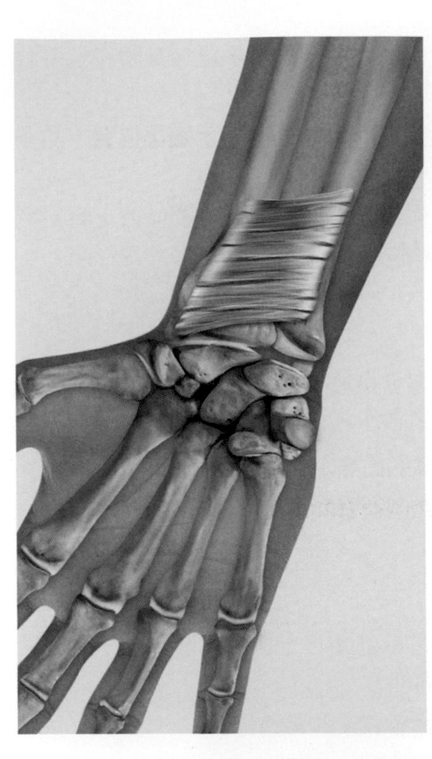

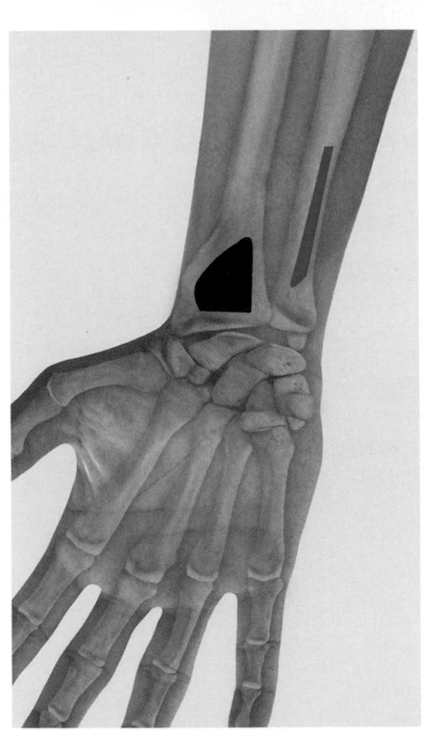

旋前方肌起始旋前動作，並能與前臂遠端兩塊骨頭固定在一起，像骨間肌一樣穩定橈尺關節。

起點　尺骨遠端1/4腹側表面

終點　橈骨遠端1/4腹側表面

神經支配　正中神經分支的前骨間神經（第6～8節頸神經）

功能

協同肌	拮抗肌
近端與遠端橈尺關節、肱橈關節	
旋前	
旋前圓肌	旋後肌
肱橈肌（從旋後到正中姿勢）	肱二頭肌
橈側屈腕肌（手肘伸直）	
橈側伸腕長肌	

肌肉功能測試

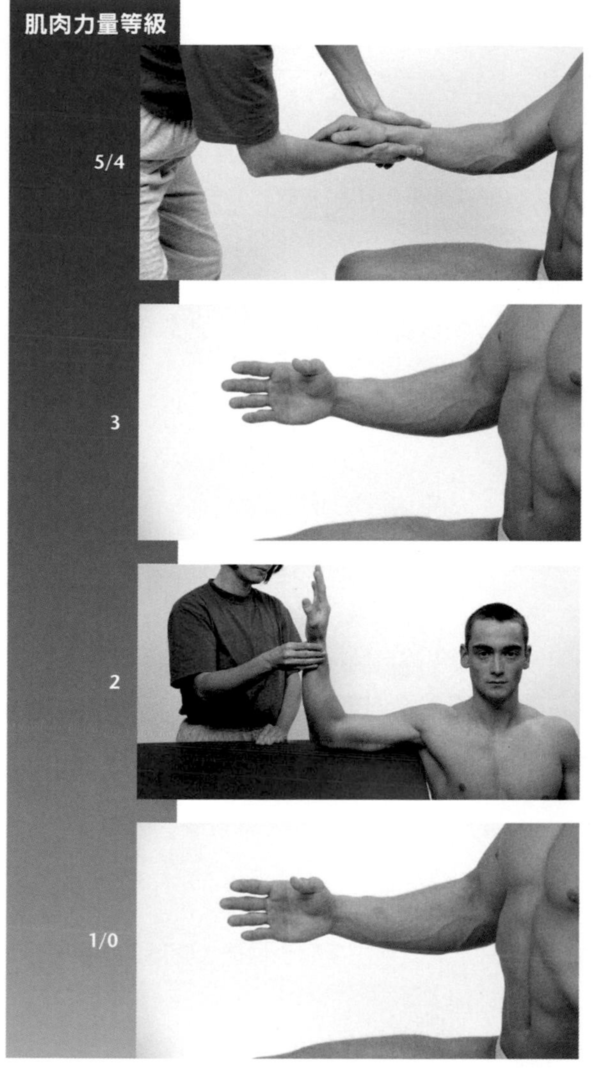

起始位置：病患採坐姿。手臂垂掛於身體旁且手肘屈曲90度。手指與手腕肌肉放鬆。

測試過程：測試者兩手抓握病患手腕與前臂，給予旋後方向阻力。

指導語：扭轉你的前臂向內，但不要伸直上臂。抵抗我的阻力並維持姿勢。

起始位置：病患採坐姿。手臂垂掛於身體旁且手肘屈曲90度。手指與手腕肌肉放鬆。

測試過程：測試者觀察前臂動作。

指導語：扭轉你的前臂向內，但不要伸直上臂。

起始位置：病患採坐姿且上臂平放於床面。手肘屈曲且前臂垂直床面。

測試過程：測試者觀察前臂動作。

指導語：扭轉你的前臂向內。

起始位置：病患採坐姿。手臂垂掛於身體旁且手肘屈曲90度。手指與手腕肌肉放鬆。

測試過程：測試者觀察前臂動作。

指導語：嘗試扭轉你的前臂向內。

! 問題／評論

- 旋前方肌與旋前圓肌在功能上難以區辨。旋前方肌無法被觸診。

肌肉延展測試

肱三頭肌

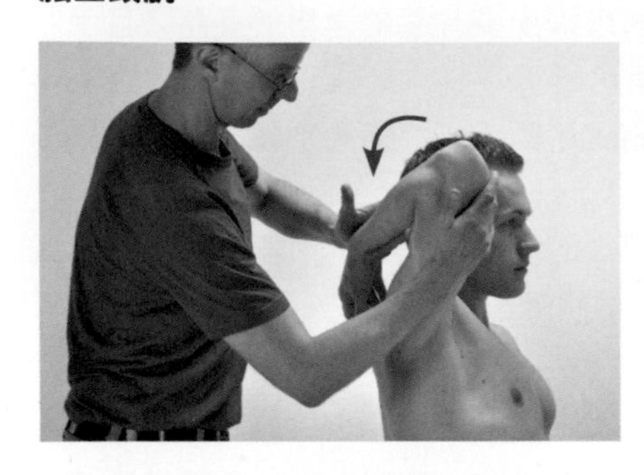

方法

治療師將病患前臂帶到最大手肘屈曲，肩膀盡可能屈曲。

發現

如果動作無法執行到最大範圍，末端角度感覺到柔軟、有彈性的組織在限制動作範圍，表示肌肉有縮短現象。病患在肌肉延展過程有牽拉感。

肱二頭肌

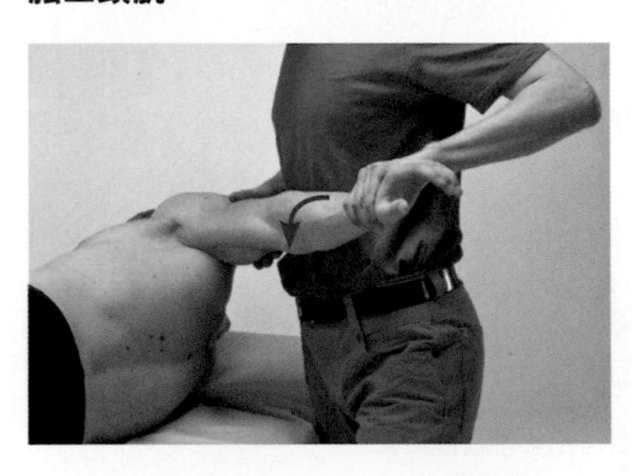

方法

治療師將病患前臂帶到最大手肘伸直與旋前，肩膀伸直。

發現

如果動作無法執行到最大範圍，末端角度感覺到柔軟、有彈性的組織在限制動作範圍，表示肌肉有縮短現象。病患在肌肉延展過程有牽拉感。

旋後肌與肱橈肌

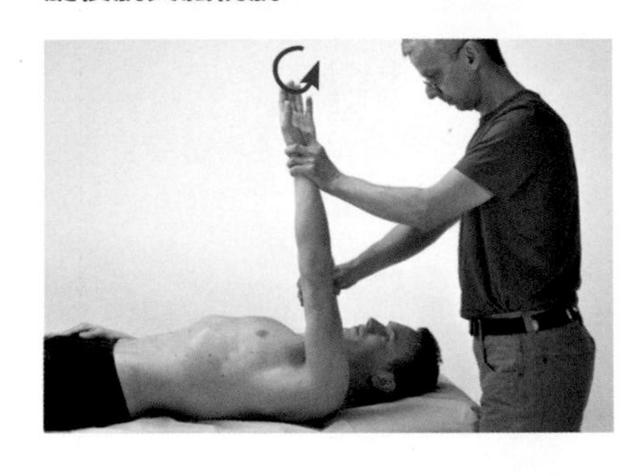

方法

治療師將病患前臂帶到最大旋前，手肘也做最大限度的伸展。

發現

如果動作無法執行到最大範圍，末端角度感覺到柔軟、有彈性的組織在限制動作範圍，表示肌肉有縮短現象。病患在肌肉延展過程有牽拉感。

旋前圓肌與旋前方肌

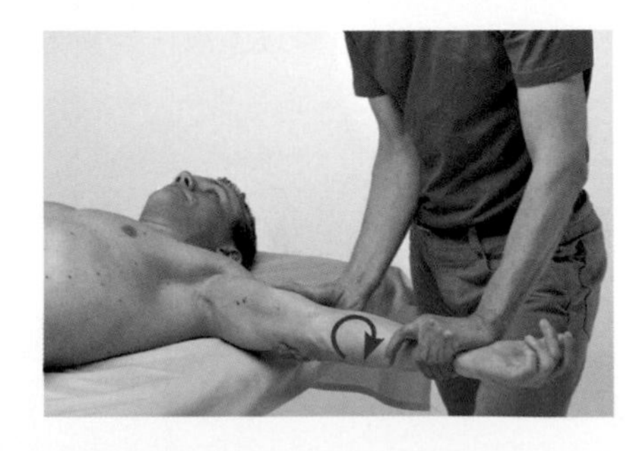

方法

治療師將病患前臂帶到最大旋後，手肘也做最大限度的伸展。

發現

如果動作無法執行到最大範圍，末端角度感覺到柔軟、有彈性的組織在限制動作範圍，表示肌肉有縮短現象。病患在肌肉延展過程有牽拉感。

備註

旋前方肌與旋前圓肌尺骨頭單獨進行延展測試時，可將手肘屈曲90度。

2
上肢

2.4 手腕肌群

橈側伸腕長肌

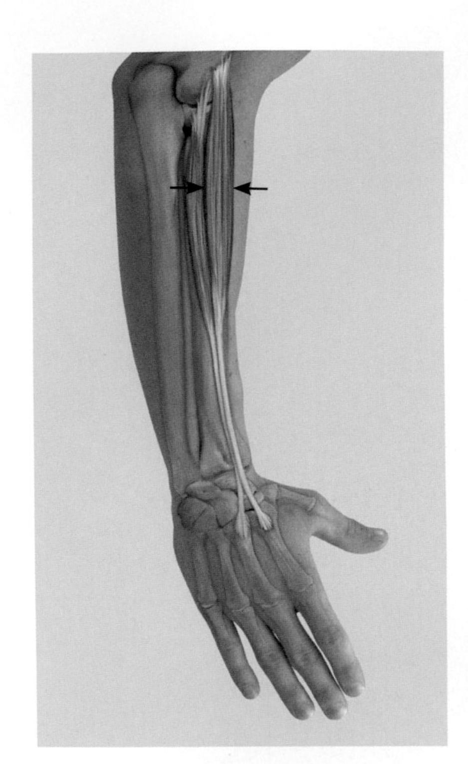

橈側伸腕長肌使手腕伸直。這條肌肉的重要功能為，當前臂長屈肌產生有力的手指屈曲時，能防止手腕屈曲。當與橈側屈腕肌共同收縮時，會造成手橈側外展。這條肌肉也會在手腕旋後時有微弱時的旋前功能。

起點	肱骨外上髁
終點	第2掌骨基部背側表面
神經支配	橈神經（第5～7節頸神經）

功能

近端與遠端橈尺關節、肱橈關節

旋前

協同肌	拮抗肌
旋前方肌	旋後肌
旋前圓肌	肱二頭肌
肱橈肌（從旋後到正中姿勢）	
橈側屈腕肌（手肘伸直）	

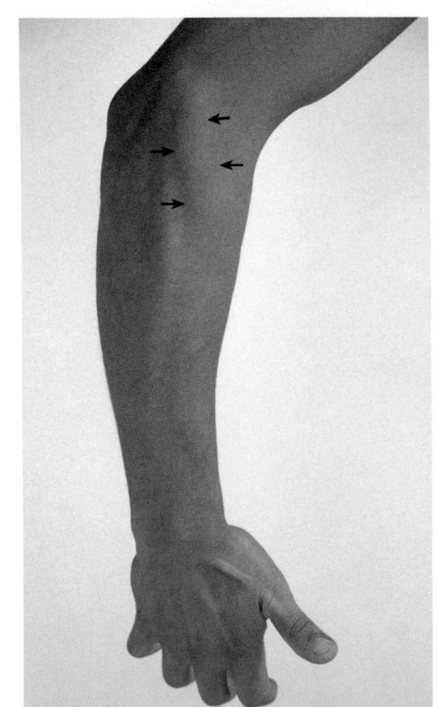

橈腕與中腕關節

伸直

協同肌	協同肌	拮抗肌	拮抗肌
伸指肌	橈側伸腕短肌	屈指淺肌	屈指深肌
尺側伸腕肌	伸食指肌	尺側屈腕肌	橈側屈腕肌
伸小指肌	伸拇長肌	屈拇長肌	外展拇長肌
		掌長肌	

橈側外展

協同肌	協同肌	拮抗肌	拮抗肌
橈側屈腕肌	橈側伸腕短肌	尺側屈腕肌	尺側伸腕肌
屈拇長肌	外展拇長肌	屈指深肌	伸指肌
伸拇短肌	伸拇長肌	伸小指肌	

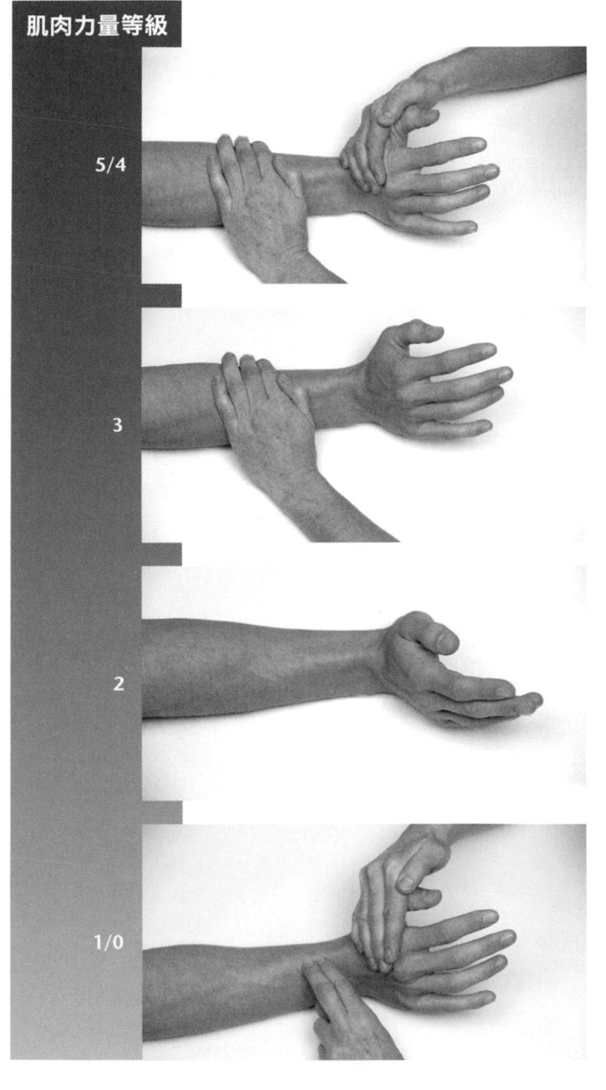

肌肉功能測試

起始位置：病患採坐姿。前臂與手平放桌面或其他水平表面且掌心朝下。

測試過程：測試者一隻手固定病患前臂，另一隻手給予手背內側（拇指側）向下阻力。

指導語：將你的手抬離桌面並抵抗我的阻力。保持手指放鬆並維持姿勢。

起始位置：病患採坐姿。前臂與手平放桌面或其他水平表面且掌心朝下。

測試過程：測試者一隻手固定病患前臂。

指導語：將你的手抬離桌面，拇指側優先並保持手指放鬆。

起始位置：病患採坐姿。前臂與手平放桌面或其他水平表面且拇指朝上。

測試過程：測試者觀察手部動作。

指導語：將你的手沿著桌面往後滑動，使手背靠近前臂。

起始位置：病患採坐姿。前臂與手平放桌面或其他水平表面且掌心朝下。

測試過程：測試者觸診橈側伸腕長肌肌腱。

指導語：嘗試將你的手抬離桌面。

臨床關聯性

- 橈側伸腕長肌會協助拳頭握緊，因為輕微背側伸直，對達到手指屈肌才能充分發揮力量。

問題／評論

- 橈側伸腕長肌與橈側伸腕短肌會共同測試。
- 手部伸肌在手腕上方能觸診到的肌肉，依照橈側往尺側方向依序排列為：
  - 橈側伸腕長肌
  - 橈側伸腕短肌
  - 伸指肌
  - 伸小指肌
  - 尺側伸腕肌

橈側伸腕短肌

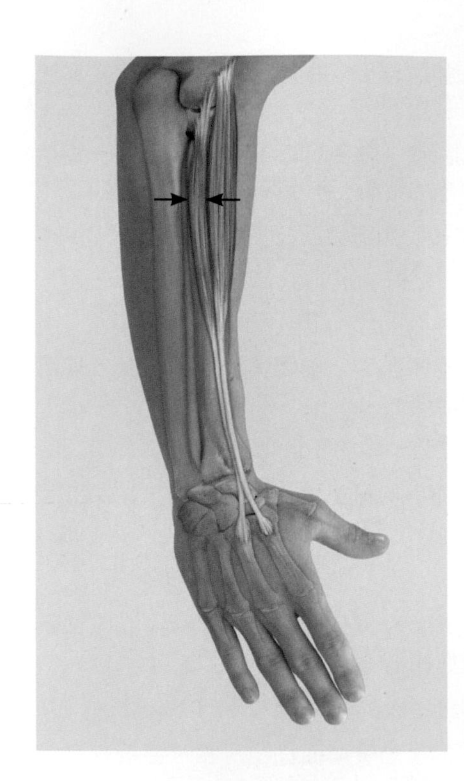

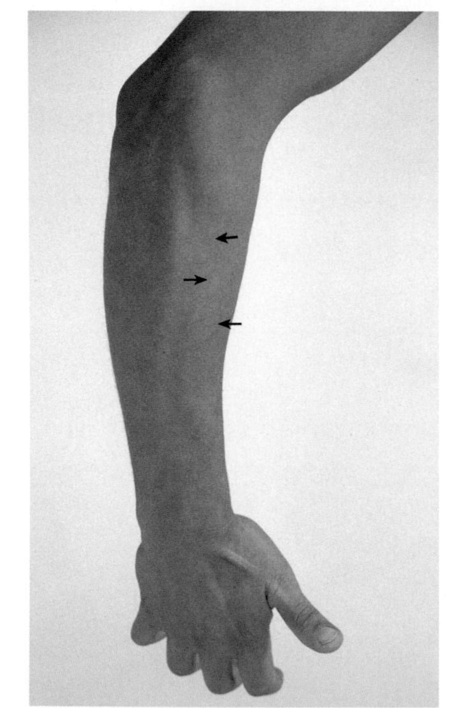

橈側伸腕短肌使手腕伸直，並防止長屈肌收縮時屈曲手腕。與橈側屈腕肌共同收縮時，也會產生手部橈側外展。

起點	肱骨外上髁
終點	第3掌骨基部背側表面
神經支配	橈神經深層分支（第5～7節頸神經）

功能

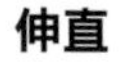 協同肌 | 拮抗肌

近端與遠端橈尺關節，肱橈關節

協同肌	拮抗肌
旋前	
旋前方肌	旋後肌
旋前圓肌	肱二頭肌
肱橈肌（從旋後到正中姿勢）	
橈側屈腕肌（手肘伸直）	
橈側伸腕長肌	

橈腕與中腕關節

協同肌		拮抗肌	
伸直			
伸指肌	橈側伸腕長肌	屈指淺肌	屈指深肌
尺側伸腕肌	伸食指肌	尺側屈腕肌	橈側屈腕肌
伸小指肌	伸拇長肌	屈拇長肌	外展拇長肌
		掌長肌	
橈側外展			
橈側屈腕肌	橈側伸腕長肌	尺側屈腕肌	尺側伸腕肌
屈拇長肌	外展拇長肌	屈指深肌	伸指肌
伸拇短肌	伸拇長肌	伸小指肌	

肌肉功能測試

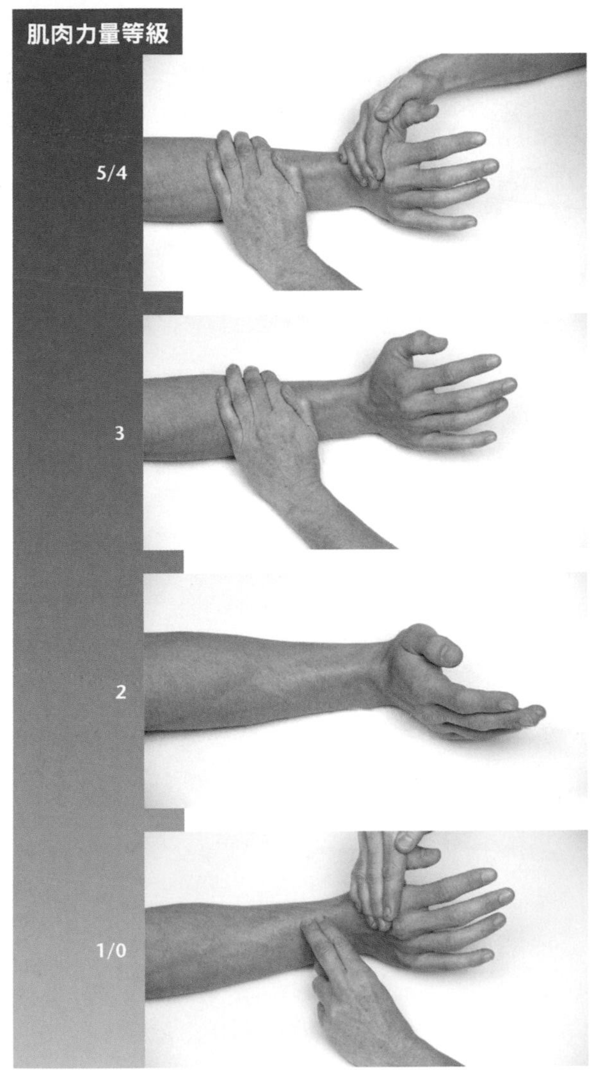

5/4

起始位置：病患採坐姿。前臂與手平放桌面或其他水平表面且掌心朝下。

測試過程：測試者一隻手固定病患前臂，另一隻手給予手背內側（拇指側）向下阻力。

指導語：將你的手抬離桌面並抵抗我的阻力。保持手指放鬆並維持姿勢。

3

起始位置：病患採坐姿。前臂與手平放桌面或其他水平表面且掌心朝下。

測試過程：測試者一隻手固定病患前臂。

指導語：將你的手抬離桌面，拇指側優先並保持手指放鬆。

2

起始位置：病患採坐姿。前臂與手平放桌面或其他水平表面且拇指朝上。

測試過程：測試者觀察手部動作。

指導語：將你的手沿著桌面往後滑動，使手背靠近前臂。

1/0

起始位置：病患採坐姿。前臂與手平放桌面或其他水平表面且掌心朝下。

測試過程：測試者觸診橈側伸腕短肌肌腱。

指導語：嘗試將你的手抬離桌面。

! 問題／評論

- 橈側伸腕短肌與橈側伸腕長肌會共同測試。
- 手部伸肌在手腕上方能觸診到的肌肉，依照橈側往尺側方向依序排列為：
  - 橈側伸腕長肌
  - 橈側伸腕短肌
  - 伸指肌
  - 伸小指肌
  - 尺側伸腕肌

尺側伸腕肌

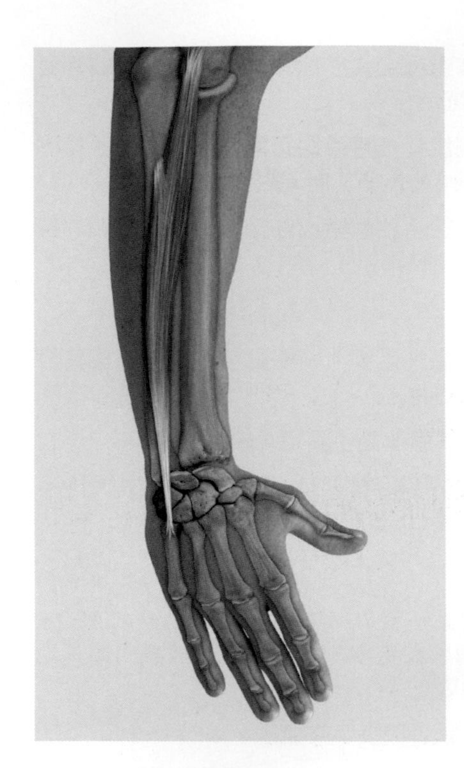

尺側伸腕肌使手腕伸直。如果與尺側屈肌共同作用會產生尺側外展。此外，它可以固定腕關節讓手指長屈肌產生力量。

起點	肱骨起點：肱骨外上髁、前臂筋膜；尺骨起點：尺骨背側
終點	第5掌骨基部背側表面
神經支配	神經深層分支（第7節頸神經～第1胸神經）

功能

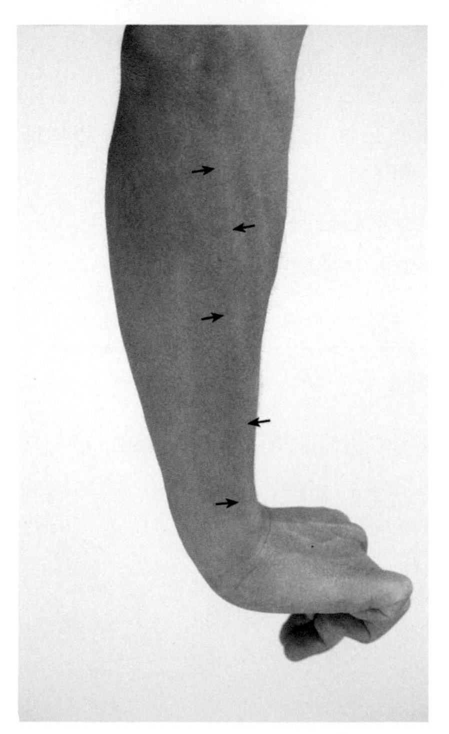

協同肌	拮抗肌
橈腕與中腕關節	
伸直	
伸指肌	屈指淺肌
橈側伸腕長肌	屈指深肌
橈側伸腕短肌	尺側屈腕肌
伸食指肌	橈側屈腕肌
伸小指肌	屈拇長肌
伸拇長肌	外展拇長肌
	掌長肌
尺側外展	
尺側屈腕肌	橈側屈腕肌
屈指深肌	橈側伸腕長肌
伸指肌	橈側伸腕短肌
伸小指肌	屈拇長肌
	外展拇長肌
	伸拇短肌
	伸拇長肌

肌肉功能測試

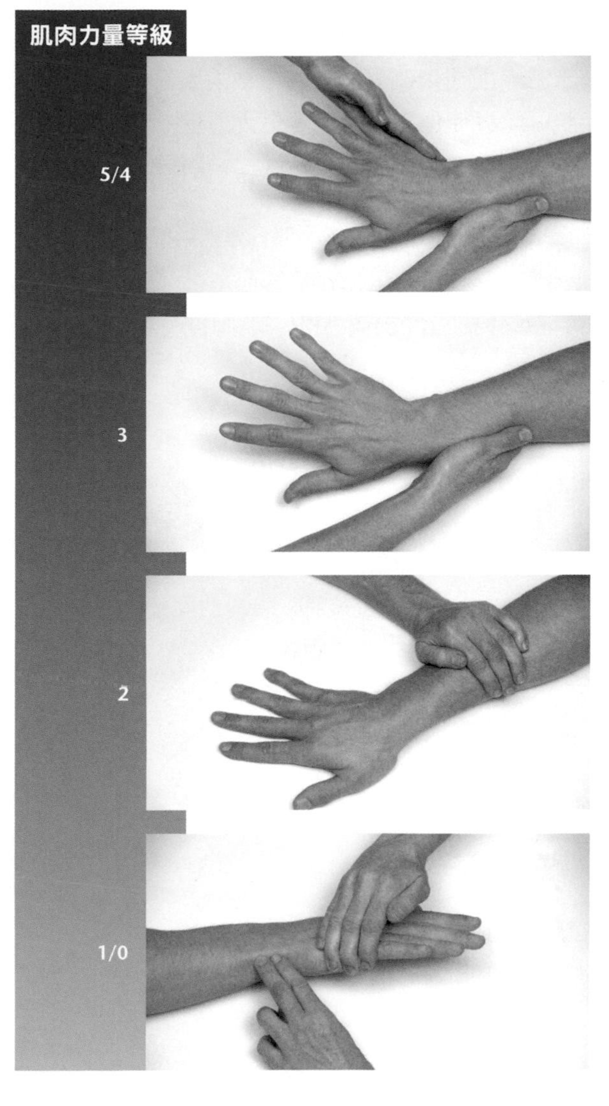

5/4

起始位置：病患採坐姿。前臂與手平放桌面或其他水平表面且橈側朝下。

測試過程：測試者一隻手固定病患前臂，另一隻手給予手部外側（小指側）向內側（拇指側）的阻力。

指導語：將你的手往小指側用力，抵抗我的阻力並維持姿勢。

3

起始位置：病患採坐姿。前臂與手平放桌面或其他水平表面且橈側朝下。

測試過程：測試者一隻手固定病患前臂。

指導語：將你的手抬起，讓小指側往前臂方向移動。

2

起始位置：病患採坐姿。前臂與手平放桌面或其他水平表面且掌心朝下。

測試過程：測試者觀察手部動作。

指導語：將你的手沿著桌面滑動，讓小指側往前臂方向移動。

1/0

起始位置：病患採坐姿。前臂與手平放桌面或其他水平表面且掌心朝下。

測試過程：測試者觸診尺側伸腕肌肌腱。

指導語：嘗試將你的手小指側往前臂方向移動。

! 問題／評論

- 受尺側伸腕肌肌腱在手腕附近的位置所限，比起背側伸直扮演更多尺側伸直（外展）的角色。
- 手部伸肌在手腕上方能觸診到的肌肉，依照橈側往尺側方向依序排列為：
  - 橈側伸腕長肌
  - 橈側伸腕短肌
  - 伸指肌
  - 伸小指肌
  - 尺側伸腕肌

橈側屈腕肌

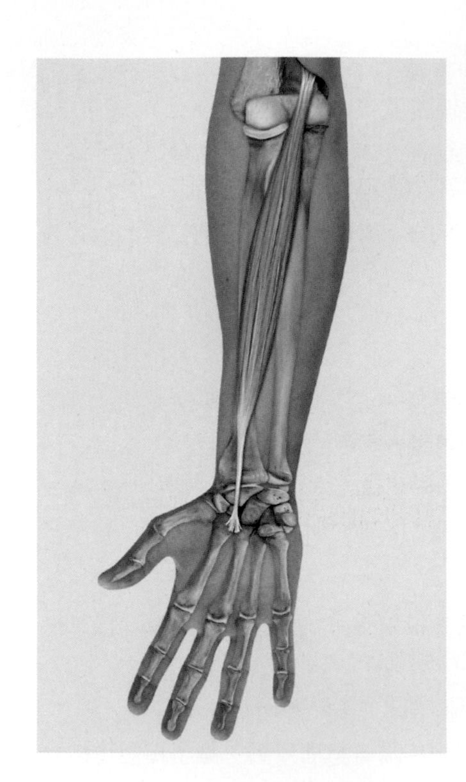

橈側屈腕肌使手腕屈曲或橈側外展。最重要的是，像尺側屈腕肌一樣固定手腕，可以使伸指長肌產生最大力量。

起點	肱骨內上髁；前臂筋膜
終點	第2掌骨基部腹側表面，一小部分連到第3掌骨基部
神經支配	正中神經（第6節頸神經～第1節胸神經）

功能

協同肌		拮抗肌
近端與遠端橈尺關節，肱橈關節		
旋前		
旋前方肌	旋前圓肌	旋後肌
肱橈肌（從旋後到正中姿勢）		肱二頭肌
尺側伸腕肌		
橈側伸腕長肌（旋後姿勢）		

肱橈與肱尺關節

協同肌		拮抗肌
屈曲（微弱）		
肱肌	肱二頭肌	肱三頭肌
肱橈肌	旋前圓肌	肘肌
橈側伸腕長肌	尺側屈腕肌	

橈腕與中腕關節

協同肌		拮抗肌	
屈曲			
屈指淺肌	屈指深肌	伸指肌	橈側伸腕長肌
尺側屈腕肌	屈拇長肌	橈側伸腕短肌	尺側伸腕肌
外展拇長肌	掌長肌	伸食指肌	伸小指肌
		伸拇長肌	
橈側外展			
橈側伸腕長肌	橈側伸腕短肌	尺側屈腕肌	尺側伸腕肌
屈拇長肌	外展拇長肌	屈指深肌	伸指肌
伸拇短肌	伸拇長肌	伸小指肌	

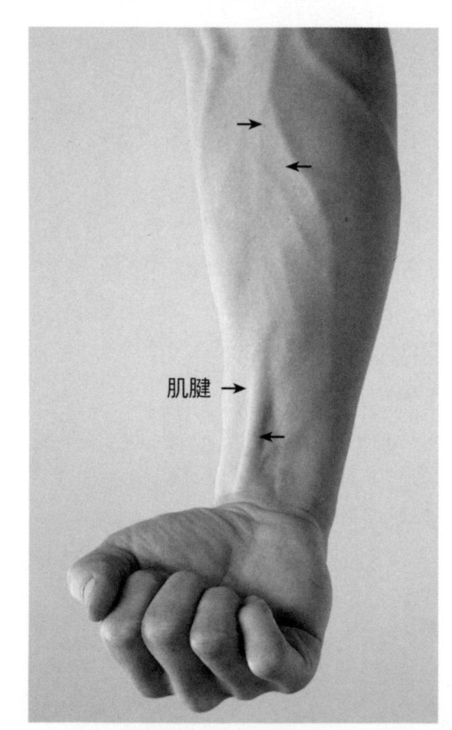

肌肉功能測試

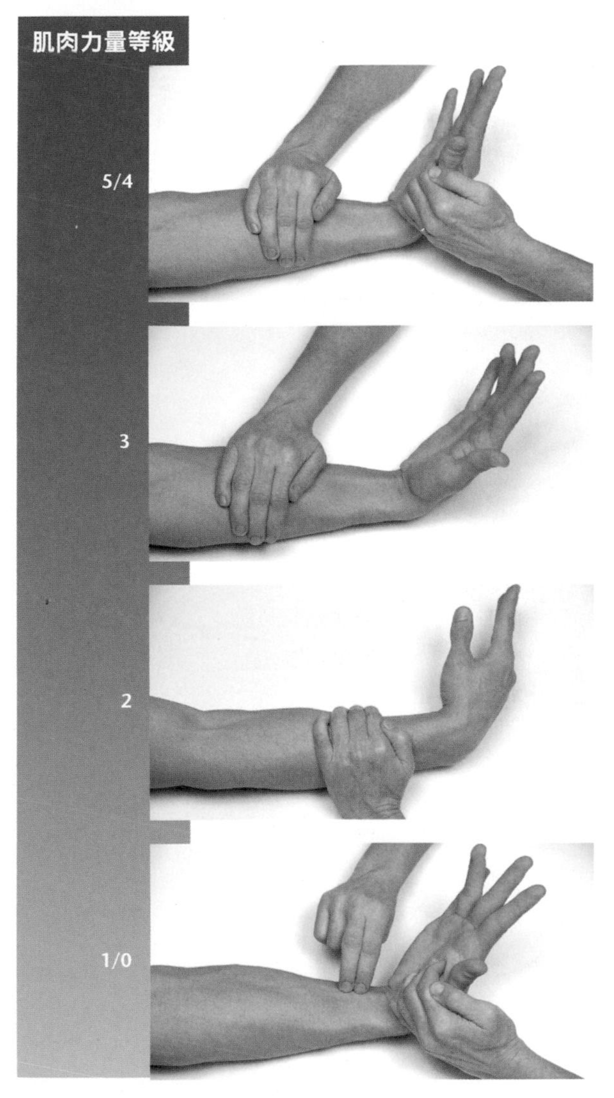

起始位置：病患採坐姿。前臂與手平放桌面或其他水平表面且旋後。

測試過程：測試者一隻手固定病患前臂，另一隻手給予手掌橈側向下阻力。

指導語：將你的手抬離桌面，抵抗我的阻力並維持姿勢。

起始位置：病患採坐姿。前臂與手平放桌面或其他水平表面且旋後。

測試過程：測試者一隻手固定病患前臂。

指導語：將你的手抬離桌面，將拇指側往前臂方向移動。

起始位置：病患採坐姿。前臂與手平放桌面或其他水平表面且拇指朝上。

測試過程：測試者觀察手部動作。

指導語：將你的手沿著桌面滑動，使手掌靠近前臂方向。

起始位置：病患採坐姿。前臂與手平放桌面或其他水平表面且旋後。

測試過程：測試者觸診橈側屈腕肌肌腱。

指導語：嘗試將你的手抬離桌面。

問題／評論

- 手部屈肌在手腕上方能觸診到的肌肉，依照橈側往尺側方向依序排列為：
  - 橈側屈腕肌
  - 屈拇長肌
  - 掌長肌
  - 屈指淺肌
  - 尺側屈腕肌

掌長肌

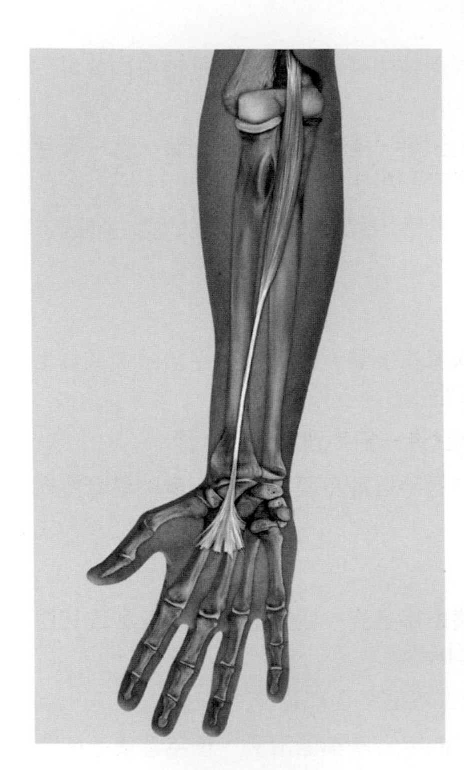

掌長肌是手肘極微弱的屈肌與手腕微弱的屈肌。它拉緊掌側腱膜，並在拇指食指間用力捏時緊繃。

起點 肱骨內上髁；前臂筋膜

終點 掌側腱膜

神經支配 正中神經（第7～8頸神經）

功能

協同肌	拮抗肌
橈腕與中腕關節	
屈曲	
屈指淺肌	伸指肌
屈指深肌	橈側伸腕長肌
尺側屈腕肌	橈側伸腕短肌
橈側屈腕肌	尺側伸腕肌
屈拇長肌	伸食指肌
外展拇長肌	伸小指肌
	伸拇長肌

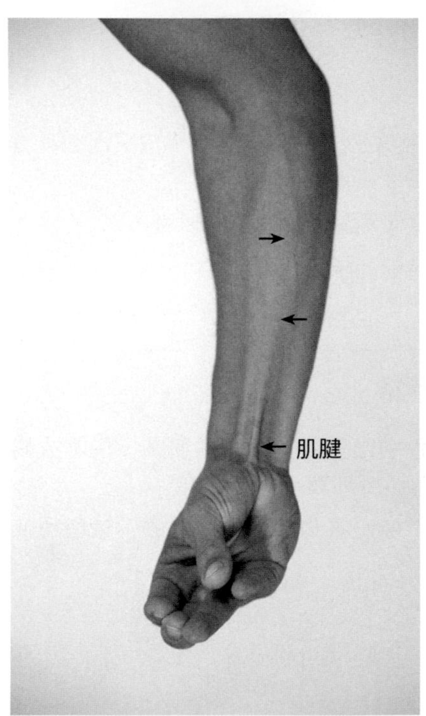

肌肉功能測試

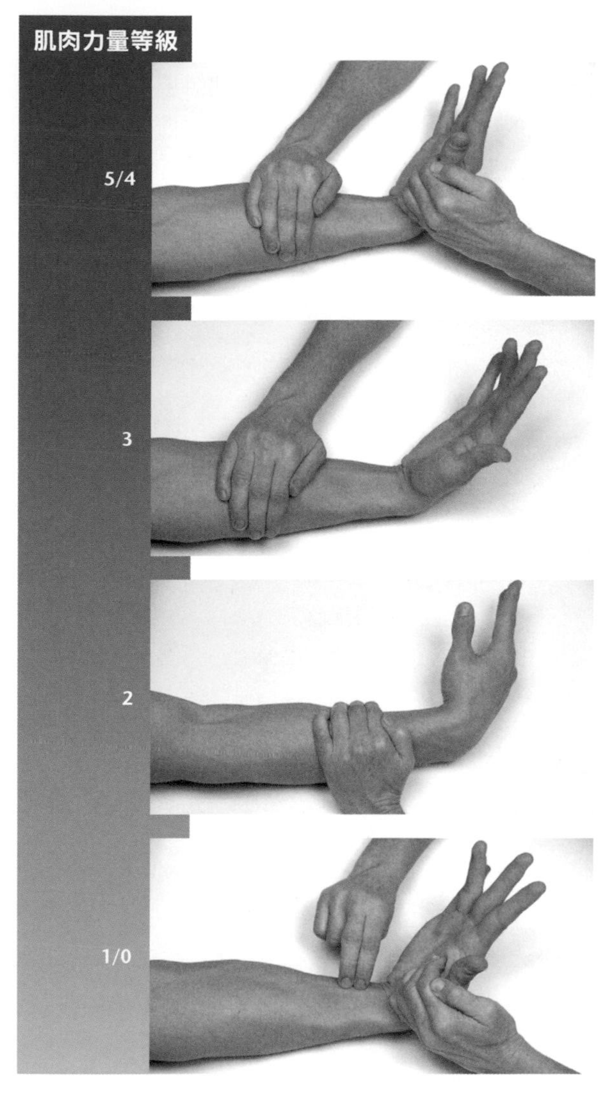

起始位置：病患採坐姿。前臂與手平放桌面或其他水平表面且旋後。

測試過程：測試者一隻手固定病患前臂，另一隻手給予手掌橈側向下阻力。

指導語：將你的手抬離桌面，抵抗我的阻力並維持姿勢。

起始位置：病患採坐姿。前臂與手平放桌面或其他水平表面且旋後。

測試過程：測試者一隻手固定病患前臂。

指導語：將你的手抬離桌面，將拇指側往前臂方向移動。

起始位置：病患採坐姿。前臂與手平放桌面或其他水平表面且拇指朝上。

測試過程：測試者觀察手部動作。

指導語：將你的手沿著桌面滑動，使手掌靠近前臂方向。

起始位置：病患採坐姿。前臂與手平放桌面或其他水平表面且旋後。

測試過程：測試者觸診掌長肌肌腱。

指導語：嘗試將你的手抬離桌面。

! 問題／評論

- 掌長肌是腹側屈曲附屬肌肉，主要由尺側屈腕肌與橈側屈腕肌執行屈曲。
- 手部屈肌在手腕上方能觸診到的肌肉，依照橈側往尺側方向依序排列為：
  - 橈側屈腕肌
  - 屈拇長肌
  - 掌長肌
  - 屈指淺肌
  - 尺側屈腕肌

尺側屈腕肌

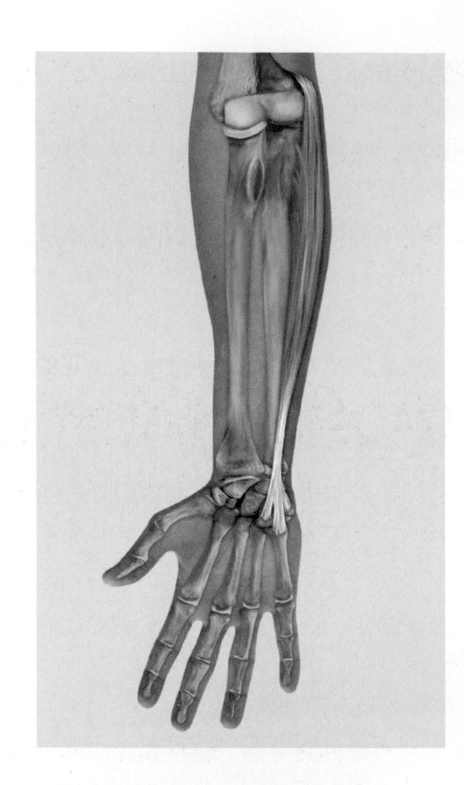

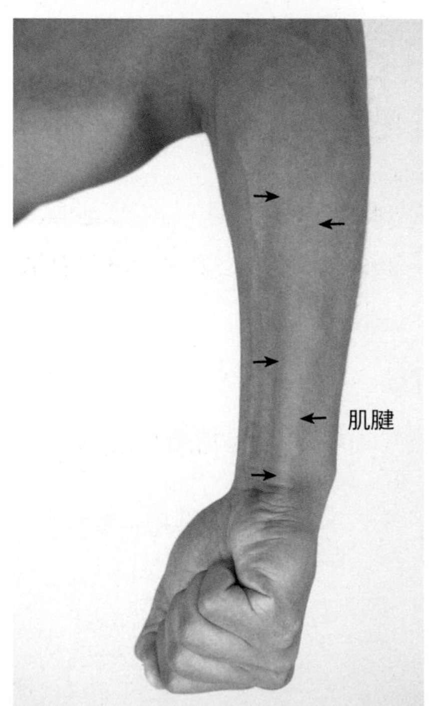

尺側屈腕肌根據協同肌可使手腕屈曲或是尺側外展。最重要的是，它像橈側屈腕肌一樣可以固定手腕讓伸指長肌產生力量。因此很難定義其協同肌和拮抗肌。

起點	肱骨起點：肱骨內上髁 尺骨起點：鷹嘴、尺骨近端2/3，前臂筋膜
終點	勾狀骨（第4腕骨）、豆狀骨、第5掌骨
神經支配	尺神經（第7頸神經～第1胸神經）

功能

協同肌	拮抗肌

橈腕與中腕關節

屈曲

協同肌	拮抗肌
屈指淺肌	伸指肌
屈指深肌	橈側伸腕長肌
橈側屈腕肌	橈側伸腕短肌
屈拇長肌	尺側伸腕肌
外展拇長肌	伸食指肌
掌長肌	伸小指肌
	伸拇長肌

尺側外展

協同肌	拮抗肌	
尺側伸腕肌	橈側屈腕肌	橈側伸腕長肌
屈指深肌	橈側伸腕短肌	屈拇長肌
伸指肌	外展拇長肌	伸拇短肌
伸小指肌	伸拇長肌	

肱橈與肱尺關節

屈曲

協同肌	拮抗肌
肱肌	肱三頭肌
肱二頭肌	肘肌
肱橈肌	
旋前圓肌	
橈側伸腕長肌	
尺側屈腕肌	

肌肉功能測試

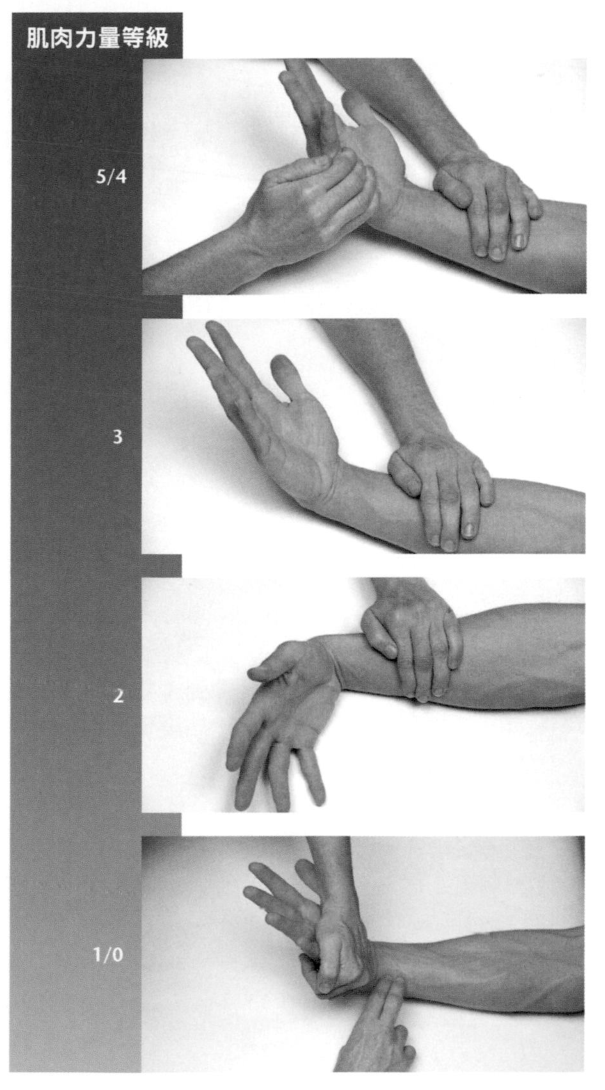

5/4

起始位置：病患採坐姿。前臂與手平放桌面或其他水平表面且旋後。

測試過程：測試者一隻手固定病患前臂，另一隻手給予手掌尺側向下阻力。

指導語：將你的手抬離桌面，抵抗我的阻力並維持姿勢。

3

起始位置：病患採坐姿。前臂與手平放桌面或其他水平表面且旋後。

測試過程：測試者一隻手固定病患前臂。

指導語：將你的手抬離桌面，將小指側往前臂方向移動。

2

起始位置：病患採坐姿。前臂與手平放桌面或其他水平表面且拇指朝上。

測試過程：測試者觀察手部動作。

指導語：將你的手沿著桌面滑動，使手掌靠近前臂方向。

1/0

起始位置：病患採坐姿。前臂與手平放桌面或其他水平表面且旋後。

測試過程：測試者觸診尺側屈腕肌肌腱。

指導語：嘗試將你的手抬離桌面。

! 問題／評論

- 手部屈肌在手腕上方能觸診到的肌肉，依照橈側往尺側方向依序排列為：
  - 橈側屈腕肌
  - 屈拇長肌
  - 掌長肌
  - 屈指淺肌
  - 尺側屈腕肌

肌肉延展測試

橈側伸腕長肌和短肌與尺側伸腕肌

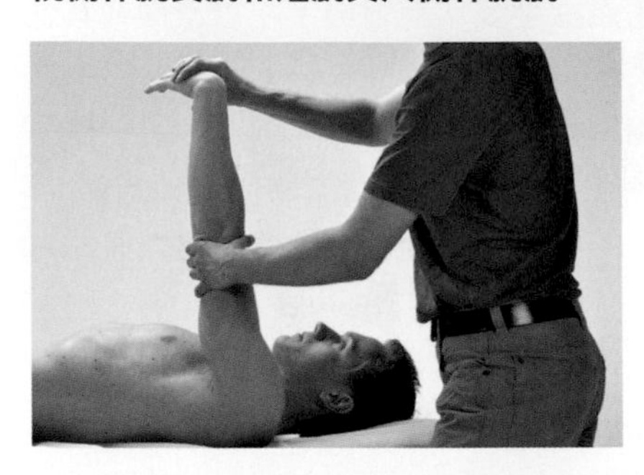

方法

治療師帶動病患的手達到最大手腕掌側屈曲且手肘伸直。在測試橈側伸腕肌時，手腕要同時尺側外展；測試尺側伸腕肌時，手腕要同時橈側外展。

發現

如果動作無法執行到最大範圍，末端角度感覺到柔軟、有彈性的組織在限制動作範圍，表示肌肉有縮短現象。病患在肌肉延展過程有牽拉感。

尺側屈腕肌、橈側屈腕肌與掌長肌

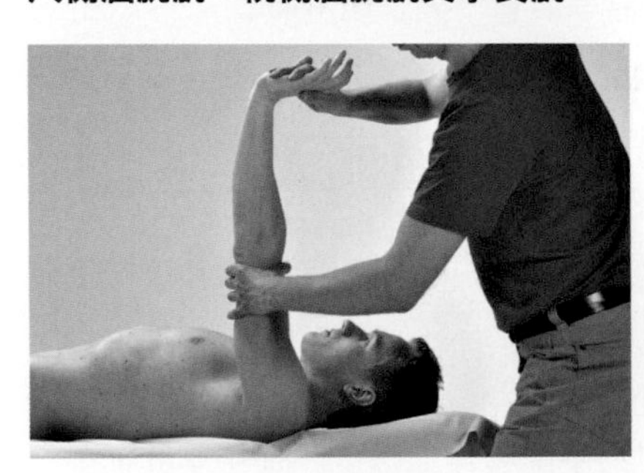

方法

治療師帶動病患的手達到最大手腕背側伸直且手肘伸直。在測試橈側屈腕肌時，手腕要同時尺側外展；測試尺側屈腕肌時，手腕要同時橈側外展。

發現

如果動作無法執行到最大範圍，末端角度感覺到柔軟、有彈性的組織在限制動作範圍，表示肌肉有縮短現象。病患在肌肉延展過程有牽拉感。

2
上肢
2.5 手指關節肌群

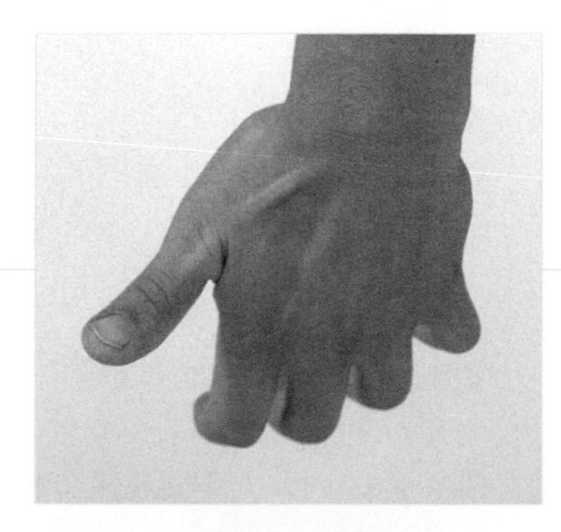

伸指肌

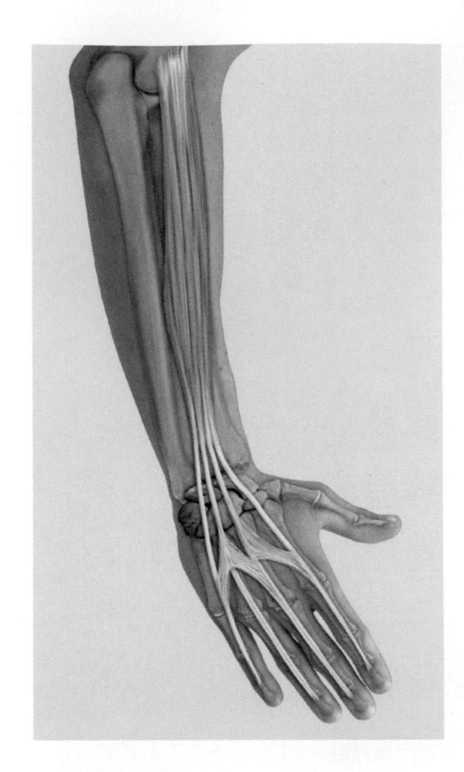

伸指肌可使第2～5掌指關節、指間關節以及手腕伸直。如果要達到指間關節最大效益，需要手腕屈肌穩定，且掌指關節需要手部蚓狀肌與骨間肌穩定。伸直肌協助尺側外展的功能很小。

起點　肱骨外上髁；尺側副韌帶；前臂筋膜

終點　四條肌腱在手背岔開，並如下所述接到第2～5指背側表面：
- 每條肌肉的中間束接到中段指骨基部
- 兩條外側束在中段指骨後重新連接並接到遠端指骨基部

神經支配　橈神經深層分支（第7～8節頸神經）

功能

協同肌		拮抗肌	
橈腕與中腕關節			
伸直			
橈側伸腕長肌	橈側伸腕短肌	屈指淺肌	屈指深肌
尺側伸腕肌	伸食指肌	尺側屈腕肌	橈側屈腕肌
伸小指肌	伸拇長肌	屈拇長肌	外展拇長肌
		掌長肌	

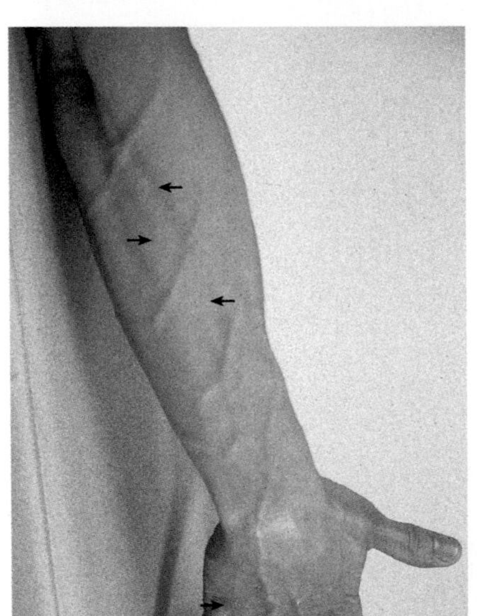

協同肌	拮抗肌	
第2～5掌指關節		
伸直		
伸食指肌（II）	屈指淺肌	屈指深肌
伸小指肌（V）	掌側骨間肌1～3（II、IV、V）	
	背側骨間肌1～4（II、III、IV）	
	手部蚓狀肌（II～V）	
	外展小指肌（V）	
	屈小指短肌（V）	
外展（遠離中指）		
背側骨間肌1～4（II、III、IV）	掌側骨間肌1～3（II、IV、V）	
外展小指肌（V）	屈小指短肌（V）	
	屈指淺肌	屈指深肌

協同肌		拮抗肌
第2～5近端與遠端指間關節		
伸直		
伸小指肌（V）	伸食指肌（II）	屈指深肌
手部蚓狀肌（II-V）		屈指淺肌（只有近端指間關節）
背側骨間肌1～4（II、III、IV）		
掌側骨間肌1～3（II、IV、V）		

肌肉功能測試

肌肉力量等級

5/4

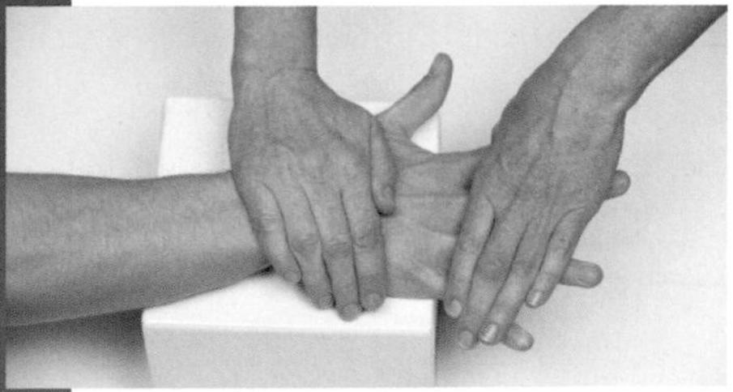

起始位置：病患採坐姿。前臂與掌骨平放在水平表面並旋前，手指屈曲垂出邊緣。

測試過程：測試者一隻手固定病患手部中間，另一隻手給予第2～5指向下阻力。

指導語：伸直你的手指，抵抗我的阻力並維持姿勢。

3

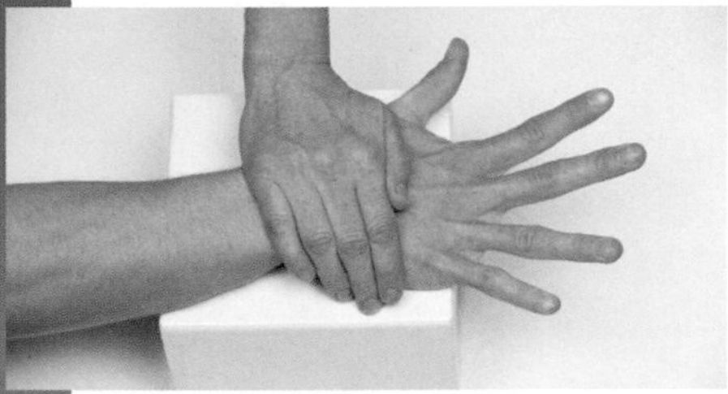

起始位置：病患採坐姿。前臂與掌骨平放在水平表面並旋前，手指屈曲垂出邊緣。

測試過程：測試者一隻手固定病患手部中間。

指導語：伸直你的手指。

2

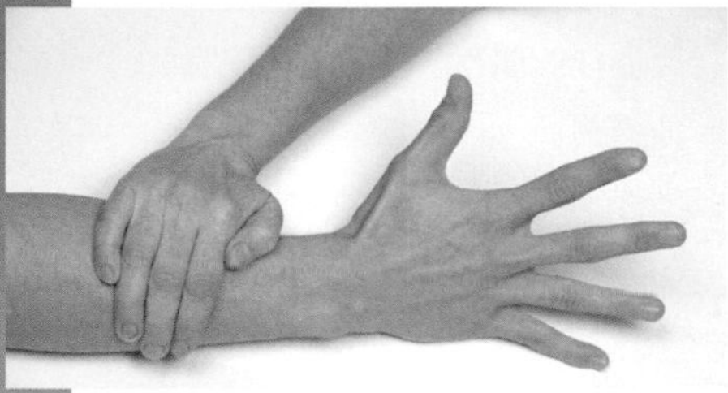

起始位置：病患採坐姿。前臂與手部平放在桌面或其他水平表面並拇指朝上。

測試過程：測試者觀察手指動作。

指導語：伸直你的手指。

1/0

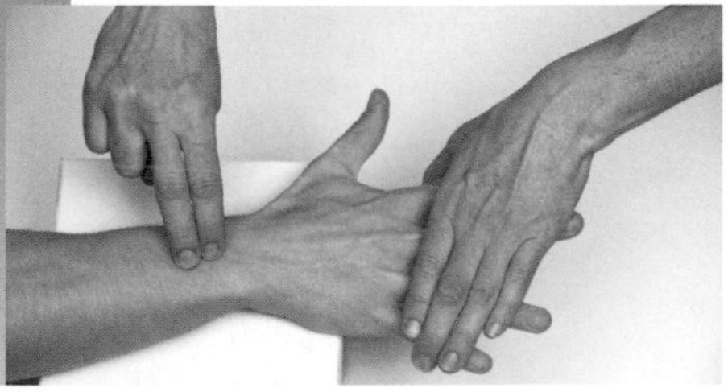

起始位置：病患採坐姿。前臂與掌骨平放在水平表面並旋前，手指屈曲垂出邊緣。

測試過程：測試者觸診伸指肌。

指導語：嘗試伸直你的手指。

臨床關聯性

- 手指伸直與外展相關。
- 測試時，手腕維持在背側伸直與掌側屈曲間很重要，可以避免手腕背側伸直時產生伸指肌主動不足。

問題／評論

- 伸指肌、伸小指肌與伸食指肌會共同測試。只有這些肌肉共同作用時才會產生最佳力量。
- 手部伸肌在手腕上方能觸診到的肌肉，依照橈側往尺側方向依序排列為：
  - 橈側伸腕長肌
  - 橈側伸腕短肌
  - 伸指肌
  - 伸小指肌
  - 尺側伸腕肌

伸食指肌

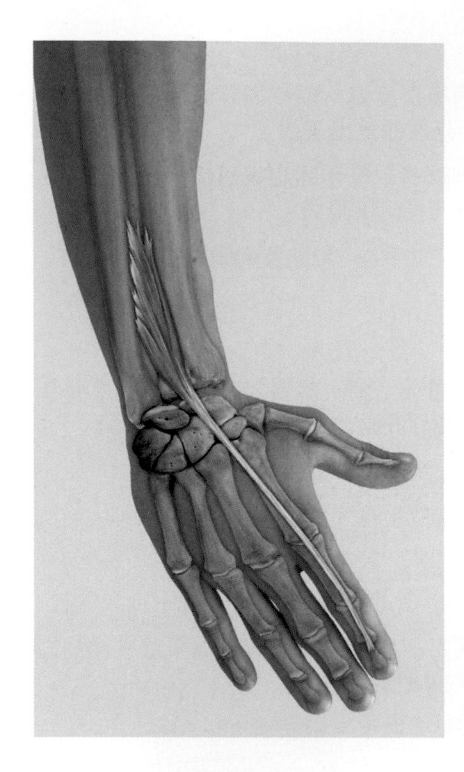

伸食指肌額外協助伸指肌使食指伸直。另外它也可以單獨伸直食指。此外還能伸直手腕。

起點　尺骨遠端1/2背側表面；骨間膜

終點　食指尺側背側腱膜

神經支配　橈神經深層分支（第7～8節頸神經）

功能

橈腕與中腕關節

伸直

協同肌		拮抗肌	
伸指肌	橈側伸腕長肌	屈指淺肌	屈指深肌
橈側伸腕短肌	尺側伸腕肌	尺側屈腕肌	橈側屈腕肌
伸小指肌	伸拇長肌	屈拇長肌	外展拇長肌
		掌長肌	

第2指掌指關節

伸直

協同肌		拮抗肌	
伸指肌		屈指淺肌	屈指深肌
		掌側骨間肌（Ⅱ）	
		背側骨間肌（Ⅱ）	
		手部蚓狀肌（Ⅱ）	

外展（遠離中指）

協同肌		拮抗肌	
背側骨間肌（Ⅱ）		掌側骨間肌（Ⅱ）	屈指淺肌
		屈指深肌	

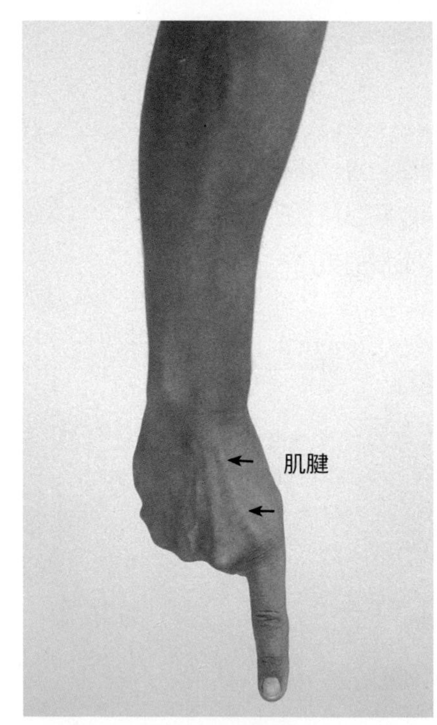

第2指近端與遠端指間關節

伸直

協同肌	拮抗肌
伸指肌	屈指深肌
手部蚓狀肌（Ⅱ）	屈指淺肌（只有第2指近端指間關節）
背側骨間肌（Ⅱ）	
掌側骨間肌（Ⅱ）	

肌肉功能測試

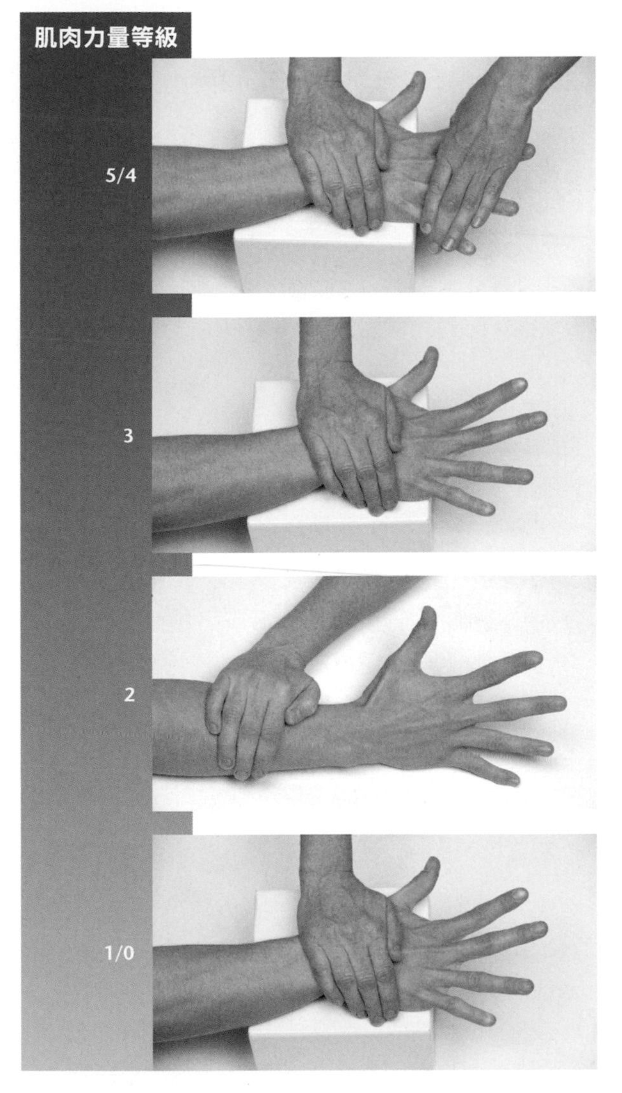

5/4

起始位置：病患採坐姿。前臂與掌骨平放在水平表面並旋前，手指屈曲垂出邊緣。

測試過程：測試者一隻手固定病患手部中間，另一隻手給予第2~5指向下的阻力。

指導語：伸直你的手指，抵抗我的阻力並維持姿勢。

3

起始位置：病患採坐姿。前臂與掌骨平放在水平表面並旋前，手指屈曲垂出邊緣。

測試過程：測試者一隻手固定病患手部中間。

指導語：伸直你的手指。

2

起始位置：病患採坐姿。前臂與手部平放在桌面或其他水平表面，拇指朝上。

測試過程：測試者觀察食指動作。

指導語：伸直你的手指。

1/0

起始位置：病患採坐姿。前臂與掌骨平放在水平表面並旋前，手指屈曲垂出邊緣。

測試過程：測試者觀察食指動作。

指導語：嘗試伸直你的食指。

臨床關聯性

- 手指伸直與外展相關。
- 測試時，手腕維持在背側伸直與掌側屈曲間很重要，可以避免手腕背側伸直時產生伸指肌主動不足。

問題／評論

- 伸食指肌、伸指肌與伸小指肌會共同測試。只有這些肌肉共同作用時才會產生最佳力量。
- 伸食指肌無法被觸診。

伸小指肌

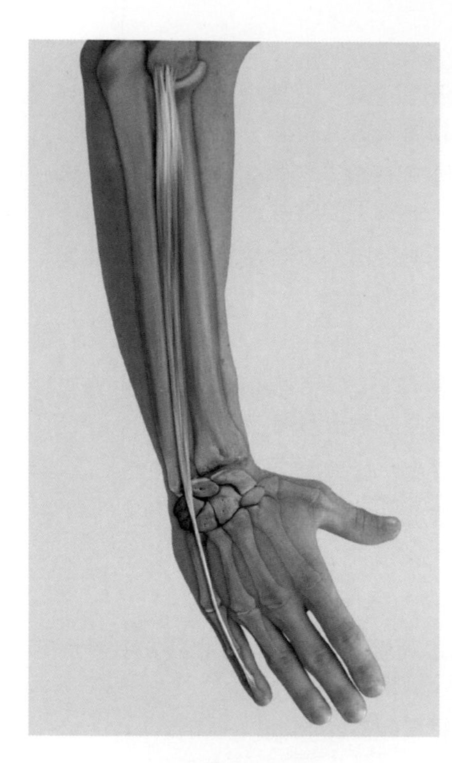

伸小指肌在掌指關節與指間關節伸直小指；對手腕的伸直作用很小。

起點	肱骨外上髁；前臂筋膜
終點	小指背側腱膜
神經支配	橈神經深層分支（第7～8節頸神經，有時第1節胸神經也會參與支配）

功能

橈腕與中腕關節

伸直

協同肌		拮抗肌	
伸指肌	橈側伸腕長肌	屈指淺肌	屈指深肌
橈側伸腕短肌	尺側伸腕肌	尺側屈腕肌	橈側屈腕肌
伸食指肌	伸拇長肌	屈拇長肌	外展拇長肌
		掌長肌	

第5指掌指關節

伸直

協同肌		拮抗肌	
伸指肌		屈指淺肌	屈指深肌
		掌側骨間肌（V）	
		手部蚓狀肌（V）	
		外展小指肌	屈小指短肌

外展（遠離中指）

協同肌		拮抗肌	
背側骨間肌（V）		掌側骨間肌（V）	屈小指短肌
		屈指淺肌	屈指深肌

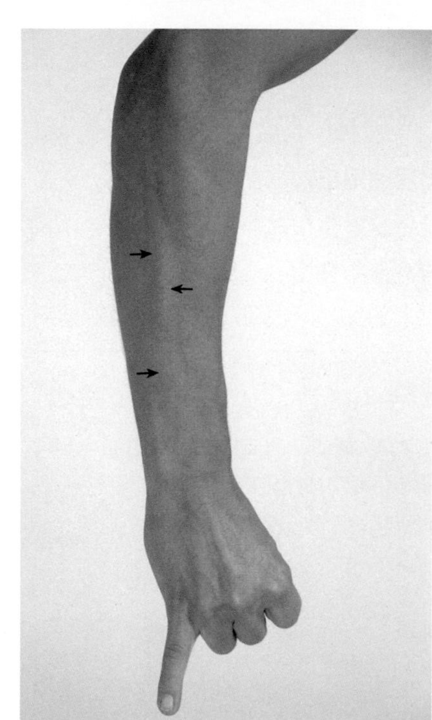

第5指近端與遠端指間關節

伸直

協同肌	拮抗肌
伸指肌	屈指深肌
手部蚓狀肌（V）	屈指淺肌（只有第5指近端指間關節）
掌側骨間肌（V）	

肌肉功能測試

肌肉力量等級

5/4

起始位置：病患採坐姿。前臂與掌骨平放在水平表面並旋前，手指屈曲垂出邊緣。

測試過程：測試者一隻手固定病患手部中間，另一隻手給予第2～5指向下的阻力。

指導語：伸直你的手指，抵抗我的阻力並維持姿勢。

3

起始位置：病患採坐姿。前臂與掌骨平放在水平表面並旋前，手指屈曲垂出邊緣。

測試過程：測試者一隻手固定病患手部中間。

指導語：伸直你的手指。

2

起始位置：病患採坐姿。前臂與手部平放在桌面或其他水平表面，拇指朝上。

測試過程：測試者觀察小指動作。

指導語：伸直你的手指。

1/0

起始位置：病患採坐姿。前臂與掌骨平放在水平表面並旋前，手指屈曲垂出邊緣。

測試過程：測試者觸診伸小指肌。

指導語：嘗試伸直你的小指。

臨床關聯性

- 手指伸直與外展相關。
- 測試時，手腕維持在背側伸直與掌側屈曲間很重要，可以避免手腕背側伸直時產生伸指肌主動不足。

問題／評論

- 伸食指肌、伸指肌與伸小指肌會共同測試。只有這些肌肉共同作用時才會產生最佳力量。
- 手部伸肌在手腕上方能觸診到的肌肉，依照橈側往尺側方向依序排列為：
  - 橈側伸腕長肌
  - 橈側伸腕短肌
  - 伸指肌
  - 伸小指肌
  - 尺側伸腕肌

伸拇短肌

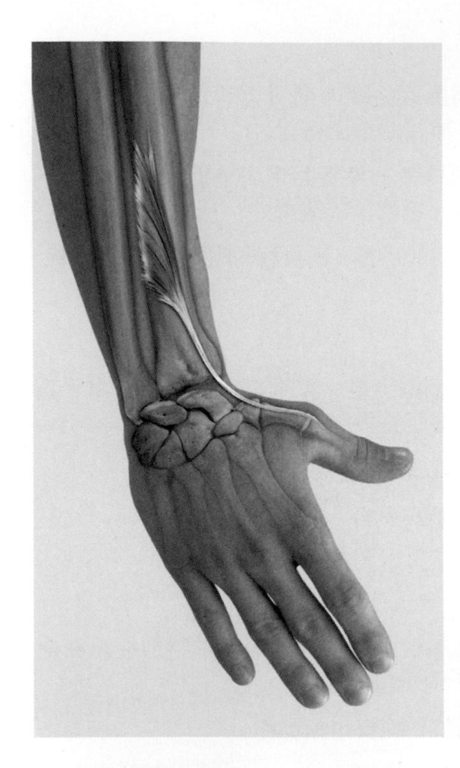

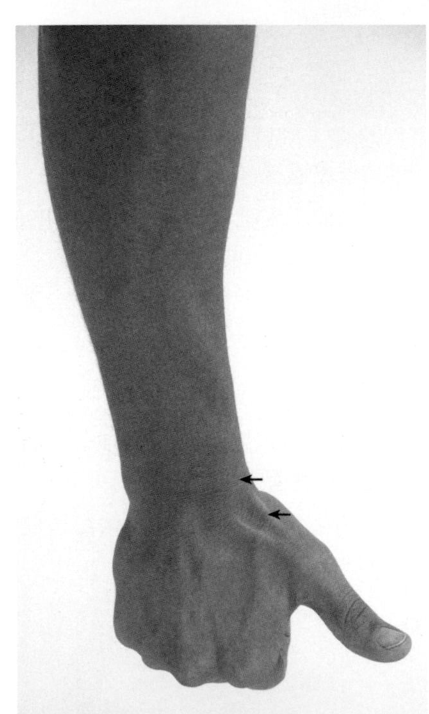

伸拇短肌的動作與伸拇長肌大致相同，不過前者沒有執行旋後動作。它使手腕與拇指伸直，但不包含第1指指間關節。

起點 橈骨遠端1/3背側表面；骨間膜

終點 拇指近端指骨基部背側表面

神經支配 橈神經深層分支（第7～8節頸神經，第1節胸神經）

功能

協同肌	拮抗肌
橈腕與中腕關節	
橈側外展	
橈側屈腕肌	尺側屈腕肌
橈側伸腕長肌	尺側伸腕肌
橈側伸腕短肌	屈指深肌
屈拇長肌	伸指肌
外展拇長肌	伸小指肌
伸拇長肌	
第1指腕掌關節	
伸直	
伸拇長肌	屈拇長肌
外展拇長肌	屈拇短肌
	內收拇肌
	對掌拇肌
外展	
外展拇短肌	內收拇肌
外展拇長肌	背側骨間肌（II）
屈拇短肌（表層）	對掌拇肌
	伸拇長肌
	屈拇短肌（深層）

第1指掌指關節

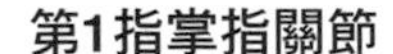

協同肌		拮抗肌	
伸直			
伸拇長肌	外展拇短肌	屈拇長肌	屈拇短肌
		內收拇肌	

肌肉功能測試

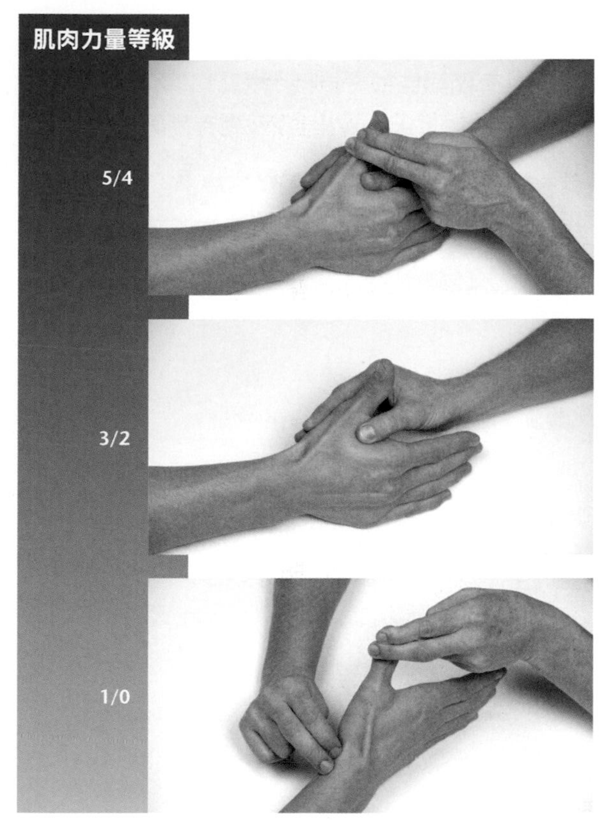

起始位置：病患採坐姿。前臂與手部平放在水平表面並拇指朝上。

測試過程：測試者一隻手固定病患拇指掌骨，另一隻手給予拇指近端指骨背側屈曲方向的阻力。

指導語：伸直你的拇指，抵抗我的阻力並維持姿勢。

起始位置：病患採坐姿。前臂與手部平放在水平表面並拇指朝上。

測試過程：測試者一隻手固定病患第1掌骨。

指導語：伸直你的拇指。

起始位置：病患採坐姿。前臂與手部平放在水平表面並拇指朝上。

測試過程：測試者觸診伸拇短肌。

指導語：嘗試伸直你的拇指。

問題／評論

- 伸拇短肌與伸拇長肌均參與拇指掌指關節伸直。

伸拇長肌

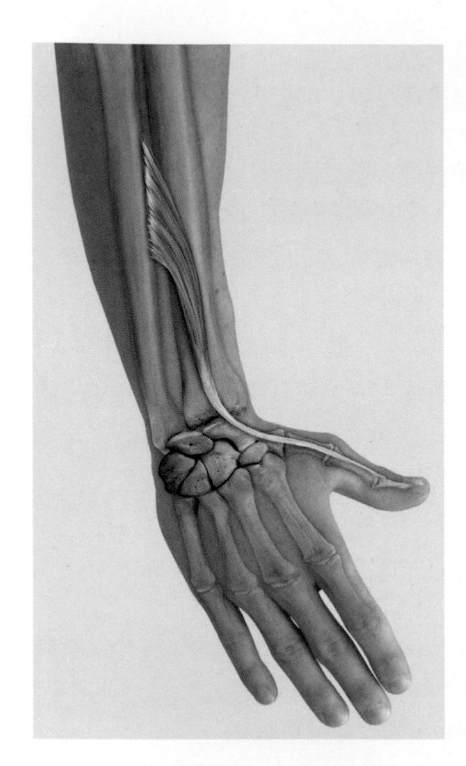

伸拇長肌伸直拇指所有關節並外展拇指。此外，它可以協助手腕伸直。因為它從尺骨跨過手臂走到拇指，所以也有旋後功用。

起點	尺骨中段背側表面；前臂骨間膜
終點	拇指遠端指骨基部背側表面
神經支配	橈神經深層分支（第7～8節頸神經，第1節胸神經）

功能

近端與遠端橈尺關節、肱橈關節

協同肌		拮抗肌	
旋後			
旋後肌		旋前方肌	旋前圓肌
肱二頭肌（手肘屈曲）		橈側屈腕肌	橈側伸腕長肌
肱橈肌（從旋前回到正中姿勢）			

橈腕與中腕關節

協同肌		拮抗肌	
伸直			
伸指肌	橈側伸腕長肌	尺側屈腕肌	橈側屈腕肌
橈側伸腕短肌	尺側伸腕肌	屈指淺肌	屈指深肌
伸食指肌	伸小指肌	屈拇長肌	外展拇長肌
		掌長肌	
橈側外展			
橈側屈腕肌	橈側伸腕長肌	尺側屈腕肌	尺側伸腕肌
橈側伸腕短肌	屈拇長肌	屈指深肌	伸指肌
外展拇長肌	伸拇短肌	伸小指肌	

第1指腕掌關節

協同肌		拮抗肌	
伸直			
伸拇短肌		屈拇長肌	屈拇短肌
外展拇長肌		外展拇短肌	內收拇肌
		對掌拇肌	
內收			
內收拇肌		外展拇長肌	外展拇短肌
背側骨間肌（II）		伸拇短肌	
對掌拇肌		屈拇短肌（表層）	
屈拇短肌（深層）			

第1指掌指關節

協同肌		拮抗肌	
伸直			
伸拇長肌	外展拇短肌	屈拇長肌	屈拇短肌
		內收拇肌	

第1指指間關節

協同肌		拮抗肌	
伸直			
無		屈拇長肌	

肌肉功能測試

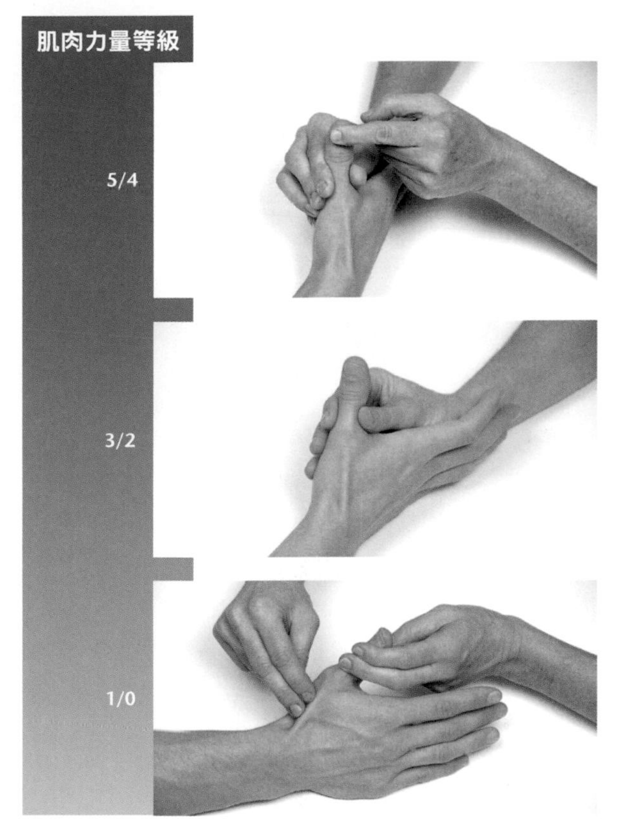

起始位置：病患採坐姿。前臂與手部平放在水平表面並拇指朝上。

測試過程：測試者一隻手固定病患拇指近端指骨，另一隻手給予拇指遠端指骨背側屈曲方向的阻力。

指導語：伸直你的拇指，抵抗我的阻力並維持姿勢。

起始位置：病患採坐姿。前臂與手部平放在水平表面並拇指朝上。

測試過程：測試者一隻手固定病患拇指近端指骨。

指導語：伸直你的拇指。

起始位置：病患採坐姿。前臂與手部平放在水平表面並拇指朝上。

測試過程：測試者觸診伸拇長肌。

指導語：嘗試伸直你的拇指。

問題／評論

- 伸拇短肌與伸拇長肌均參與拇指掌指關節伸直。
- 伸拇長肌單獨作用可使拇指指間關節伸直。

手部蚓狀肌

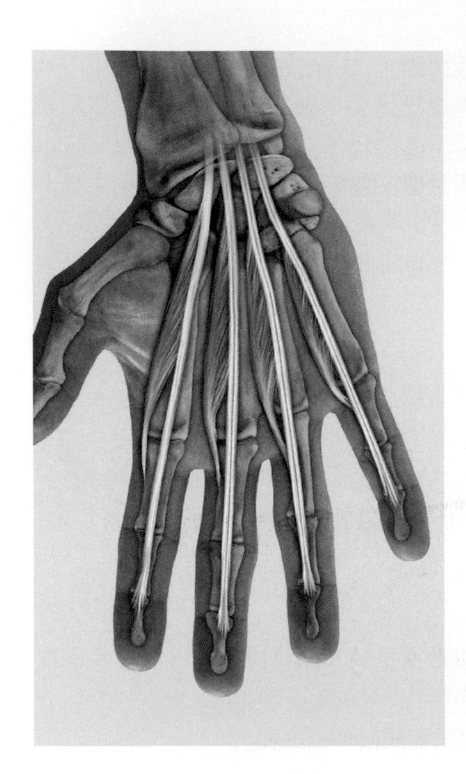

蚓狀肌屈曲第2～5指掌指關節，並伸直相同手指的近端指間關節。這個動作對寫字與握住餐具很重要。

起點	深層手指屈肌肌腱
終點	第2～5指伸肌腱膜的橈側
神經支配	第1與2蚓狀肌：正中神經（第8節頸神經～第1節胸神經）；第3與4蚓狀肌：尺神經深層分支（第8節頸神經～第1節胸神經）

功能

協同肌	拮抗肌
第2～5掌指關節	
屈曲	
屈指淺肌	伸指肌
屈指深肌	伸食指肌（II）
掌側骨間肌1～3（II、IV、V）	伸小指肌（V）
背側骨間肌1～4（II、III、IV）	
外展小指肌（V）	
屈小指短肌（V）	
第2～5近端與遠端指間關節	
伸直	
伸指肌	屈指深肌
伸小指肌（V）	屈指淺肌
伸食指肌（II）	屈小指短肌（V）
背側骨間肌1～4（II、III、IV）	
掌側骨間肌1～3（II、IV、V）	

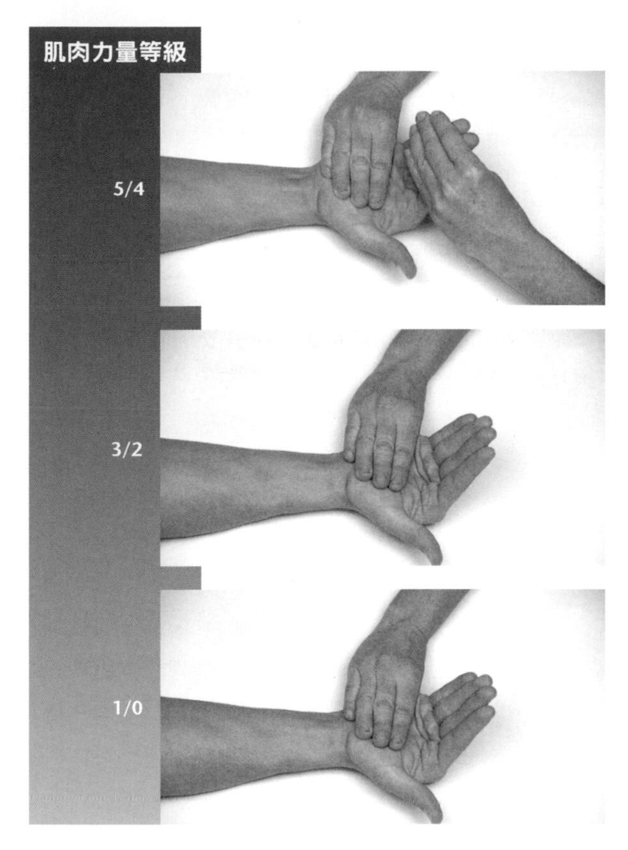

肌肉功能測試

起始位置：病患採坐姿。前臂與手部平放在床上並旋後。手指伸直。

測試過程：測試者一隻手固定病患掌骨，另一隻手給予第2～5指近端指骨伸直方向的阻力。

指導語：屈曲你已經伸直的指節（掌指關節）並抵抗我的阻力。

起始位置：病患採坐姿。前臂與手部平放在床上並旋後。手指伸直。

測試過程：測試者一隻手固定病患掌骨。

指導語：屈曲你已經伸直的指節（掌指關節）。

起始位置：病患採坐姿。前臂與手部平放在床上並旋後。手指伸直。

測試過程：測試者觀察手指動作

指導語：嘗試屈曲你已經伸直的指節（掌指關節）。

問題／評論

- 手部背側與掌側骨間肌可協助蚓狀肌的動作。

屈指淺肌

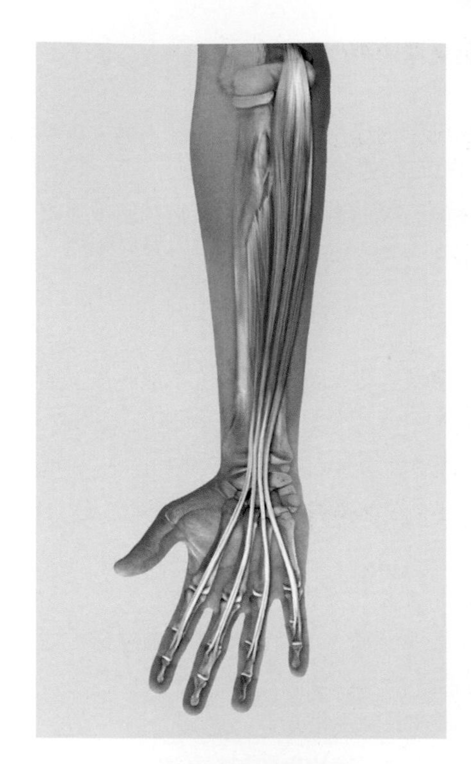

屈指淺肌的主要功能為屈曲第2～5指掌指關節，以及近端指間關節。在做此動作時，伸腕肌群固定手腕可以使動作更有效益。它也有非常微小的手肘屈曲功能。

起點 肱骨起點：肱骨內上髁，尺骨喙突；橈骨起點：橈骨掌側表面

終點 四條肌腱末端分成兩個分支，接在第2～5指中段指骨基部側邊；屈指深肌肌腱從兩個分支中間穿過並連接遠端指骨

神經支配 正中神經（第7節頸神經～第1節胸神經）

功能

協同肌	拮抗肌
橈腕與中腕關節	
屈曲	
屈指深肌、尺側屈腕肌、橈側屈腕肌、屈拇長肌、外展拇長肌、掌長肌	伸指肌、橈側伸腕長肌、橈側伸腕短肌、尺側伸腕肌、伸食指肌、伸小指肌、伸拇長肌
第2～5掌指關節	
屈曲	
屈指深肌 掌側骨間肌1～3（II、IV、V） 背側骨間肌1～4（II、III、IV） 手部蚓狀肌1～4（II-V） 外展小指肌（V） 屈小指短肌（V）	伸指肌 伸食指肌（II） 伸小指肌（V）
內收（靠近中指）	
掌側骨間肌1～3（II、IV、V） 屈小指短肌（V） 屈指深肌	背側骨間肌1～4（II、III、IV） 伸指肌 外展小指肌（V） 伸小指肌（V）
第2～5近端指間關節	
屈曲	
屈指深肌（也能屈曲遠端指間關節）	伸指肌 伸小指肌（V） 伸食指肌（II） 手部蚓狀肌1～4（II-V） 背側骨間肌1～4（II、III、IV） 掌側骨間肌1～3（II、IV、V）

肌肉功能測試

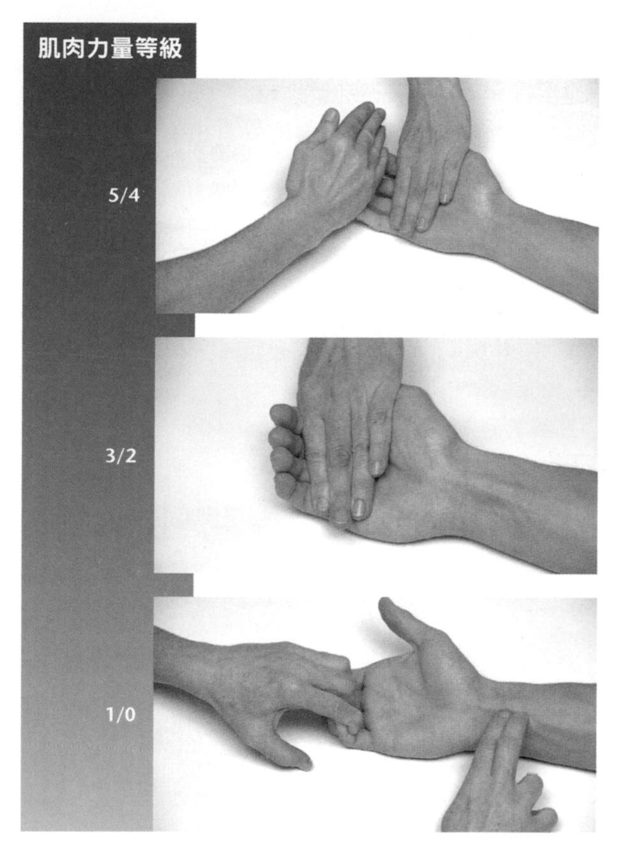

起始位置：病患採坐姿。前臂與手部平放在床上並旋後。

測試過程：測試者一隻手固定病患第2～5的指近端指骨，另一隻手給予第2～5指掌側中段指骨伸直方向的阻力。

指導語：屈曲你手指的中間關節（近端指間關節）並抵抗我的阻力。

起始位置：病患採坐姿。前臂與手部平放在床上並旋後。

測試過程：測試者用一隻手固定病患第2～5指的近端指骨。

指導語：屈曲你手指的中間關節（近端指間關節）。

起始位置：病患採坐姿。前臂與手部平放在床上並旋後。

測試過程：測試者觸診屈指淺肌。

指導語：嘗試屈曲你手指的中間關節（近端指間關節）。

問題／評論

- 屈指淺肌與屈指深肌均作用屈曲近端指間關節。
- 可以在其他手指固定的情況下單獨測試個別手指。然而，屈指淺肌永遠同時移動第2～5指。
- 手腕需要擺在正中位置。如果手腕掌側屈曲，屈指淺肌會產生主動不足的現象。

屈指深肌

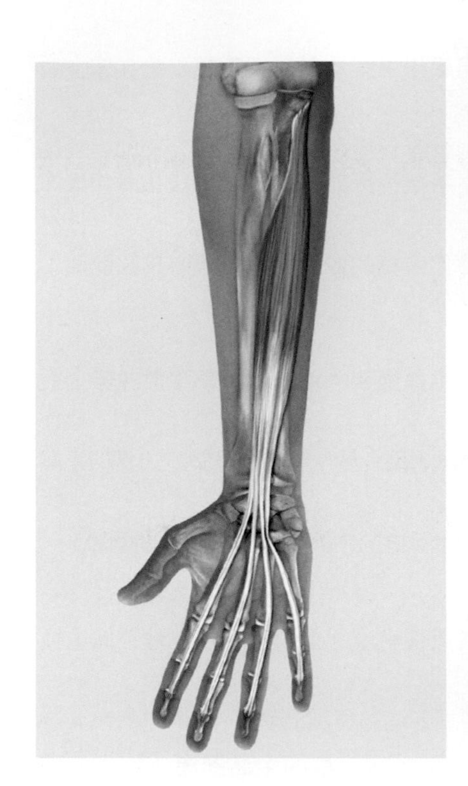

屈指深肌主要作用在第2～5指掌指關節，以及近端與遠端指間關節。它是唯一的遠端指間關節屈肌。因為它也會屈曲手腕，所以當手腕伸肌固定手腕時會特別有效益。

起點 尺骨近端前側表面；前臂筋膜；骨間膜

終點 四條肌腱穿過岔開的屈指淺肌肌腱，連接到遠端指骨基部掌側表面

神經支配 正中神經分支（Ⅱ、Ⅲ）的前側骨間神經（第7節頸神經～第1節胸神經）；尺神經（Ⅳ、Ⅴ）（第7節頸神經～第1節胸神經）

功能

協同肌　　拮抗肌

橈腕與中腕關節

屈曲

協同肌		拮抗肌	
屈指淺肌	尺側屈腕肌	伸指肌	橈側伸腕長肌
橈側屈腕肌	屈拇長肌	橈側伸腕短肌	尺側伸腕肌
外展拇長肌	掌長肌	伸食指肌	伸小指肌
		伸拇長肌	

第2～5掌指關節

屈曲

協同肌	拮抗肌
屈指淺肌	伸指肌
掌側骨間肌1～3（Ⅱ、Ⅳ、Ⅴ）	伸食指肌（Ⅱ）
背側骨間肌1～4（Ⅱ、Ⅲ、Ⅳ）	伸小指肌（Ⅴ）
手部蚓狀肌1～4（Ⅱ～Ⅴ）	
外展小指肌（Ⅴ）	
屈小指短肌（Ⅴ）	

內收（靠近中指）

協同肌	拮抗肌
掌側骨間肌1～3（Ⅱ、Ⅳ、Ⅴ）	背側骨間肌1～4（Ⅱ～Ⅳ）
屈小指短肌（Ⅴ）	伸指肌
屈指淺肌	外展小指肌（Ⅴ）
背側骨間肌1（Ⅰ）	伸小指肌（Ⅴ）

第2～5近端與遠端指間關節

屈曲

協同肌	拮抗肌	
屈指淺肌（只能屈曲近端指間關節）	伸指肌	伸小指肌（Ⅴ）
	伸食指肌（Ⅱ）	
	手部蚓狀肌1～4（Ⅱ～Ⅴ）	
	背側骨間肌1～4（Ⅱ、Ⅲ、Ⅳ）	
	掌側骨間肌1～3（Ⅱ、Ⅳ、Ⅴ）	

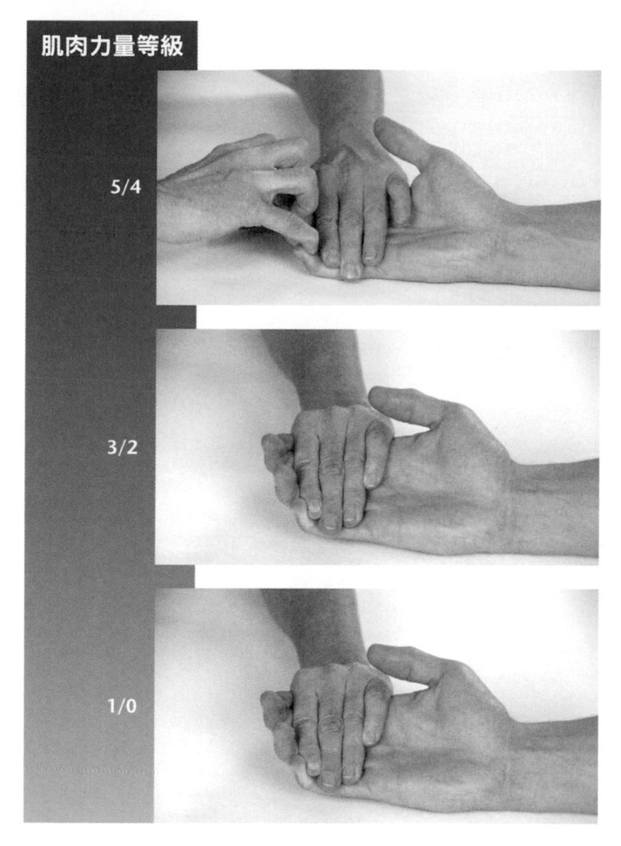

肌肉功能測試

起始位置：病患採坐姿。前臂與手部平放在床上並旋後。

測試過程：測試者一隻手固定病患第2～5指的中段指骨，另一隻手給予第2～5指掌側遠端指骨伸直方向的阻力。

指導語：屈曲你手指的末端關節（遠端指間關節）並抵抗我的阻力。

起始位置：病患採坐姿。前臂與手部平放在床上並旋後。

測試過程：測試者一隻手固定病患第2～5指的中段指骨。

指導語：屈曲你手指的末端關節（遠端指間關節）。

起始位置：病患採坐姿。前臂與手部平放在床上並旋後。

測試過程：測試者一隻手固定病患第2～5指的中段指骨。

指導語：嘗試屈曲你手指的末端關節（遠端指間關節）。

! 問題／評論

- 屈指淺肌與屈指深肌均作用屈曲近端指間關節。
- 屈指深肌單獨作用可屈曲遠端指間關節。
- 可以在其他手指固定的情況下單獨測試個別手指。然而，屈指淺肌永遠同時移動第2～5指。
- 手腕需要擺在正中位置。如果手腕掌側屈曲，屈指深肌會產生主動不足的現象。

屈小指短肌

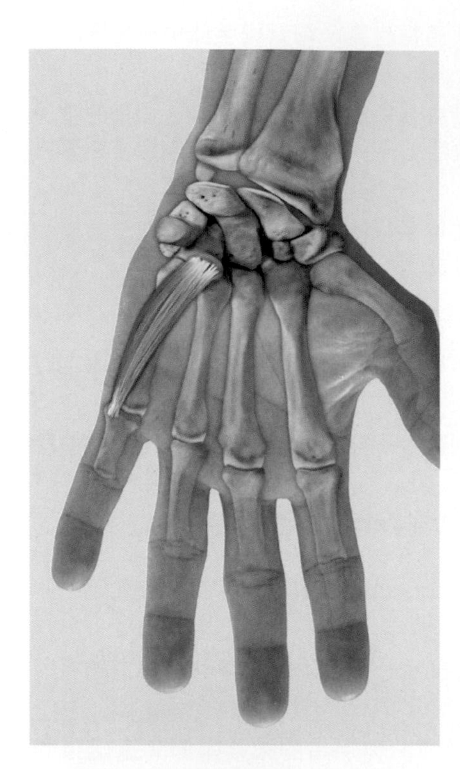

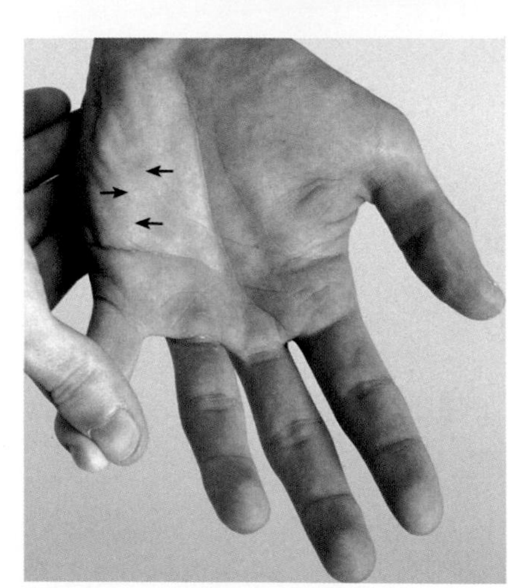

| 屈小指短肌屈曲第5指掌指關節。

起點 勾狀骨；手部屈肌支持帶

終點 第5指近端指骨基部尺側緣

神經支配 尺神經深層分支（第8節頸神經～第1節胸神經）

功能

協同肌	拮抗肌
第5指掌指關節	
屈曲	
屈指淺肌	伸指肌
屈指深肌	伸小指肌（V）
掌側骨間肌3（V）	
手部蚓狀肌4（V）	

肌肉功能測試

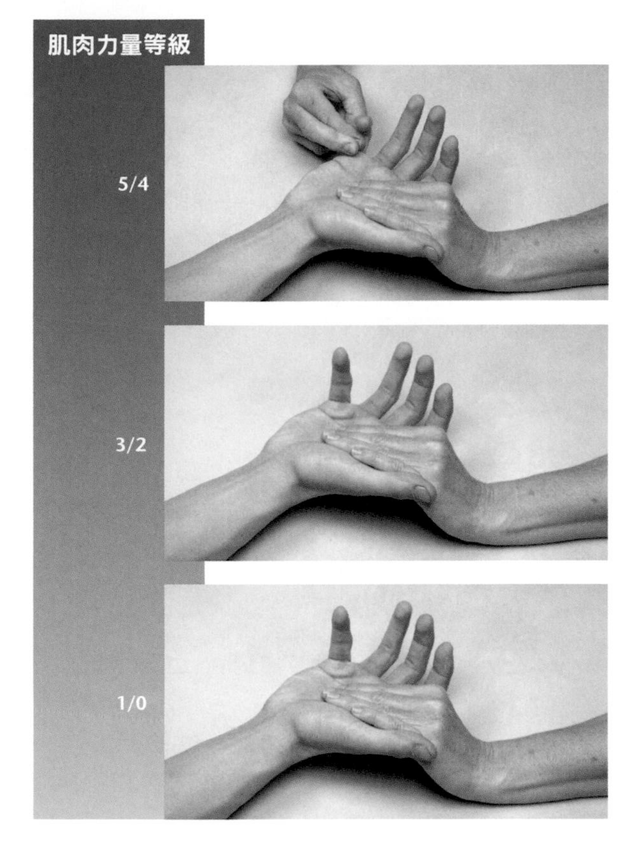

起始位置：病患採坐姿。前臂與手部平放在床上並旋後。

測試過程：測試者一隻手固定病患掌骨，另一隻手給予小指近端指骨掌側伸直方向的阻力。

指導語：屈曲你的小指並抵抗我的阻力。

起始位置：病患採坐姿。前臂與手部平放在床上並旋後。

測試過程：測試者觀察小指動作。

指導語：屈曲你的小指。

起始位置：病患採坐姿。前臂與手部平放在床上並旋後。

測試過程：測試者觀察小指動作。

指導語：嘗試屈曲你的小指。

! 問題／評論

- 屈小指短肌的功能無法與屈指淺肌與屈指深肌作區辨。
- 通常不可能單獨屈曲小指。

屈拇短肌

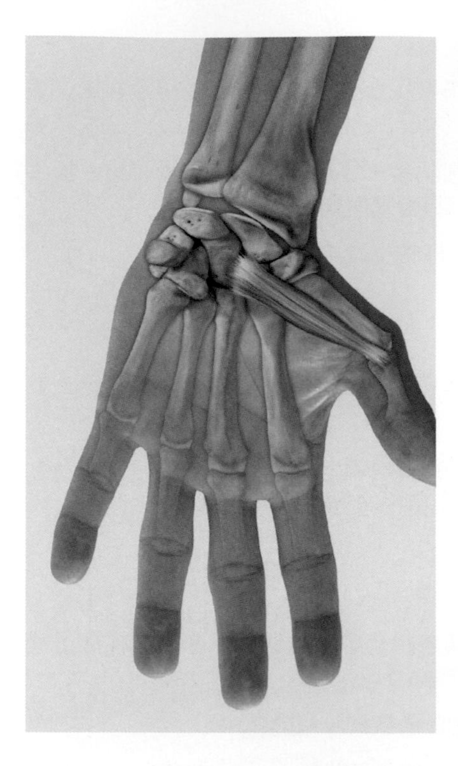

屈拇短肌使拇指腕掌關節屈曲，使之進行對掌運動，以及使拇指掌指關節屈曲。

起點	表層頭：大多角骨（第1腕骨）；手部屈肌支持帶 深層頭：小多角骨（第2腕骨）；頭狀骨（第3腕骨） 腕骨間掌側韌帶
終點	拇指近端指骨基部橈側
神經支配	表層頭：正中神經（第7節頸神經～第1節胸神經） 深層頭：尺神經（第7節頸神經～第1節胸神經）
特殊性質	屈拇短肌有雙重神經支配

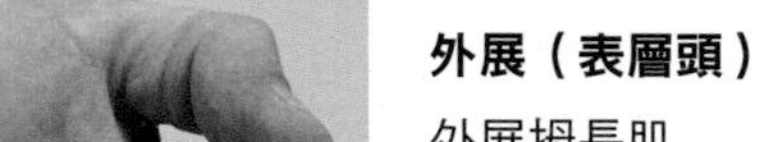

功能

第1指腕掌關節

屈曲

協同肌		拮抗肌	
屈拇長肌	外展拇短肌	伸拇長肌	伸拇短肌
內收拇肌	對掌拇肌	外展拇長肌	

外展（表層頭）

協同肌		拮抗肌	
外展拇長肌		內收拇	背側骨間肌（II）
外展拇短肌		對掌拇肌	伸拇長肌
伸拇短肌		屈拇短肌（深層頭）	

內收（深層頭）

協同肌		拮抗肌	
內收拇肌	背側骨間肌（II）	外展拇長肌	外展拇短肌
對掌拇肌		伸拇短肌	

對掌

協同肌		拮抗肌	
對掌拇肌	屈拇長肌	伸拇長肌	伸拇短肌
內收拇肌			

第1指掌指關節

屈曲

協同肌		拮抗肌	
屈拇長肌	內收拇肌	伸拇長肌	伸拇短肌
對掌拇肌		外展拇長肌	外展拇短肌

肌肉功能測試

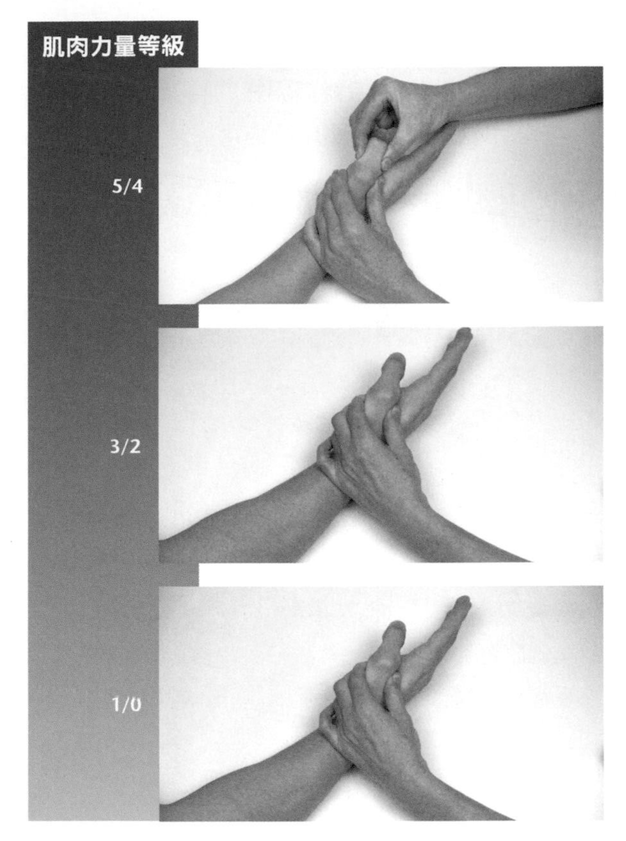

起始位置： 病患採坐姿。前臂與手部平放於平坦表面且拇指朝上。手腕擺正中位置，拇指伸直與外展。

測試過程： 測試者一隻手固定病患第1掌骨，另一隻手給予拇指近端指骨伸直方向的阻力。

指導語： 屈曲你的拇指並抵抗我的阻力。

起始位置： 病患採坐姿。前臂與手部平放於平坦表面且拇指朝上。手腕擺正中位置，拇指伸直與外展。

測試過程： 測試者一隻手固定病患第1掌骨。

指導語： 屈曲你的拇指。

起始位置： 病患採坐姿。前臂與手部平放於平坦表面且拇指朝上。手腕擺正中位置，拇指伸直與外展。

測試過程： 測試者觀察拇指動作。

指導語： 嘗試屈曲你的拇指。

問題／評論

- 屈拇短肌的功能無法與屈拇長肌區辨。

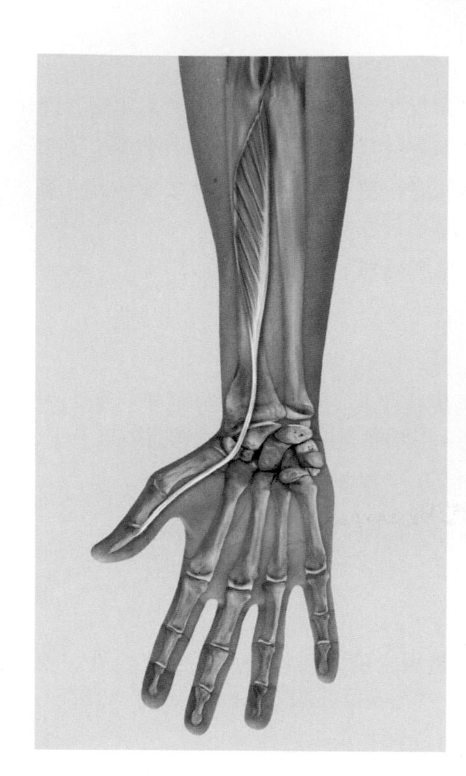

屈拇長肌

屈拇長肌屈曲拇指腕掌關節、掌指關節與指間關節。它是末端關節唯一的屈肌；它也協助其他手腕屈肌作用。

起點 橈骨中段1/2腹側表面；骨間膜
尺骨喙突；某些個案的肱骨內上髁

終點 拇指遠端指骨基部掌側表面

神經支配 正中神經分支的前側骨間神經（第6節頸神經～第1節胸神經）

功能

協同肌 拮抗肌

橈腕與中腕關節

屈曲

協同肌		拮抗肌	
屈指淺肌	屈指深肌	伸指肌	橈側伸腕長肌
尺側屈腕肌	橈側屈腕肌	橈側伸腕短肌	尺側伸腕肌
外展拇長肌	掌長肌	伸食指肌	伸小指肌
		伸拇長肌	

第1指腕掌關節

屈曲

協同肌		拮抗肌	
外展拇短肌	內收拇肌	伸拇長肌	伸拇短肌
對掌拇肌		外展拇長肌	外展拇短肌

對掌

協同肌		拮抗肌	
對掌拇肌	屈拇短肌	伸拇長肌	伸拇短肌
內收拇肌			

第1指掌指關節

屈曲

協同肌		拮抗肌	
屈拇短肌		伸拇長肌	伸拇短肌
內收拇肌		外展拇長肌	外展拇短肌
對掌拇肌			

第1指指間關節

屈曲

協同肌	拮抗肌
無	伸拇長肌

肌肉功能測試

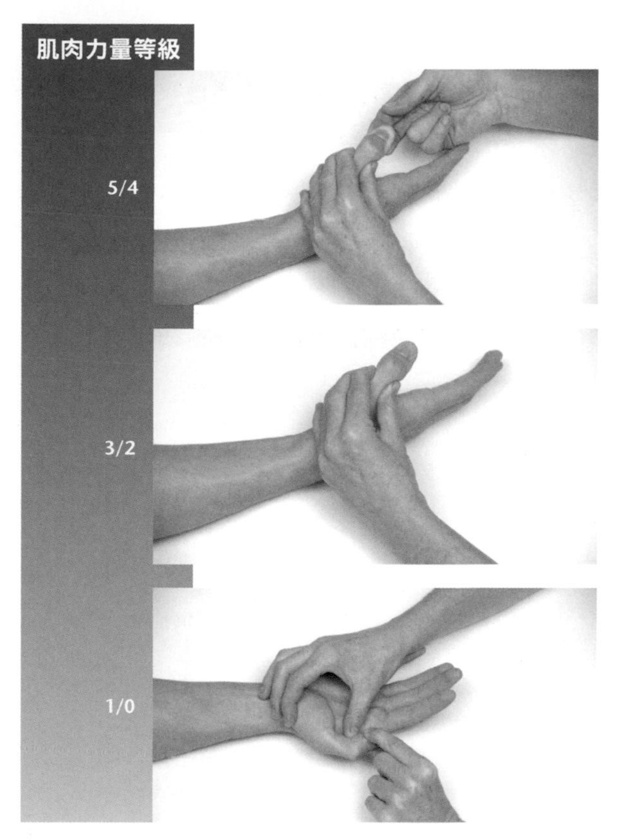

起始位置：病患採坐姿。前臂與手部平放於平坦表面且拇指朝上。手腕擺正中位置，拇指伸直。

測試過程：測試者一隻手固定病患拇指掌指關節，另一隻手給予拇指遠端指骨伸直方向的阻力。

指導語：屈曲你的拇指，抵抗我的阻力並維持姿勢。

起始位置：病患採坐姿。前臂與手部平放於平坦表面且拇指朝上。手腕擺正中位置，拇指伸直。

測試過程：測試者一隻手固定病患拇指掌指關節。

指導語：屈曲你的拇指末端關節（指間關節）。

起始位置：病患採坐姿。前臂與手部平放於平坦表面且拇指朝上。手腕擺正中位置，拇指伸直。

測試過程：測試者觸診屈拇長肌。

指導語：嘗試屈曲你的拇指末端關節（指間關節）。

臨床關聯性

- 屈拇長肌無力，會使寫字或拇指食指握住小物體變得困難。

問題／評論

- 屈拇長肌單獨作用使拇指指間關節屈曲，而拇指掌指關節屈曲則由屈拇長肌與屈拇短肌共同作用。
- 手部屈肌在手腕上方能觸診到的肌肉，依照橈側往尺側方向依序排列為：
  - 橈側屈腕肌
  - 屈拇長肌
  - 掌長肌
  - 屈指淺肌
  - 尺側屈腕肌

外展拇長肌

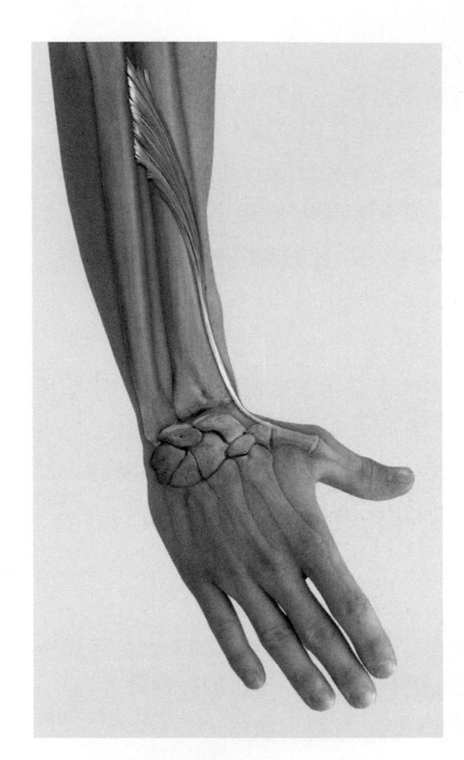

外展拇長肌使拇指腕掌關節伸直與外展，也造成手腕屈曲與橈側外展。

起點	橈骨中段1/3背側表面；前臂骨間膜；尺骨遠端2/3背側表面
終點	第1掌骨基部橈側
神經支配	橈神經深層分支（第7節頸神經～第1節胸神經）
特殊性質	外展拇長肌與伸拇短肌形成解剖性鼻煙盒的橈側邊界

功能

橈腕與中腕關節

屈曲

協同肌		拮抗肌	
屈指淺肌	屈指深肌	伸指肌	橈側伸腕長肌
尺側屈腕肌	橈側屈腕肌	橈側伸腕短肌	尺側伸腕肌
屈拇長肌	掌長肌	伸食指肌	伸小指肌
		伸拇長肌	

外展

協同肌		拮抗肌	
橈側屈腕肌	橈側伸腕長肌	尺側屈腕肌	尺側伸腕肌
橈側伸腕短肌	屈拇長肌	屈指深肌	伸指肌
伸拇長肌	伸拇短肌	伸小指肌	

第1指腕掌關節

外展

協同肌	拮抗肌	
外展拇短肌	內收拇肌	背側骨間肌（II）
屈拇短肌（表層）	對掌拇肌	伸拇長肌
伸拇短肌	屈拇短肌（深層）	

伸直

協同肌		拮抗肌	
伸拇長肌	伸拇短肌	屈拇長肌	屈拇短肌
外展拇短肌		內收拇肌	對掌拇肌

肌腱

肌肉功能測試

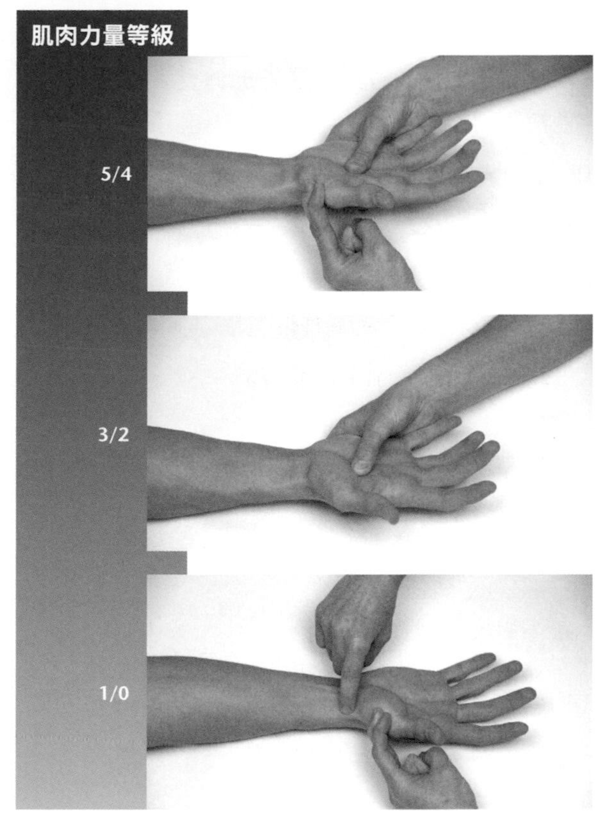

起始位置：病患採坐姿。前臂與手部平放於平坦表面並旋後。

測試過程：測試者一隻手固定病患手腕，另一隻手從外側給予拇指腕掌關節內收方向的阻力。

指導語：把你的拇指打開並抵抗我的阻力。

起始位置：病患採坐姿。前臂與手部平放於平坦表面並旋後。

測試過程：測試者一隻手固定病患手腕。

指導語：把你的拇指打開。

起始位置：病患採坐姿。前臂與手部平放於平坦表面並旋後。

測試過程：測試者觸診外展拇長肌。

指導語：嘗試把你的拇指打開。

問題／評論

- 外展拇長肌的部分肌腱和伸拇短肌，以及外展拇短肌融合在一起。
- 外展拇長肌與外展拇短肌的功能很難區辨。兩條肌肉共同作用造成腕掌關節外展，但掌指關節的外展只有外展拇短肌產生。
- 外展與內收動作發生在拇指腕掌關節處（基部關節）；其動作平面與其他手指外展內收平面呈斜向夾角。

外展拇短肌

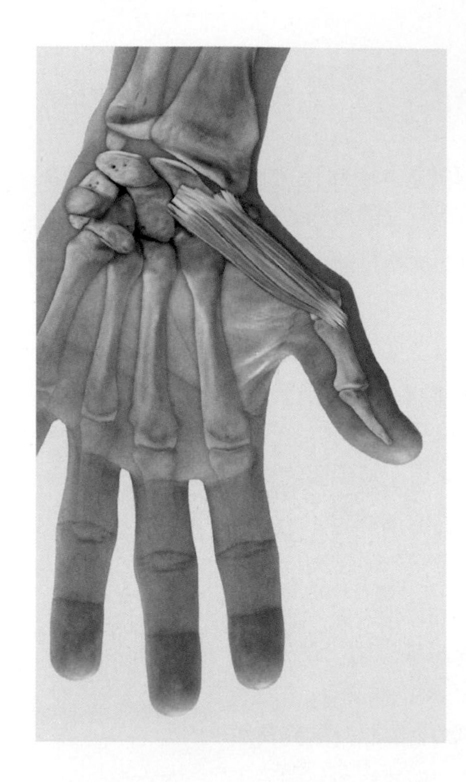

外展拇短肌使拇指腕掌關節外展與掌指關節伸直，也連接到伸肌腱膜並能伸直指間關節。

起點	舟狀骨粗隆；手部屈肌支持帶；大多角骨
終點	拇指近端指骨基部掌側表面
神經支配	正中神經（第6～7節頸神經）

功能

協同肌	拮抗肌
第1指腕掌關節	
外展	
外展拇長肌	內收拇肌
屈拇短肌（表層）	背側骨間肌（II）
伸拇短肌	對掌拇肌
	伸拇長肌
	屈拇短肌（深層）
第1指掌指關節	
伸直	
伸拇長肌	屈拇長肌
伸拇短肌	屈拇短肌
	內收拇肌
	對掌拇肌

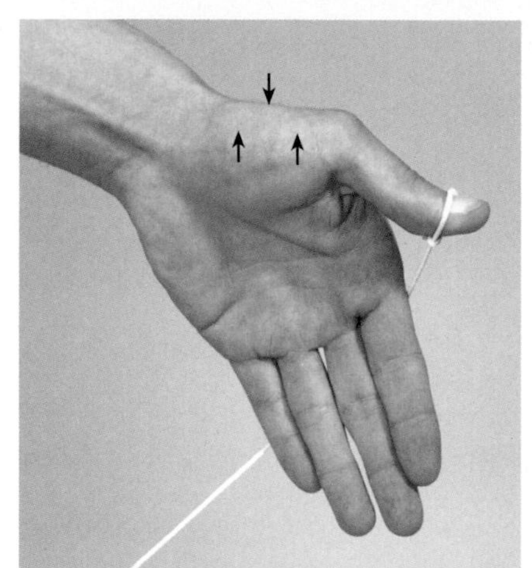

肌肉功能測試

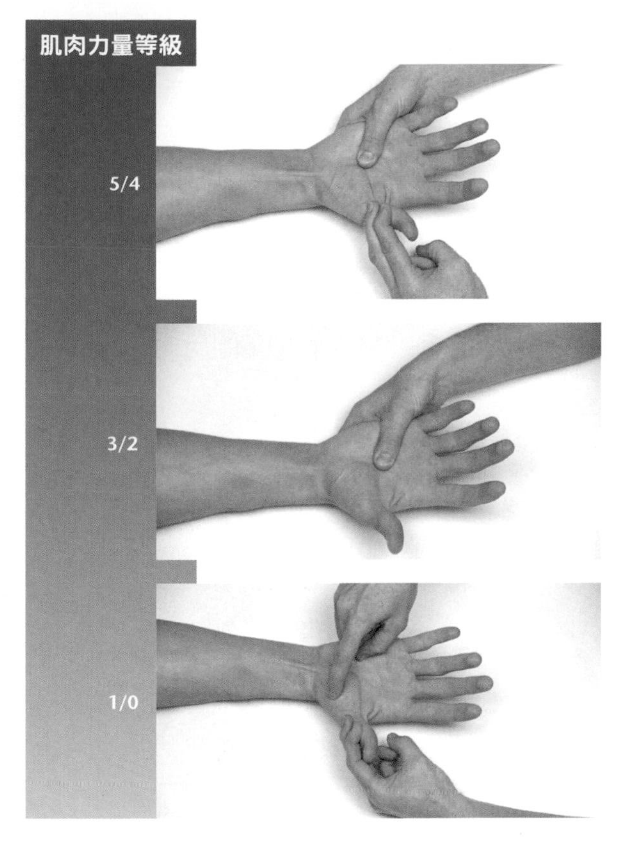

起始位置：病患採坐姿。前臂與手部平放於平坦表面並旋後，手指靠在一起。

測試過程：測試者一隻手固定病患掌骨，另一隻手從外側給予拇指近端指骨外側內收方向的阻力。

指導語：把你的拇指打開並抵抗我的阻力。

起始位置：病患採坐姿。前臂與手部平放於平坦表面並旋後，手指靠在一起。

測試過程：測試者一隻手固定病患掌骨。

指導語：把你的拇指打開。

起始位置：病患採坐姿。前臂與手部平放於平坦表面並旋後，手指靠在一起。

測試過程：測試者觸診外展拇短肌。

指導語：嘗試把你的拇指打開。

問題／評論

- 外展拇長肌與外展拇短肌的功能很難區辨。兩條肌肉共同作用造成腕掌關節外展，但掌指關節的外展只有外展拇短肌產生。
- 外展與內收動作發生在拇指腕掌關節處（基部關節）；其動作平面與其他手指外展內收平面呈斜向夾角。

外展小指肌

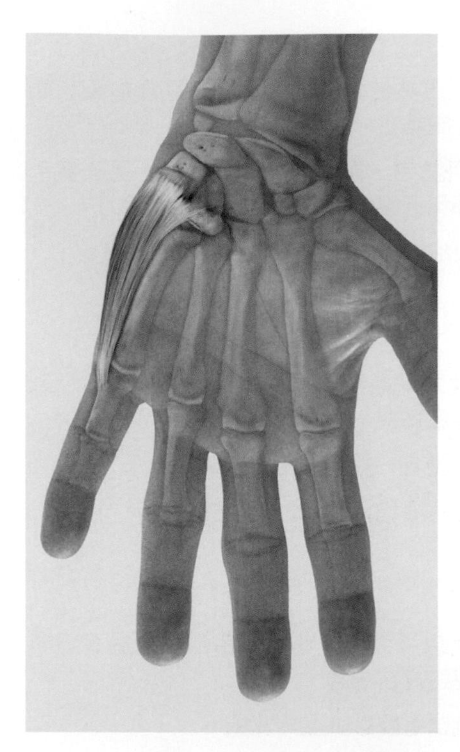

外展小指肌使小指掌指關節外展與屈曲，例如在手指打開情況下抓握（如拉小提琴）。

起點	豆狀骨；手部屈肌支持帶；尺側屈腕肌肌腱
終點	第5指近端指骨基部尺側，連接到小指屈肌腱膜
神經支配	神經深層分支（第8節頸神經～第1節胸神經）
特殊性質	外展小指肌是頸椎第8節神經的指標肌肉

功能

協同肌	拮抗肌
第5指掌指關節	
外展	
伸小指肌（V）	掌側骨間肌3
屈曲	
屈指淺肌	伸指肌
屈指深肌	伸小指肌
掌側骨間肌3	
手部蚓狀肌4	
屈小指短肌	
對掌小指肌	

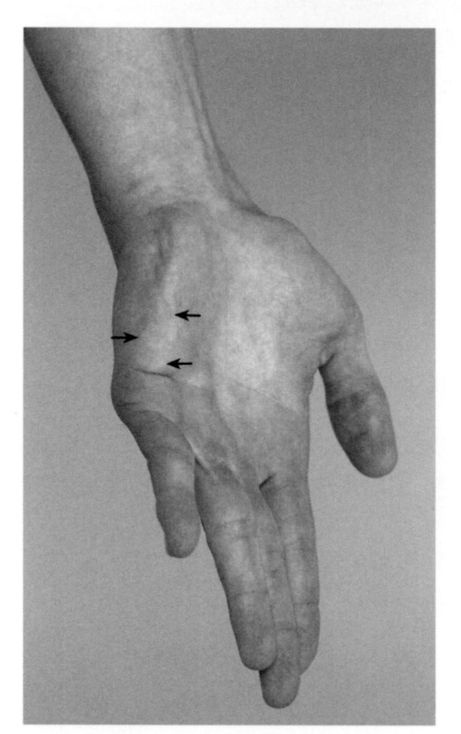

肌肉功能測試

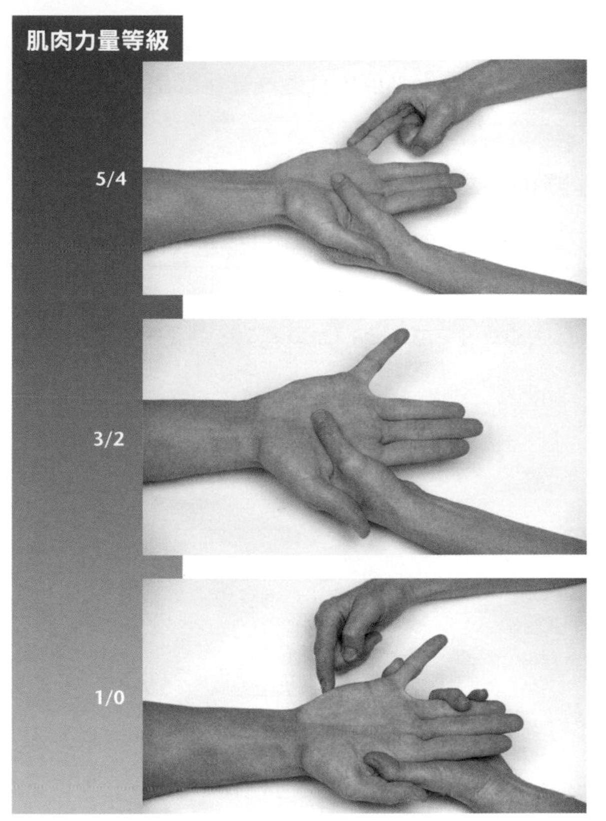

起始位置：病患採坐姿。前臂與手部平放於平坦表面並旋後，手指靠在一起。

測試過程：測試者一隻手固定病患掌骨，另一隻手從外側給予小指近端指骨外側內收方向的阻力。

指導語：把你的小指打開並抵抗我的阻力。

起始位置：病患採坐姿。前臂與手部平放於平坦表面並旋後，手指靠在一起。

測試過程：測試者一隻手固定病患掌骨。

指導語：把你的小指打開。

起始位置：病患採坐姿。前臂與手部平放於平坦表面並旋後，手指靠在一起。

測試過程：測試者觸診外展小指肌。

指導語：嘗試把你的小指打開。

手部背側骨間肌

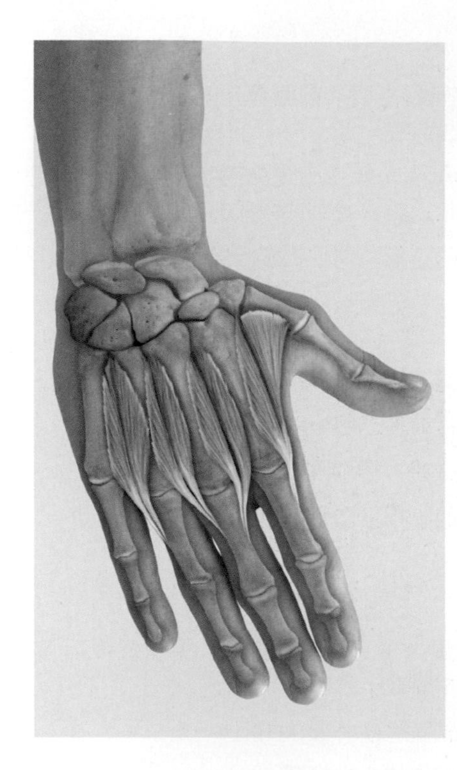

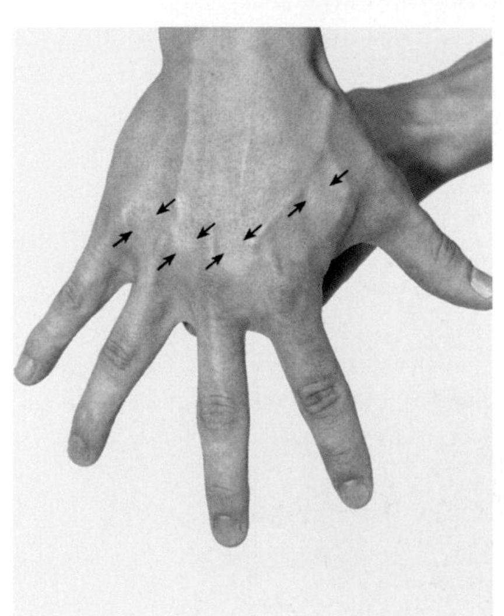

手部背側骨間肌使第2～4指外展，它造成掌指關節屈曲與指間關節伸直。

起點	每條肌肉從鄰近掌骨內側起始
終點	食指近端指骨基部橈側；中指橈側與尺側；無名指尺側；手指伸肌腱膜（II-V）
神經支配	尺神經深層分支（第8節頸神經～第1節胸神經）

功能

協同肌	拮抗肌
第2～4指掌指關節	
外展	
伸指肌	掌側骨間肌1-2（II、IV）
	屈指淺肌
	屈指深肌
屈曲	
屈指淺肌	伸指肌
屈指深肌	伸食指肌（II）
掌側骨間肌1～2（II、IV）	
手部蚓狀肌1～3（II～IV）	
第2～4指近端與遠端指間關節	
伸直	
伸指肌	屈指淺肌
伸食指肌（II）	屈指深肌
手部蚓狀肌1～3（II～IV）	
掌側骨間肌1～2（II、IV）	

肌肉功能測試

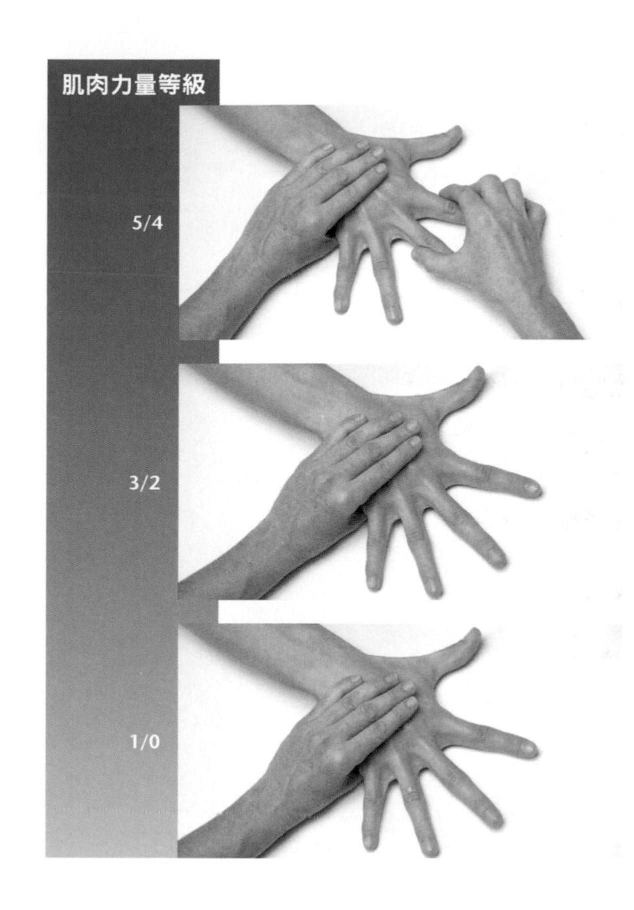

起始位置：病患採坐姿。前臂與手部平放於平坦表面並旋前，手指併攏。

測試過程：測試者一隻手固定病患掌骨，另一隻手在食指橈側與中指尺側給予阻力。

指導語：打開你的手指並抵抗我的阻力。

起始位置：病患採坐姿。前臂與手部平放於平坦表面並旋前，手指併攏。

測試過程：測試者觀察手指動作。

指導語：打開你的手指。

起始位置：病患採坐姿。前臂與手部平放於平坦表面並旋前，手指併攏。

測試過程：測試者觀察手指動作。

指導語：嘗試打開你的手指。

問題／評論

- 測試其他背側骨間肌時，阻力需要分別給在中指與無名指以及無名指與小指。
- 外展小指肌也參與小指外展動作。
- 背側骨間肌相較於通過中指動作軸有外展功用。它也造成掌指關節屈曲和近端與遠端指間關節伸直，和掌側骨間肌與手部蚓狀肌共同負責這些動作功能。

掌側骨間肌

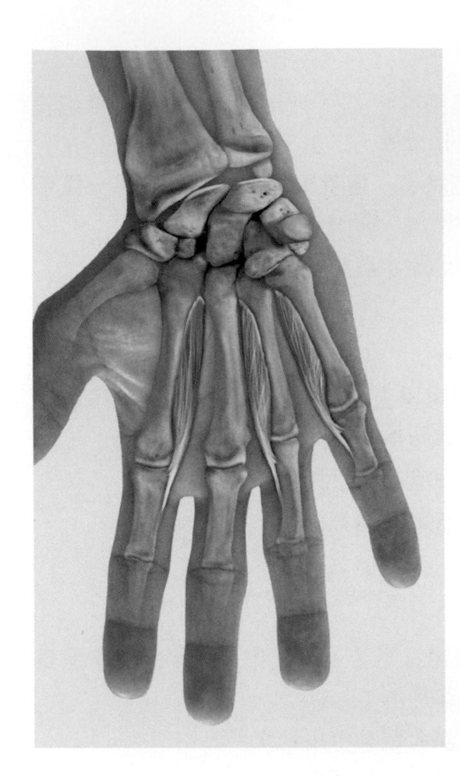

掌側骨間肌使第2、4、5指向中指方向內收，屈曲掌指關節和伸直指間關節。

起點 掌側骨間肌1：第2掌骨尺側；掌側骨間肌2：第4掌骨橈側；掌側骨間肌3：第5掌骨橈側

終點 連接到第2、4、5指近端指骨上的伸肌腱膜

神經支配 尺神經深層分支（第8節頸神經～第1節胸神經）

功能

協同肌	拮抗肌
第2、4、5指掌指關節	
內收	
伸食指肌（Ⅱ）	背側骨間肌1和4（Ⅱ、Ⅳ）
屈指淺肌	外展小指肌（Ⅴ）
屈指深肌	伸指肌（Ⅱ、Ⅳ、Ⅴ）
	伸小指肌（Ⅴ）
屈曲	
屈指淺肌	伸指肌
屈指深肌	伸食指肌（Ⅱ）
背側骨間肌1和4（Ⅱ、Ⅳ）	伸小指肌（Ⅴ）
手部蚓狀肌1、3、4（Ⅱ、Ⅳ、Ⅴ）	
屈小指短肌（Ⅴ）	
對掌小指肌（Ⅴ）	
外展小指肌（Ⅴ）	
第2、4、5指近端指間關節	
伸直	
伸指肌	屈指淺肌
伸食指肌（Ⅱ）	屈指深肌
伸小指肌（Ⅴ）	
外展小指肌（Ⅴ）	
手部蚓狀肌1、3、4（Ⅱ、Ⅳ、Ⅴ）	
掌側骨間肌1和4（Ⅱ、Ⅳ）	

肌肉功能測試

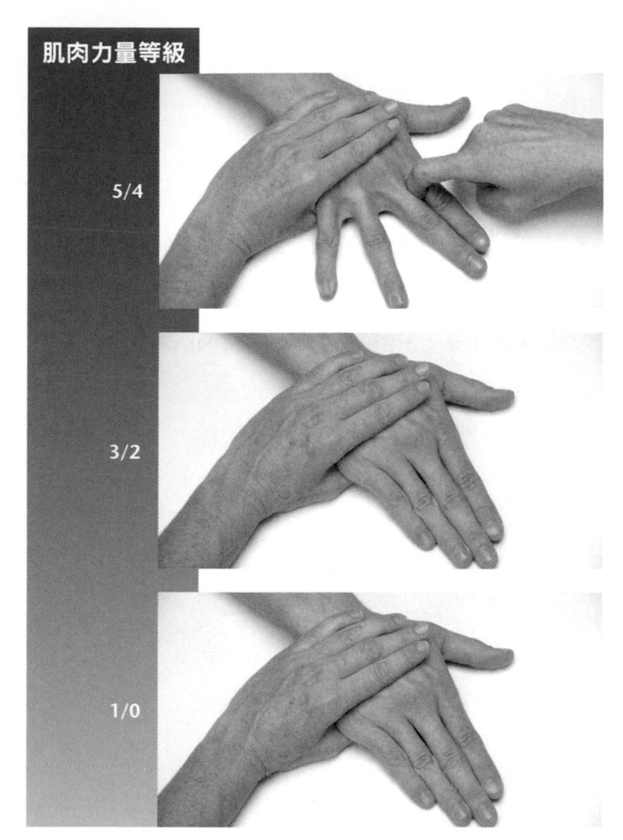

起始位置：病患採坐姿。前臂與手部平放於平坦表面並旋前，手指打開。

測試過程：測試者一隻手固定病患掌骨，另一隻手在食指與中指間給予阻力。

指導語：將你的手指夾緊並抵抗我的阻力。

起始位置：病患採坐姿。前臂與手部平放於平坦表面並旋前，手指打開。

測試過程：測試者一隻手固定病患掌骨。

指導語：將你的手指夾在一起。

起始位置：病患採坐姿。前臂與手部平放於平坦表面並旋前，手指打開。

測試過程：測試者觀察手指動作。

指導語：嘗試將你的手指夾在一起。

問題／評論

- 以上的描述適用於掌側骨間肌1。測試其他掌側骨間肌時，可以分別將手指放在中指、無名指間以及無名指與小指間。
- 掌側骨間肌相較於通過中指動作軸有內收功用。它也造成掌指關節屈曲，以及近端與遠端指間關節伸直，和背側骨間肌與手部蚓狀肌共同負責這些動作功能。

內收拇肌

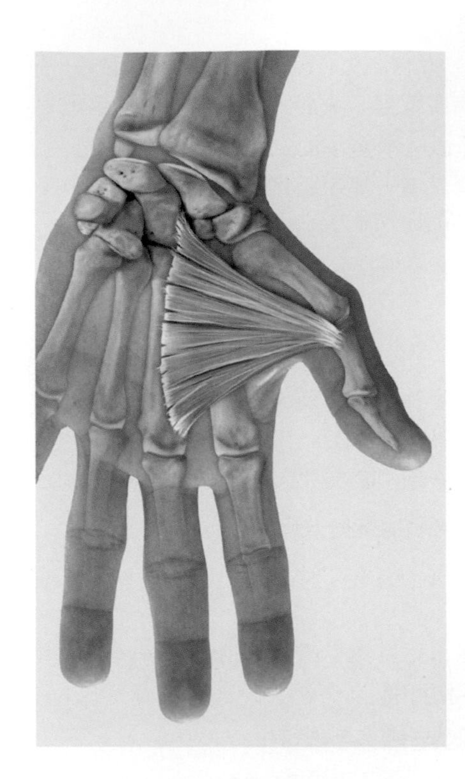

內收拇肌使拇指向手掌方向內收，對於對掌與拇指食指強力的指腹抓握有很大功能。

起點	斜向頭：頭狀骨（第3腕骨）；第2～3掌骨基部；腕骨間韌帶；橫向頭：第3掌骨近端2/3掌側表面
終點	拇指腕掌關節上的尺側種子骨
神經支配	尺神經深層分支（第7節頸神經～第1節胸神經）

功能

協同肌	拮抗肌
第1指腕掌關節	
內收	
背側骨間肌（II）	外展拇長肌
對掌拇肌	外展拇短肌
伸拇長肌	屈拇短肌（表層）
屈拇短肌（深層）	伸拇短肌
對掌	
對掌拇肌	伸拇長肌
屈拇長肌	伸拇短肌
屈拇短肌	外展拇長肌

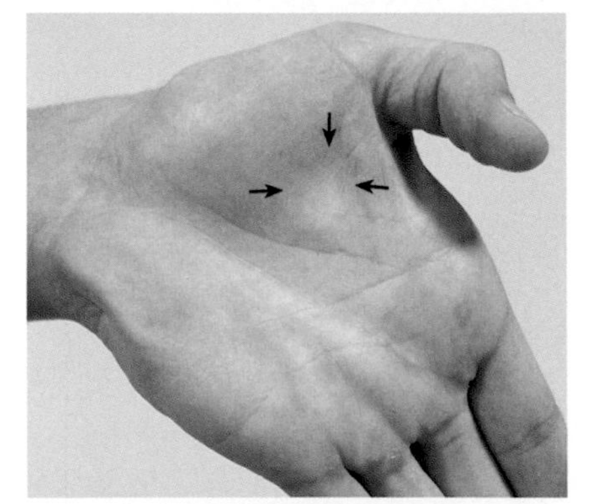

肌肉緊繃時，手掌皮膚會局部凹陷。

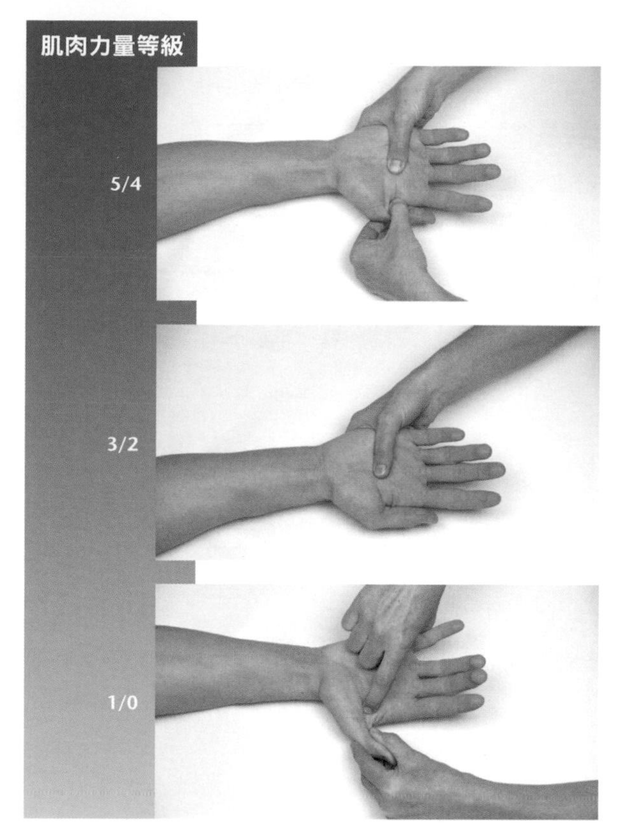

肌肉功能測試

起始位置：病患採坐姿。前臂與手部平放於平坦表面並旋後，手指打開。

測試過程：測試者一隻手固定病患掌骨，另一隻手從內側給予拇指近端指骨外展方向的阻力。

指導語：將你的拇指向食指靠近並抵抗我的阻力。

起始位置：病患採坐姿。前臂與手部平放於平坦表面並旋後，手指打開。

測試過程：測試者一隻手固定病患的掌骨。

指導語：將你的拇指向食指靠近。

起始位置：病患採坐姿。前臂與手部平放於平坦表面並旋後，手指打開。

測試過程：測試者觸診內收拇肌。

指導語：嘗試將你的拇指向食指靠近。

問題／評論

- 外展與內收動作發生在腕掌關節（拇指基部關節）。

對掌拇肌

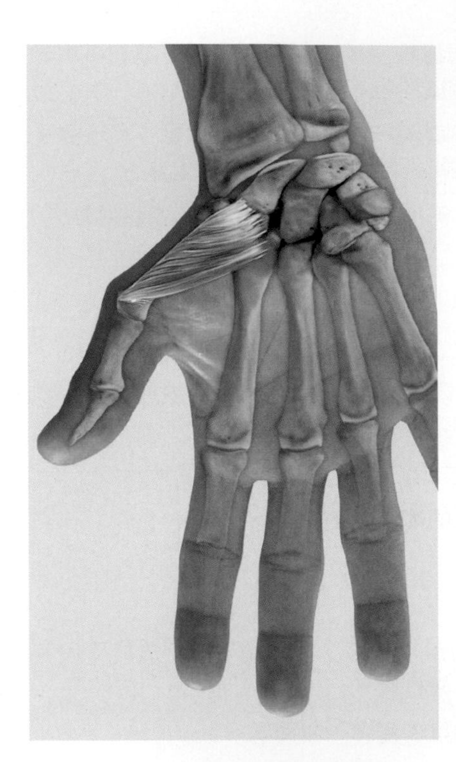

對掌拇肌使拇指對掌。這個複雜的動作包含拇指腕掌關節從屈曲、外展、旋轉最後到內收。因此，此動作除了伸肌外，所有肌肉都會用到。

起點	大多角骨；手部屈肌支持帶
終點	第1掌骨骨幹橈側
神經支配	正中神經（第7節頸神經～第1節胸神經）

功能

第1指腕掌關節

對掌

協同肌	拮抗肌
內收拇肌	伸拇長肌
屈拇長肌	伸拇短肌
屈拇短肌	外展拇長肌

屈曲

協同肌	拮抗肌
屈拇長肌	伸拇長肌
屈拇短肌	伸拇短肌
外展拇短肌	外展拇長肌
內收拇肌	

肌肉功能測試

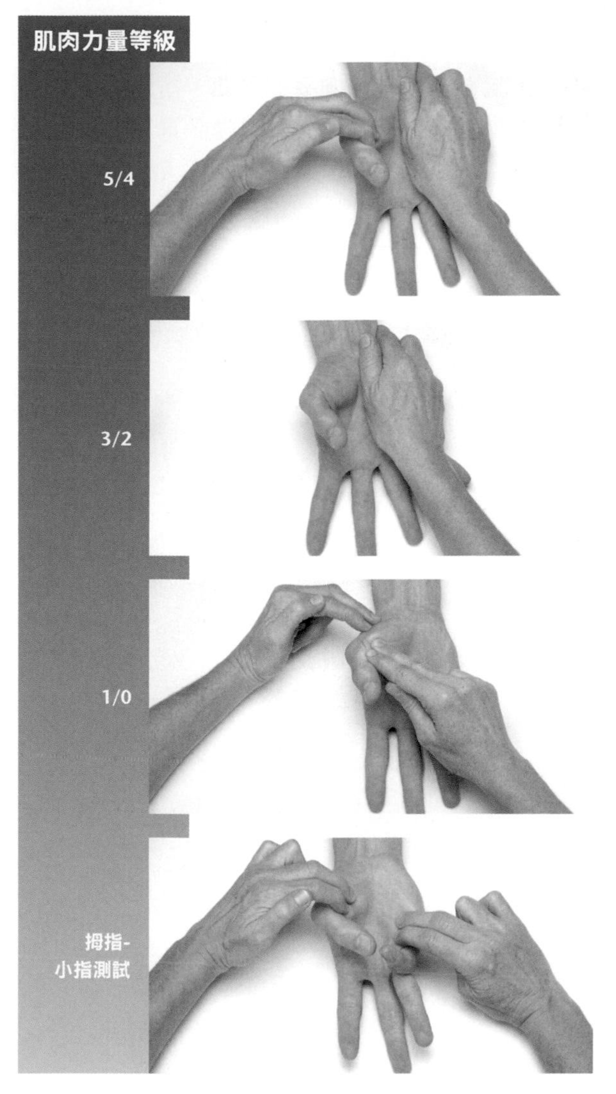

起始位置：病患採坐姿。前臂與手部平放於平坦表面並旋後，手指打開。

測試過程：測試者一隻手固定病患掌骨從小指側到中指處，另一隻手從內側給予第1掌骨向下的阻力。

指導語：將你的拇指向小指靠近並抵抗我的阻力。

起始位置：病患採坐姿。前臂與手部平放於平坦表面並旋後，手指打開。

測試過程：測試者一隻手固定病患掌骨從小指側到中指處。

指導語：將你的拇指向小指靠近。

起始位置：病患採坐姿。前臂與手部平放於平坦表面並旋後，手指打開。

測試過程：測試者觸診對掌拇肌。

指導語：嘗試將你的拇指向小指靠近。

起始位置：病患採坐姿。前臂與手部平放於平坦表面並旋後，手指打開。

測試過程：測試者給予第1與第5掌骨向下的阻力。

指導語：將你的拇指與小指靠在一起。

問題／評論

- 對掌拇肌、內收拇肌與屈拇短肌共同作用。
- 拇指-小指測試除了拇指，也同時測試對掌小指肌（動作抵抗阻力為力量分級4或5）。

對掌小指肌

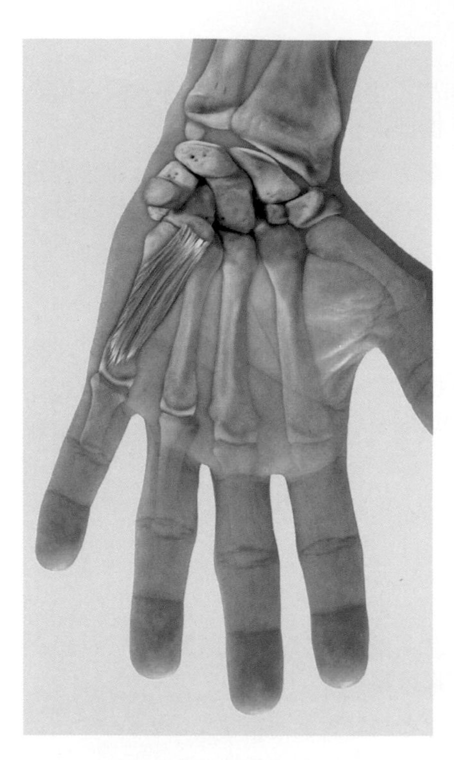

對掌小指肌將第5指腕掌關節輕微向手掌屈曲，不過它沒有接到第5指指骨。因為小指不像拇指一樣可以達到真正與其他指對掌，因此這條肌肉的名字會有點誤導。

起點	勾狀骨的勾；手部屈肌支持帶
終點	第5掌骨尺側
神經支配	尺神經深層分支（第8節頸神經～第1節胸神經）

功能

協同肌	拮抗肌
第5指腕掌關節	
屈曲	
屈指淺肌	伸指肌
屈指深肌	伸小指肌
外展小指肌	
屈小指短肌	
內收	
屈指淺肌	外展小指肌
屈指深肌	伸小指肌

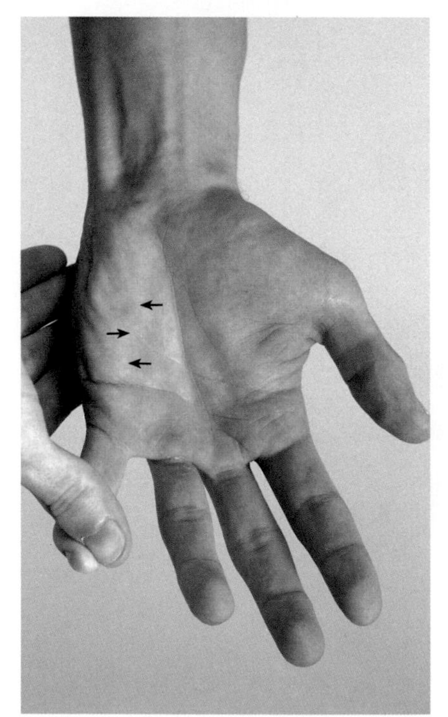

肌肉功能測試

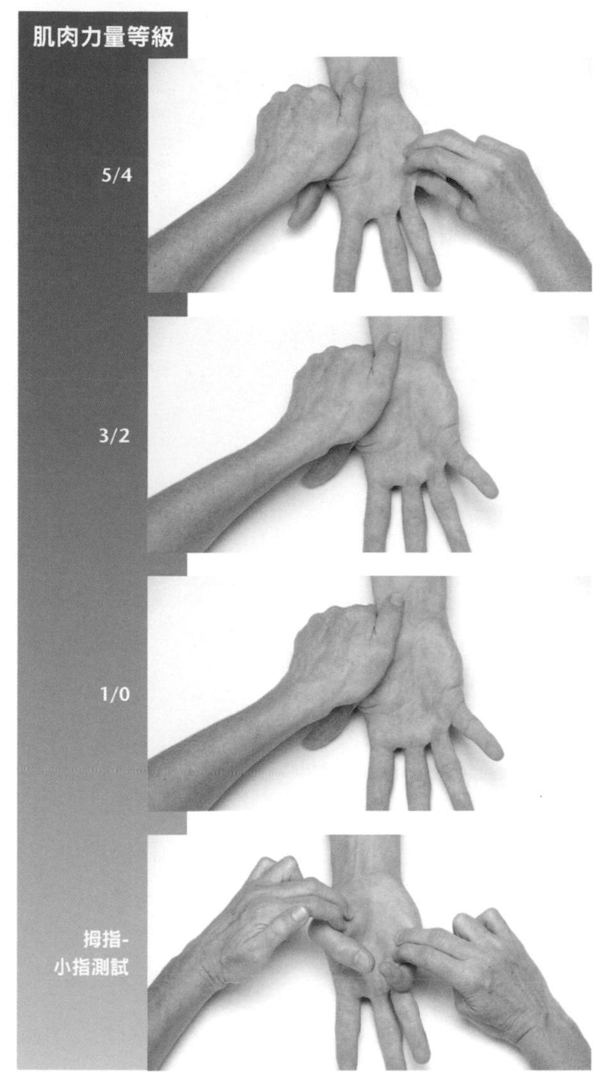

起始位置：病患採坐姿。前臂與手部平放於平坦表面並旋後，手指打開。

測試過程：測試者一隻手固定病患掌骨，另一隻手給予第5掌骨向下的阻力。

指導語：將你的小指向拇指靠近並抵抗我的阻力。

起始位置：病患採坐姿。前臂與手部平放於平坦表面並旋後，手指打開。

測試過程：測試者一隻手固定病患掌骨。

指導語：將你的小指向拇指靠近。

起始位置：病患採坐姿。前臂與手部平放於平坦表面並旋後，手指打開。

測試過程：測試者觀察手指動作。

指導語：嘗試將你的小指向拇指靠近。

起始位置：病患採坐姿。前臂與手部平放於平坦表面並旋後，手指打開。

測試過程：測試者給予第1與第5掌骨向下的阻力。

指導語：將你的拇指與小指靠在一起。

! 問題／評論

- 拇指-小指測試顯示拇指肌肉（對掌拇肌、內收拇肌、屈拇短肌）與對掌小指肌的合作（動作抵抗阻力為力量分級4或5）。

掌短肌

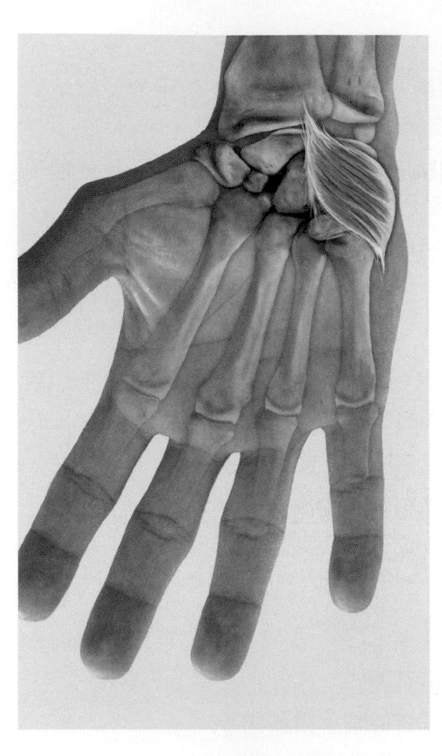

掌短肌保護尺神經且輕微拉緊掌側腱膜。在此不必要列出協同肌與拮抗肌。

起點	掌側腱膜；手部屈肌支持帶
終點	手部手掌橈側皮膚
神經支配	尺神經表層分支（第8節頸神經～第1節胸神經）
特殊性質	掌短肌是唯一被尺神經表層分支支配的肌肉

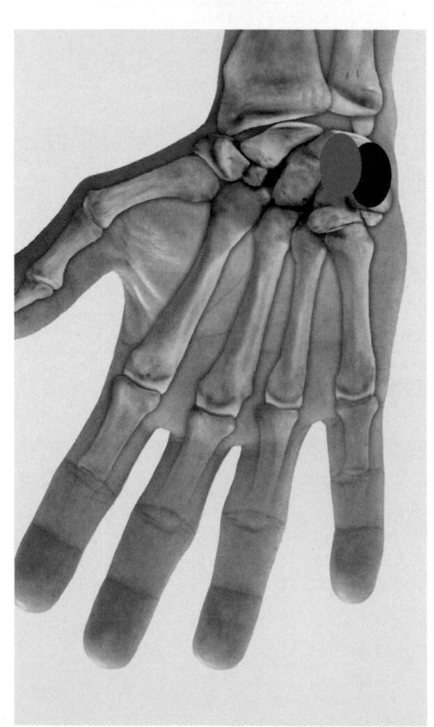

肌肉功能測試

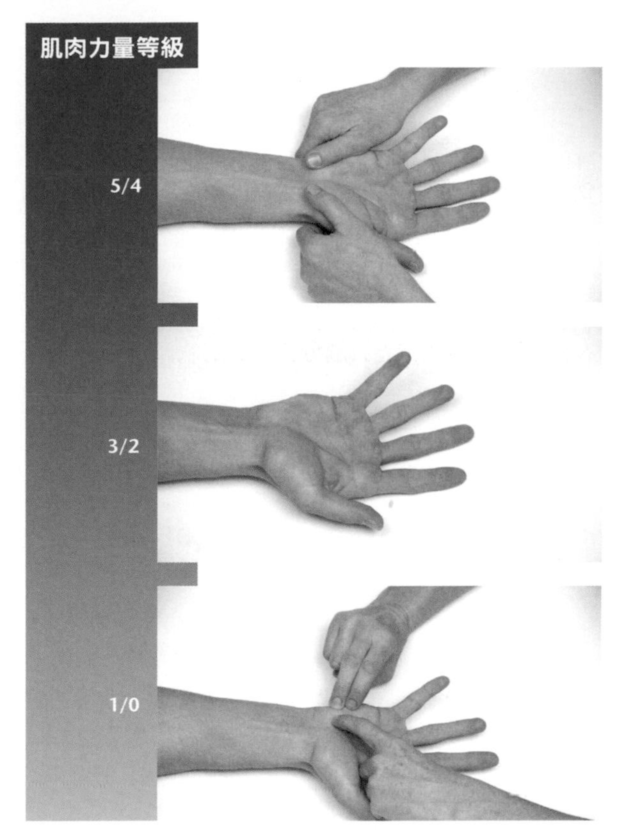

起始位置：病患採坐姿。前臂與手部平放於平坦表面並旋後。

測試過程：測試者將大魚際肌與小魚際肌下壓使手掌攤平。測試者觀察手掌尺側。

指導語：將你的手掌聚攏並抵抗我的阻力。

起始位置：病患採坐姿。前臂與手部平放於平坦表面並旋後且手指打開。

測試過程：測試者觀察手掌。

指導語：將你的手掌聚攏。

起始位置：病患採坐姿。前臂與手部平放於平坦表面並旋後且手指打開。

測試過程：測試者觸診掌短肌。

指導語：嘗試將你的手掌聚攏。

問題／評論

- 從演化觀點來看，掌短肌逐漸退化。

肌肉延展測試

伸指肌、伸食指肌與伸小指肌

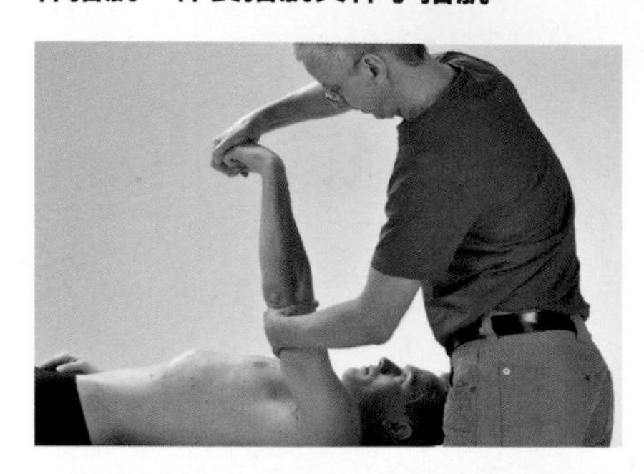

方法

病患握拳使掌指關節以及近端與遠端指間關節完全屈曲。治療師將病患的手腕帶到最大掌側屈曲與橈側外展。

發現

如果動作無法執行到最大範圍，末端角度感覺到柔軟、有彈性的組織在限制動作範圍，表示肌肉有縮短現象。病患在肌肉延展過程有牽拉感。

屈指淺肌與屈指深肌

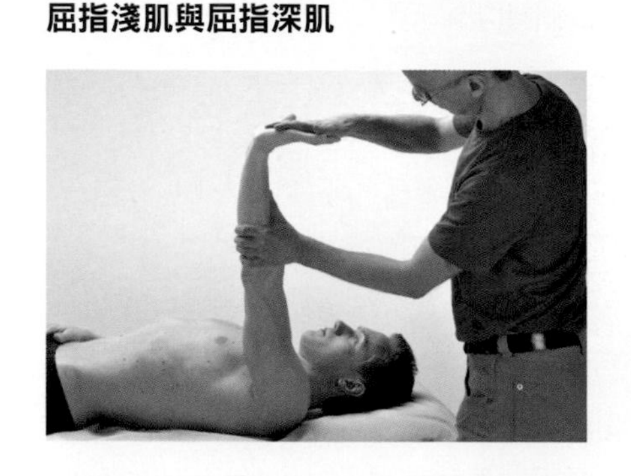

方法

手肘和手腕背側伸直。治療師將病患第2～5指的掌指關節，以及近端與遠端指間關節帶到最大伸直。遠端指間關節的伸直只需要在測試屈指深肌時使用。

發現

如果動作無法執行到最大範圍，末端角度感覺到柔軟、有彈性的組織在限制動作範圍，表示肌肉有縮短現象。病患在肌肉延展過程有牽拉感。

外展拇長肌與伸拇短肌

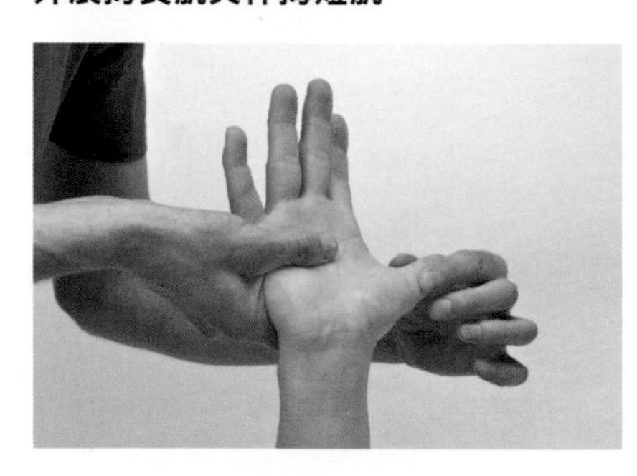

方法

治療師將病患拇指帶到腕掌關節與掌指關節最大屈曲，腕掌關節也內收。

發現

如果動作無法執行到最大範圍，末端角度感覺到柔軟、有彈性的組織在限制動作範圍，表示肌肉有縮短現象。病患在肌肉延展過程有牽拉感。

2
上肢

2.6 支配上肢肌肉的運動神經

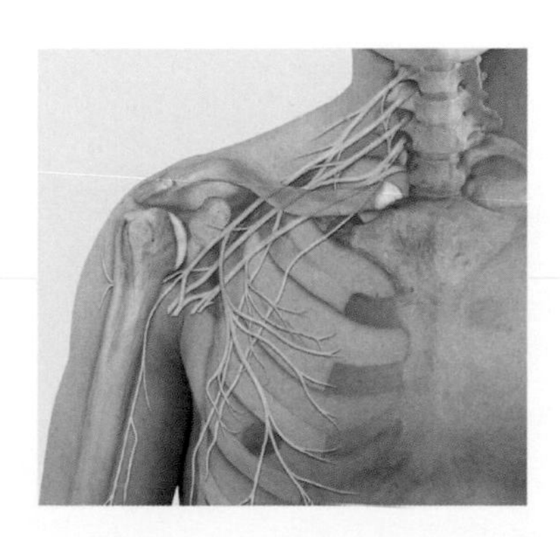

胸內側神經和胸外側神經

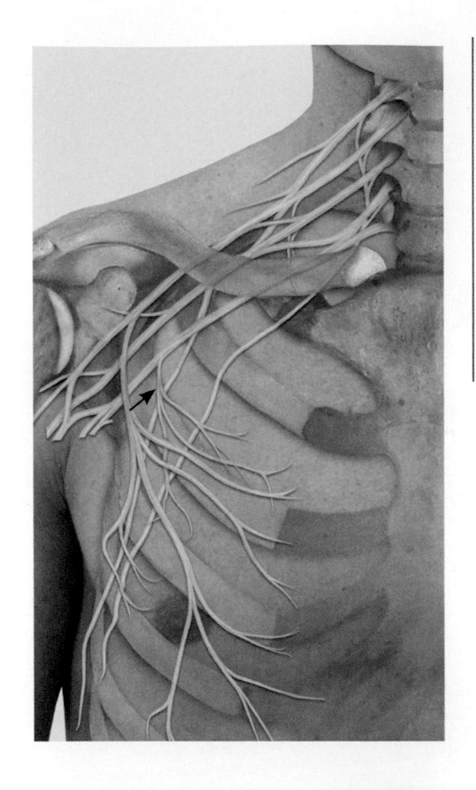

胸內側神經（C8～T1）

脊神經從脊柱椎間孔出椎管後，其中第5～8頸神經的前支和第1胸神經的前支在脊柱旁相互交織構成臂叢，並在臂叢內重新編織形成新的神經幹。然後臂叢神經從頸外側區的斜角肌間隙（前斜角肌和中斜角肌之間）穿出，再從鎖骨和第1肋骨之間行向外下。

胸內側神經發自臂叢神經內側束，在腋動脈前向下走行，於鎖骨下穿過鎖胸筋膜，然後支配胸大肌和胸小肌。

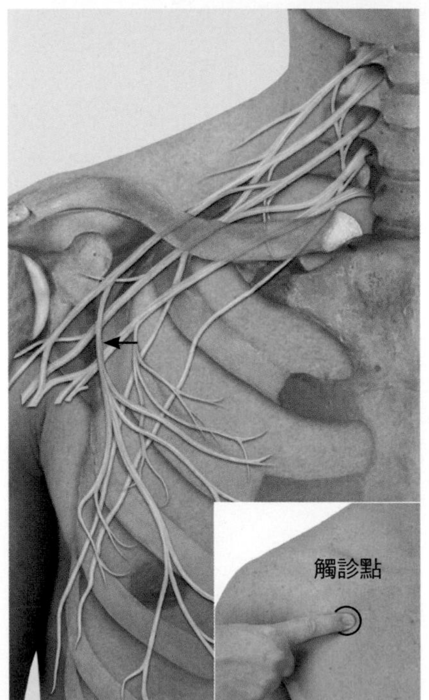

胸外側神經（C5～C7）

胸外側神經發自臂叢神經外側束，穿過鎖胸筋膜或胸小肌的起點所在區域，到達胸小肌和胸大肌，發揮支配功能。

肌皮神經和鎖骨下神經

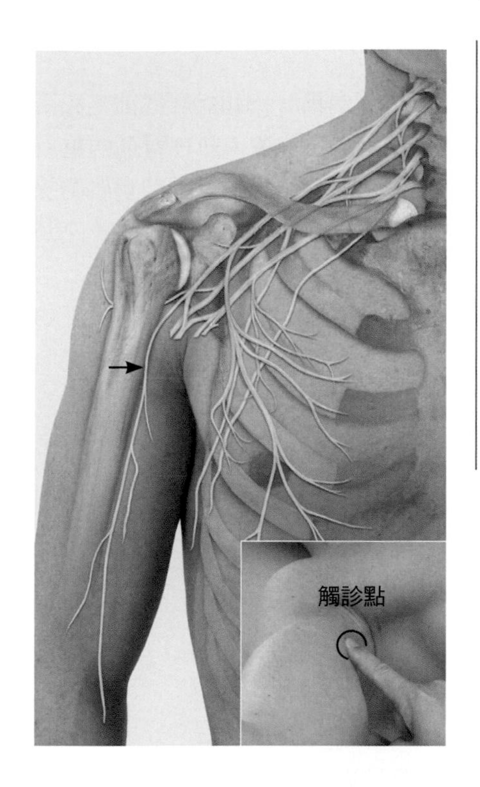

肌皮神經（C5～C7）

脊神經從脊柱椎間孔出椎管後，其中第5～8頸神經的前支和第1胸神經的前支在脊柱旁相互交織構成臂叢，並在臂叢內重新編織形成新的神經幹。然後臂叢神經從頸外側區的斜角肌間隙（前斜角肌和中斜角肌之間）穿出，再從鎖骨和第1肋骨之間行向外下。

肌皮神經自臂叢神經外側束發出後，在胸小肌深面行至喙肱肌，於喙肱肌中部1／3段穿入，在肱二頭肌與肱肌之間下行至肘部。它的運動分支負責支配上臂屈肌肌群，而它的感覺終末支（即前臂外側皮神經）則分布於前臂橈側皮膚內。

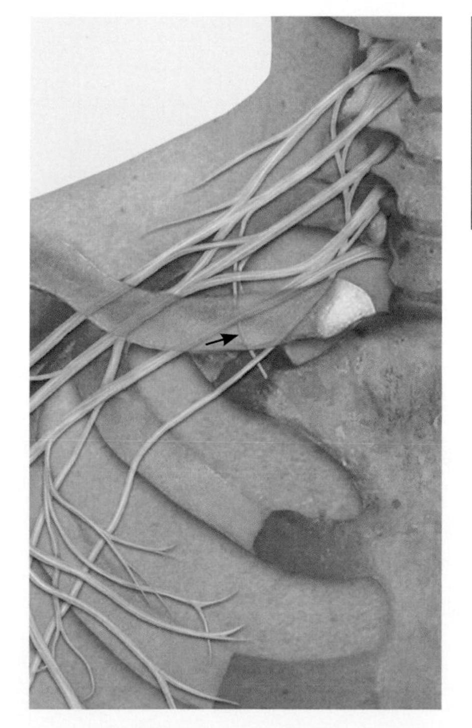

鎖骨下神經（C5～C6）

脊神經從脊柱椎間孔出椎管後，其中第5～8頸神經的前支和第1胸神經的前支在脊柱旁相互交織構成臂叢，並在臂叢內重新編織形成新的神經幹。

鎖骨下神經從鎖骨後方下行，從背側進入鎖骨下肌。

正中神經

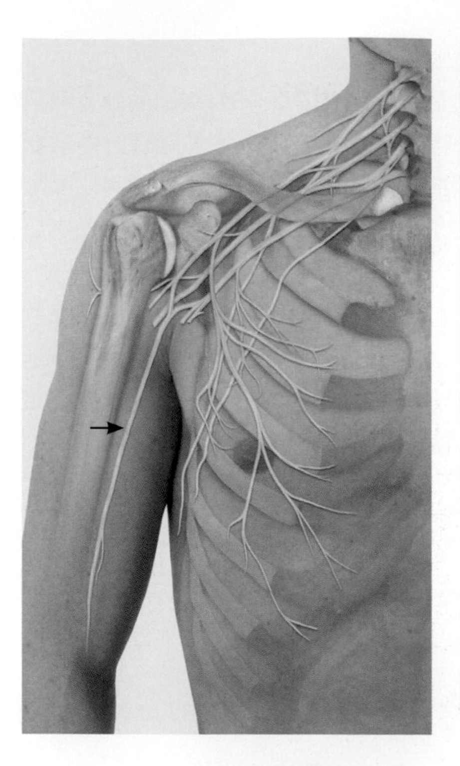

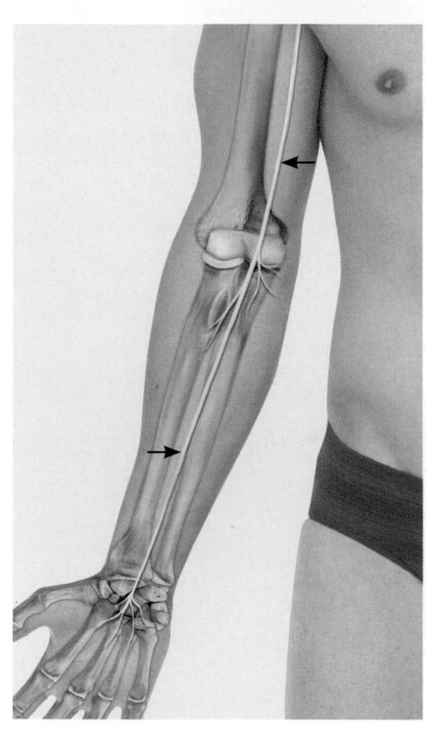

正中神經（C6～T1）

脊神經從脊柱椎間孔出椎管後，其中第5～8頸神經的前支和第1胸神經的前支在脊柱旁相互交織構成臂叢，並在臂叢內重新編織形成新的神經幹。然後臂叢神經從頸外側區的斜角肌間隙（前斜角肌和中斜角肌之間）穿出，再從鎖骨和第1肋骨之間行向外下。

臂叢外側束和內側束各分出一部分在胸小肌外側緣匯合成正中神經，然後正中神經沿肱二頭肌內側溝下行，途中跨過肱動脈到達肘窩，從肘窩繼續向下穿過旋前圓肌肱頭與尺頭之間的空隙繼續下行。此神經在旋前圓肌處分出的沿前臂骨間膜下行的分支叫骨間前神經。

進入前臂後，正中神經在指深屈肌和指淺屈肌之間下行至腕關節，一路發出許多運動分支支配前臂的屈肌群。在到達腕管之前，它位置較淺，處於屈拇長肌和屈指淺肌的肌腱之間。到達腕管後，它分成數支指掌側總神經，然後向下分出大量感覺終末支。

正中神經延展性測試

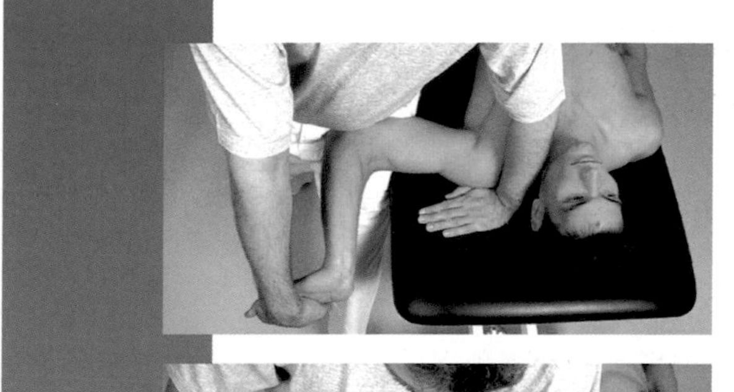

為使正中神經近端延展，測試者用一隻手將測試對象的肩胛帶固定為下抑狀態。測試對象的上臂在肩關節處大約90度外展開旋外，肘關節屈曲，前臂旋後，腕關節由測試者用另一隻手固定在背伸且輕度尺偏位，五指伸展。

要促使正中神經在外圍軟組織內盡可能地延展，測試者需要小心地將測試對象的肘關節移動至伸直狀態。隨著神經張力的提高，肘關節的可伸展程度將反映正中神經的延展能力。

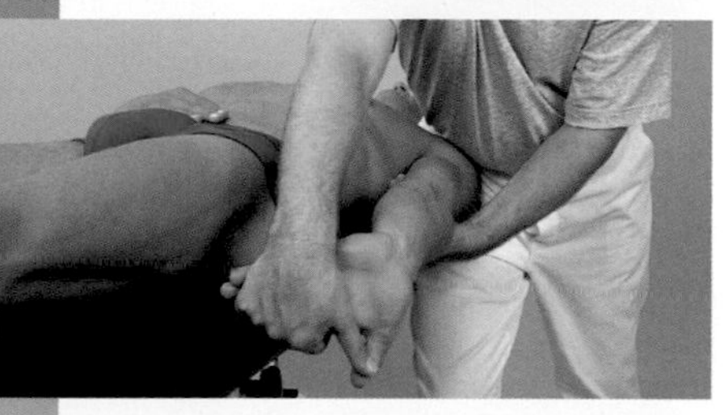

替代方法

測試者用自己的髖部將測試對象的肩胛帶固定為下抑狀態，然後使測試對象上臂最大限度地旋外，肘關節伸展，前臂旋後，手被固定成背伸且輕度尺偏位，五指伸展。

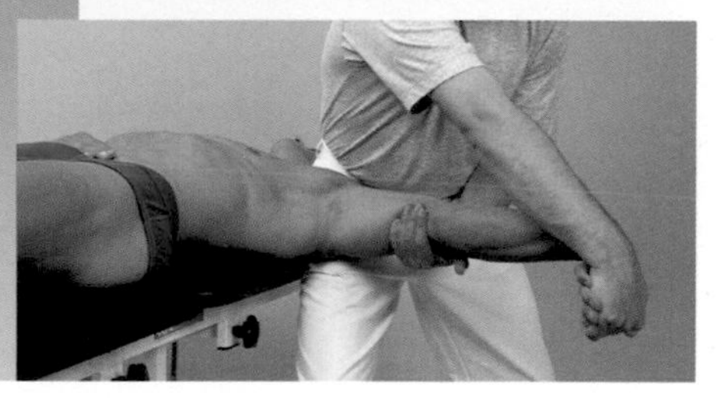

要促使正中神經在外圍軟組織內盡可能地延展，測試者需要小心地將測試對象的手臂移至外展位，在這個過程中保持肘關節和前臂的相對姿勢不變。隨著神經張力的提高，肩關節的可外展程度將反映正中神經的延展能力。

尺神經

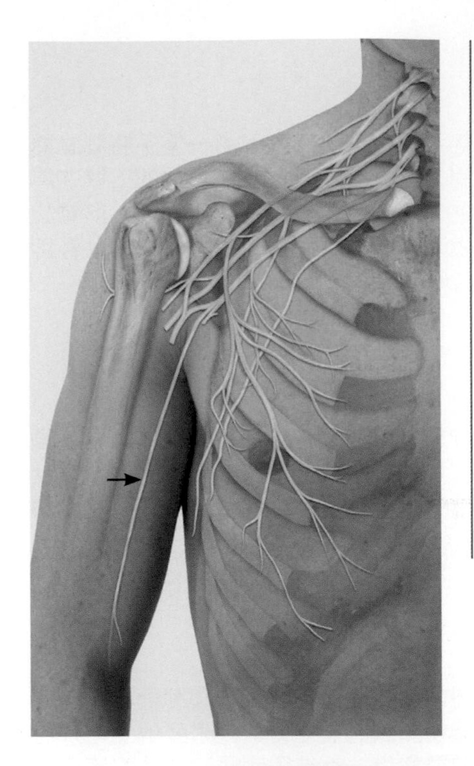

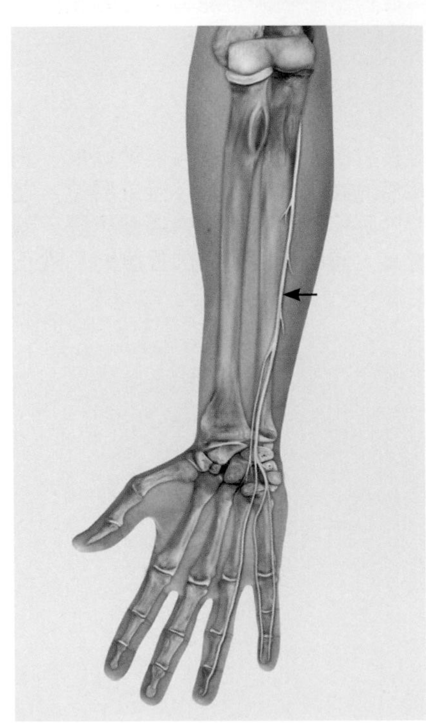

尺神經（C7～T1）

脊神經從脊柱椎間孔出椎管後，其中第5～8頸神經的前支和第1胸神經的前支在脊柱旁相互交織構成臂叢，並在臂叢內重新編織形成新的神經幹。然後臂叢神經從頸外側區的斜角肌間隙（前斜角肌和中斜角肌之間）穿出，再從鎖骨和第1肋骨之間行向外下。

尺神經是臂叢內側束的直接延續，它從胸小肌深面出發，下行穿出腋窩，穿過內側肌間隔至臂後區，在肱二頭肌內側溝下行至肘窩，在肘窩處進入肱骨的尺神經溝，於尺側腕屈肌深面下行至腕關節，一路發出許多運動感覺分支。尺神經不穿過腕管，而是經屈肌支持帶的尺側和豌豆骨的橈神經穿過腕尺管到達掌面，然後分為運動性的深支和感覺性的淺支。

尺神經延展性測試

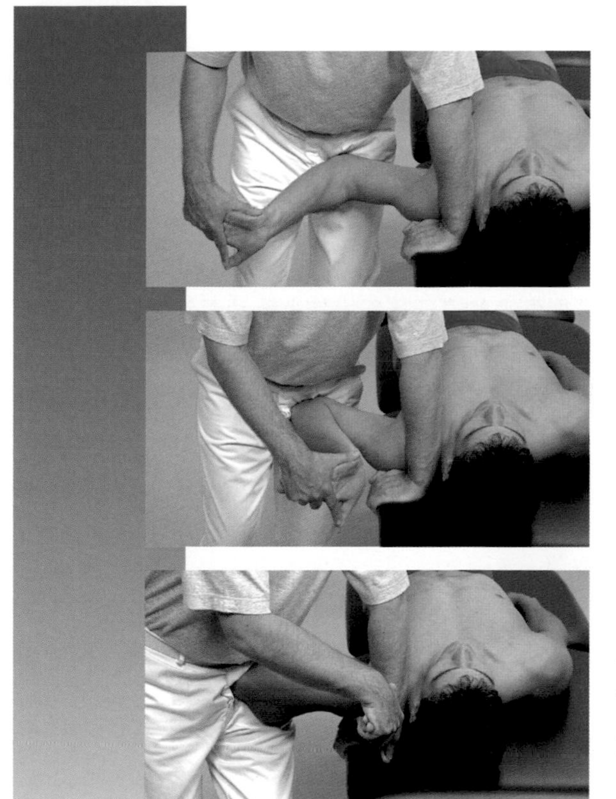

為使尺神經近端延展，測試者先用一隻手將測試對象的肩胛帶固定為下抑狀態。測試對象的肩關節輕度外展和旋外，肘關節輕度屈曲，前臂旋後，腕關節由測試者用另一隻手固定為背伸且輕度尺偏位，五指伸展。

為提高神經張力，測試者移動測試對象的前臂，使肘關節最大限度地屈曲。

要促使尺神經在外圍軟組織內盡可能地延展，測試者需要小心地將測試對象肩關節的外展幅度加大，並使其他關節的狀態保持不變。隨著神經張力的提高，肩關節的可外展程度將反映尺神經的延展能力。

橈神經

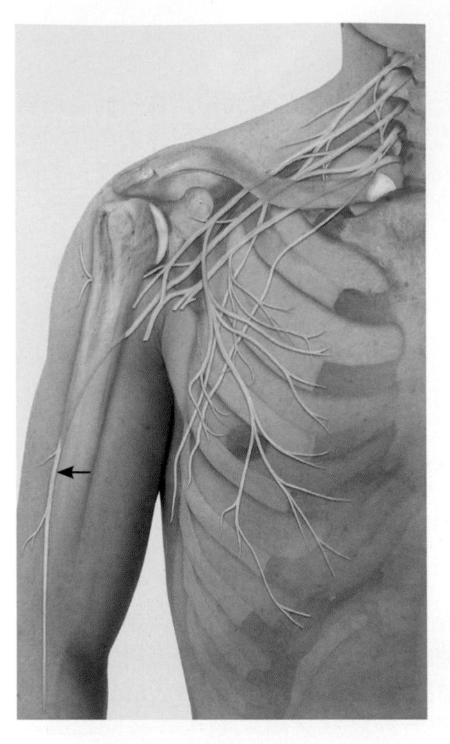

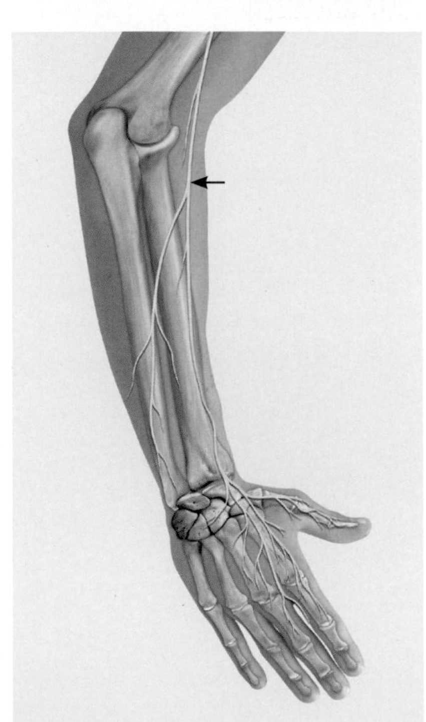

橈神經（C5～T1）

脊神經從脊柱椎間孔出椎管後，其中第5～8頸神經的前支和第1胸神經的前支在脊柱旁相互交織構成臂叢，並在臂叢內重新編織形成新的神經幹。然後臂叢神經從頸外側區的斜角肌間隙（前斜角肌和中斜角肌之間）穿出，再從鎖骨和第1肋骨之間行向外下。

橈神經是臂叢後束的直接延續，經胸小肌深面到達上臂。在腋窩內時，它走行於腋動脈的後方，與肱深動脈伴行，到達肱骨後面。在上臂內它負責支配上臂伸肌群，並負責臂後區的皮膚感覺。然後，橈神經在橈神經溝內繞肱骨旋行而下，在肱骨外上髁上方約10釐米處穿過外側肌間隔至肱橈肌和肱肌之間，再下行至肘窩。在此處它行至肱骨外上髁前方，在肱二頭肌遠端肌腱外側分為深、淺兩支。深支穿過旋後肌，作為骨間後神經在前臂背側下行至腕關節。淺支則與橈動脈伴行，沿肱橈肌向下，在前臂1／3高度處再轉向前臂背側，分成各感覺分支，分布於手背橈側以及第1、2、3指的指背，其中第3指只有橈側皮膚受其支配。

橈神經延展性測試

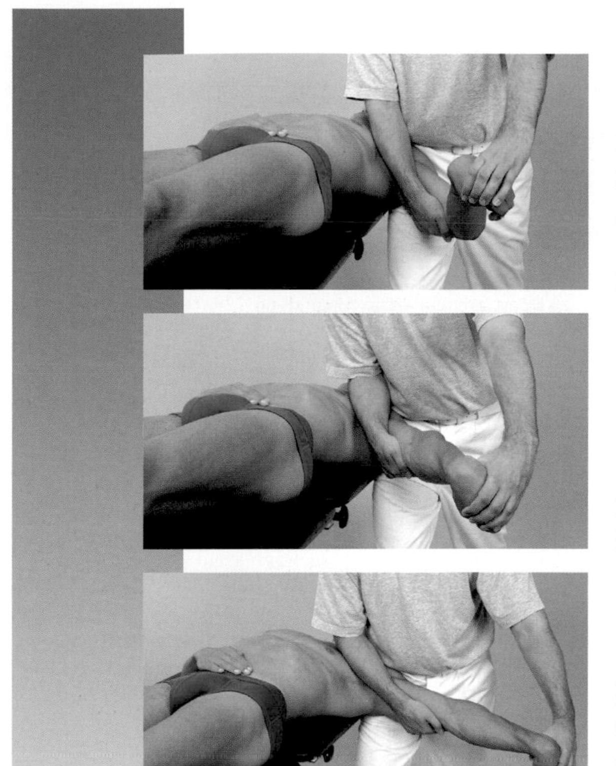

為使橈神經近端延展，測試者先要用自己的髖部將測試對象的肩胛帶固定為下抑狀態。測試對象保持肩關節旋內，肘關節輕度屈曲，前臂旋後，腕關節由測試者用另一隻手固定為掌屈且輕度尺偏位，五指伸展。

為提高神經張力，測試者移動測試對象的前臂，使肘關節伸展。

要促使橈神經在外圍軟組織內盡可能地延展，測試者需要小心地加大測試對象肩關節的外展程度，並使其他關節的狀態保持不變。隨著神經張力的提高，肩關節的可外展程度將反映橈神經的延展能力。

腋神經和肩胛下神經

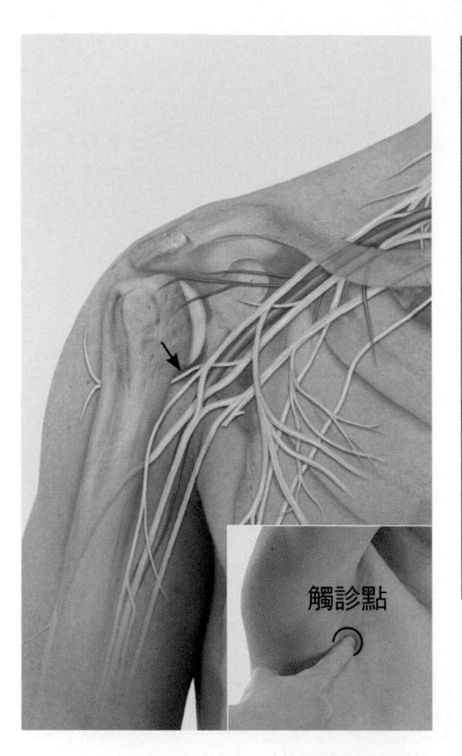

腋神經（C5～C6）

脊神經從脊柱椎間孔出椎管後，其中第5～8頸神經的前支和第1胸神經的前支在脊柱旁相互交織構成臂叢，並在臂叢內重新編織形成新的神經幹。然後臂叢神經從頸外側區的斜角肌間隙（前斜角肌和中斜角肌之間）穿出，再從鎖骨和第1肋骨之間行向外下。

腋神經是臂叢後束發出，經肩胛下肌前面、肩關節囊附著處附近，穿過腋窩四邊孔，繞肱骨外科頸而行，而後發出感覺支出（分布在肩部側面和上臂的外後側區域）和運動分支（支配三角肌和小圓肌）。

說明

肱骨外科頸骨折和肩關節脫位都可能造成腋神經創傷性損傷。

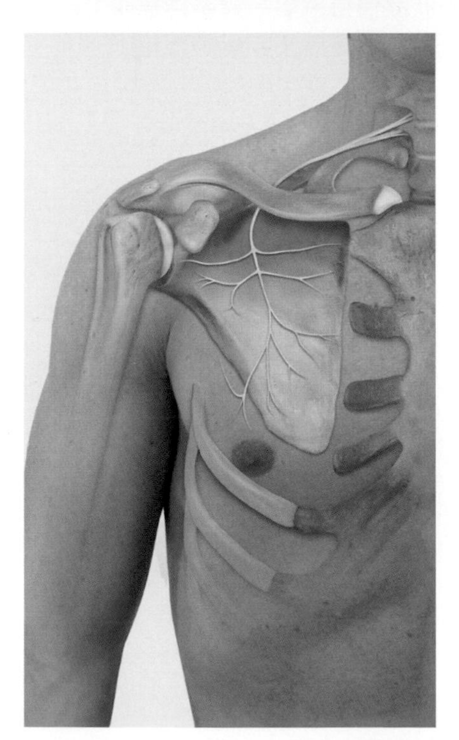

肩胛下神經（C5～C6）

脊神經從脊柱椎間孔出椎管後，其中第5～8頸神經的前支和第1胸神經的前支在脊柱旁相互交織構成臂叢，並在臂叢內重新編織形成新的神經幹。

發自臂叢後束的肩胛下神經從前面進入肩胛下肌並支配該肌肉。它還支配大圓肌。

肩胛背神經和胸背神經

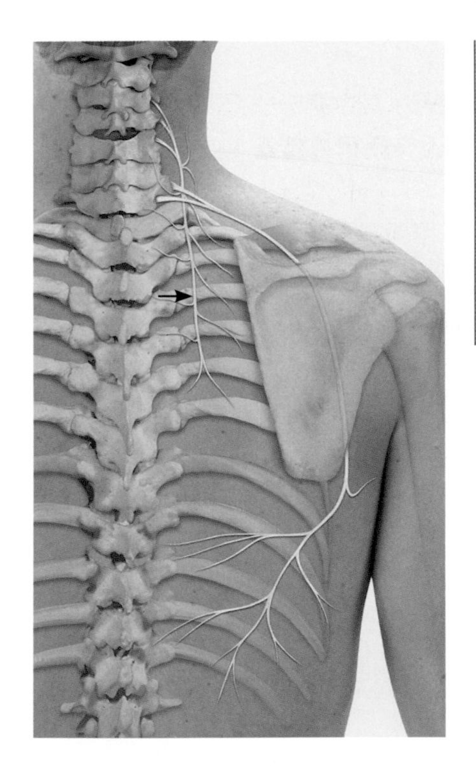

肩胛背神經（C3～C5）

脊神經從脊柱椎間孔出椎管後，其中第5～8頸神經的前支和第1胸神經的前支在脊柱旁相互交織構成臂叢，並在臂叢內重新編織形成新的神經幹。

肩胛背神經穿過中斜角肌，向內下方行至肩胛提肌，並於肩胛提肌深面行向肩胛骨上角方向，然後繼續向下到達菱形肌，沿途支配肩胛提肌和菱形肌。

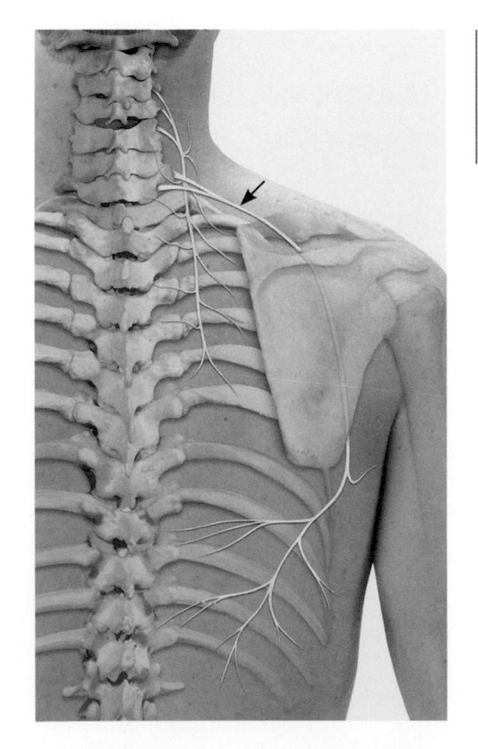

胸背神經（C6～C8）

胸背神經發自臂叢後束，在腋窩後壁和體壁之間與肩胛下血管伴行，進入闊背肌並起支配作用。

肩胛上神經和胸長神經

肩胛上神經（C4～C6）

脊神經從脊柱椎間孔出椎管後，其中第5～8頸神經的前支和第1胸神經的前支在脊柱旁相互交織構成臂叢，並在臂叢內重新編織形成新的神經幹。

肩胛上神經起自臂叢上幹，穿行於肩鎖三角內，沿臂叢神經側緣向外一直到肩胛切跡，經肩胛切跡進入棘上窩，支配棘上肌，然後在肩峰下繞肩胛棘外側緣轉入棘下窩並支配棘下肌。

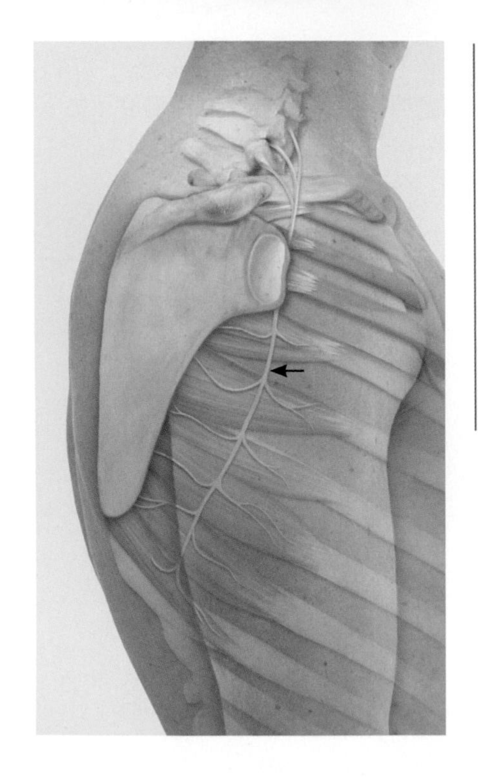

胸長神經（C5～C7）

胸長神經發自臂叢上分支，經第1肋骨側面，沿腋中線和前鋸肌表面下行，支配前鋸肌。

說明

胸長神經只有純粹的運動功能。對癌症（如乳腺癌）患者進行的腋窩淋巴結清掃可能會導致胸長神經受損。這條神經的癱瘓會引起「翼狀肩」——肩胛骨的內側緣從胸廓表面翹起。患者雙手撐牆時，此症狀會更加明顯。

上肢肌肉神經支配								
神經名稱	支配肌肉	發出該神經的脊椎節段						
副神經和頸神經叢		第11對腦神經						
	斜方肌下降部	C2–C4						
	斜方肌水平部與上升部	C4–C6						
		C3	C4	C5	C6	C7	C8	T1
肩胛上神經								
	棘上肌							
	棘下肌							
肌皮神經								
	肱二頭肌							
	喙肱肌							
	肱肌							
腋神經								
	三角肌							
	小圓肌							
外與內胸神經								
	胸大肌							
	胸小肌							
肩胛背神經								
	提肩胛肌							
	大菱形肌							
	小菱形肌							
肩胛下神經								
	肩胛下肌							
	大圓肌							
胸背神經								
	闊背肌							
	大圓肌							
胸長神經								
	前鋸肌							
鎖骨下神經								
	鎖骨下肌							

上肢肌肉神經支配						
神經名稱	支配肌肉	發出該神經的脊椎節段				
		C5	C6	C7	C8	T1
橈神經		■	■	■	■	■
	肱三頭肌		■	■	■	
	肘肌		■	■	■	
	肱肌（外側與遠端部）	■	■			
	肱橈肌	■	■			
	尺側伸腕肌			■	■	■
	橈側伸腕長肌	■	■	■		
	橈側伸腕短肌	■	■	■		
	旋後肌	■	■			
	伸指肌			■	■	
	伸小指肌			■	■	
	外展拇長肌			■	■	■
	伸拇短肌			■	■	■
	伸拇長肌			■	■	■
	伸食指肌			■	■	
正中神經			■	■	■	■
	旋前圓肌		■	■		
	旋前方肌		■	■	■	
	橈側屈腕肌		■	■	■	
	掌長肌			■	■	
	屈指淺肌			■	■	■
	屈指深肌			■	■	■
	屈拇長肌			■	■	■
	屈拇短肌			■	■	■
	蚓狀肌（I和II）				■	■
	對掌拇肌			■	■	■
	外展拇短肌			■	■	■
尺神經				■	■	■
	尺側屈腕肌			■	■	■
	屈指深肌			■	■	■
	內收拇短肌			■	■	■
	屈拇短肌			■	■	■
	外展小指肌				■	■
	屈小指肌				■	■
	外掌小指肌				■	■
	蚓狀肌（III和IV）				■	■
	掌側骨間肌				■	■
	背側骨間肌				■	■
	掌短肌			■	■	■

3

下肢

3.1 髖部肌群

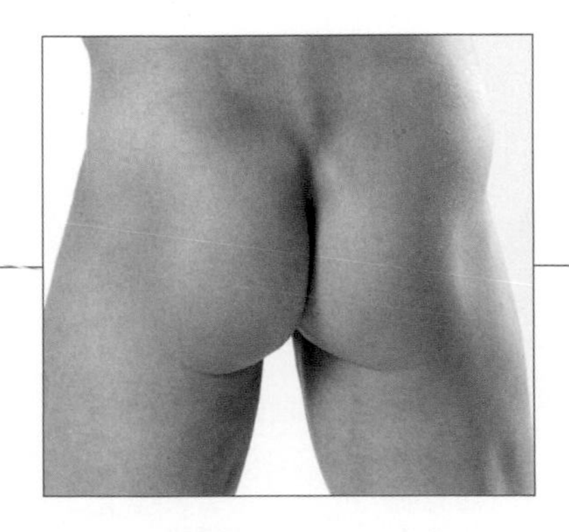

臀大肌

臀大肌的主要功能是將軀幹從彎腰姿勢直立起來，並在軀幹有前傾風險時（例如手伸直提重物）穩定身體。這條肌肉在一般行走時不會出力，也會在骨盆後傾使腰椎前凸弧度變平。當透過髂脛束作用時，可以強力穩定伸直的膝蓋，並作為張力束降低股骨屈曲壓力。在坐姿時，臂大肌的偶爾收縮可調整壓力的分配並改善臀部軟組織循環。

起點　薦椎背側表面；胸腰筋膜；薦骨粗隆韌帶；背側髂骨
終點　上部：髂脛束；下部：臀肌粗隆
神經支配　臀下神經（第5節腰神經～第2節薦神經）

功能

協同肌	拮抗肌
髖關節	
伸直	
半膜肌　半腱肌 股二頭肌長頭　臀中肌（背側部） 臀小肌（背側部） 恥骨肌（從最大屈曲位置） 內收肌（回到正中姿勢）	髂腰肌　股直肌 闊筋膜張肌　臀中肌（腹側部） 縫匠肌　股薄肌 內收肌（回到正中姿勢） 恥骨肌（伸直時）
外轉	
臀中肌（背側部） 臀小肌（背側部） 股方肌　梨狀肌 閉孔肌與孖肌　恥骨肌 縫匠肌　內收肌	闊筋膜張肌 臀中肌（腹側部） 臀小肌（腹側部）
外展（上部）	
臀中肌　臀小肌 闊筋膜張肌 梨狀肌（屈曲時） 閉孔肌和孖肌（屈曲時） 股方肌（屈曲時）	內收肌　恥骨肌 股薄肌　臀大肌（下部） 股方肌（伸直時）
內收（下部）	
內收肌　恥骨肌 股薄肌 股方肌（伸直時）	臀中肌　臀小肌 臀大肌（上部）　闊筋膜張肌 閉孔肌與孖肌　梨狀肌 股方肌（屈曲時）
髖關節與椎間關節（腰椎）	
骨盆後傾	
腹直肌　股二頭肌 半膜肌　半腱肌	髂腰肌　股直肌 胸最長肌　髂肋肌
膝關節	
伸直（透過髂脛束）	
股四頭肌 闊筋膜張肌（透過髂脛束）	股二頭肌　半腱肌　半膜肌 股薄肌　縫匠肌　膕肌 腓腸肌

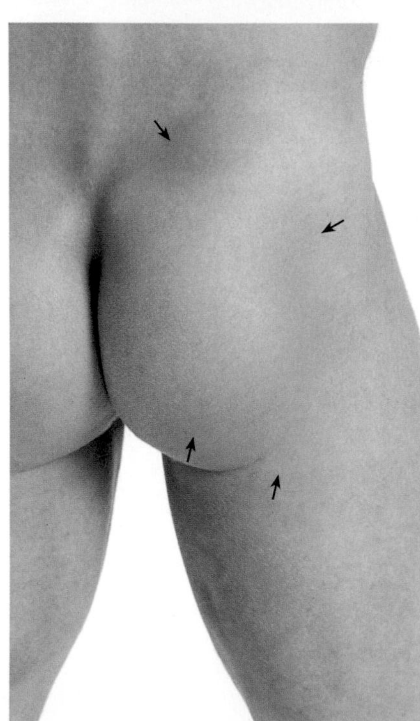

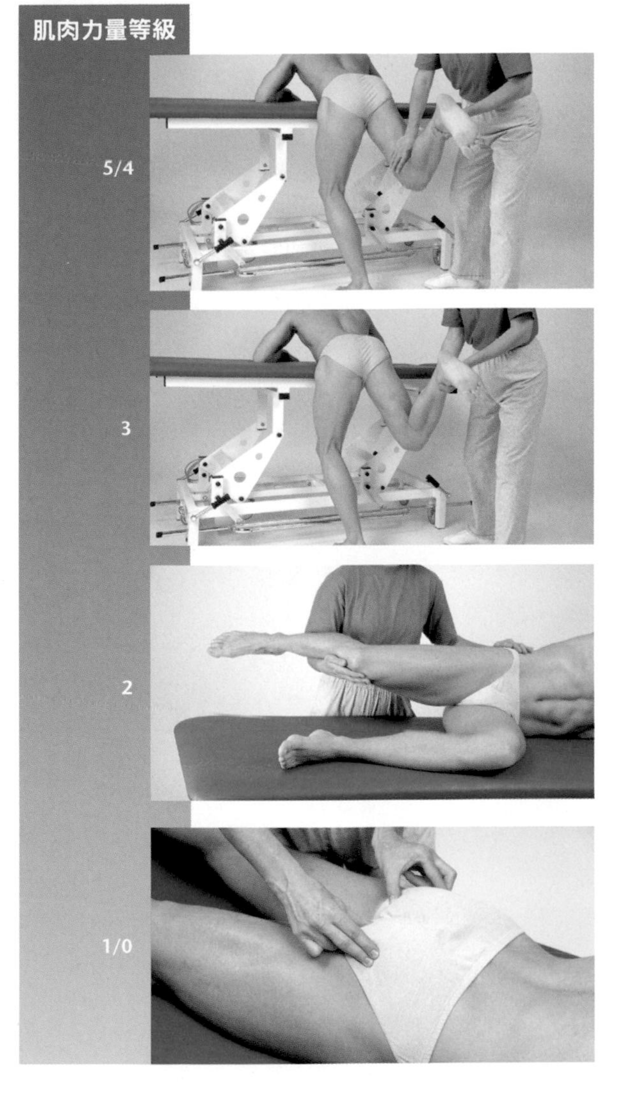

肌肉功能測試

起始位置：病患放鬆軀幹，鼠蹊部與腹部靠在治療床上。用一隻腳站立、些微屈曲，測試腳膝蓋屈曲90度。

測試過程：測試者一隻手固定同側小腿，另一隻手給予遠端大腿髖屈曲方向的阻力。

指導語：伸直你的髖關節，抵抗我的阻力並維持姿勢。保持膝蓋屈曲。

起始位置：病患放鬆軀幹，鼠蹊部與腹部靠在治療床上。用一隻腳站立、些微屈曲，測試腳膝蓋屈曲90度。

測試過程：測試者一隻手固定同側小腿。

指導語：伸直你的髖關節並保持膝蓋屈曲。

起始位置：病患側躺，雙腿髖部與膝蓋屈曲90度。

測試過程：測試者固定上側骨盆並支撐小腿重量。

指導語：伸直你的髖關節並保持膝蓋屈曲。

起始位置：病患趴在治療床上。

測試過程：測試者觸診臀大肌。

指導語：夾緊你的臀部。

臨床關聯性

- 不能在臀大肌進行肌肉注射。

問題／評論

- 在膝蓋屈曲時，測試可以降低腿後肌群的活化，腿後肌群也會協助髖部伸直。
- 股直肌的彈性需要先進行測試。

髂腰肌

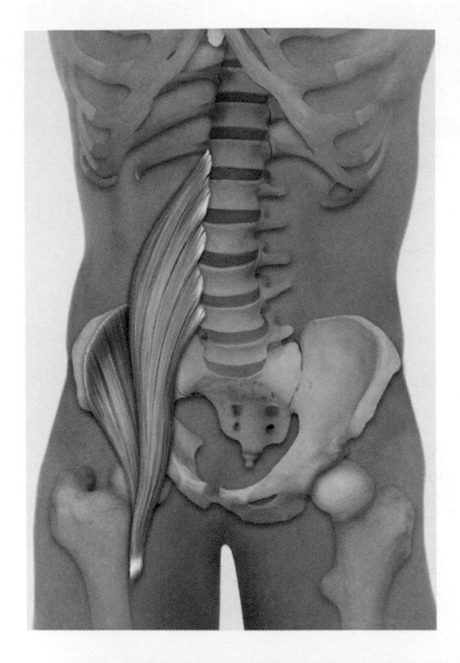

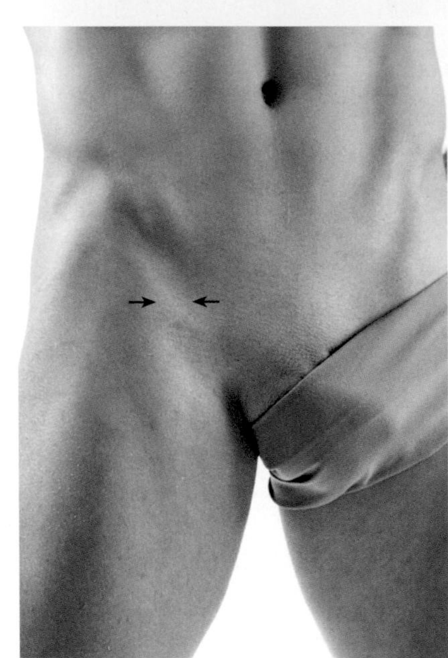

髂腰肌使髖關節屈曲，但只有在需要使用最大力量時，例如平躺姿勢下將伸直腳屈曲。在一般行走時幾乎不會活化。其主要任務是當股骨固定時平衡軀幹。因此，當一個人站立下軀幹往後彎曲時，這條肌肉為了平衡而明顯變得緊繃。髂腰肌的起點有一部分在腰椎，所以能增加腰椎前凸程度，特別是髖關節伸直下開始收縮時。它也會使骨盆前傾。

起點 髂肌：髂窩；前下髂脊；髂腰韌帶；前薦髂韌帶。
腰大肌：第12胸椎～第4腰椎椎體外側表面；第1～5腰椎橫突

終點 小轉子下方不遠處

神經支配 髂肌：股神經（第1～3節腰神經）；腰大肌：腰神經腹側分支（第1～4節腰神經）

功能

協同肌	拮抗肌
髖關節	
屈曲	
股直肌	臀大肌
闊筋膜張肌	半膜肌
臀中肌（腹側部）	半腱肌
縫匠肌	股二頭肌長頭
股薄肌	臀中肌（背側部）
恥骨肌（伸直時）	臀小肌（背側部）
內收肌（從最大伸直位置收回）	內收肌（回到正中姿勢）
	恥骨肌（從最大屈曲位置）
髖關節與椎間關節（腰椎）	
腰椎前凸與骨盆前傾	
胸最長肌	臀大肌
腰髂肋肌	股二頭肌長頭
股直肌	半膜肌
腰方肌（僅有腰椎前凸）	半腱肌
縫匠肌	腹直肌
闊筋膜張肌	

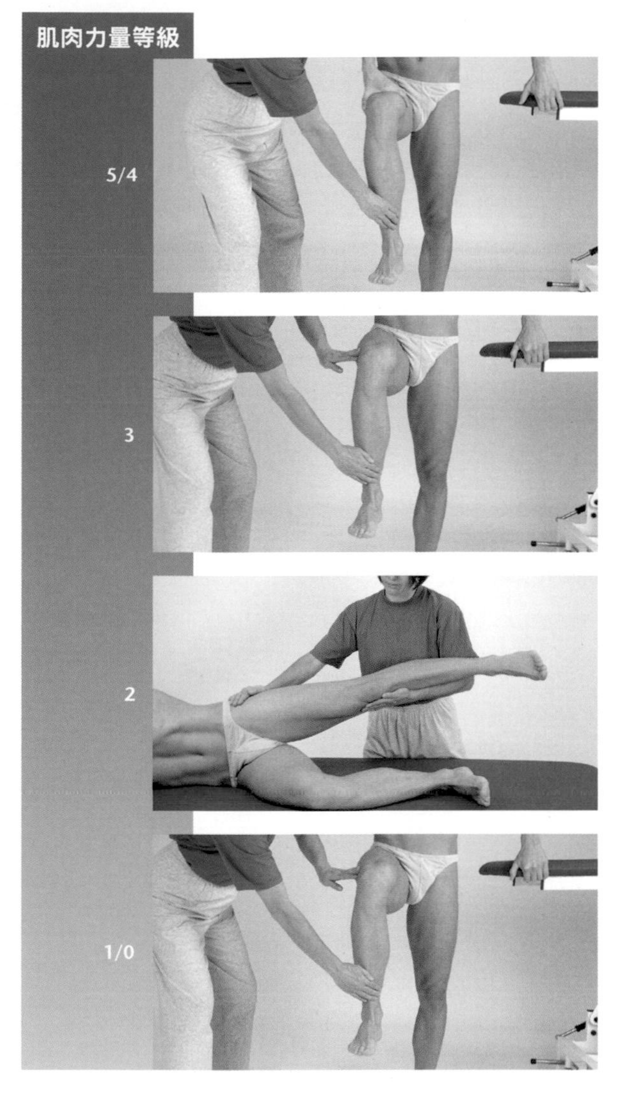

肌肉功能測試

起始位置：病患採站姿，手扶治療床。

測試過程：測試者給予病患遠端大腿髖伸直方向的阻力。

指導語：直立下將你的膝蓋往鼻子方向抬，抵抗我的阻力並維持姿勢。

起始位置：病患採站姿，手扶治療床。

測試過程：測試者觀察大腿動作，必要時給予支撐讓大腿能在直線上移動。

指導語：直立下將你的膝蓋往鼻子方向抬。

起始位置：病患側躺，上側的腳髖關節伸直。

測試過程：測試者觀察平放在床上大腿的動作。

指導語：將你的膝盖往鼻子方向抬。

起始位置：病患採站姿，手扶治療床。

測試過程：測試者觀察大腿動作。

指導語：嘗試將你的膝蓋往鼻子方向抬。

臨床關聯性

- 髂腰肌攣縮會長期導致腰椎前凸，增加對椎間盤的傷害。
- 右側髖關節屈曲姿勢下突然伸直而產生疼痛，可能是闌尾炎的表徵（腰大肌症）。

問題／評論

- 若病患在站立起始姿勢下非常不穩，有些動作也可以在坐姿下測試。
- 若雙腳固定，髂腰肌可以協助軀幹從平躺姿勢下起來。

縫匠肌

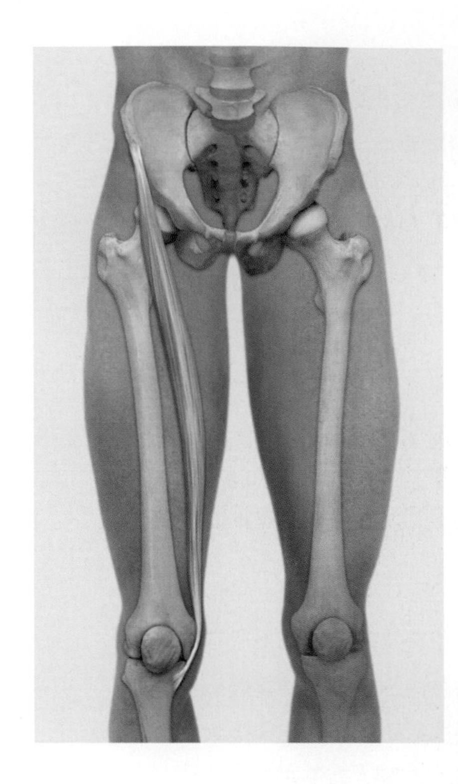

縫匠肌使髖部屈曲與外轉，以及膝蓋屈曲。這兩個動作會在坐姿做出蹺二郎腿動作時同時出現（像縫匠一樣而得其名）。另一個例子是蛙式的收腿動作。

起點	前上髂脊
終點	透過鵝掌肌群連接到脛骨近端內側表面
神經支配	股神經（第2～3節腰神經）
特殊性質	闊筋膜將縫匠肌穩定在其肌肉走向上

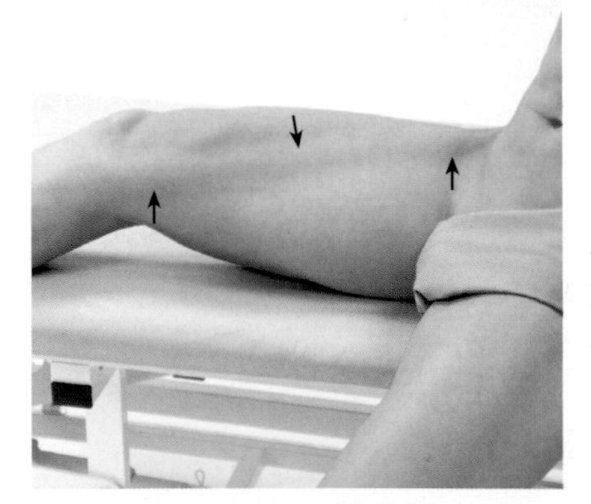

功能

協同肌	拮抗肌
髖關節	
外展	
臀小肌　闊筋膜張肌　縫匠肌	內收肌
梨狀肌（屈曲時）	股薄肌 臀大肌（下部）
閉孔肌與孖肌（屈曲時）	股方肌（伸直時）
股方肌（屈曲時） 臀大肌（上部）	恥骨肌
屈曲	
髂腰肌　股直肌　闊筋膜張肌	臀大肌　半膜肌　半腱肌
臀中肌（腹側部）	股二頭肌　臀中肌（背側部）
股薄肌　恥骨肌（伸直時）	臀小肌（背側部）
內收肌（從最大伸直位置收回）	恥骨肌（從最大屈曲位置）
	內收肌（從最大屈曲位置收回）
外轉	
臀大肌　臀中肌（背側部）	闊筋膜張肌
臀小肌（背側部）	臀中肌（腹側部）
股方肌　梨狀肌　閉孔肌與孖肌	臀小肌（腹側部）
恥骨肌	內收肌（從最大外轉位置收回）
內收肌（從最大內轉位置收回）	
膝關節	
屈曲	
股二頭肌　半腱肌	股四頭肌
半膜肌　股薄肌	臀大肌（透過髂脛束）
腓腸肌（不在足部蹠屈姿勢）	闊筋膜張肌（透過髂脛束）
內轉	
半膜肌　半腱肌　膕肌	股二頭肌　臀大肌（透過髂脛束）
股薄肌　股內側肌	闊筋膜張肌（透過髂脛束）
	股外側肌

肌肉功能測試

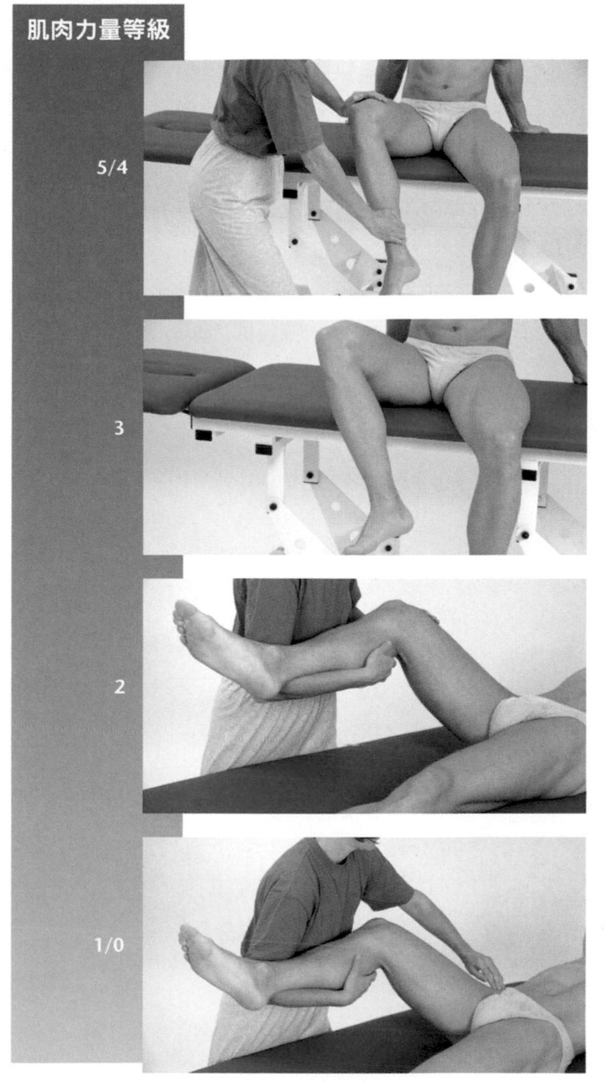

5/4

起始位置：病患坐在治療床上。

測試過程：測試者一隻手給予遠端大腿髖伸直與內收方向的阻力。另一隻手給予遠端小腿內側向外與膝蓋伸直方向的阻力。

指導語：將你的膝蓋用力向上與向外移動，抵抗我的阻力並維持姿勢。

3

起始位置：病患坐在治療床上。

測試過程：測試者觀察小腿動作。

指導語：將你的膝蓋向上與向外移動。

2

起始位置：病患採仰躺，髖部與膝蓋些微屈曲。

測試過程：測試者支撐小腿重量。

指導語：將你的膝蓋往同側肩膀移動。

1/0

起始位置：病患採仰躺，髖部與膝蓋些微屈曲。

測試過程：測試者支撐小腿重量並觸診縫匠肌。

指導語：嘗試將你的膝蓋往同側肩膀移動。

! 問題／評論

- 縫匠肌只能與其他髖關節屈肌同時測試。

臀中肌

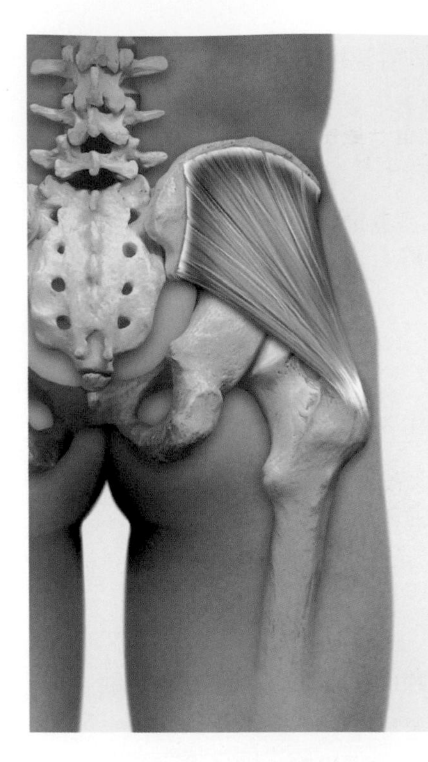

臀中肌使髖關節外展。在行走時，支撐腳的臀中肌收縮可避免骨盆往擺盪腳方向傾斜，甚至讓骨盆些微往支撐腳方向傾斜，讓足部更容易抬離地面。同時，其部分肌束還有內轉功能，支撐腳的肌肉收縮可使擺盪腳骨盆輕微前移。

起點	前側與後側臀線中間的髂骨翼
終點	大轉子
神經支配	上臀神經（第4節腰神經～第1節薦神經）

功能

髖關節

協同肌	拮抗肌
外展	
臀小肌　闊筋膜張肌　縫匠肌 梨狀肌（屈曲時） 閉孔肌與孖肌（屈曲時） 股方肌（屈曲時）　臀大肌（上部）	內收肌　恥骨肌 股薄肌　臀大肌（下部） 股方肌（伸直時）
內轉（僅腹側部）	
闊筋膜張肌 臀小肌（腹側部） 內收肌（從最大外轉位置）	臀大肌　臀小肌（背側部） 臀中肌（背側部）　股方肌 梨狀肌　恥骨肌　縫匠肌 內收肌（從最大內轉位置） 閉孔肌與孖肌
外轉（僅背側部）	
臀大肌　臀小肌（背側部）　股方肌 梨狀肌　恥骨肌　縫匠肌 內收肌（從最大內轉位置收回） 閉孔肌與孖肌	闊筋膜張肌　臀中肌（腹側部） 臀小肌（腹側部） 內收肌（從最大外轉位置）
屈曲（僅腹側部）	
髂腰肌　股直肌 闊筋膜張肌　縫匠肌 股薄肌　恥骨肌（伸直時） 內收肌（從最大伸直位置收回）	臀大肌　半膜肌　半腱肌　股二頭肌 臀中肌（背側部）　臀小肌（背側部） 內收肌（從最大屈曲位置） 恥骨肌（從最大屈曲位置）
伸直（僅背側部）	
臀大肌　半膜肌　半腱肌 股二頭肌　臀小肌（背側部） 內收肌（回到正中姿勢） 恥骨肌（從最大屈曲位置）	髂腰肌　股直肌 闊筋膜張肌　臀中肌（腹側部） 縫匠肌　股薄肌　恥骨肌 內收肌（從最大伸直位置）

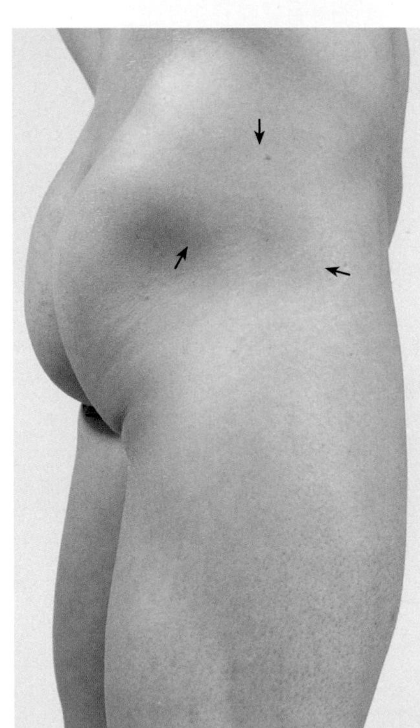

髖關節與椎間關節（腰椎）

協同肌	拮抗肌
預防骨盆往擺盪腳方向掉落	
臀小肌　闊筋膜張肌	內收肌　恥骨肌　股薄肌　股方肌
外展	
臀小肌　臀中肌　闊筋膜張肌 梨狀肌（髖關節屈曲時） 閉孔肌與孖肌（髖關節屈曲時） 臀大肌（上部）	髖收肌　恥骨肌　股薄肌 臀大肌（下部） 股方肌（髖關節後伸時）

肌肉力量等級

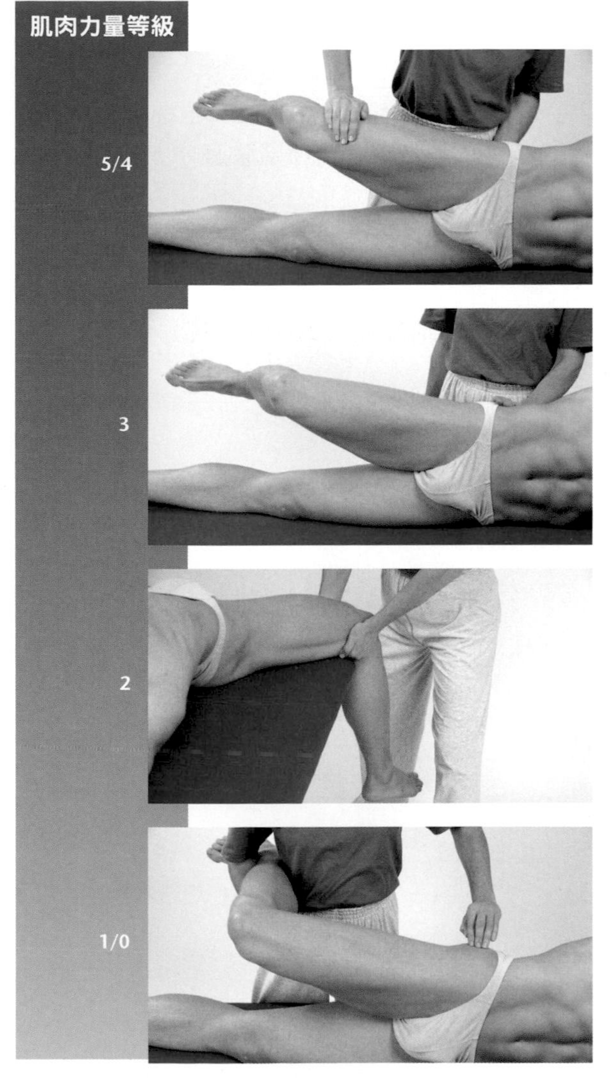

肌肉功能測試

5/4

起始位置：病患側躺。測試腳髖關節伸直，膝關節屈曲90度。

測試過程：測試者一隻手固定骨盆，另一隻手給予上方腳遠端大腿髖關節內收方向的阻力。

指導語：將你上方的腳抬起遠離下方的腳，抵抗我的阻力並維持姿勢。保持不讓小腿往下掉。

3

起始位置：病患側躺。測試腳髖關節伸直，膝關節屈曲90度。

測試過程：測試者一隻手固定骨盆。

指導語：將你上方的腳抬起遠離下方的腳。保持不讓小腿往下掉。

2

起始位置：病患採仰躺。大腿平放於治療床上，小腿垂出床緣並屈曲90度。

測試過程：測試者固定遠端大腿並支撐腳的重量。

指導語：將你的腳打開遠離另一隻腳。

1/0

起始位置：病患側躺。測試腳髖關節伸直，膝關節屈曲90度。

測試過程：測試者觸診臀中肌。

指導語：嘗試將你上方的腳抬起遠離下方的腳。

臨床關聯性

- 可在臀中肌進行肌肉注射。
- 走路時，下臀肌（臀中肌與臀小肌）無力時，會導致骨盆往擺盪腳掉落。因此，擺盪腳需要更多的髖關節與膝關節屈曲（特倫德倫伯[Trendelenburg]步態）。

問題／評論

- 臀中肌與臀小肌無法個別單獨測試。
- 相較於闊筋膜張肌，單關節臀外展肌在膝關節屈曲下測試。這個姿勢下會降低闊筋膜張肌的槓桿作用，只能輕微協助髖外展動作。
- 股直肌的彈性需要先進行測試。

臀小肌

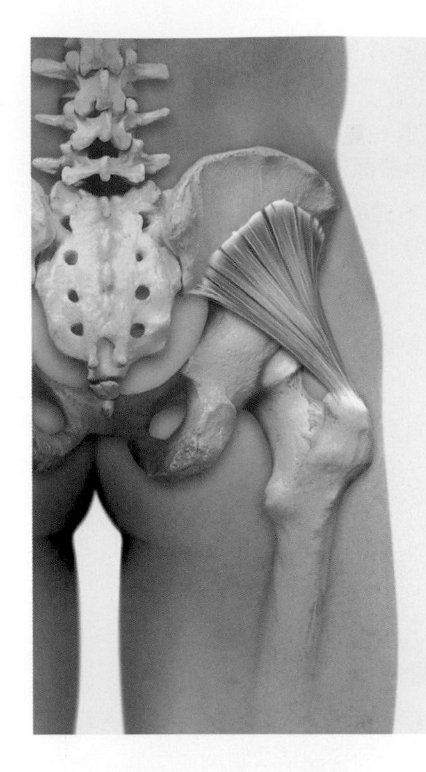

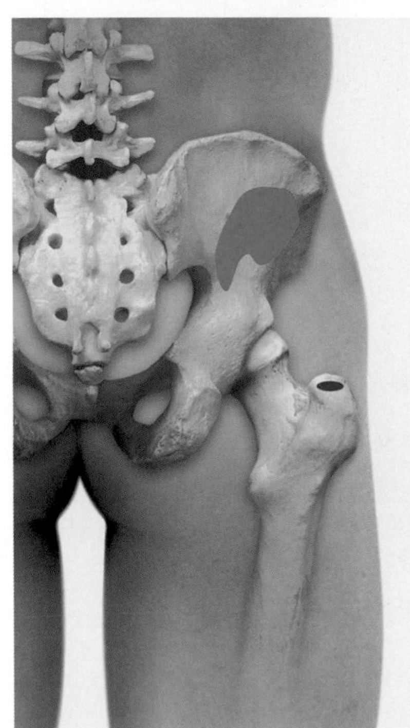

如同臀中肌，臀小肌會使髖關節外展。行走時，支撐腳的臀小肌收縮，可避免骨盆往擺盪腳方向傾斜，讓骨盆些微往支撐腳方向傾斜。透過臀小肌的內轉動作可使擺盪腳向前。

起點	前側與後側臀線中間的髂骨翼
終點	大轉子
神經支配	上臀神經（第4節腰神經～第1節薦神經）

功能

協同肌	拮抗肌
髖關節	
外展	
臀中肌　闊筋膜張肌 縫匠肌 梨狀肌（屈曲時） 閉孔肌與孖肌（屈曲時） 股方肌（屈曲時） 臀大肌（上部）	內收肌　恥骨肌 股薄肌　臀大肌（下部） 股方肌（伸直時）
內轉（僅腹側部）	
闊筋膜張肌 臀中肌（腹側部） 內收肌（從最大外轉位置收回）	臀大肌　臀中肌（背側部） 臀小肌（背側部） 股方肌　梨狀肌 恥骨肌　縫匠肌 內收肌（從最大內轉位置） 閉孔肌與孖肌
外轉（僅背側部）	
臀大肌　臀中肌（背側部） 股方肌　梨狀肌 恥骨肌　縫匠肌 內收肌（從最大內轉位置） 閉孔肌與孖肌	闊筋膜張肌 臀中肌（腹側部） 臀小肌（腹側部） 內收肌（從最大外轉位置）
伸直（僅背側部）	
臀大肌　半膜肌 半腱肌　股二頭肌長頭 臀中肌（背側部） 內收肌（回收正中位置） 恥骨肌（從最大屈曲位置）	髂腰肌　股直肌 闊筋膜張肌　臀中肌（腹側部） 臀小肌（腹側部） 縫匠肌　股薄肌 恥骨肌（伸直時） 內收肌（從最大伸直位置）
髖關節與椎間關節（腰椎）	
預防骨盆往擺盪腳方向掉落	
臀中肌　闊筋膜張肌	內收肌　恥骨肌 股薄肌　股方肌

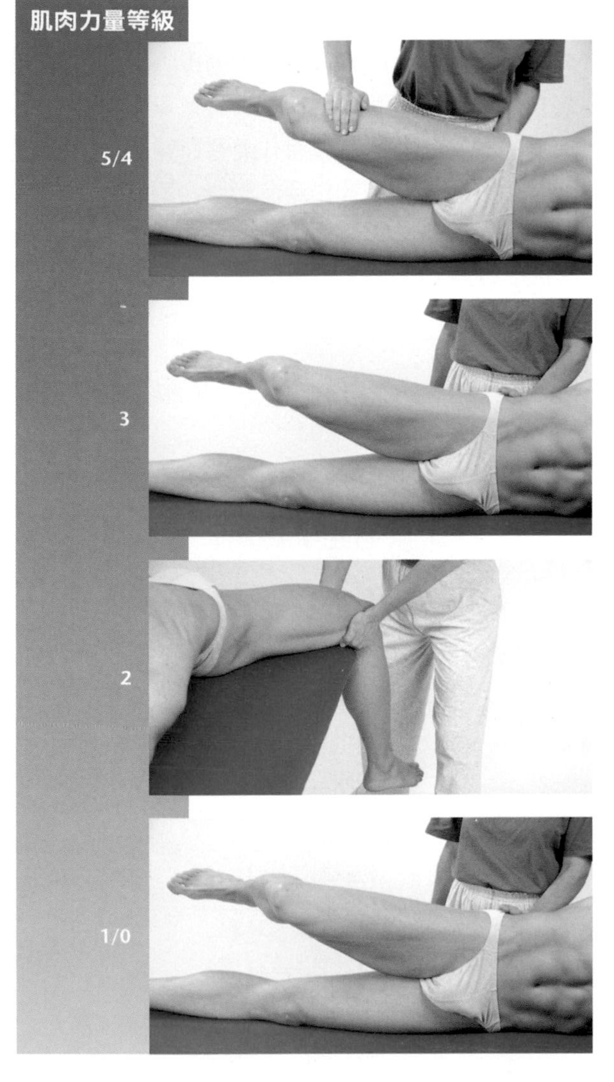

肌肉功能測試

起始位置：病患側躺。測試腳髖關節伸直，膝關節屈曲90度。

測試過程：測試者一隻手固定骨盆，另一隻手給予上方腳遠端大腿髖關節內收方向的阻力。

指導語：將你上方的腳抬起遠離下方的腳，抵抗我的阻力並維持姿勢。保持不讓小腿往下掉。

起始位置：病患側躺。測試腳髖關節伸直，膝關節屈曲90度。

測試過程：測試者一隻手固定骨盆。

指導語：將你上方的腳抬起遠離下方的腳。保持不讓小腿往下掉。

起始位置：病患採仰躺。大腿平放於治療床上，小腿垂出床緣並屈曲90度。

測試過程：測試者固定遠端大腿並支撐腳的重量。

指導語：將你的腳打開遠離另一隻腳。

起始位置：病患側躺。測試腳髖關節伸直，膝關節屈曲90度。

測試過程：測試者一隻手固定骨盆。

指導語：嘗試將你上方的腳抬起遠離下方的腳。

臨床關聯性

- 走路時，下臀肌（臀中肌與臀小肌）無力時，會導致骨盆往擺盪腳掉落。因此，擺盪腳需要更多的髖關節與膝關節屈曲（特倫德倫伯[Trendelenburg]步態）。

問題／評論

- 臀中肌與臀小肌無法個別單獨測試。
- 相較於闊筋膜張肌，單關節臀外展肌在膝關節屈曲下測試。這個姿勢下會降低闊筋膜張肌的槓桿作用，只能輕微協助髖外展動作。
- 股直肌的彈性需要先進行測試。

闊筋膜張肌

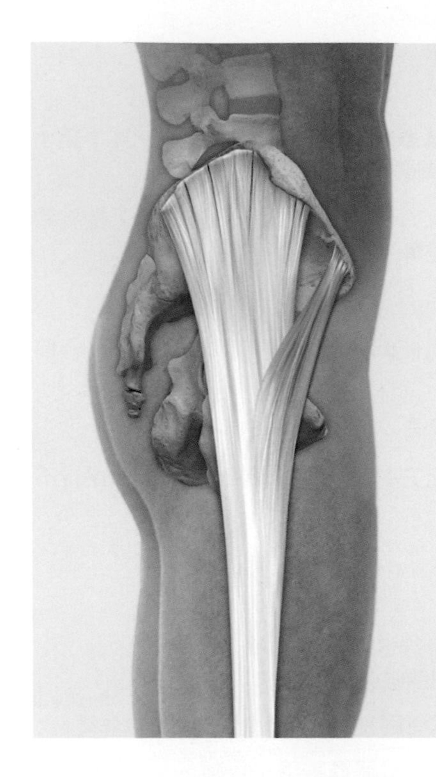

闊筋膜張肌使髖關節屈曲與外展，不過有其他更強力的協同肌可以達成這兩個動作。它也是強力的髖內轉肌，可以抗衡臀大肌作用在髂脛束上的力量。透過髂脛束作用在膝關節上的伸直力強力到可以取代部分股四頭肌的作用（若股四頭肌癱瘓）。拉緊髂脛束，可以產生對抗支撐腳屈曲力的張力效果。在這方面，它與內收大肌共同作用。

起點	髂嵴（靠近前上髂脊）
終點	股骨中間1/3的髂脛束
神經支配	上臀神經（第4～5節腰神經）

功能

髖關節

協同肌	拮抗肌
屈曲	
髂腰肌　股直肌	臀大肌　半膜肌
臀中肌（腹側部）	半腱肌　股二頭肌長頭
縫匠肌　股薄肌	臀中肌（背側部）
內收肌（從最大伸直位置收回）	臀小肌（背側部）
恥骨肌（伸直時）	內收肌（從最大屈曲位置）
	恥骨肌（從最大屈曲位置）
預防骨盆往擺盪腳方向掉落	
臀中肌（支撐腳）	內收肌（支撐腳）
臀小肌（支撐腳）	恥骨肌（支撐腳）
	股薄肌（支撐腳）
	股方肌（支撐腳）
內轉	
臀小肌（腹側部）	臀大肌　臀小肌（背側部）
臀中肌（腹側部）	臀中肌（背側部）
內收肌（從最大外轉位置）	股方肌　梨狀肌
	恥骨肌　縫匠肌
	內收肌（從最大內轉位置）
	閉孔肌與孖肌
外展	
臀中肌　臀小肌	內收肌　恥骨肌
梨狀肌（屈曲時）	股薄肌　臀大肌（下部）
股方肌（屈曲時）	股方肌（伸直時）
臀大肌（上部）	股直肌

膝關節

協同肌	拮抗肌
伸直（透過髂脛束）	
股四頭肌	股二頭肌　半腱肌
臀大肌（透過髂脛束）	半膜肌　股薄肌
	縫匠肌　腓腸肌
	膕肌

肌肉功能測試

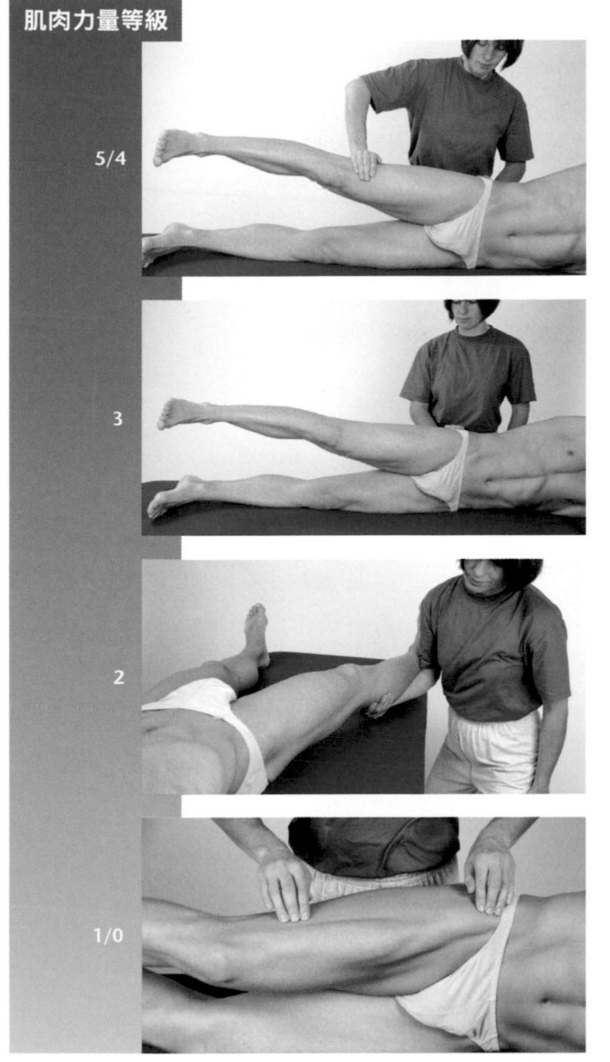

5/4

起始位置：病患側躺，測試腳髖關節伸直。

測試過程：測試者一隻手固定骨盆，另一隻手給予上方腳遠端大腿髖關節內收方向的阻力。

指導語：將你上方的腳抬起遠離下方的腳，抵抗我的阻力並維持姿勢。保持不讓小腿往下掉。

3

起始位置：病患側躺，測試腳髖關節伸直。

測試過程：測試者一隻手固定骨盆。

指導語：將你上方的腳抬起遠離下方的腳。保持不讓小腿往下掉。

2

起始位置：病患採仰躺。

測試過程：測試者支撐小腿的重量。

指導語：將你的腳打開遠離另一隻腳。

1/0

起始位置：病患側躺，測試腳髖關節伸直。

測試過程：測試者觸診闊筋膜張肌。

指導語：嘗試將你上方的腳抬起遠離下方的腳。

! 問題／評論

- 髖關節外展由闊筋膜張肌、臀中肌與臀小肌共同作用產生。

恥骨肌

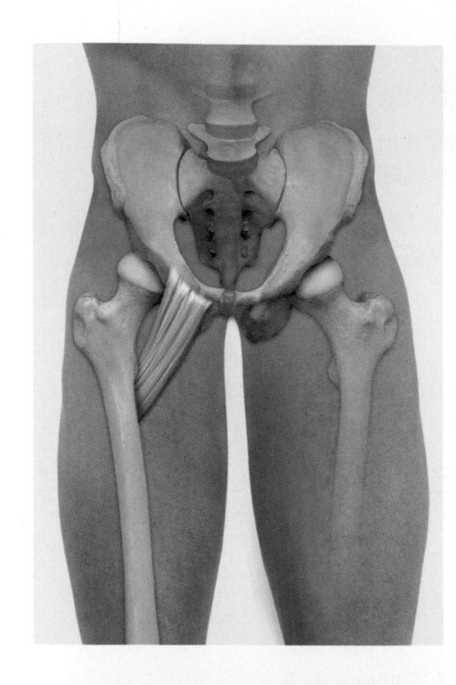

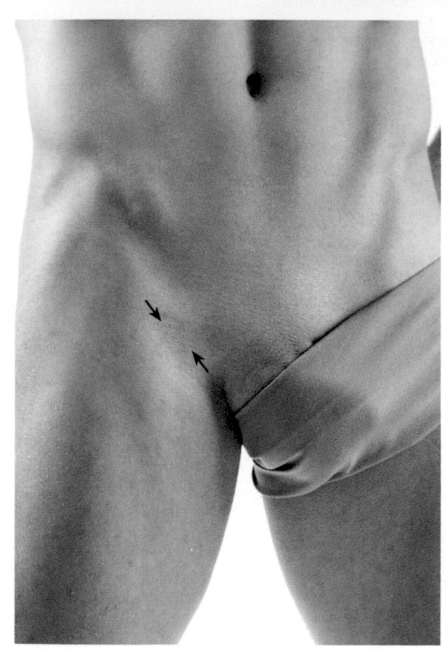

恥骨肌使髖關節從任何姿勢下內收。當髖關節伸直時，它負責屈曲；但屈曲時，它變成伸直肌（比如當一個人從低坐姿下站起時）。蹺二郎腿時，這條肌肉也有外轉功能。

起點 恥骨梳
終點 位於股骨小轉子遠端的恥骨線
神經支配 股神經（第2～3節腰神經）
閉孔神經（第2～4節腰神經）

功能

協同肌	拮抗肌
髖關節	
內收	
內收肌	臀中肌 臀小肌
臀大肌（下部）	梨狀肌（屈曲時）
股方肌（伸直時）	闊筋膜張肌 臀大肌（上部）
股薄肌	股方肌（屈曲時）
	閉孔肌與孖肌（屈曲時）
外轉	
臀大肌 臀小肌（背側部）	闊筋膜張肌
臀中肌（背側部）	臀小肌（腹側部）
股方肌 梨狀肌 縫匠肌	臀中肌（腹側部）
內收肌（從最大內轉位置）	內收肌（從最大外轉位置）
閉孔肌與孖肌	
屈曲	
髂腰肌 股直肌 闊筋膜張肌	臀大肌 半膜肌
臀中肌（腹側部）	半腱肌 股二頭肌長頭
臀小肌（腹側部）	臀中肌（背側部）
縫匠肌 股薄肌	內收肌（從最大屈曲位置）
內收肌（從最大伸直位置）	
伸直（從最大屈曲位置）	
臀大肌 半膜肌	髂腰肌 股直肌 闊筋膜張肌
半腱肌 股二頭肌長頭	臀中肌（腹側部）
臀小肌（背側部）	臀小肌（腹側部）
臀中肌（背側部）	縫匠肌 股薄肌
內收肌（回到中立姿勢）	內收肌（從最大伸直位置）

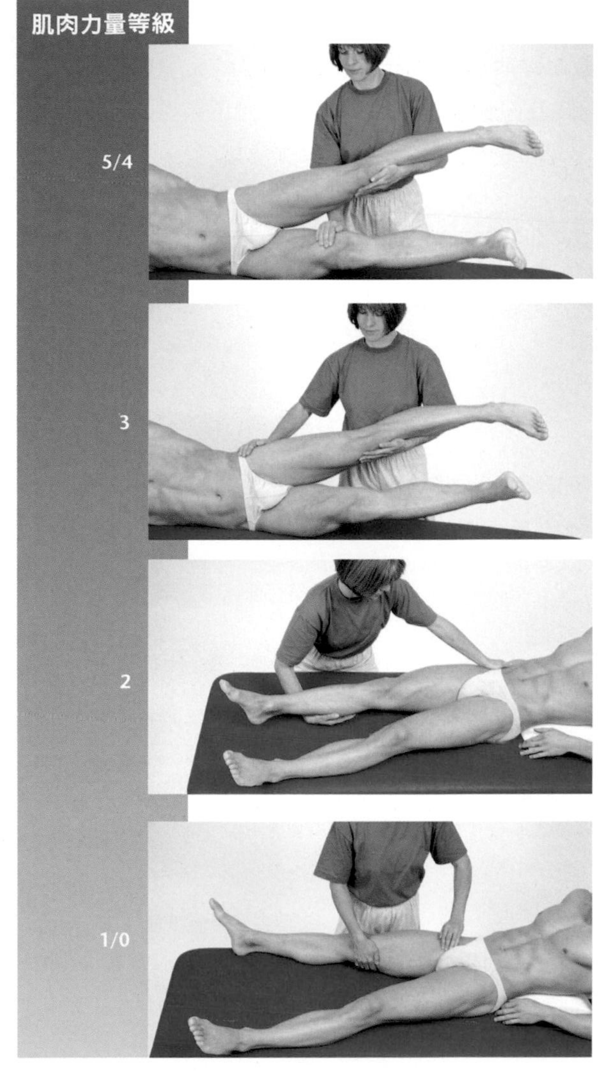

肌肉功能測試

起始位置：病患側躺。測試腳平放於床面，另一隻腳髖關節外展。

測試過程：測試者一隻手支撐上側腳，另一隻手給予下方腳遠端大腿向下的阻力。

指導語：將你的腳維持在另一隻腳前側下，抬離床面，抵抗我的阻力並維持姿勢。

起始位置：病患側躺。測試腳平放於床面，另一隻腳髖關節外展。

測試過程：測試者一隻手支撐上側腳。

指導語：將你的腳維持在另一隻腳前側下，抬離床面。

起始位置：病患採仰躺。將病患上半身支撐在輕微抬起的位置，雙腳髖關節外展。

測試過程：測試者支撐小腿的重量。

指導語：將你的腳內收靠近另一隻腳。

起始位置：病患仰躺。測試腳平放於床面，另一隻腳髖關節外展。

測試過程：測試者觸診恥骨肌。

指導語：嘗試將你的腳內收靠近另一隻腳。

問題／評論

- 那些有髖屈曲功能的內收肌，在本測試中發揮重要功能。
- 恥骨肌必須與其他內收肌共同測試。

內收長肌

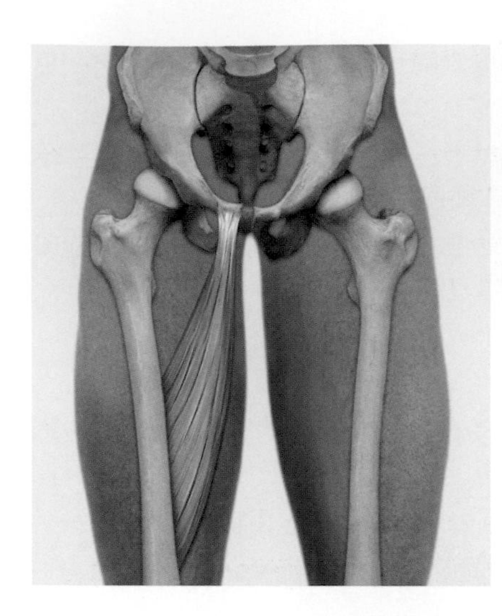

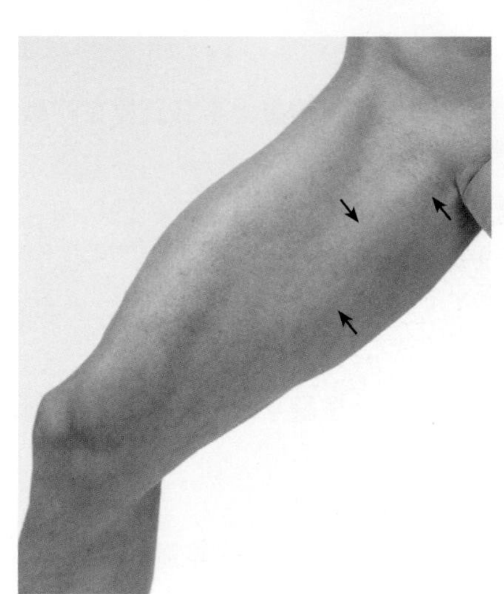

內收長肌的動作與內收大肌相同，它可以將大腿從髖關節屈曲，或大幅度伸直、末端內轉或外轉下帶回正中姿勢。

起點　上恥骨支

終點　恥骨線；股骨粗線（股骨嵴）

神經支配　閉孔神經前支（第2～4節腰神經）

功能

髖關節

協同肌	拮抗肌
內收	
內收短肌　內收大肌　恥骨肌 股薄肌　臀大肌（下部） 股直肌　股方肌（伸直時）	臀中肌　臀小肌　梨狀肌（屈曲時） 闊筋膜張肌　臀大肌（上部） 閉孔肌與孖肌（屈曲時） 股方肌（屈曲時）
外轉（從最大內轉位置）	
臀大肌　臀小肌（背側部） 臀中肌（背側部） 股方肌　梨狀肌　恥骨肌 縫匠肌　內收短肌　內收大肌 閉孔肌與孖肌	闊筋膜張肌 臀小肌（腹側部） 臀中肌（腹側部）
內轉（從最大外轉位置）	
闊筋膜張肌 臀小肌（腹側部） 臀中肌（腹側部） 內收短肌　內收大肌	臀大肌　臀小肌（背側部） 臀中肌（背側部）　股方肌 梨狀肌　恥骨肌　縫匠肌 閉孔肌與孖肌
伸直（從最大屈曲位置）	
臀大肌　半膜肌 半腱肌　股二頭肌長頭 臀小肌（背側部） 臀中肌（背側部） 內收短肌　內收大肌 恥骨肌（從最大屈曲位置）	髂腰肌　股直肌 闊筋膜張肌　臀中肌（腹側部） 縫匠肌　股薄肌
屈曲（從最大伸直位置）	
髂腰肌　股直肌 臀中肌（腹側部） 臀小肌（腹側部） 闊筋膜張肌　縫匠肌 股薄肌　恥骨肌 內收短肌　內收大肌	臀大肌　半膜肌 半腱肌　股二頭肌長頭 臀中肌（背側部） 臀小肌（背側部）

肌肉功能測試

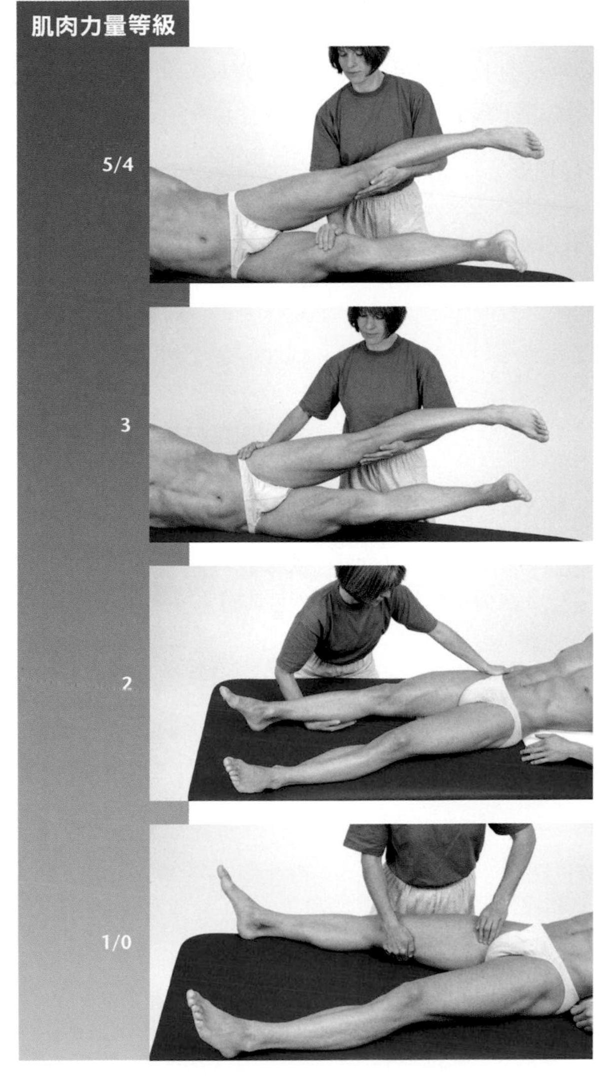

起始位置：病患側躺。測試腳平放於床面，另一隻腳髖關節外展。

測試過程：測試者一隻手支撐上側腳，另一隻手給予下方腳遠端大腿向下的阻力。

指導語：將你的腳維持在另一隻腳前側下，抬離床面，抵抗我的阻力並維持姿勢。

起始位置：病患側躺。測試腳平放於床面，另一隻腳髖關節外展。

測試過程：測試者一隻手支撐上側腳。

指導語：將你的腳維持在另一隻腳前側下，抬離床面。

起始位置：病患採仰躺。將病患上半身支撐在輕微抬起的位置，雙腳髖關節外展。

測試過程：測試者支撐小腿的重量。

指導語：將你的腳內收靠近另一隻腳。

起始位置：病患採仰躺。將病患上半身支撐在輕微抬起的位置，雙腳髖關節外展。

測試過程：測試者觸診內收長肌。

指導語：嘗試將你的腳內收靠近另一隻腳。

臨床關聯性

- 內收肌損傷是常見的運動傷害之一。典型例子為足球選手的鼠蹊部拉傷（內收肌斷裂）。

問題／評論

- 那些有髖屈曲功能的內收肌，在本測試中發揮重要功能。
- 內收長肌無法單獨測試，必須與其他內收肌共同測試。

內收短肌

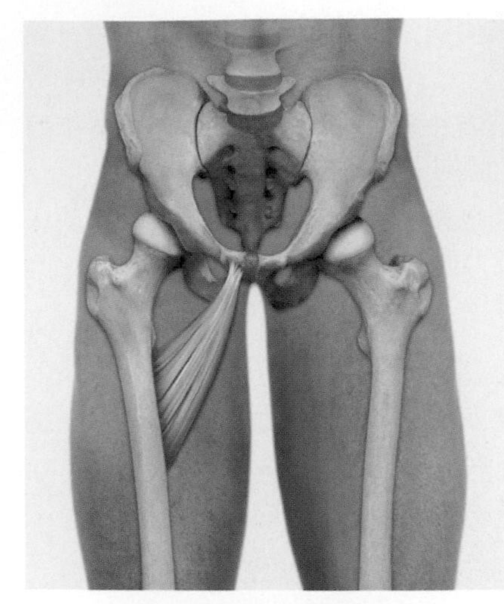

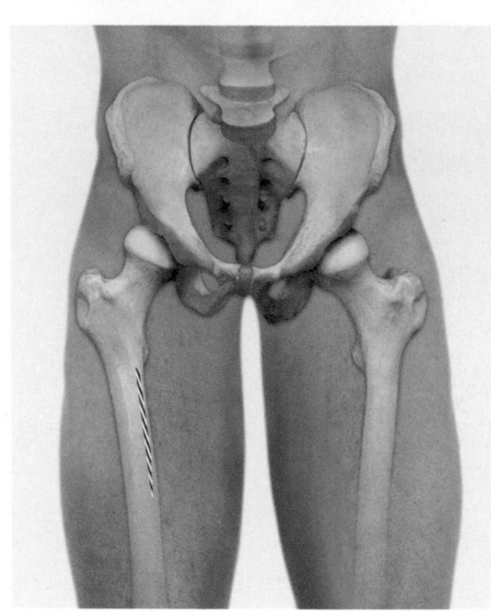

內收短肌使髖關節內收，它可以將大腿從髖屈曲，或大幅度伸直下、末端內轉或外轉下帶回正中姿勢。

起點　下恥骨支

終點　股骨粗線（股骨嵴）上部；內側唇的外側

神經支配　閉孔神經前支（第2～4節腰神經）

功能

協同肌　拮抗肌

髖關節

內收

協同肌	協同肌	拮抗肌	拮抗肌
內收長肌	內收大肌	臀中肌	臀小肌
恥骨肌	股薄肌	梨狀肌（屈曲時）	
臀大肌（下部）	股直肌	闊筋膜張肌	臀大肌（上部）
股方肌（伸直時）		閉孔肌與孖肌（屈曲時）	
		股方肌（屈曲時）	

外轉（從最大內轉位置）

協同肌	協同肌	拮抗肌	拮抗肌
臀大肌	股方肌	闊筋膜張肌	
臀小肌（背側部）	恥骨肌	臀小肌（腹側部）	
臀中肌（背側部）	內收長肌	臀中肌（腹側部）	
梨狀肌	閉孔肌與孖肌		
縫匠肌	內收大肌		

內轉（從最大外轉位置）

協同肌	協同肌	拮抗肌	拮抗肌
闊筋膜張肌	內收長肌	臀大肌	股方肌
臀小肌（腹側部）		臀小肌（背側部）	恥骨肌
臀中肌（腹側部）		臀中肌（背側部）	梨狀肌
內收大肌		縫匠肌	閉孔肌與孖肌

伸直（從最大屈曲位置）

協同肌	協同肌	拮抗肌	拮抗肌
臀大肌	半膜肌	髂腰肌	股直肌
半腱肌	股二頭肌長頭	闊筋膜張肌	股薄肌
臀小肌（背側部）	內收大肌	臀中肌（腹側部）	
臀中肌（背側部）	恥骨肌	縫匠肌	
內收長肌			

屈曲（從最大伸直位置）

協同肌	協同肌	拮抗肌	拮抗肌
髂腰肌	股直肌	臀大肌	半膜肌
臀中肌（腹側部）	闊筋膜張肌	半腱肌	股二頭肌長頭
臀小肌（腹側部）	縫匠肌	臀中肌（背側部）	臀小肌（背側部）
股薄肌	恥骨肌		
內收長肌	內收大肌		

肌肉功能測試

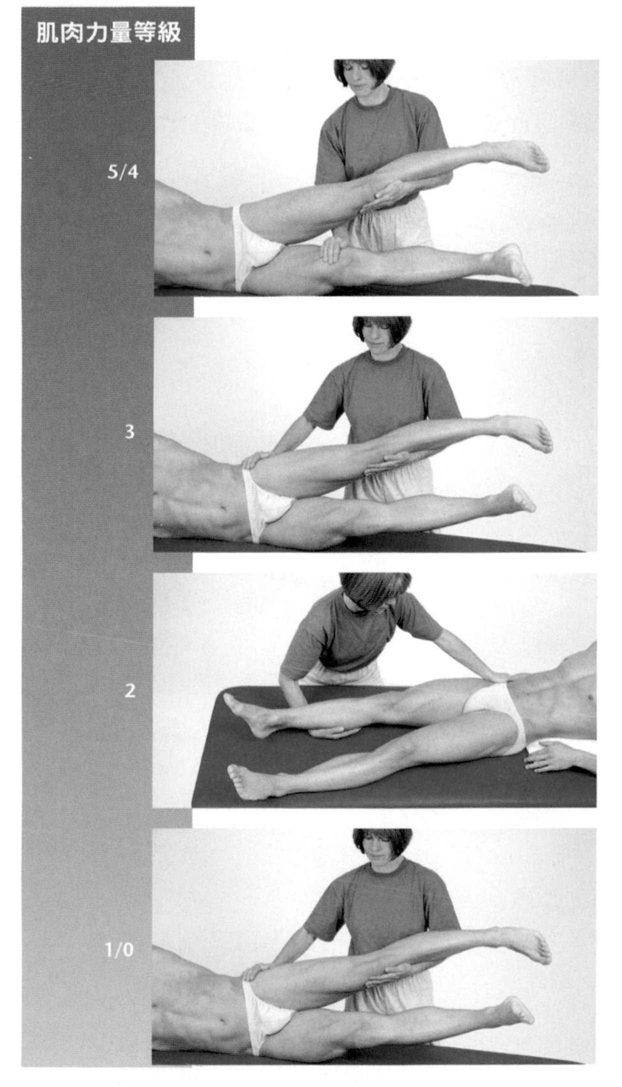

5/4

起始位置：病患側躺。測試腳平放於床面，另一隻腳髖關節外展。

測試過程：測試者一隻手支撐上側腳，另一隻手給予下方腳遠端大腿向下的阻力。

指導語：將你的腳維持在另一隻腳前側下，抬離床面，抵抗我的阻力並維持姿勢。

3

起始位置：病患側躺。測試腳平放於床面，另一隻腳髖關節外展。

測試過程：測試者一隻手支撐上側腳。

指導語：將你的腳維持在另一隻腳前側下，抬離床面。

2

起始位置：病患採仰躺。將病患上半身支撐在輕微抬起的位置，雙腳髖關節外展。

測試過程：測試者支撐小腿的重量。

指導語：將你的腳內收靠近另一隻腳。

1/0

起始位置：病患側躺。測試腳平放於床面，另一隻腳髖關節外展。

測試過程：測試者一隻手支撐上側腳。

指導語：嘗試將你的腳內收靠近另一隻腳。

臨床關聯性

- 內收肌損傷是常見的運動傷害之一。典型例子為足球選手的鼠蹊部拉傷（內收肌斷裂）。

問題／評論

- 內收短肌無法被觸診。
- 那些有髖屈曲功能的內收肌，在本測試中發揮重要功能。
- 內收短肌無法單獨測試，必須與其他內收肌共同測試。

股薄肌

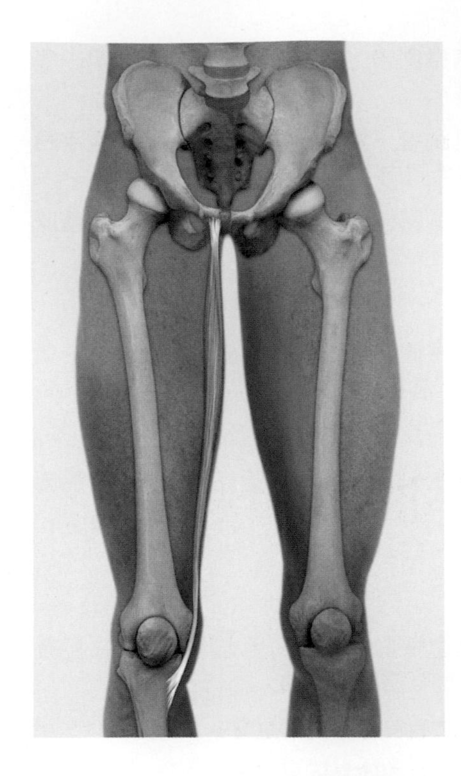

股薄肌使髖與膝關節屈曲，例如走路時開始進入擺盪期的動作。除了也扮演髖內收角色外，當膝蓋屈曲時，它也有髖內轉功能。

起點　下恥骨支
終點　鵝掌肌：內上髁下方的近端脛骨
神經支配　閉孔神經前支（第2～4節腰神經）

功能

協同肌　拮抗肌

髖關節

內收

協同肌		拮抗肌	
內收肌	恥骨肌	臀中肌	臀小肌
臀大肌（下部）		梨狀肌（屈曲時）	
股方肌（髖關節伸直時）		闊筋膜張肌	臀大肌（上部）
		閉孔肌與孖肌（屈曲時）	
		股方肌（屈曲時）	

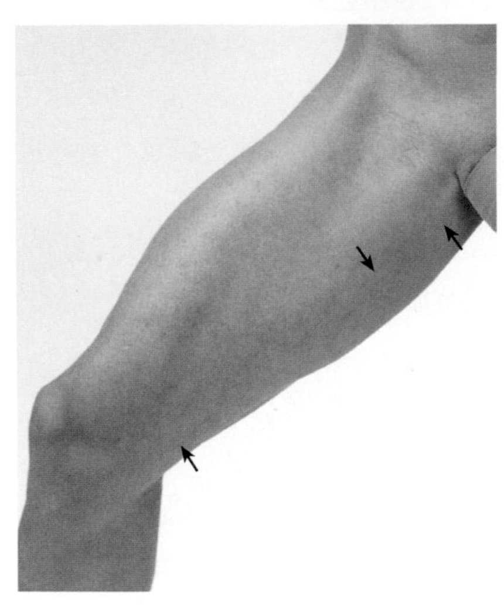

屈曲（從最大伸直位置）

協同肌		拮抗肌	
髂腰肌	股直肌	臀大肌	半膜肌
臀中肌（腹側部）		半腱肌	股二頭肌長頭
臀小肌（腹側部）		臀中肌（背側部）	
闊筋膜張肌	縫匠肌	臀小肌（背側部）	
恥骨肌（伸直時）		內收肌（從最大屈曲位置）	
內收肌（從最大伸直位置收回）		恥骨肌（從最大屈曲位置）	

屈曲

協同肌		拮抗肌
股二頭肌	半腱肌	股四頭肌
半膜肌	縫匠肌	臀大肌（透過髂脛束）
腓腸肌（不在足部蹠屈姿勢）		闊筋膜張肌（透過髂脛束）

內轉

協同肌		拮抗肌
半膜肌	半腱肌	股二頭肌
縫匠肌	膕肌	臀大肌（透過髂脛束）
股內側肌		闊筋膜張肌（透過髂脛束）
		股外側肌

肌肉功能測試

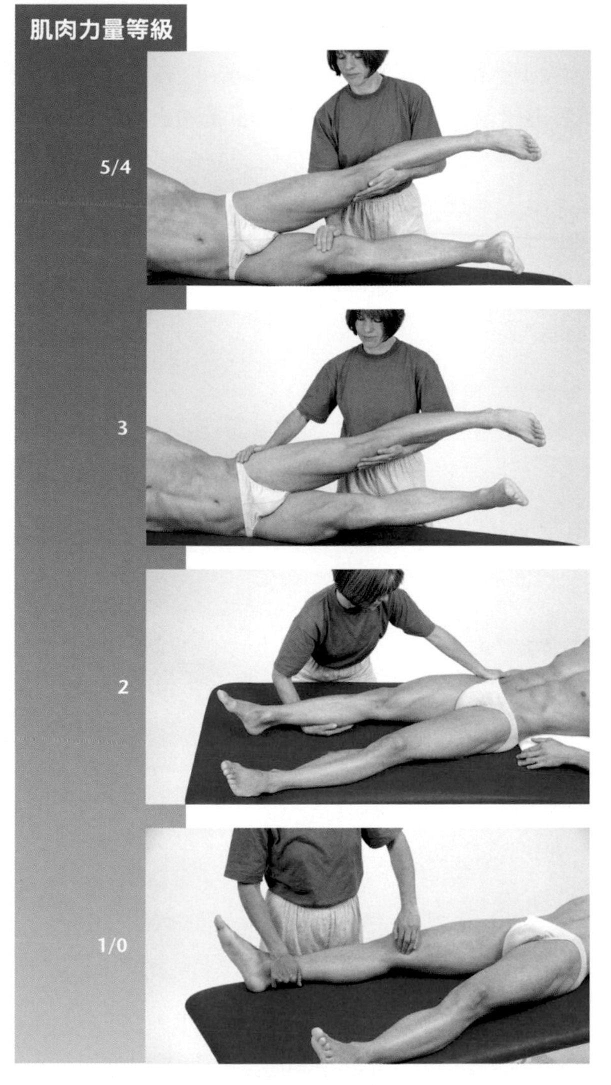

起始位置：病患側躺。測試腳平放於床面，另一隻腳髖關節外展。

測試過程：測試者一隻手支撐上側腳，另一隻手給予下方腳遠端大腿向下的阻力。

指導語：將你的腳維持在另一隻腳前側下，抬離床面，抵抗我的阻力並維持姿勢。

起始位置：病患側躺。測試腳平放於床面，另一隻腳髖關節外展。

測試過程：測試者一隻手支撐上側腳。

指導語：將你的腳維持在另一隻腳前側下，抬離床面。

起始位置：病患採仰躺。將病患上半身支撐在輕微抬起的位置，雙腳髖關節外展。

測試過程：測試者支撐小腿的重量。

指導語：將你的腳內收靠近另一隻腳。

起始位置：病患採仰躺。將病患上半身支撐在輕微抬起的位置，雙腳髖關節外展。

測試過程：測試者觸診靠近鵝掌肌終點的股薄肌。

指導語：嘗試將你的腳內收靠近另一隻腳。

臨床關聯性

- 股薄肌在運動中容易受傷。

問題／評論

- 那些有髖屈曲功能的內收肌，在本測試中發揮重要功能。
- 股薄肌無法單獨測試，必須與其他內收肌共同測試。

內收大肌

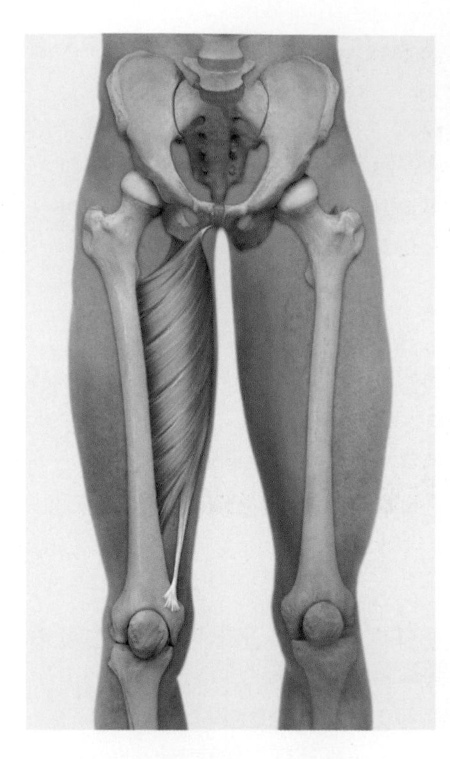

內收大肌在擺盪腳扮演內收角色。雙腿分開站立時，它可以防止因體重導致雙腿繼續打開，其旋轉功能因髖關節屈曲角度而異且不明顯。走路時，支撐腳的內收大肌與臀中／小肌共同收縮可維持身體重心，並使在股骨頭上移動的骨盆保持平衡。它對股骨還有一重要功用，就是與闊筋膜張肌共同抵銷股骨向外側彎的應力。也可以將大腿從髖屈曲或大幅度伸直、末端內轉或外轉下帶回正中姿勢。

起點 下恥骨支；坐骨支；坐骨粗隆

終點 深層部:股骨粗線(股骨嵴);淺層部:股骨內收肌結節

神經支配 深層部：閉孔神經（第2～4節腰神經）；淺層部：坐骨神經（第4～5節腰神經）

特殊性質 內收大肌兩部分肌束中間有內收肌裂孔，成為股骨血管走到膕窩的通道

功能

髖關節

協同肌	拮抗肌
內收	
內收長肌　內收短肌	臀中肌　臀小肌
恥骨肌　股薄肌	梨狀肌（屈曲時）
臀大肌（下部）　股直肌	闊筋膜張肌　臀大肌(上部)
股方肌（伸直時）	閉孔肌與孖肌（屈曲時）
	股方肌（屈曲時）
伸直（從最大屈曲位置）	
臀大肌　半膜肌	髂腰肌　股直肌
半腱肌　股二頭肌長頭	闊筋膜張肌　臀中肌（腹側部）
臀小肌（背側部）	臀小肌（腹側部）
臀中肌（背側部）	縫匠肌　股薄肌
內收長肌　內收短肌	
恥骨肌（從最大屈曲位置）	
屈曲（從最大伸直位置）	
髂腰肌　股直肌　臀中肌(腹側部)	臀大肌　半膜肌
臀小肌（腹側部）	半腱肌　股二頭肌長頭
闊筋膜張肌　縫匠肌　股薄肌	臀中肌（背側部）
恥骨肌　內收長肌　內收短肌	臀小肌（背側部）
降低股骨屈曲應力	
闊筋膜張肌　臀大肌　內收肌	無

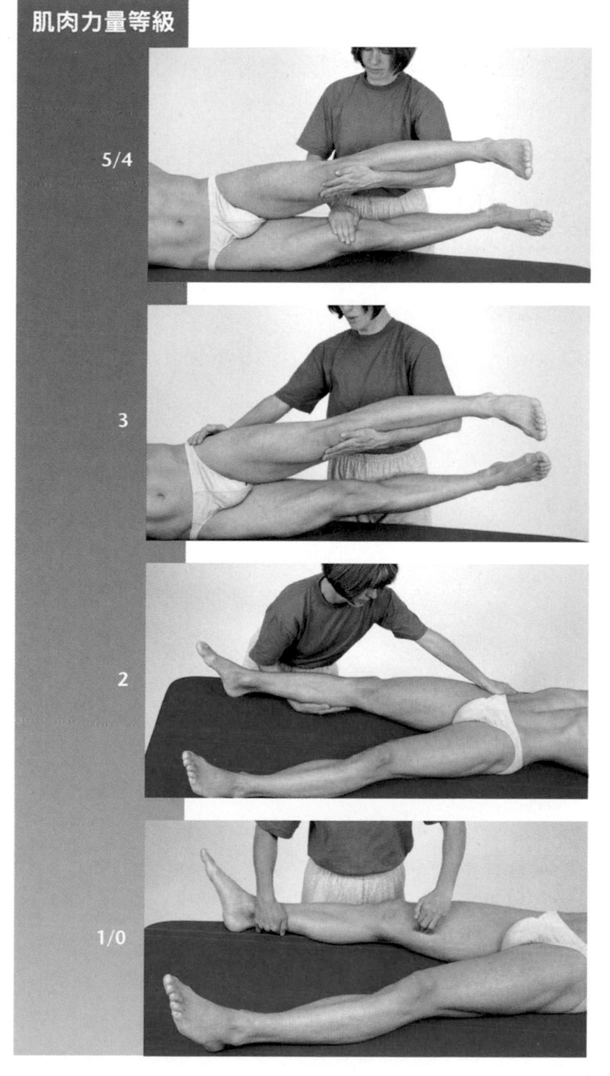

肌肉功能測試

起始位置：病患側躺。測試腳平放於床面，另一隻腳髖關節外展。

測試過程：測試者一隻手支撐上側腳，另一隻手給予下方腳遠端大腿向下的阻力。

指導語：將你的腳維持在另一隻腳後側下，抬離床面，抵抗我的阻力並維持姿勢。

起始位置：病患側躺。測試腳平放於床面，另一隻腳髖關節外展。

測試過程：測試者一隻手支撐上側腳。

指導語：將你的腳維持在另一隻腳後側下，抬離床面。

起始位置：病患採仰躺。將病患上半身支撐在輕微抬起的位置，雙腳髖關節外展。

測試過程：測試者支撐小腿的重量。

指導語：將你的腳內收靠近另一隻腳。

起始位置：病患採仰躺。將病患上半身支撐在輕微抬起的位置，雙腳髖關節外展。

測試過程：測試者觸診內收大肌。

指導語：嘗試將你的腳內收靠近另一隻腳。

臨床關聯性

- 內收肌損傷是常見的運動傷害之一。典型例子為足球選手的鼠蹊部拉傷（內收肌斷裂）。

問題／評論

- 那些有髖屈曲功能的內收肌，在本測試中發揮重要功能。
- 內收大肌無法單獨測試，必須與其他內收肌共同測試。

梨狀肌

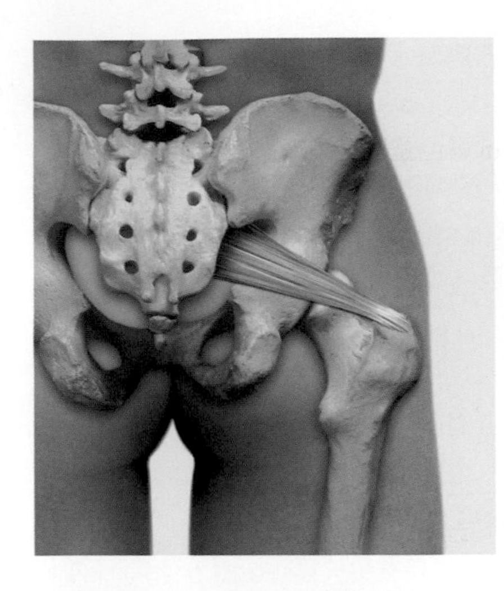

如同所有「短外轉肌」一般，梨狀肌在髖部伸直時為外轉肌，髖部屈曲時為外展肌。

起點	薦骨前表面外側緣
終點	大轉子上側邊緣
神經支配	坐骨神經或薦神經叢直接發出的分支（第5節腰神經～第2節薦神經）
特殊性質	在一小部分的個體中，坐骨神經會穿透梨狀肌

功能

協同肌	拮抗肌
髖關節	
外轉（伸直時）	
臀大肌	闊筋膜張肌
臀小肌（背側部）	臀小肌（腹側部）
臀中肌（背側部）	臀中肌（腹側部）
股方肌	內收肌（從最大外轉位置）
閉孔肌與孖肌	
恥骨肌	
縫匠肌	
內收肌（從最大內轉位置）	
外展（屈曲時）	
臀中肌	內收肌
臀小肌	恥骨肌
闊筋膜張肌	股薄肌
閉孔肌與孖肌	臀大肌（下部）
股方肌	

上孖肌

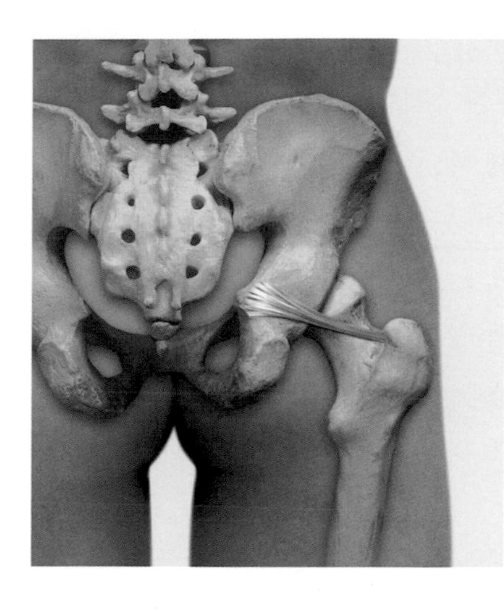

上孖肌與下孖肌共同作用協助閉孔內肌產生外轉動作。外轉過程中，上孖肌不會像閉孔內肌一樣因肌束走向發生扭轉而力量下降。上孖肌在髖關節屈曲時也是外展肌。它在髖關節伸直時的內收作用很微弱。

起點	坐骨棘
終點	轉子窩
神經支配	薦神經叢直接發出的分支（第5節腰神經～第2節薦神經）

功能

協同肌		拮抗肌
髖關節		
外轉（伸直時）		
臀大肌		闊筋膜張肌
臀小肌（背側部）		臀小肌（腹側部）
臀中肌（背側部）		臀中肌（腹側部）
股方肌	梨狀肌	內收肌（從最大外轉位置）
閉孔肌	下孖肌	
恥骨肌	縫匠肌	
內收肌（從最大內轉位置）		
外展（屈曲時）		
臀中肌	臀小肌	內收肌
梨狀肌	闊筋膜張肌	恥骨肌
臀大肌（上部）		股薄肌
閉孔肌	下孖肌	臀大肌（下部）
股方肌（屈曲時）		股方肌（伸直時）

閉孔內肌

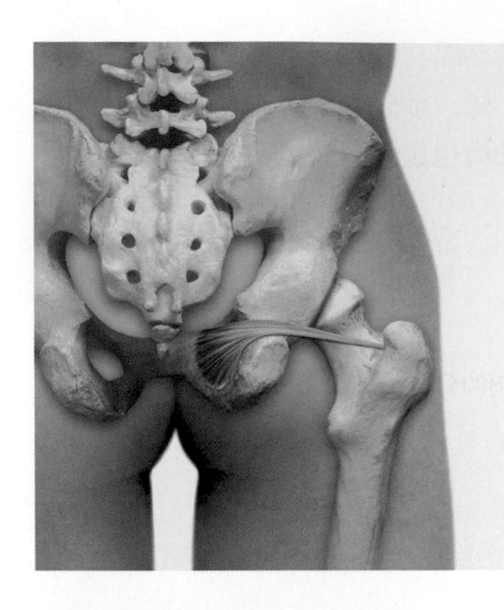

髖關節伸直時，閉孔內肌使髖關節外轉。然而，當髖關節屈曲90度（坐姿）下，它變成股骨外展肌。它在髖關節伸直時的內收作用很微弱。

起點　閉孔邊緣（內側表面）

終點　轉子窩

神經支配　閉孔內肌神經（第5節腰神經～第2節薦神經）

特殊性質　坐骨小切跡是這條肌肉的支點

功能

髖關節

外轉（伸直時）

協同肌：
臀大肌
臀小肌（背側部）
臀中肌（背側部）
股方肌
梨狀肌
閉孔外肌
孖肌
恥骨肌
縫匠肌
內收肌（從最大內轉位置）

拮抗肌：
闊筋膜張肌
臀小肌（腹側部）
臀中肌（腹側部）
內收肌（從最大外轉位置）

外展（屈曲時）

協同肌：
臀中肌
臀小肌
梨狀肌
闊筋膜張肌
閉孔外肌
孖肌
股方肌

拮抗肌：
內收肌
恥骨肌
股薄肌
臀大肌（下部）
股方肌

下孖肌

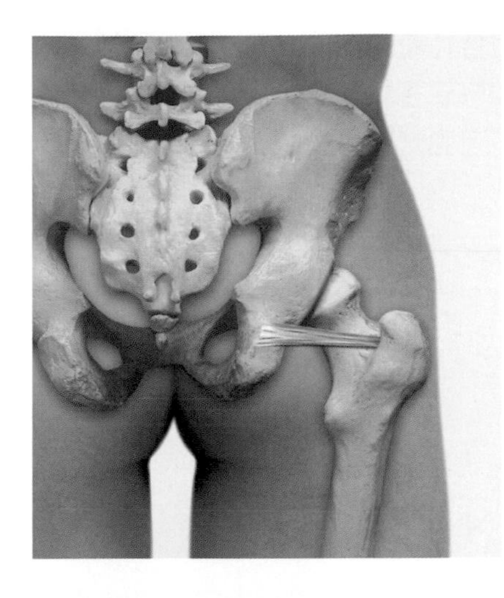

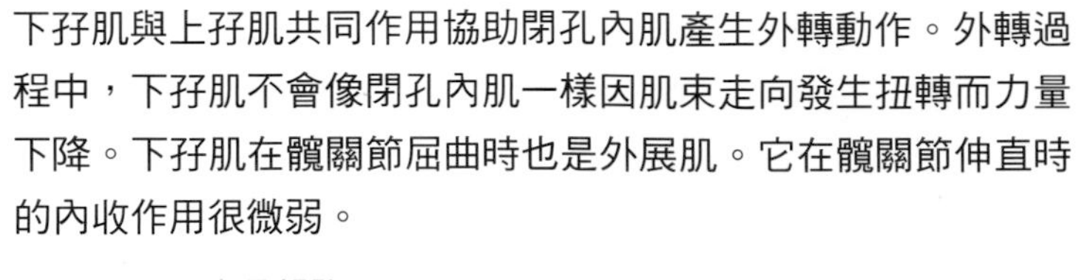

下孖肌與上孖肌共同作用協助閉孔內肌產生外轉動作。外轉過程中，下孖肌不會像閉孔內肌一樣因肌束走向發生扭轉而力量下降。下孖肌在髖關節屈曲時也是外展肌。它在髖關節伸直時的內收作用很微弱。

起點	坐骨粗隆
終點	轉子窩
神經支配	閉孔內肌神經或股方肌神經或會陰神經或坐骨神經（第5節腰神經～第2節薦神經）

功能

協同肌	拮抗肌

髖關節

外轉（伸直時）

協同肌		拮抗肌
臀大肌		闊筋膜張肌
臀小肌（背側部）		臀小肌（腹側部）
臀中肌（背側部）		臀中肌（腹側部）
股方肌	梨狀肌	內收肌（從最大外轉位置）
閉孔肌	上孖肌	
恥骨肌	縫匠肌	
內收肌（從最大內轉位置）		

外展（屈曲時）

協同肌		拮抗肌
臀中肌	臀小肌	內收肌
梨狀肌	闊筋膜張肌	恥骨肌
臀大肌（上部）		股薄肌
閉孔肌		臀大肌（下部）
上孖肌		
股方肌		

閉孔外肌

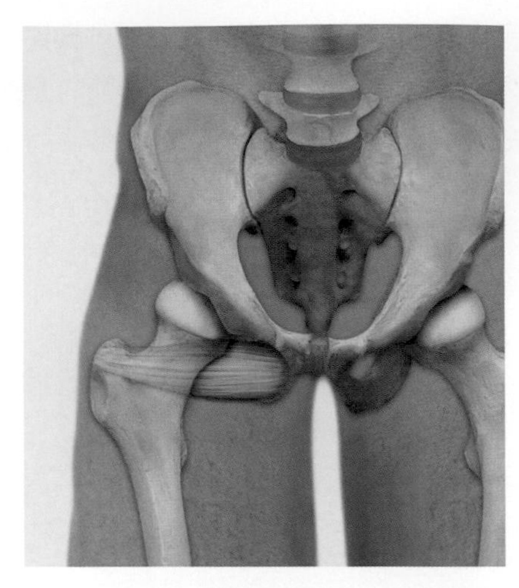

如同閉孔內肌，閉孔外肌也會在髖關節伸直時使大腿外轉；當髖關節屈曲時則使股骨外展。它在髖關節伸直時的內收作用很微弱。與股方肌共同作用下可固定股骨頸，並降低因體重而脫位的可能。

起點　閉孔膜外緣與周圍表面

終點　轉子窩

神經支配　閉孔神經前支（第2～4節腰神經）

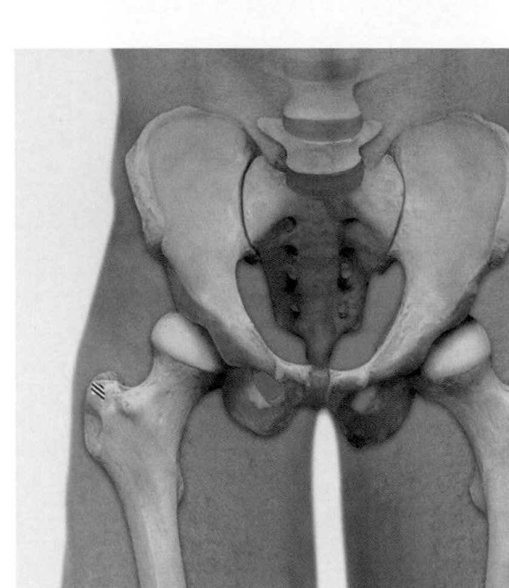

功能

協同肌		拮抗肌
髖關節		

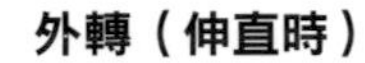

外轉（伸直時）

協同肌		拮抗肌
臀大肌		闊筋膜張肌
臀小肌（背側部）		臀小肌（腹側部）
臀中肌（背側部）		臀中肌（腹側部）
股方肌	梨狀肌	內收肌（從最大外轉位置）
閉孔內肌	孖肌	
恥骨肌	縫匠肌	
內收肌（從最大內轉位置）		

外展（屈曲時）

協同肌		拮抗肌
臀中肌	臀小肌	內收肌
梨狀肌	闊筋膜張肌	恥骨肌
臀大肌（上部）		股薄肌
閉孔內肌		臀大肌（下部）
孖肌		
股方肌		

股方肌

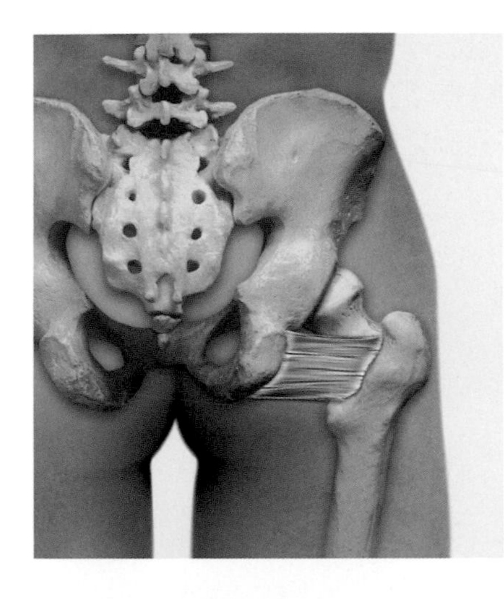

當髖關節伸直時，股方肌是非常強而有力的外轉肌；當髖關節屈曲時，它可使髖關節外展。其收縮可使股骨頸的屈曲應力下降，進而減緩因年齡造成股骨頭下降的速度。

起點 坐骨粗隆外緣

終點 轉子間

神經支配 股方肌神經；極少有坐骨神經（第5節腰神經～第2節薦神經）

功能

髖關節

外轉（伸直時）

協同肌		拮抗肌
臀大肌		闊筋膜張肌
臀小肌（背側部）		臀小肌（腹側部）
臀中肌（背側部）		臀中肌（腹側部）
梨狀肌	閉孔肌與孖肌	內收肌（從最大外轉位置）
恥骨肌	縫匠肌	
內收肌（從最大內轉位置）		

外展（屈曲時）

協同肌		拮抗肌
臀中肌	臀小肌	內收肌
梨狀肌	闊筋膜張肌	恥骨肌
閉孔肌與孖肌		股薄肌
		臀大肌（下部）

內收（伸直時）

協同肌		拮抗肌
內收肌	恥骨肌	梨狀肌
股薄肌		闊筋膜張肌
臀大肌（下部）		臀中肌
		臀小肌

以下幾條肌肉會共同測試：

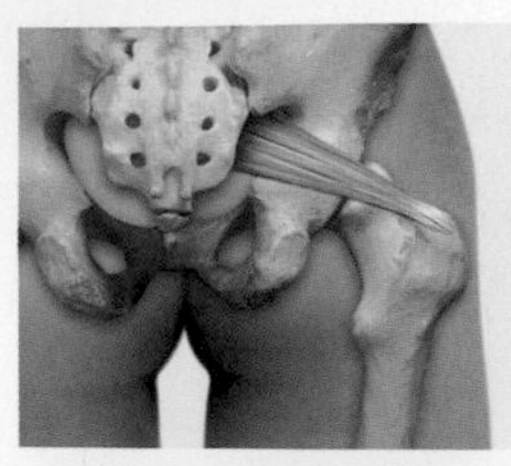

梨狀肌 P170

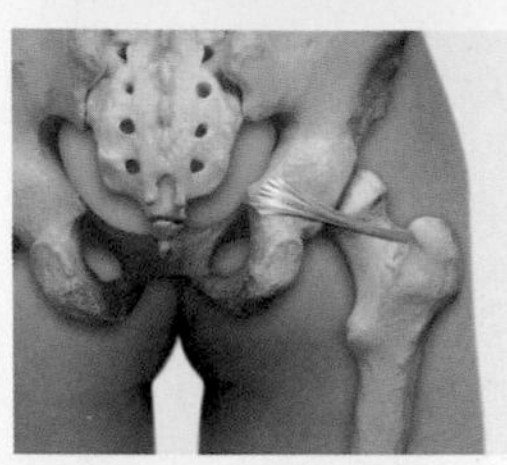

上孖肌 P171

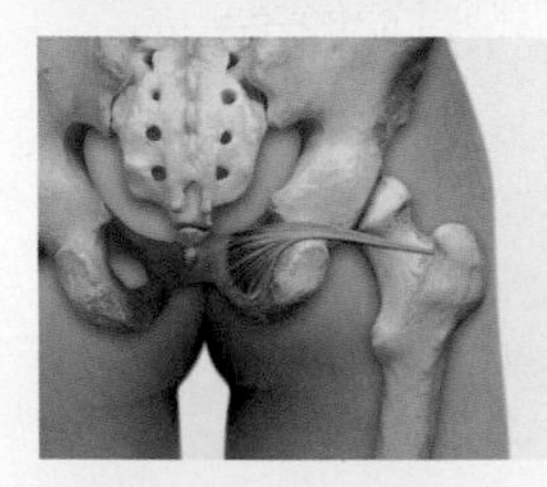

閉孔內肌 P172

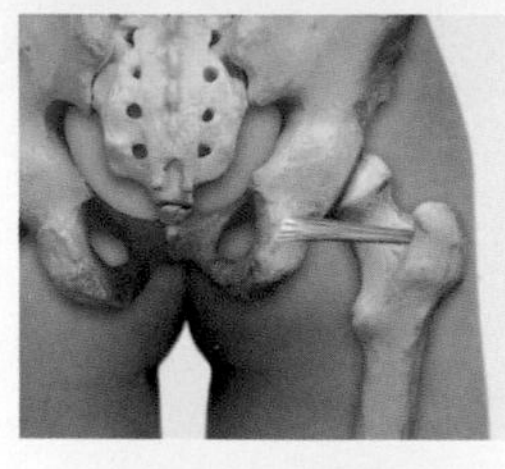

下孖肌 P173

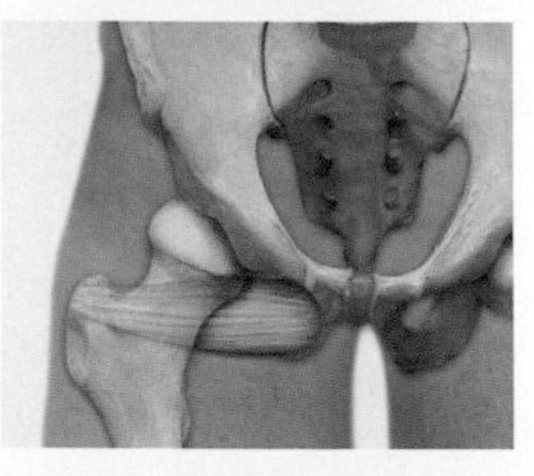

閉孔外肌 P174

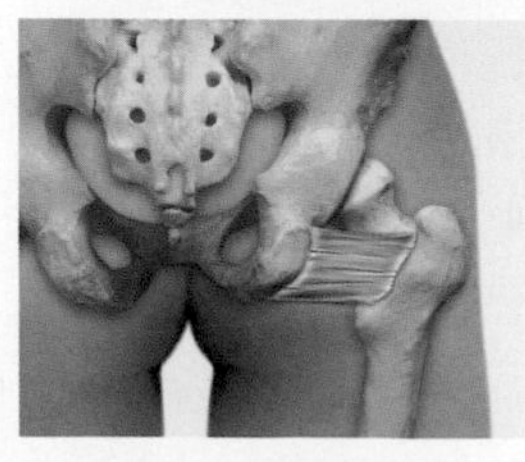

股方肌 P175

肌肉功能測試

肌肉力量等級

5/4

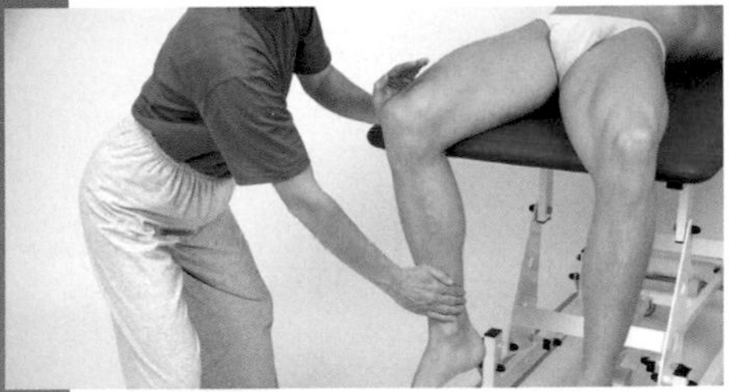

起始位置：病患採仰躺，雙腳小腿垂出床緣。

測試過程：測試者一隻手固定遠端大腿，另一隻手給予遠端小腿內側髖內轉方向的阻力。

指導語：將你的小腿向內旋轉，抵抗我的阻力並維持姿勢。過程中不要移動大腿。

3

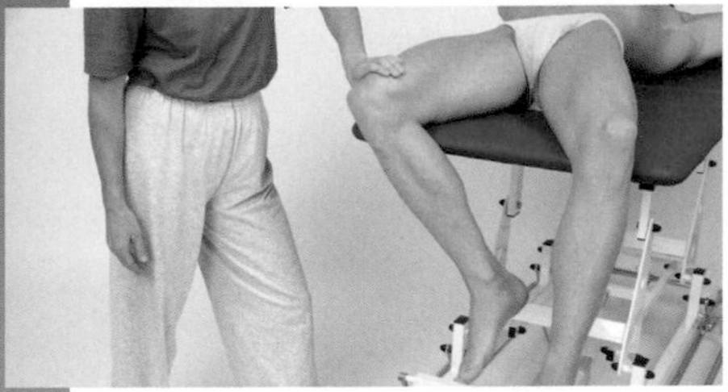

起始位置：病患採仰躺，雙腳小腿垂出床緣。

測試過程：測試者一隻手固定遠端大腿。

指導語：將你的小腿向內旋轉，過程中不要移動大腿。

2

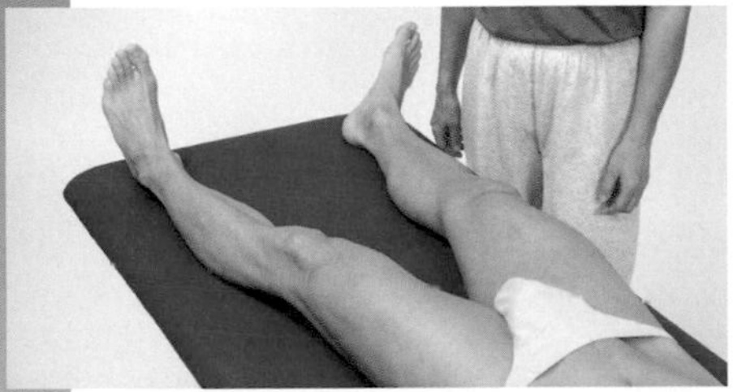

起始位置：病患採仰躺。

測試過程：測試者觀察小腿動作。

指導語：將你的腿向外旋轉。

1/0

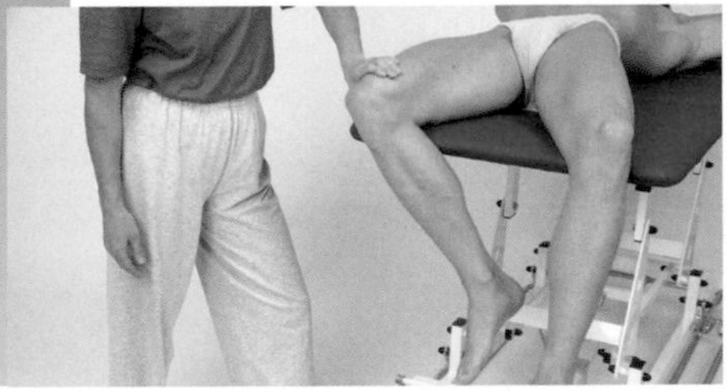

起始位置：病患採仰躺，雙腳小腿垂出床緣。

測試過程：測試者一隻手固定遠端大腿並觀察小腿動作。

指導語：嘗試將你的小腿向內旋轉。

臨床關聯性

- 股方肌萎縮的話，坐骨神經會深陷坐骨結節和股骨大轉子間，髖關節旋外時該神經就有可能受到卡壓。

問題／評論

- 當測試力量等級4和5時膝關節處有槓桿效應，所以給予阻力時需要特別謹慎。

肌肉延展測試

闊筋膜張肌

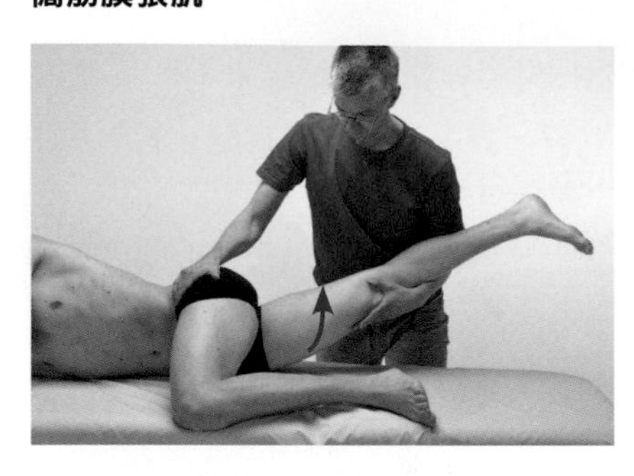

方法

治療師將病患大腿帶到最大髖關節伸直、內收與外轉姿勢。

發現

如果動作無法執行到最大範圍，末端角度感覺到柔軟、有彈性的組織在限制動作範圍，表示肌肉有縮短現象。病患在肌肉延展過程有牽拉感。

梨狀肌

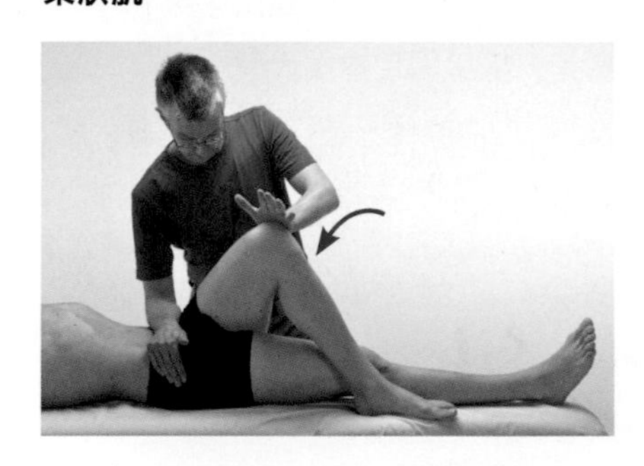

方法

髖關節在屈曲45度下進行測試。治療師將病患大腿帶到最大髖關節內轉與內收姿勢。

發現

如果動作無法執行到最大範圍，末端角度感覺到柔軟、有彈性的組織在限制動作範圍，表示肌肉有縮短現象。病患在肌肉延展過程有牽拉感。

內收肌

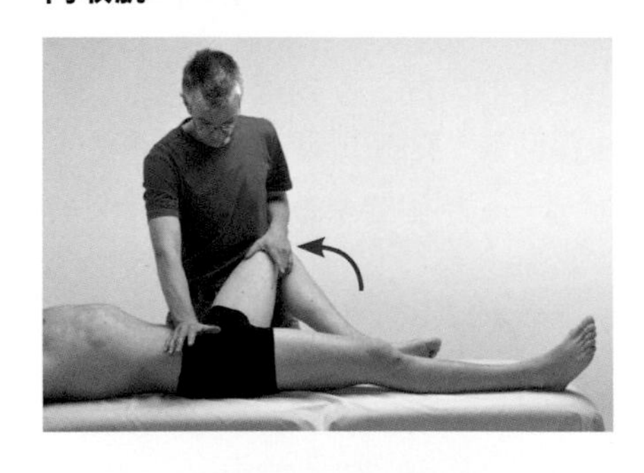

方法

治療師在前側固定病患對側的骨盆。髖關節在屈曲45度下進行測試。治療師將病患大腿帶到最大髖關節外展姿勢。

發現

如果動作無法執行到最大範圍，末端角度感覺到柔軟、有彈性的組織在限制動作範圍，表示肌肉有縮短現象。病患在肌肉延展過程有牽拉感。如果要進行股薄肌的延展測試，膝關節需要伸直。

髂腰肌

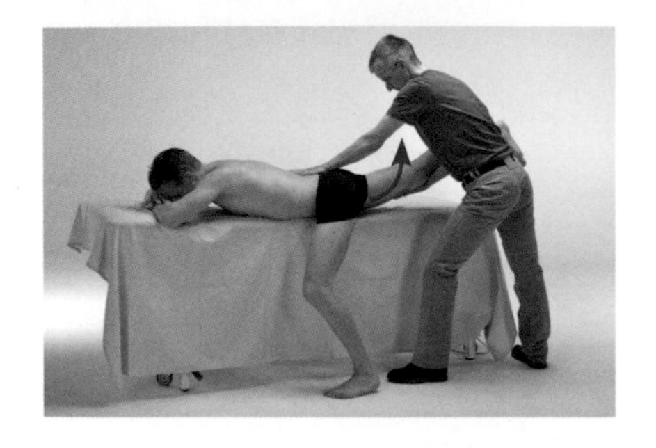

方法

非測試的腳呈現最大髖關節屈曲，站立於地面。治療師將病患大腿帶到最大髖關節伸直與內轉姿勢。

發現

如果動作無法執行到最大範圍，末端角度感覺到柔軟、有彈性的組織在限制動作範圍，表示肌肉有縮短現象。病患在肌肉延展過程有牽拉感。

3
下肢
3.2 膝蓋肌群

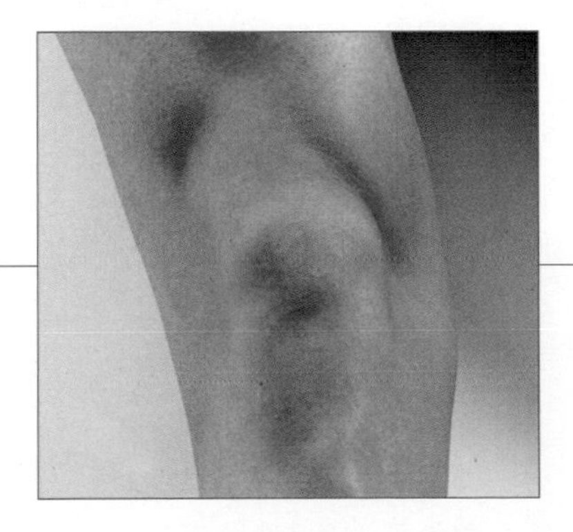

股四頭肌

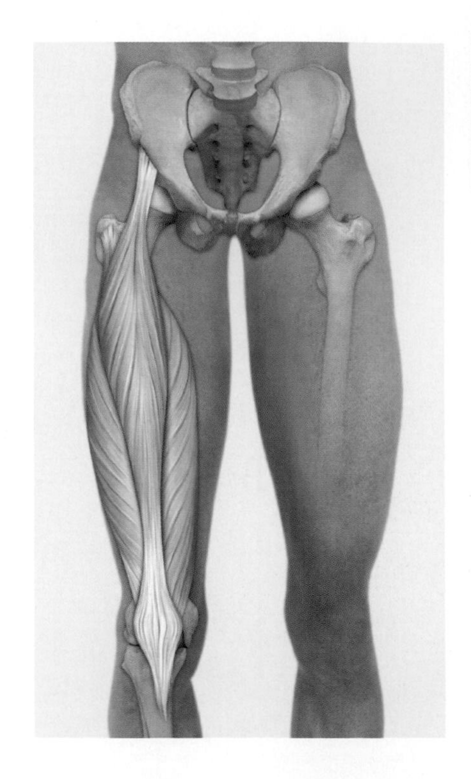

股四頭肌中的股直肌可以使髖關節屈曲，而四條肌肉皆能夠使膝關節伸直。在動作過程中，它使髕骨在股骨連接髕骨的表面上穩定移動。因為股內側肌與外側肌的旋轉作用會相互抵銷，走路時，這些肌群整體不會產生膝關節旋轉的力量。

起點
股外側肌：股骨粗線，大轉子，轉子間線
股內側肌：股骨粗線，轉子間線，內收大肌與內收長肌肌腱
股中間肌：股骨幹上2/3
股直肌直頭：前下髂嵴
股直肌反折頭：髖臼上溝

終點 與髕骨韌帶共同連接到脛骨粗隆

神經支配 股神經（第2～4節腰神經）

特殊性質 表層肌束為羽狀，深層則為平行肌束。髕骨是一個埋在股四頭肌肌腱中的種子骨，當膝關節屈曲時成為支點。因為髕骨導致肌腱到動作軸的距離增加，而提升股四頭肌的力臂或力矩。髕骨韌帶形成這條肌腱的一部分。

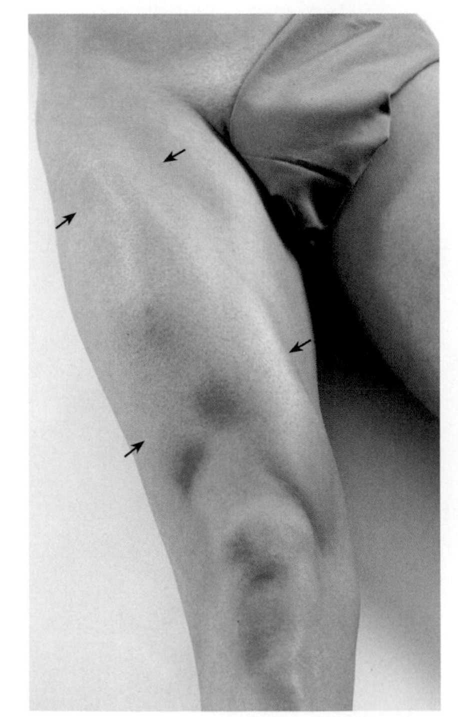

功能

協同肌	拮抗肌
髖關節	
屈曲	
髂腰肌　闊筋膜張肌	臀大肌　半膜肌
臀中肌（腹側部）	半腱肌　股二頭肌長頭
臀小肌（腹側部）	臀中肌（背側部）
縫匠肌　股薄肌	臀小肌（背側部）
內收肌（從最大伸直位置）	恥骨肌（屈曲時）
恥骨肌（伸直時）	內收肌（從最大屈曲位置）
膝關節	
伸直	
臀大肌（透過髂脛束）	股二頭肌　半膜肌　半腱肌
闊筋膜張肌（透過髂脛束）	縫匠肌　股薄肌
	腓腸肌（不在足部蹠屈姿勢）

肌肉功能測試

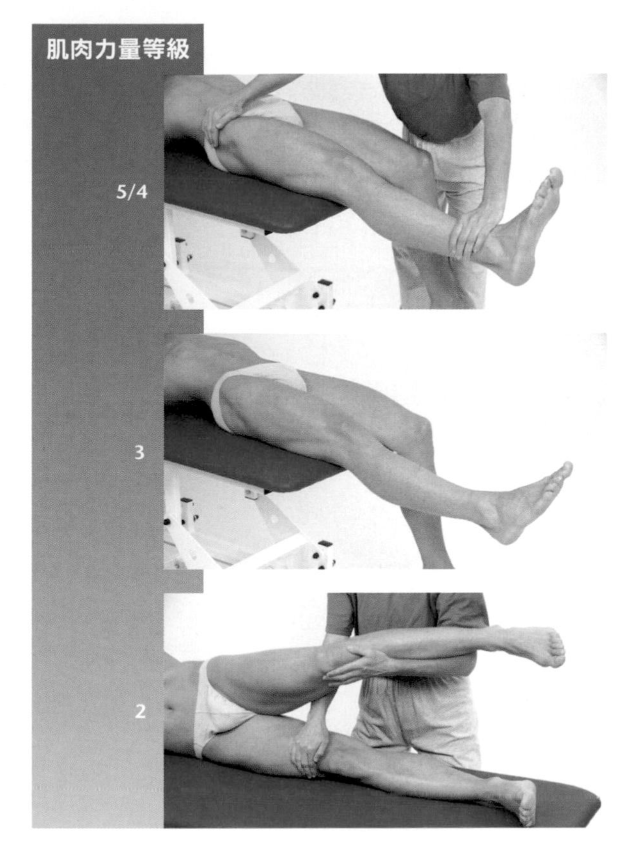

起始位置：病患採躺姿。小腿垂出床緣。

測試過程：測試者一隻手固定病患骨盆，另一隻手給予遠端小腿膝關節屈曲方向的阻力。

指導語：伸直你的小腿，抵抗我的阻力並維持姿勢。

起始位置：病患採躺姿。小腿垂出床緣。

測試過程：測試者觀察小腿動作。

指導語：伸直你的小腿。

起始位置：病患側躺。雙腳髖關節伸直。測試腳平放於床面，膝關節屈曲90度。

測試過程：測試者抱住上側腳並固定另一隻腳大腿。

指導語：伸直你的小腿。

臨床關聯性

- 「跳躍膝」一詞指股四頭肌肌腱末端肌腱病變，也被稱為「髕骨肌腱病變」。

股直肌

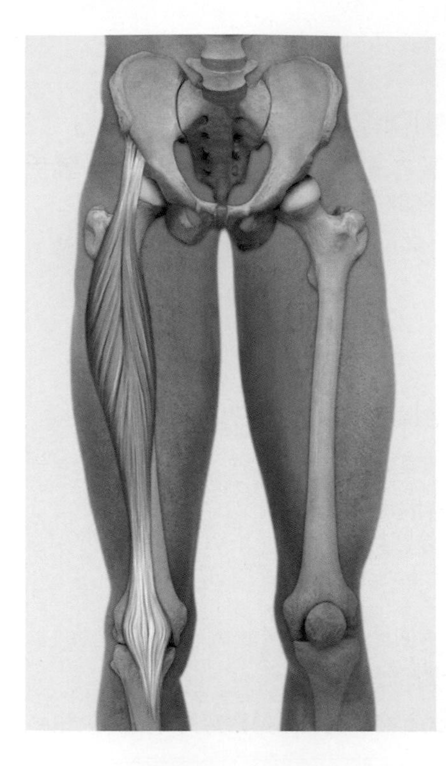

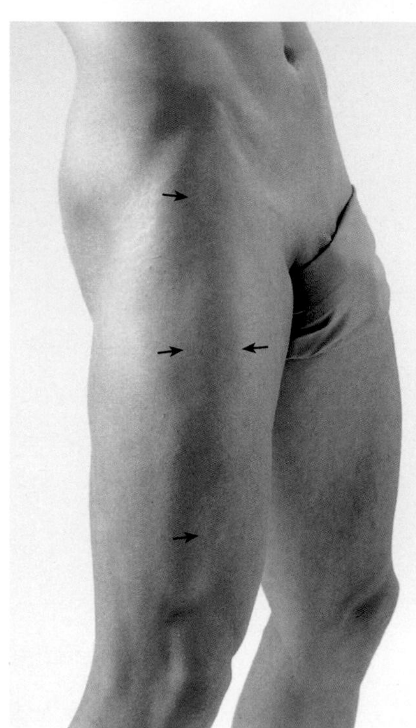

股直肌可使髖關節強力屈曲並伸直膝關節。當擺盪腳向前時，兩個功能皆會派上用場。股直肌是緩慢走路時主要的髖屈肌。相對地，當雙腳站立時它不會拉緊。這條肌肉有很微弱的髖內收功能。

起點　股直肌直頭：前下髂嵴；股直肌反折頭：髖臼上溝

終點　透過髕骨韌帶連接到脛骨粗隆

神經支配　股神經（第2～4節腰神經）

功能

協同肌		拮抗肌	
髖關節			
屈曲（僅股直肌）			
髂腰肌	闊筋膜張肌	臀大肌	半膜肌
臀中肌（腹側部）		半腱肌	股二頭肌長頭
臀小肌（腹側部）		臀中肌（背側部）	
縫匠肌	股薄肌	臀小肌（背側部）	
恥骨肌（伸直時）		內收肌（從最大屈曲位置）	
內收肌（從最大伸直位置）			
膝關節			
伸直			
股外側肌	股中間肌	股二頭肌	半膜肌
股內側肌		半腱肌	縫匠肌
臀大肌（透過髂脛束）		股薄肌	
闊筋膜張肌（透過髂脛束）		腓腸肌（不在足部蹠屈姿勢）	
		膕肌	
髖關節與椎間關節			
骨盆前傾			
髂腰肌		臀大肌	
腰方肌（僅脊椎前凸）		股二頭肌長頭	
縫匠肌		半膜肌	
闊筋膜張肌		半腱肌	

肌肉功能測試

5/4

起始位置：病患採躺姿。小腿垂出床緣。

測試過程：測試者一隻手固定病患骨盆，另一隻手給予遠端小腿膝關節屈曲方向的阻力。

指導語：伸直你的小腿，抵抗我的阻力並維持姿勢。

3

起始位置：病患採躺姿。小腿垂出床緣。

測試過程：測試者觀察小腿動作。

指導語：伸直你的小腿。

2

起始位置：病患側躺。雙腳髖關節伸直。測試腳平放於床面，膝關節屈曲90度。

測試過程：測試者抱住上側腳並固定另一隻腳大腿。

指導語：伸直你的小腿。

1/0

起始位置：病患採躺姿。小腿垂出床緣。

測試過程：測試者觸診股直肌肌腱起點。

指導語：嘗試伸直你的小腿。

臨床關聯性

- 「跳躍膝」一詞指股四頭肌肌腱末端肌腱病變，也被稱為「髕骨肌腱病變」。

問題／評論

- 當同時執行髖屈曲與膝伸直功能時，股直肌會出現主動不足的現象而無法產生最大力量。

股內側肌

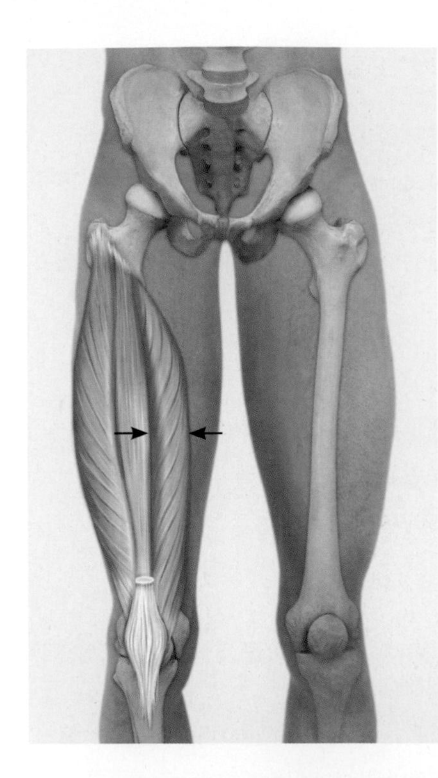

股內側肌像其他兩條股肌一樣可使膝關節伸直，特別是在末端伸直時變緊，這可以防止髕骨向外側偏移。它是股外側肌旋轉動作的拮抗肌。

起點	股骨粗線內側緣（股骨嵴）
終點	透過髕骨韌帶連接到脛骨粗隆
神經支配	股神經（第2～4節腰神經）

功能

協同肌	拮抗肌
膝關節	
伸直	
股直肌	股二頭肌
股外側肌	半膜肌
股中間肌	半腱肌
臀大肌（透過髂脛束）	縫匠肌
闊筋膜張肌（透過髂脛束）	股薄肌
	腓腸肌（不在足部蹠屈姿勢）
	膕肌
內轉（膝關節屈曲位置）	
半膜肌	股二頭肌
半腱肌	股外側肌
縫匠肌	臀大肌（透過髂脛束）
膕肌	闊筋膜張肌（透過髂脛束）
股薄肌	

肌肉功能測試

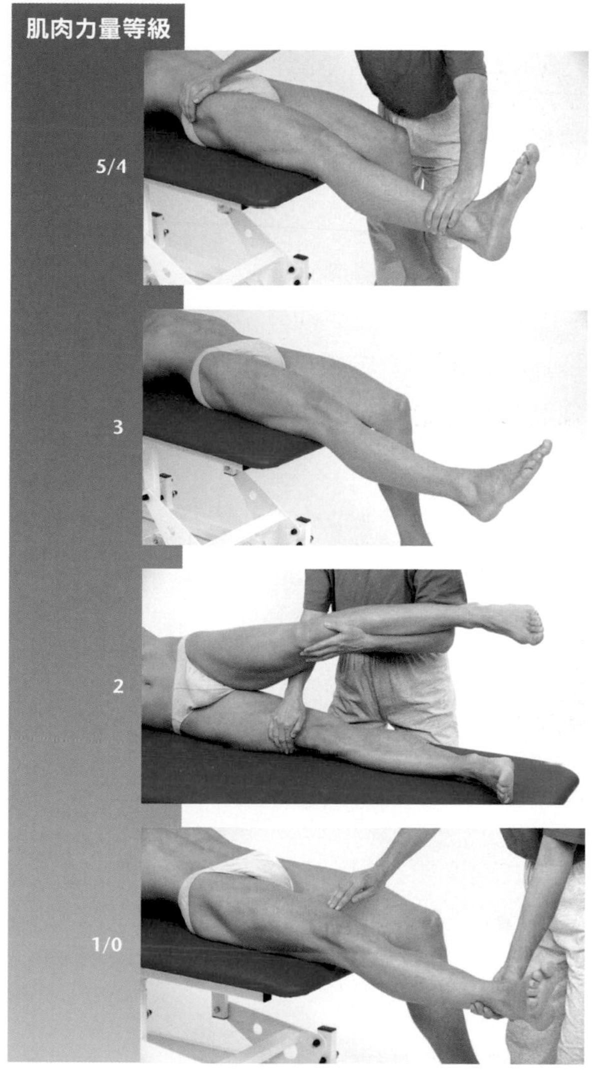

起始位置：病患採躺姿。小腿垂出床緣。

測試過程：測試者一隻手固定病患骨盆，另一隻手給予遠端小腿膝關節屈曲方向的阻力。

指導語：將你的小腿外轉並伸直，抵抗我的阻力並維持姿勢。

起始位置：病患採躺姿。小腿垂出床緣。

測試過程：測試者觀察小腿動作。

指導語：將你的小腿外轉並伸直。

起始位置：病患側躺。雙腳髖關節伸直。測試腳平放於床面，膝關節屈曲90度。

測試過程：測試者抱住病患的上側腳並固定另一隻腳大腿。

指導語：將你的小腿外轉並伸直。

起始位置：病患採躺姿。小腿垂出床緣。

測試過程：測試者觸診股內側肌。

指導語：嘗試將你的小腿外轉並伸直。

問題／評論

- 髖關節外轉可使股內側肌變得更緊繃。

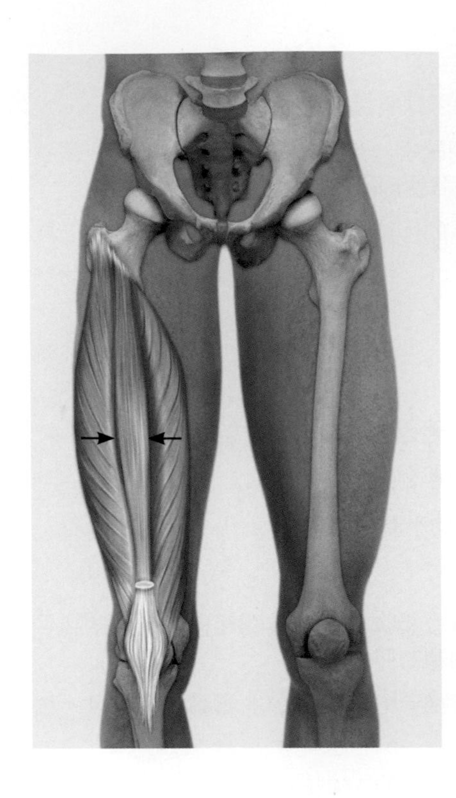

股中間肌

股中間肌可使膝關節伸直。

起點	股骨幹前側上2/3；至轉子間線的中部
終點	與髕骨韌帶共同連接到脛骨粗隆
神經支配	股神經（第2～4節腰神經）

功能

協同肌	拮抗肌
膝關節	
伸直	
股直肌	股二頭肌
股外側肌	半膜肌
股內側肌	半腱肌
臀大肌（透過髂脛束）	縫匠肌
闊筋膜張肌（透過髂脛束）	股薄肌
	腓腸肌（不在足部蹠屈姿勢）
	膕肌

肌肉功能測試

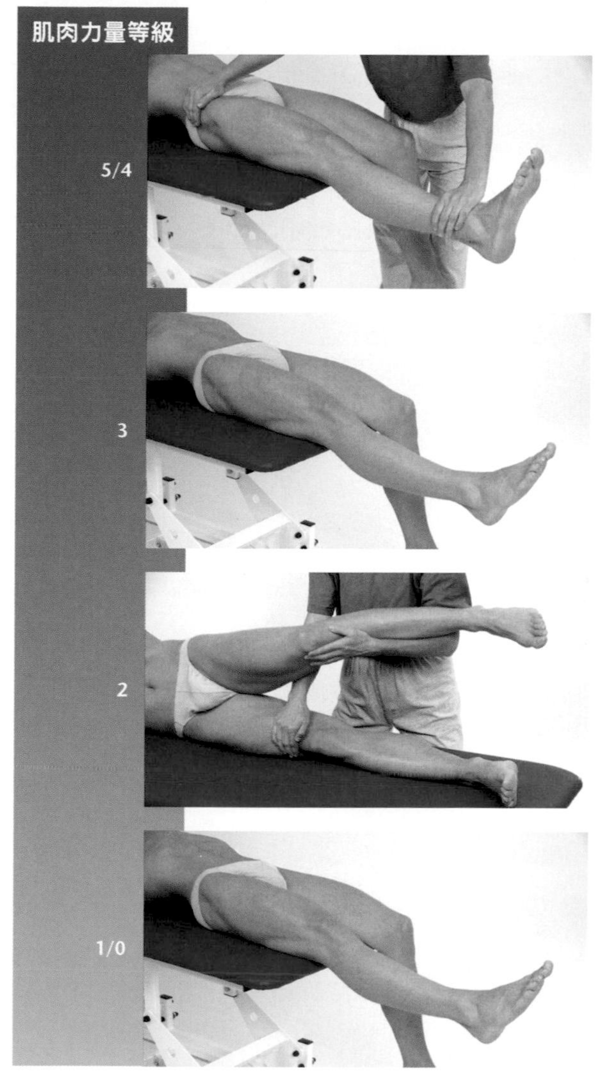

起始位置：病患採躺姿。小腿垂出床緣。

測試過程：測試者一隻手固定病患骨盆，另一隻手給予遠端小腿膝關節屈曲方向的阻力。

指導語：將你的小腿伸直，抵抗我的阻力並維持姿勢。

起始位置：病患採躺姿。小腿垂出床緣。

測試過程：測試者觀察小腿動作。

指導語：將你的小腿伸直。

起始位置：病患側躺。雙腳髖關節伸直。測試腳平放於床面，膝關節屈曲90度。

測試過程：測試者抱住病患的上側腳並固定另一隻腳大腿。

指導語：將你的小腿伸直。

起始位置：病患採躺姿。小腿垂出床緣。

測試過程：測試者觀察小腿動作。

指導語：嘗試將你的小腿伸直。

問題／評論

- 股中間肌無法被觸診。
- 股中間肌與股直肌的功能，在膝關節伸直時無法區辨。

股外側肌

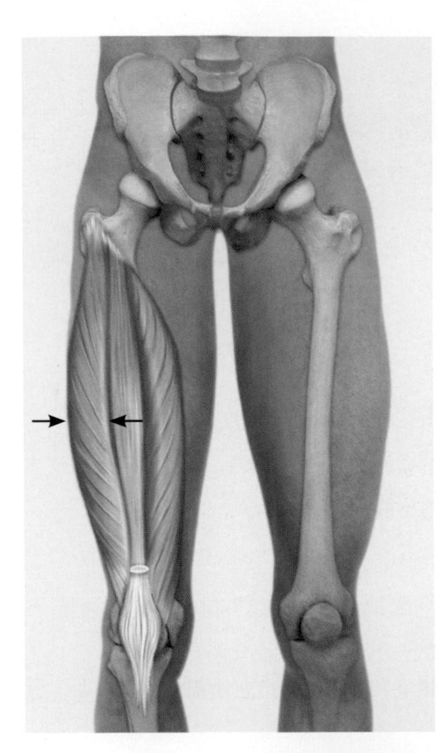

股外側肌使膝關節伸直。在動作過程中，它可以拮抗股內側肌的內旋轉動作。

起點 股骨粗線外側緣（股骨嵴）；大轉子底部

終點 透過髕骨韌帶連接到脛骨粗隆

神經支配 股神經（第2～4節腰神經）

功能

協同肌	拮抗肌
膝關節	
伸直	
股直肌	股二頭肌
股內側肌	半膜肌
股中間肌	半腱肌
臀大肌（透過髂脛束）	縫匠肌
闊筋膜張肌（透過髂脛束）	股薄肌
	腓腸肌（不在足部蹠屈姿勢）
	膕肌

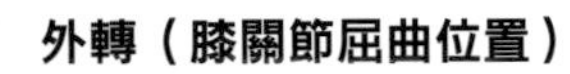

協同肌	拮抗肌
外轉（膝關節屈曲位置）	
股二頭肌	半膜肌
臀大肌（透過髂脛束）	半腱肌
闊筋膜張肌（透過髂脛束）	縫匠肌
	膕肌
	股薄肌
	股內側肌

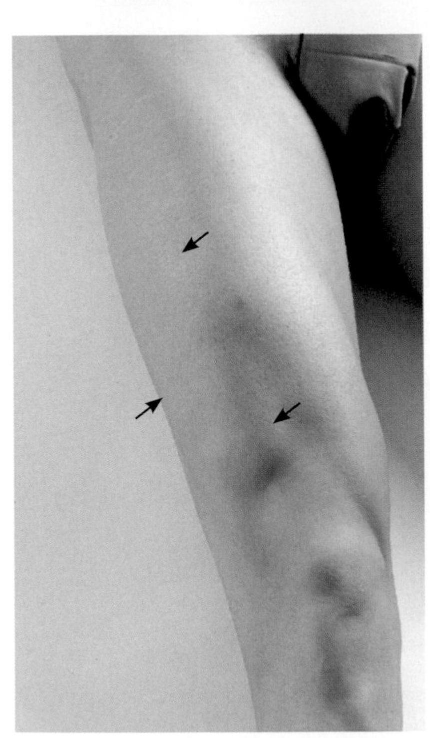

肌肉功能測試

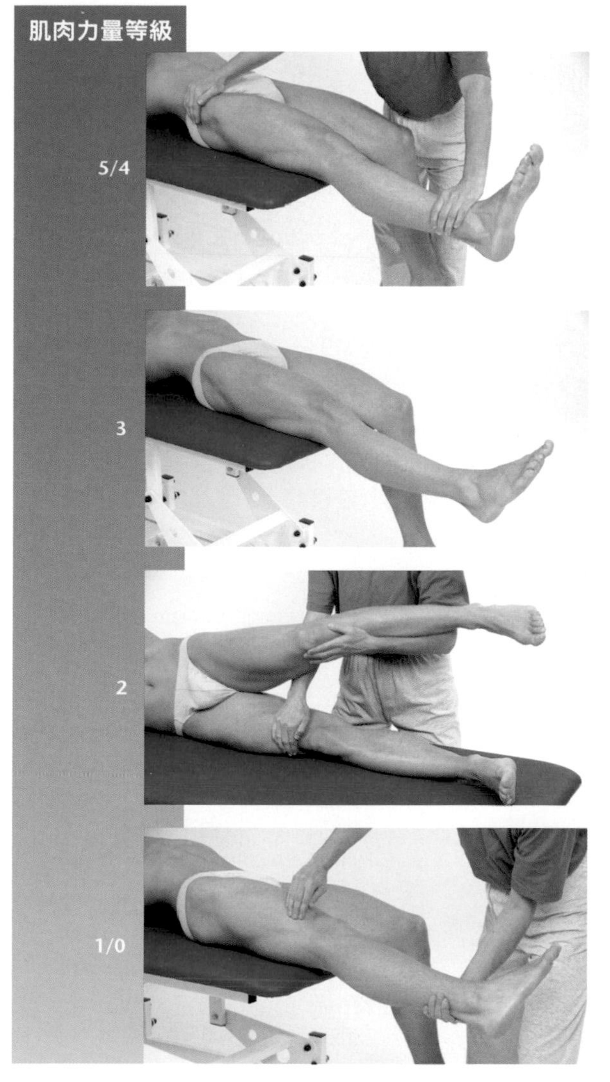

5/4

起始位置：病患採躺姿。小腿垂出床緣。

測試過程：測試者一隻手固定病患骨盆，另一隻手給予遠端小腿膝關節屈曲方向的阻力。

指導語：將你的小腿內轉並伸直，抵抗我的阻力並維持姿勢。

3

起始位置：病患採躺姿。小腿垂出床緣。

測試過程：測試者觀察小腿動作。

指導語：將你的小腿內轉並伸直。

2

起始位置：病患側躺。雙腳髖關節伸直。測試腳平放於床面，膝關節屈曲90度。

測試過程：測試者抱住病患的上側腳並固定另一隻腳大腿。

指導語：將你的小腿伸直。

1/0

起始位置：病患採躺姿。小腿垂出床緣。

測試過程：測試者觸診股外側肌。

指導語：嘗試將你的小腿內轉並伸直。

! 問題／評論

- 髖關節內轉可使股外側肌變得更緊繃。

股二頭肌

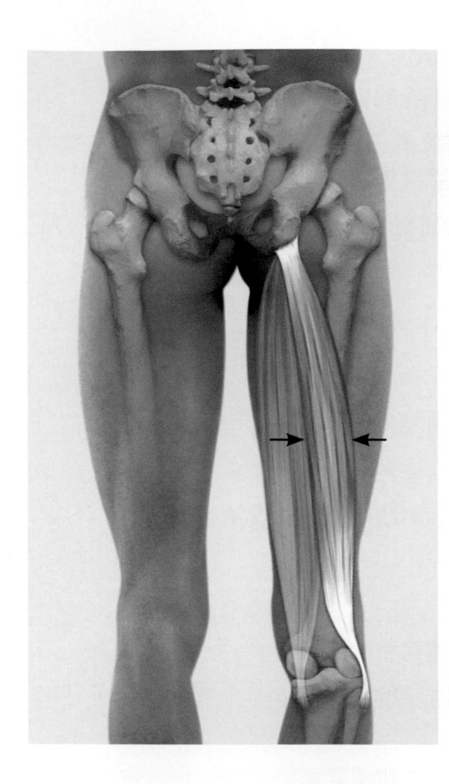

股二頭肌使髖關節伸直與大腿外轉，它也可強力屈曲膝關節並外轉小腿。當膝關節屈曲且小腿固定時（例如當一個人坐在椅子上，雙腳穩固踩著地板、並將身體重心往臀部左右移動時），這條肌肉會使股骨在脛骨上內轉。當軀幹從彎腰姿勢直立時，這條肌肉會把骨盆拉成直立，間接減少腰椎前凸。

起點	長頭：坐骨粗隆 短頭：股骨粗線（股骨嵴），外側肌間隔
終點	腓骨頭外側表面；脛骨外髁
神經支配	長頭：坐骨神經脛分支（第5節腰神經～第2節薦神經） 短頭：總腓神經（第5節腰神經～第2節薦神經）
特殊性質	肌腱終點形成膕窩上外側邊緣

功能

協同肌　　拮抗肌

髖關節（僅長頭）

協同肌		拮抗肌	
伸直			
臀大肌	半膜肌	髂腰肌	股直肌
半腱肌	臀中肌（背側部）	闊筋膜張肌	臀中肌（腹側部）
臀小肌（背側部）		臀小肌（腹側部）	
恥骨肌（從最大屈曲位置）		縫匠肌	股薄肌
內收肌（回到正中姿勢）		內收肌（回到正中位置）	
外轉			
臀大肌	臀小肌（背側部）		
臀中肌（背側部）		闊筋膜張肌	
梨狀肌	股方肌	臀小肌（腹側部）	
閉孔肌與孖肌		臀中肌（腹側部）	
恥骨肌	縫匠肌	內收肌（從最大外轉位置）	
內收肌（從最大內轉位置）			

膝關節（雙頭）

協同肌		拮抗肌	
屈曲			
半膜肌	半腱肌	股四頭肌	
縫匠肌	股薄肌	臀大肌（透過髂脛束）	
腓腸肌（不在足部蹠屈姿勢）		闊筋膜張肌（透過髂脛束）	
膕肌			
外轉			
臀大肌（透過髂脛束）		半膜肌	半腱肌
闊筋膜張肌（透過髂脛束）		縫匠肌	膕肌
股外側肌		股薄肌	股內側肌

髖關節與腰椎椎間關節

協同肌		拮抗肌	
骨盆後傾			
臀大肌	半膜肌	髂腰肌	
半腱肌			

肌肉力量等級

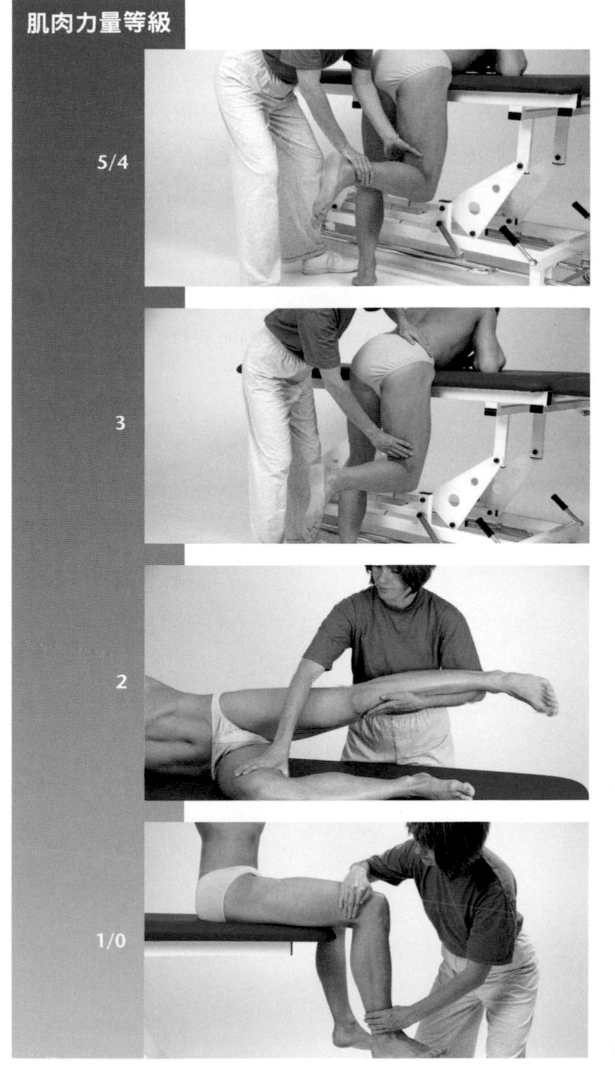

肌肉功能測試

起始位置：病患上半身趴在治療床上，雙側髖關節屈曲。一隻腳膝關節些微屈曲站著，另一隻腳為測試腳。

測試過程：測試者一隻手固定遠端大腿，另一隻腳給予遠端小腿膝關節伸直方向的阻力。

指導語：將你的腳跟往後勾靠近臀部，抵抗我的阻力並維持姿勢。

起始位置：病患上半身趴在治療床上，雙側髖關節屈曲。一隻腳膝關節些微屈曲站著，另一隻腳為測試腳。

測試過程：測試者一隻手固定遠端大腿。

指導語：將你的腳跟往後勾靠近臀部。

起始位置：病患側躺。上側腳伸直，另一隻測試腳平放在床上，髖關節屈曲90度，膝關節些微屈曲。

測試過程：測試者扶住上側腳。

指導語：將你的腳跟往後勾靠近臀部。

起始位置：病患採坐姿且小腿垂出床緣。

測試過程：測試者觸診股二頭肌肌腱。

指導語：嘗試將你的腳跟往床下勾，足部向外轉。

臨床關聯性

- 腿後肌功能缺損，對日常功能如走路、站起和爬樓梯沒有影響，因臀大肌可以代償其功能缺損。然而，這會造成膝關節過度伸直。

半膜肌

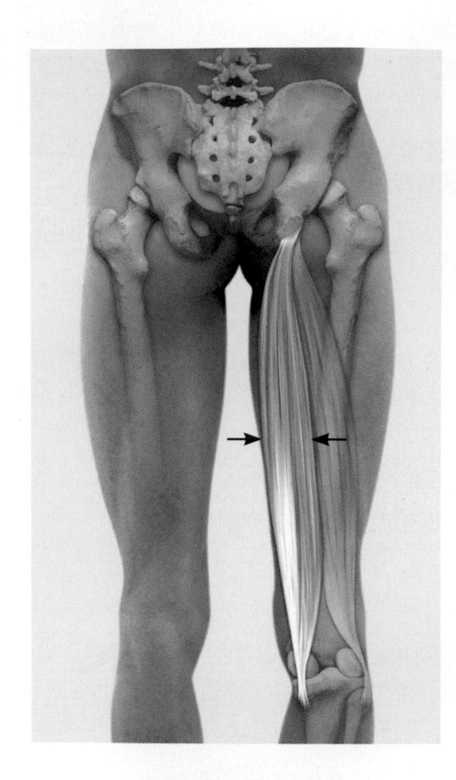

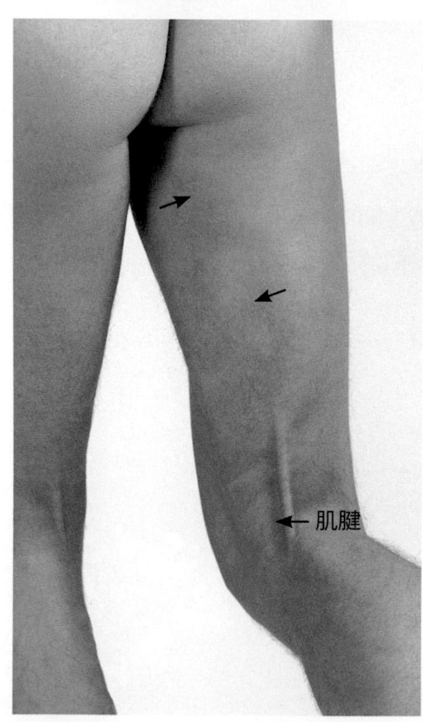

走路時，支撐腳半膜肌與其他腿後肌群會造成強力髖關節伸直而產生推進力。這條肌肉可使擺盪腳膝關節屈曲。當半膜肌在膝關節屈曲時單獨用力，可以產生膝關節內轉。

起點	坐骨粗隆；半腱肌與股二頭肌長頭共同起點的近端與外側
終點	透過鵝掌肌連接到脛骨內髁後內側表面
神經支配	坐骨神經脛分支（第5節腰神經～第2節薦神經）

功能

協同肌		拮抗肌	
髖關節			
伸直			
臀大肌	半腱肌	髂腰肌	股直肌
股二頭肌長頭		闊筋膜張肌	
臀中肌（背側部）		臀中肌（腹側部）	
臀小肌（背側部）		臀小肌（腹側部）	
恥骨肌（從最大屈曲位置）		縫匠肌	股薄肌
內收肌（回到正中姿勢）		內收肌（從最大伸直位置）	
		恥骨肌（伸直時）	
膝關節			
屈曲			
股二頭肌	半腱肌	股四頭肌	
縫匠肌	股薄肌	臀大肌（透過髂脛束）	
腓腸肌（不在足部蹠屈姿勢）		闊筋膜張肌（透過髂脛束）	
膕肌			
內轉			
半腱肌	縫匠肌	股二頭肌	股外側肌
膕肌	股薄肌	臀大肌（透過髂脛束）	
股內側肌		闊筋膜張肌（透過髂脛束）	
髖關節與腰椎椎間關節			
骨盆後傾			
臀大肌	股二頭肌長頭	髂腰肌	縫匠肌
半腱肌		闊筋膜張肌	股直肌

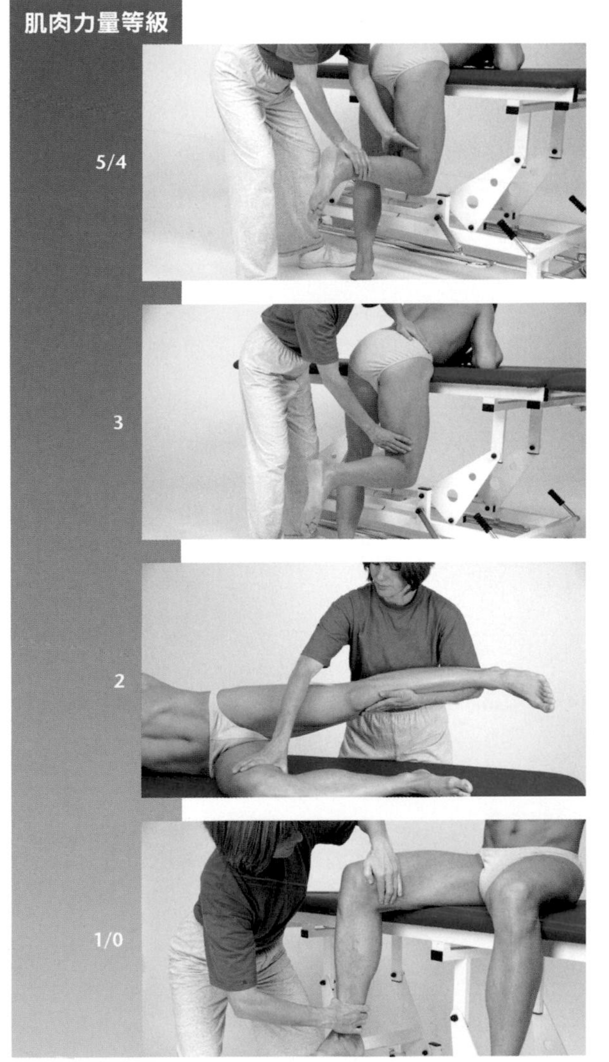

肌肉功能測試

起始位置：病患上半身趴在治療床上，雙側髖關節屈曲。一隻腳膝關節些微屈曲站著，另一隻腳為測試腳。

測試過程：測試者一隻手固定遠端大腿，另一隻腳給予遠端小腿膝關節伸直方向的阻力。

指導語：將你的腳跟往後勾靠近臀部，抵抗我的阻力並維持姿勢。

起始位置：病患上半身趴在治療床上，雙側髖關節屈曲。一隻腳膝關節些微屈曲站著，另一隻腳為測試腳。

測試過程：測試者一隻手固定遠端大腿。

指導語：將你的腳跟往後勾靠近臀部。

起始位置：病患側躺。上側腳伸直，另一隻測試腳平放在床上，髖關節屈曲90度，膝關節些微屈曲。

測試過程：測試者扶住上側腳。

指導語：將你的腳跟往後勾靠近臀部。

起始位置：病患採坐姿，小腿垂出床緣。

測試過程：測試者觸診半膜肌與半腱肌。

指導語：嘗試將你的腳跟往床下勾且足部向內轉。

臨床關聯性

- 腿後肌功能缺損，對日常功能如走路、站起和爬樓梯沒有影響，因臀大肌可以代償其功能缺損。然而，這會造成膝關節過度伸直。

問題／評論

- 半膜肌、半腱肌與膕肌會同時測試。

半腱肌

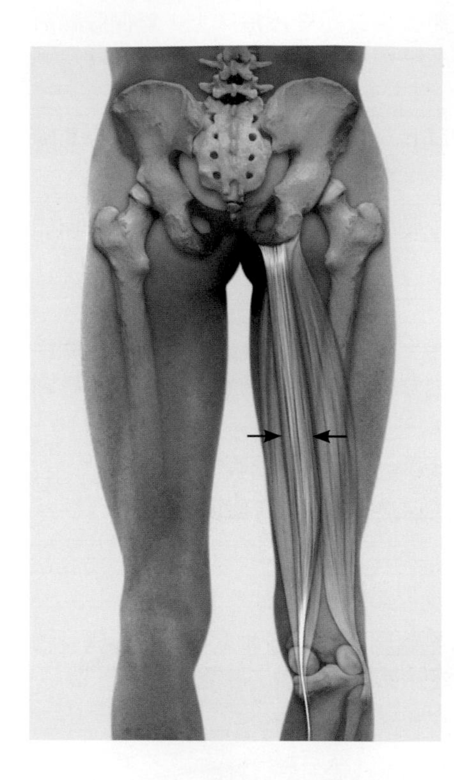

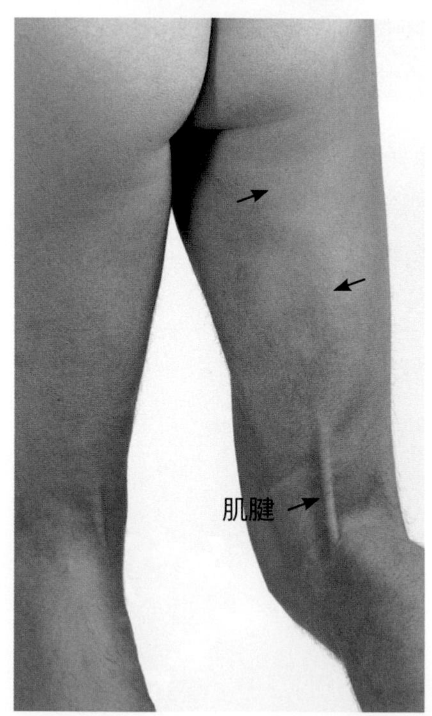

走路時，支撐腳半腱肌與其他腿後肌群會造成強力髖關節伸直而產生推進力。這條肌肉也防止擺盪腳膝關節伸直，以及控制以髖關節為支點的軀幹前彎，可以有效將彎曲的軀幹直立起來。動作過程中，其收縮可以拮抗髂腰肌的動作並間接減少腰椎前凸。這條肌肉也使擺盪腳膝關節屈曲。當半腱肌在膝關節屈曲時單獨用力，可以產生膝關節內轉。

起點	坐骨粗隆（與股二頭肌長頭為共同肌腱與起點）
終點	透過鵝掌肌連接到脛骨粗隆
神經支配	坐骨神經脛分支（第5節腰神經～第2節薦神經）

功能

協同肌	拮抗肌
髖關節	
伸直	
臀大肌　半膜肌　股二頭肌長頭	髂腰肌　股直肌　闊筋膜張肌
臀中肌（背側部）	臀中肌（腹側部）
臀小肌（背側部）	臀小肌（腹側部）
恥骨肌（從最大屈曲位置）	縫匠肌　股薄肌
內收肌（回到正中姿勢）	內收肌（從最大伸直位置）
	恥骨肌
膝關節	
屈曲	
股二頭肌　半膜肌	股四頭肌
縫匠肌　股薄肌	臀大肌（透過髂脛束）
腓腸肌（不在足部蹠屈姿勢）	闊筋膜張肌（透過髂脛束）
膕肌	
內轉	
半膜肌　縫匠肌	股二頭肌　股外側肌
膕肌　股薄肌	臀大肌（透過髂脛束）
股內側肌	闊筋膜張肌（透過髂脛束）
髖關節與腰椎椎間關節	
骨盆後傾	
臀大肌　股二頭肌長頭	髂腰肌
半膜肌	

肌肉力量等級

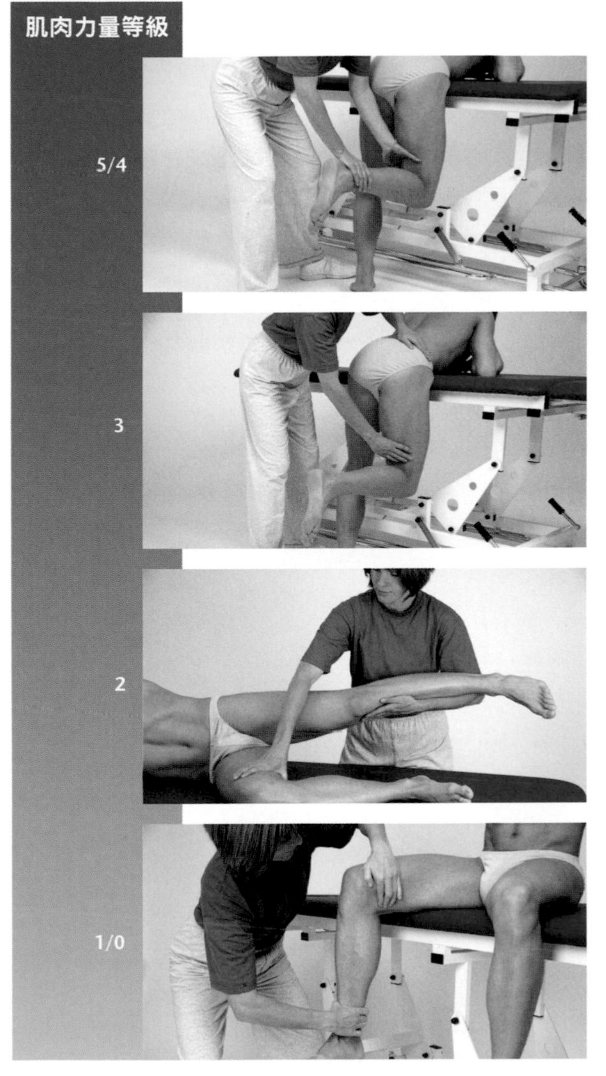

肌肉功能測試

起始位置：病患上半身趴在治療床上，雙側髖關節屈曲。一隻腳膝關節些微屈曲站著，另一隻腳為測試腳。

測試過程：測試者一隻手固定遠端大腿，另一隻腳給予遠端小腿膝關節伸直方向的阻力。

指導語：將你的腳跟往後勾靠近臀部，抵抗我的阻力並維持姿勢。

起始位置：病患上半身趴在治療床上，雙側髖關節屈曲。一隻腳膝關節些微屈曲站著，另一隻腳為測試腳。

測試過程：測試者一隻手固定遠端大腿。

指導語：將你的腳跟往後勾靠近臀部。

起始位置：病患側躺。上側腳伸直，另一隻測試腳平放在床上，髖關節屈曲90度，膝關節些微屈曲。

測試過程：測試者扶住上側腳。

指導語：將你的腳跟往後勾靠近臀部。

起始位置：病患採坐姿且小腿垂出床緣。

測試過程：測試者觸診半膜肌與半腱肌。

指導語：嘗試將你的腳跟往床下勾且足部向內轉。

臨床關聯性

- 腿後肌功能缺損，對日常功能如走路、站起和爬樓梯沒有影響，因臀大肌可以代償其功能缺損。然而，這會造成膝關節過度伸直。
- 半腱肌肌腱可用作十字韌帶的同種移植物。

問題／評論

- 半膜肌、半腱肌與膕肌會同時測試。

膕肌

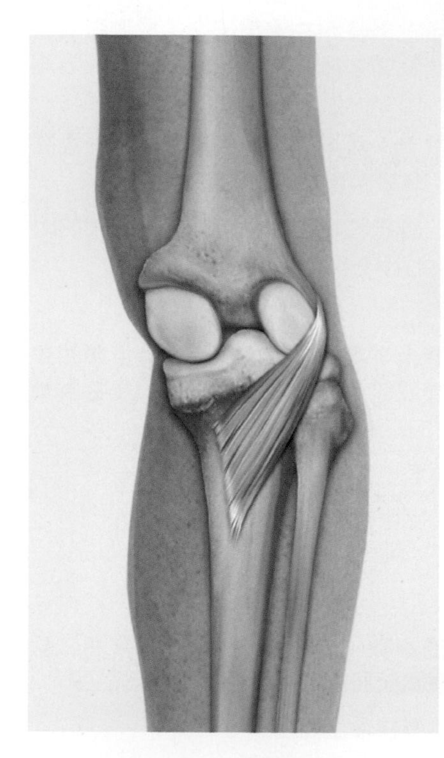

膕肌有兩個主要功能：在穩定伸直的膝關節（例如支撐腳），其收縮同時降低伸直張力並造成股骨在脛骨上外轉。它使十字韌帶變鬆弛，讓膝關節開始屈曲。另外，當膝關節持續屈曲時，這條肌肉將外側半月板往背側拉而防止半月板被擠壓。因此，外側半月板比起內側更靈活地活動，屈曲時也會主動往背側移動。

起點	股骨外側髁；外側半月板；弓狀韌帶；部分膝關節囊
終點	脛骨近端1/3後側表面
神經支配	脛神經（第4節腰神經～第1節薦神經）

功能

協同肌	拮抗肌
膝關節	
內轉	
半膜肌	股二頭肌
半腱肌	臀大肌（透過髂脛束）
縫匠肌	闊筋膜張肌（透過髂脛束）
股薄肌	
屈曲	
股二頭肌	股四頭肌
半腱肌	臀大肌（透過髂脛束）
半膜肌	闊筋膜張肌（透過髂脛束）
縫匠肌	
股薄肌	
腓腸肌（不在足部蹠屈姿勢）	

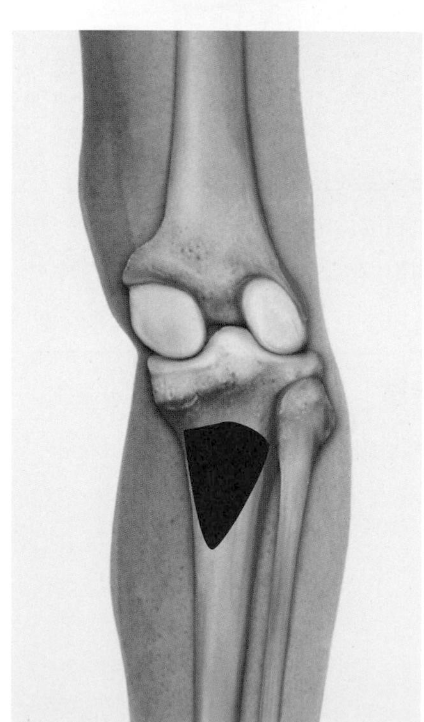

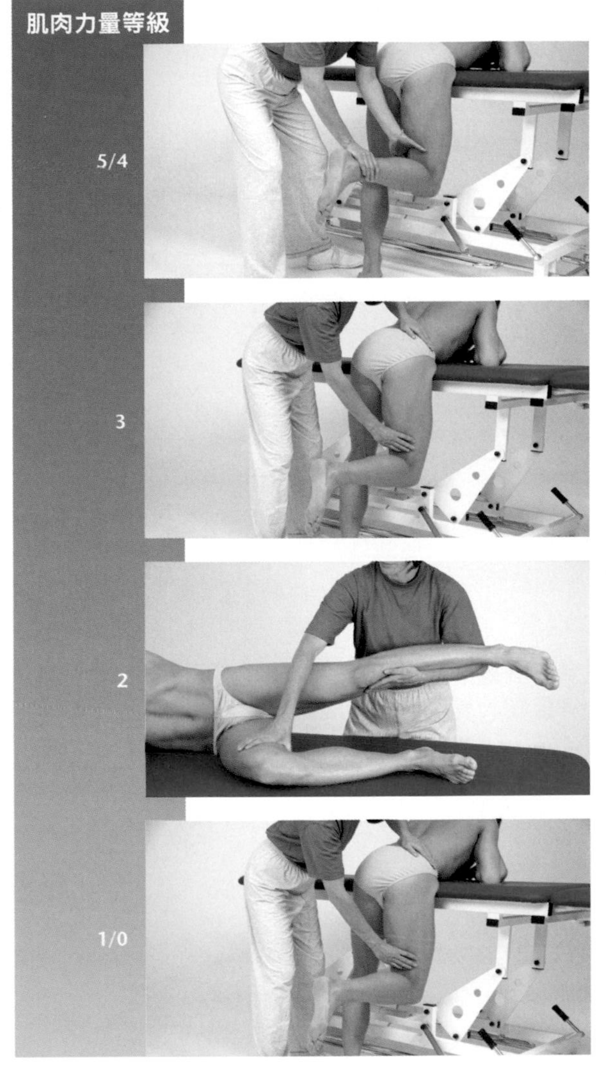

肌肉功能測試

起始位置：病患上半身趴在治療床上，雙側髖關節屈曲。一隻腳膝關節些微屈曲站著，另一隻腳為測試腳。

測試過程：測試者一隻手固定遠端大腿，另一隻腳給予遠端小腿膝關節伸直方向的阻力。

指導語：將你的腳跟往後勾靠近臀部，抵抗我的阻力並維持姿勢。

起始位置：病患上半身趴在治療床上，雙側髖關節屈曲。一隻腳膝關節些微屈曲站著，另一隻腳為測試腳。

測試過程：測試者一隻手固定遠端大腿。

指導語：將你的腳跟往後勾靠近臀部。

起始位置：病患側躺。上側腳伸直，另一隻測試腳平放在床上，髖關節屈曲90度，膝關節些微屈曲。

測試過程：測試者扶住上側腳。

指導語：將你的腳跟往後勾靠近臀部。

起始位置：病患上半身趴在治療床上，雙側髖關節屈曲。一隻腳膝關節些微屈曲站著，另一隻腳為測試腳。

測試過程：測試者一隻手固定遠端大腿並觀察小腿動作。

指導語：將你的腳跟往後勾靠近臀部且足尖內轉。

! 問題／評論

- 膕肌無法被觸診。
- 膕肌、半膜肌與半腱肌會同時測試。

肌肉延展測試

股二頭肌、半腱肌與半膜肌

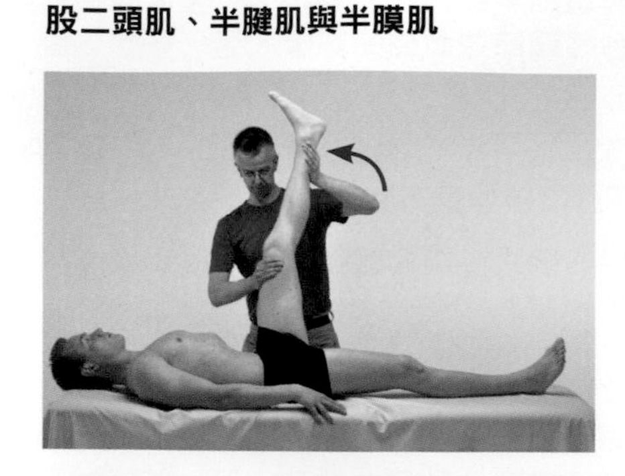

方法

病患髖關節屈曲90度。治療師移動病患小腿達到最大膝關節伸直。

發現

如果動作無法執行到最大範圍，末端角度感覺到柔軟、有彈性的組織在限制動作範圍，表示肌肉有縮短現象。病患在肌肉延展過程有牽拉感。

股直肌

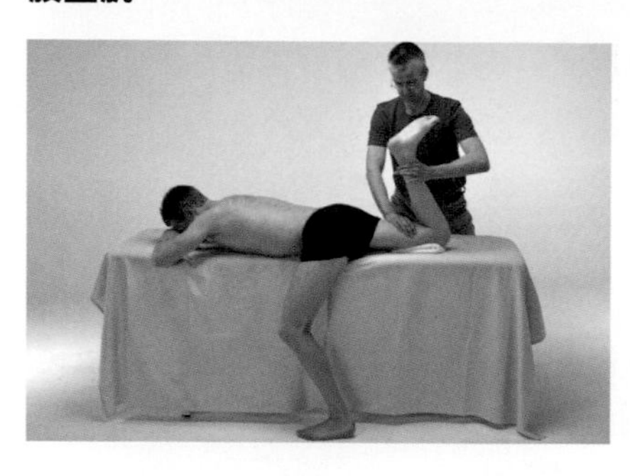

方法

將非測試腳的髖關節做最大屈曲並站立於地面。治療師移動病患小腿達到最大膝關節屈曲。

發現

如果動作無法執行到最大範圍，末端角度感覺到柔軟、有彈性的組織在限制動作範圍，表示肌肉有縮短現象。病患在肌肉延展過程有牽拉感。

3
下肢

3.3 腳踝肌群

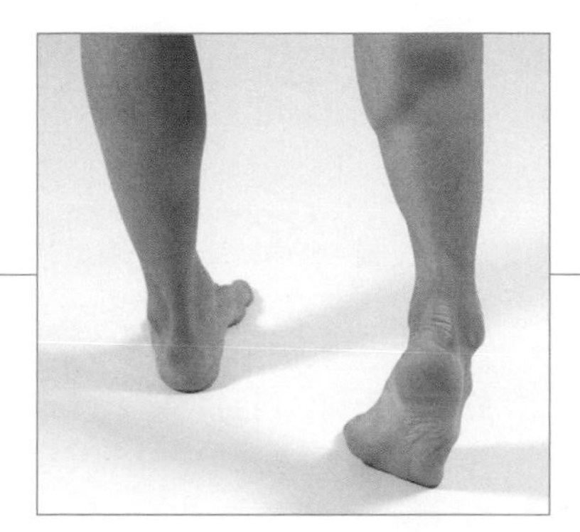

腓腸肌

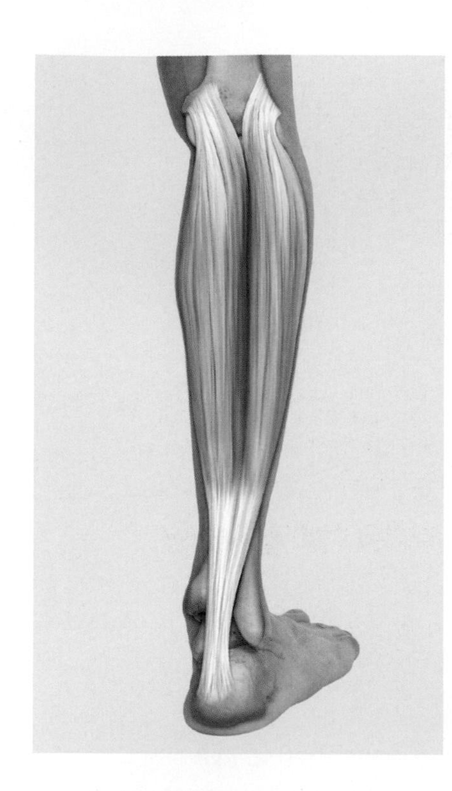

腓腸肌使膝關節與踝關節強力屈曲。這表示它對支撐腳部扮演重要角色，兩個關節的作用造成走路時的推進；另一個功能為防止擺盪腳膝關節伸直。這條肌肉在距下關節、距跟舟關節的動作為旋後，也就是屈曲時抬起內側足弓。

起點	股骨內髁與外髁
終點	跟骨粗隆上內部
神經支配	脛神經（第1～2節薦神經）
特殊性質	腓腸肌、比目魚肌與蹠肌共同組成小腿三頭肌

功能

膝關節

協同肌	拮抗肌
屈曲	
股二頭肌	股四頭肌
半腱肌	臀大肌（透過髂脛束）
半膜肌	闊筋膜張肌（透過髂脛束）
縫匠肌	
股薄肌	

踝關節

協同肌	拮抗肌
屈曲	
比目魚肌	脛前肌
屈拇長肌	伸趾長肌
腓骨肌	伸拇長肌
脛後肌	腓骨第三肌
屈趾長肌	

距下關節與距跟舟關節

協同肌	拮抗肌
旋後（內翻和屈曲）	
比目魚肌	腓骨肌
脛後肌	伸趾長肌
屈趾長肌	
屈拇長肌	
脛前肌	

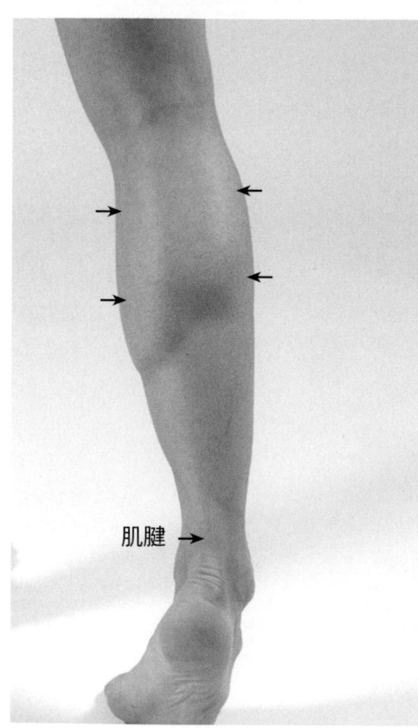

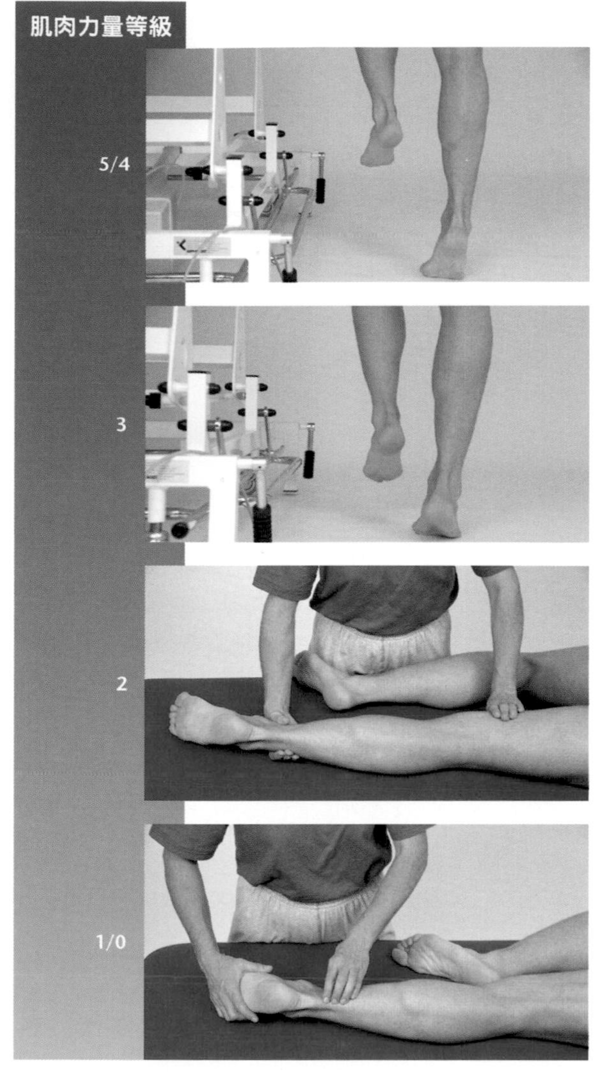

肌肉功能測試

起始位置：病患單腳站立。如果需要可以手扶牆壁或床面維持平衡。

測試過程：測試者觀察動作。

指導語：踮腳尖將身體抬起，再緩慢放下直到腳跟快接觸地面。在不需要利用手協助身體抬起的情況下，重複這個動作5次。

起始位置：病患單腳站立。如果需要可以手扶牆壁或床面維持平衡。

測試過程：測試者觀察動作。

指導語：踮腳尖將身體盡可能抬起再緩慢放下。

起始位置：病患側躺。

測試過程：測試者一隻手從腳踝前側上方固定小腿。

指導語：將你的腳趾往下踩。

起始位置：病患側躺。

測試過程：測試者觸診腓腸肌。

指導語：嘗試將你的腳趾往下踩。

臨床關聯性

- 跟腱痛一詞是指承重受力而導致的阿基里斯腱疼痛。
- 阿基里斯腱斷裂通常發生在肌腱退化後。

問題／評論

- 若病患可以執行完整動作2～3次，表示達到肌肉力量等級4。
- 病患用腳尖站立時需要穩定前足。

蹠肌

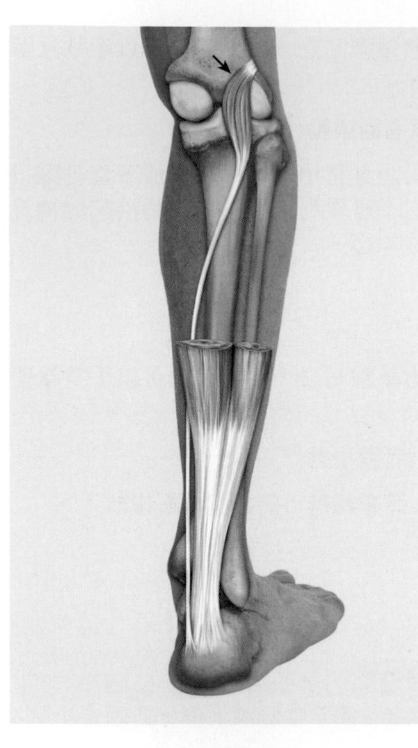

蹠肌在膝關節與踝關節產生非常微弱的屈曲，其主要功能是屈曲時維持脛後血管暢通。因為蹠肌與血管外膜由膕窩處的結締組織連接在一起，因此，沒有關節動作上的協同肌與拮抗肌。

起點　　膕窩與股骨外上髁

終點　　跟骨粗隆上內部

神經支配　　脛神經（第1-2節薦神經）

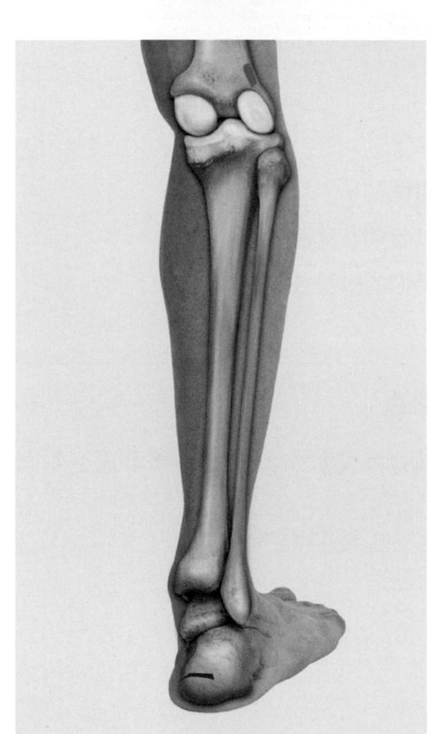

肌肉功能測試

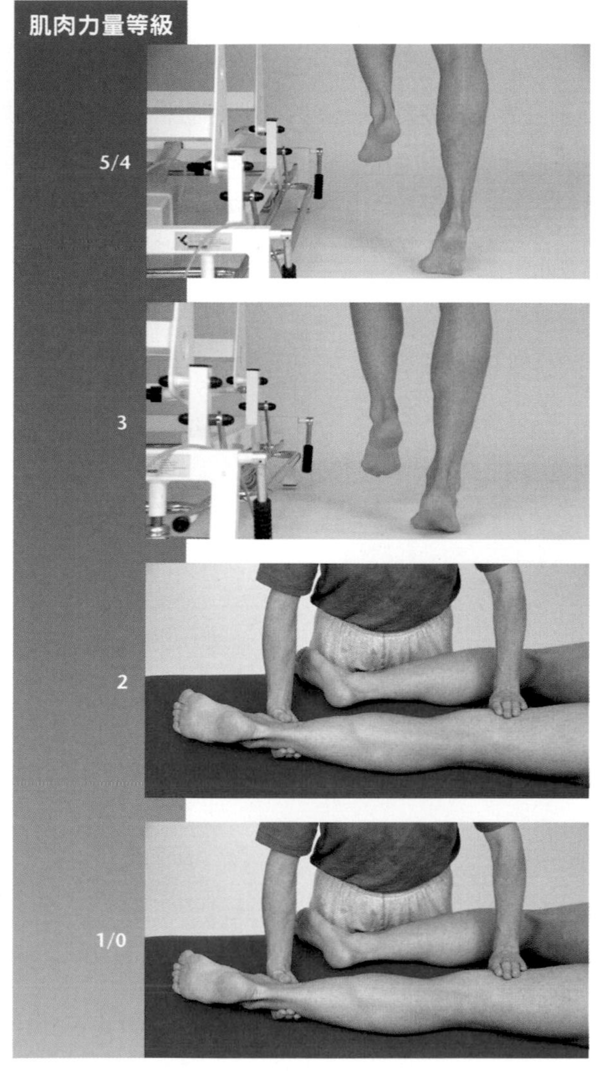

5/4

起始位置：病患單腳站立。如果需要可以手扶牆壁或床面維持平衡。

測試過程：測試者觀察動作。

指導語：踮腳尖將身體抬起，再緩慢放下直到腳跟快接觸地面。在不需要利用手協助身體抬起的情況下，重複這個動作5次。

3

起始位置：病患單腳站立。如果需要可以手扶牆壁或床面維持平衡。

測試過程：測試者觀察動作。

指導語：踮腳尖將身體盡可能抬起再緩慢放下。

2

起始位置：病患側躺。

測試過程：測試者將一隻手從腳踝前側上方以固定小腿。

指導語：將你的腳趾往下踩。

1/0

起始位置：病患側躺。

測試過程：測試者觀察足部動作。

指導語：嘗試將你的腳趾往下踩。

! 問題／評論

- 蹠肌只能和腓腸肌與比目魚肌共同測試。
- 病患用腳尖站立時需要穩定前足。
- 無法觸診蹠肌。

比目魚肌

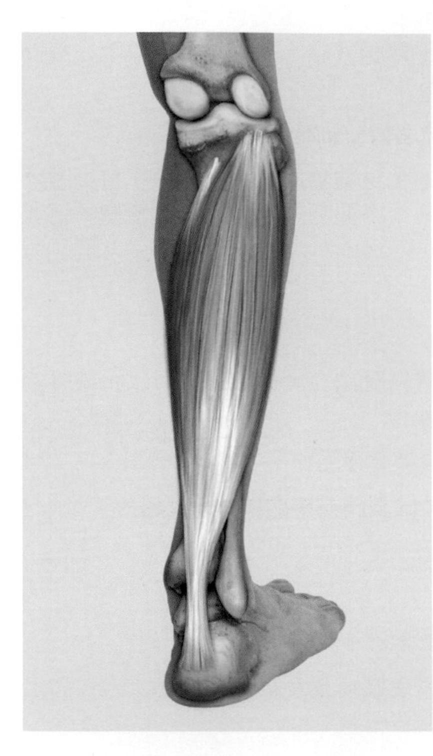

比目魚肌是踝關節重要的屈肌，也是距下關節與距跟舟關節的旋後肌。但在站姿時維持踝關節平衡的角色特別重要。

起點	腓骨背側近端1/3；脛骨中段1/3（比目魚肌線及其下方）；比目魚肌腱弓
終點	跟骨粗隆上內部
神經支配	脛神經（第1～2節薦神經）
特殊性質	比目魚肌、腓腸肌與蹠肌共同組成小腿三頭肌

功能

協同肌	拮抗肌
踝關節	
屈曲	
腓腸肌	脛前肌
屈拇長肌	伸趾長肌
腓骨肌	伸拇長肌
脛後肌	腓骨第三肌
屈趾長肌	
距下關節與距跟舟關節	
旋後（內翻和屈曲）	
腓腸肌	腓骨肌
脛後肌	伸趾長肌
屈趾長肌	
屈拇長肌	

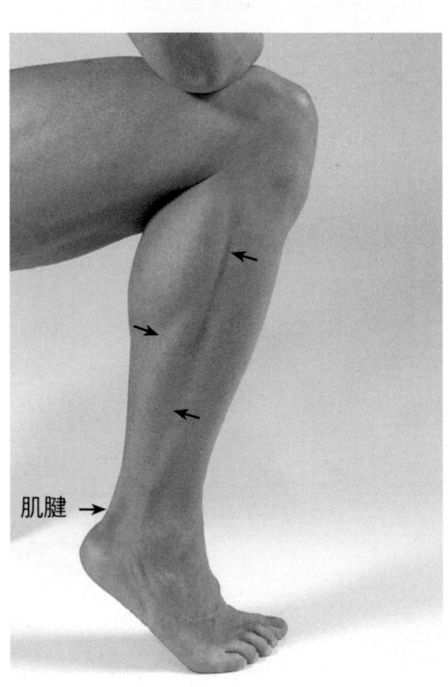

肌肉功能測試

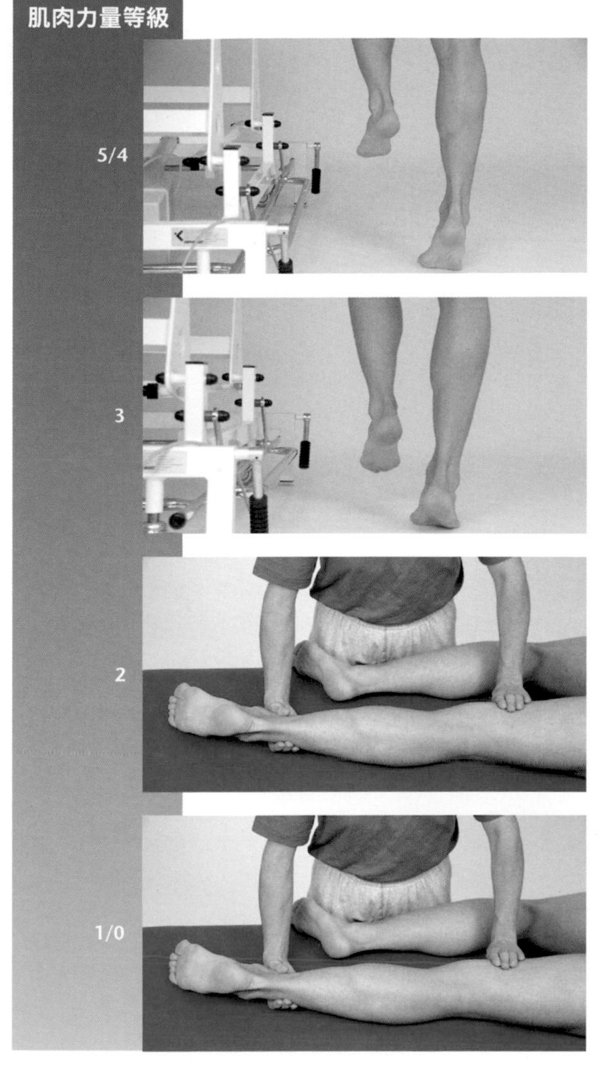

5/4

起始位置：病患單腳站立。如果需要可以手扶牆壁或床面維持平衡。

測試過程：測試者觀察動作。

指導語：踮腳尖將身體抬起，再緩慢放下直到腳跟快接觸地面。在不需要利用手協助身體抬起的情況下，重複這個動作5次。

3

起始位置：病患單腳站立。如果需要可以手扶牆壁或床面維持平衡。

測試過程：測試者觀察動作。

指導語：踮腳尖將身體盡可能抬起再緩慢放下。

2

起始位置：病患側躺。

測試過程：測試者將一隻手從腳踝前側上方以固定小腿。

指導語：將你的腳趾往下踩。

1/0

起始位置：病患側躺。

測試過程：測試者觀察足部動作。

指導語：嘗試將你的腳趾往下踩。

! 問題／評論

- 比目魚肌只能和腓腸肌與蹠肌共同測試。
- 病患用腳尖站立時需要穩定前足。

脛後肌

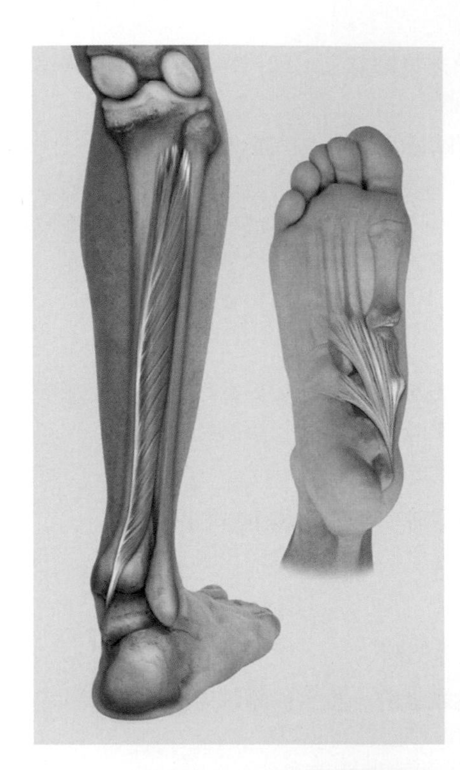

脛後肌使足部旋後與屈曲，其通過足底，能與腓骨長肌共同支撐足弓。

起點	脛骨近端2/3背側表面；腓骨近端2/3內側表面；小腿骨間膜
終點	舟狀骨、楔狀骨、骰骨、第2～4蹠骨
神經支配	脛神經（第5節腰神經～第1節薦神經）

功能

協同肌	拮抗肌
踝關節	
屈曲	
腓腸肌	脛前肌
比目魚肌	伸趾長肌
屈拇長肌	伸拇長肌
腓骨肌	腓骨第三肌
屈趾長肌	
距下關節與距跟舟關節	
旋後（內翻和屈曲）	
腓腸肌	腓骨肌
比目魚肌	腓骨第三肌
屈趾長肌	伸趾長肌
屈拇長肌	

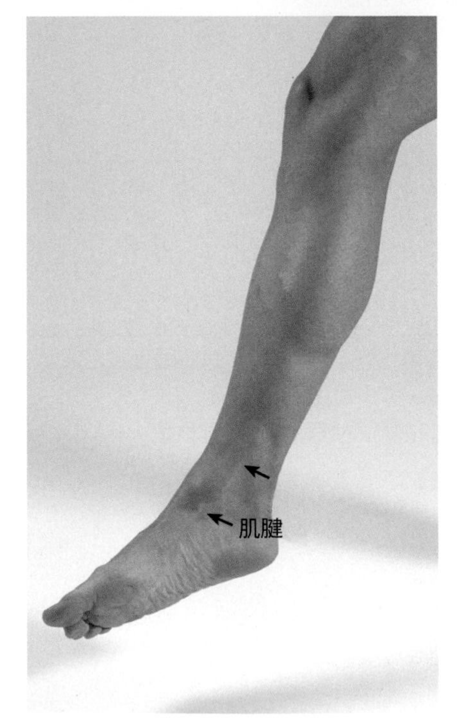

肌肉功能測試

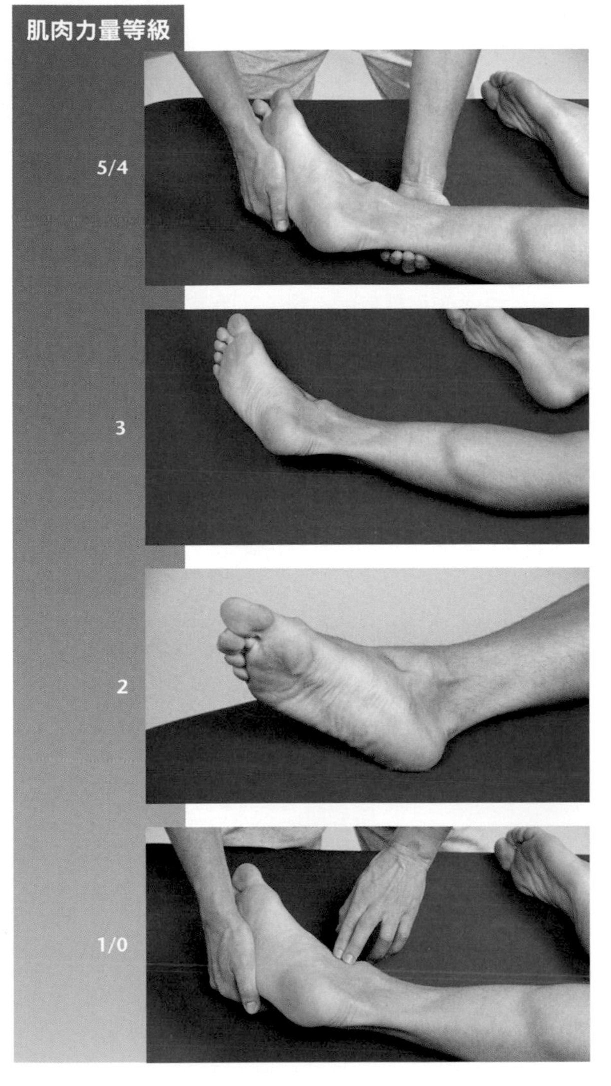

起始位置：病患往測試邊側躺。

測試過程：測試者一隻手固定病患遠端小腿，另一隻手在小趾側足底給予背屈與旋前方向的阻力。

指導語：將你的小腳趾側往下推，抵抗我的阻力並維持姿勢。

起始位置：病患往測試邊側躺。

測試過程：測試者觀察足部動作。

指導語：將你的小腳趾側往下推。

起始位置：病患平躺。

測試過程：測試者觀察足部動作。

指導語：將你的小腳趾側往下推。

起始位置：病患往測試邊側躺。

測試過程：測試者觸診脛後肌肌腱。

指導語：嘗試將你的小腳趾側往下推。

問題／評論

- 腓腸肌、屈趾長肌和屈拇長肌可協助脛後肌的功能。

脛前肌

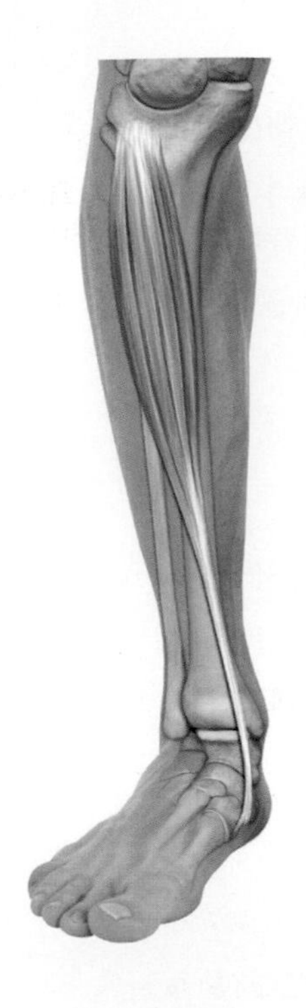

脛前肌使踝關節背屈並抬高內側足部。走路時，足部離開地面及腳跟接觸地面時這條肌肉特別活化。站姿下，脛前肌與其拮抗的比目魚肌使小腿在距骨滑車上保持平衡。

起點	脛骨外髁；脛骨外側近端1/2；小腿骨間膜；小腿筋膜，外側肌間隔
終點	內側楔狀骨內側足底表面；第一蹠骨基部
神經支配	深層腓神經（第4～5節腰神經）
特殊性質	脛前肌是第4節腰神經的指標肌肉

功能

協同肌	拮抗肌
踝關節	
伸直	
伸趾長肌	腓腸肌
伸拇長肌	比目魚肌
	屈拇長肌
	腓骨肌
	屈趾長肌
	脛後肌
距下關節與距跟舟關節	
旋後（內翻和屈曲）	
腓腸肌	腓骨肌
比目魚肌	腓骨第三肌
脛後肌	伸趾長肌
屈趾長肌	
屈拇長肌	

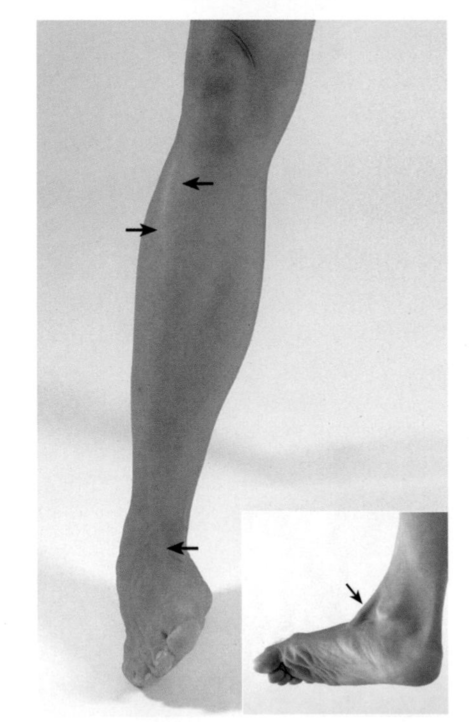

肌肉功能測試

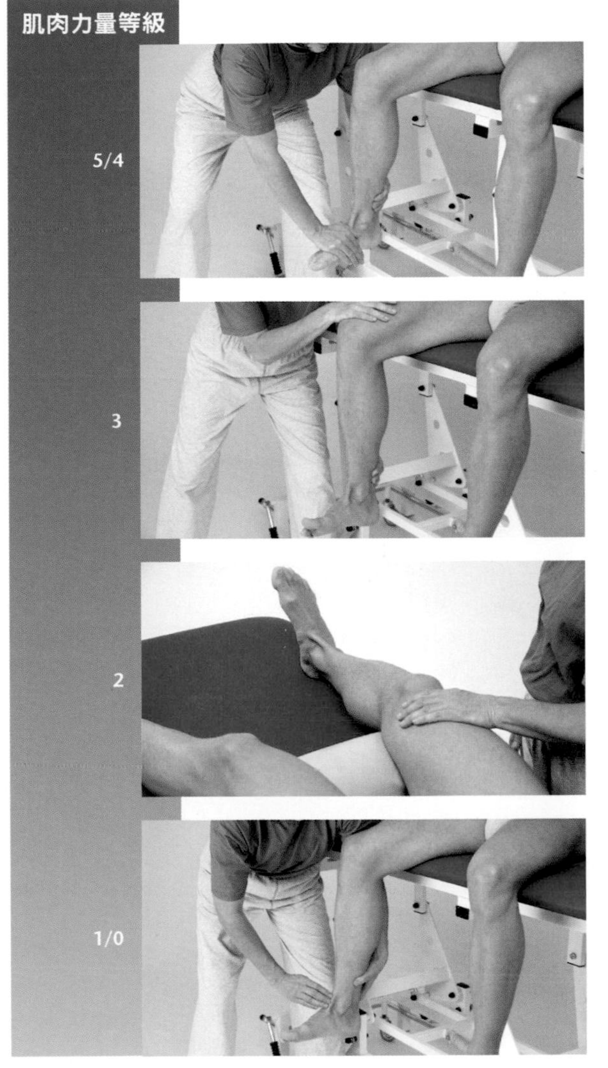

起始位置：病患坐在治療床上，雙腳垂出床緣。

測試過程：測試者一隻手固定病患小腿遠端，另一隻手給予足背內側蹠屈方向的阻力。

指導語：將你的足部拇趾側往上抬，放鬆你的腳趾並維持姿勢。

起始位置：病患坐在治療床上，雙腳垂出床緣。

測試過程：測試者一隻手固定病患小腿遠端，另一隻手固定大腿前側遠端。

指導語：將你的足部拇趾側往上抬。

起始位置：病患平躺。小腿膝關節屈曲並用膝墊支撐。

測試過程：測試者固定大腿遠端並觀察足部動作。

指導語：將你的足部拇趾側往上抬。

起始位置：病患坐在治療床上，雙腳垂出床緣。

測試過程：測試者觸診脛前肌。

指導語：嘗試將你的足部拇趾側往上抬。

問題／評論

- 小腿後肌縮短可能造成脛前肌收縮被抑制。因此，肌肉力量測試需要在膝關節屈曲下執行。
- 為了避免伸趾長肌與伸拇長肌代償動作，腳趾在測試時必須放鬆。

腓骨長肌

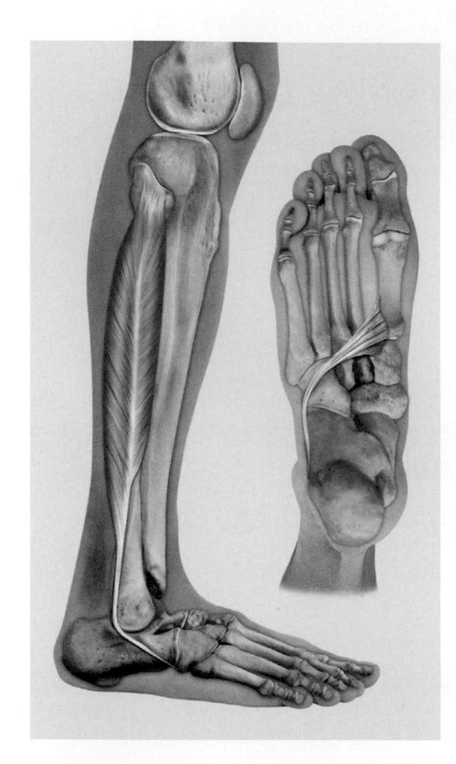

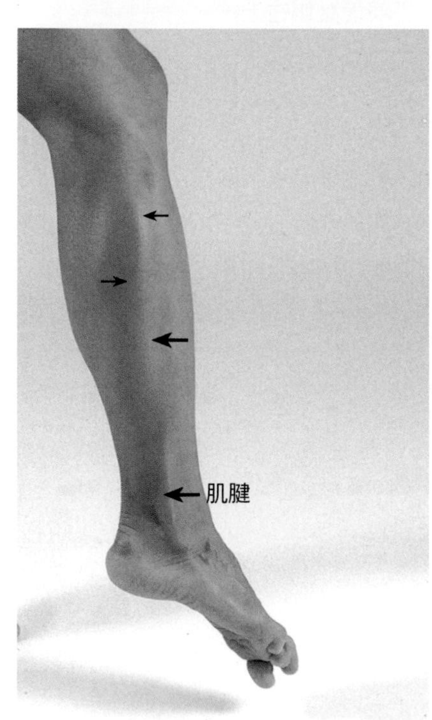

腓骨長肌使足部旋前與屈曲。在動作過程中，腓骨長肌肌腱與脛後肌共同支撐足弓。當足部踩在地板上時，對維持足部落地時保持端正姿勢也很重要。

起點　　腓骨近端2/3；前側與後側小腿肌間隔；小腿筋膜

終點　　第1蹠骨基部；內側楔狀骨

神經支配　　表層腓神經（第5節腰神經～第1節薦神經）

功能

協同肌	拮抗肌
踝關節	
屈曲	
腓腸肌	脛前肌
比目魚肌	伸趾長肌
屈拇長肌	伸拇長肌
腓骨短肌	腓骨第三肌
脛後肌	
屈趾長肌	
距下關節與距跟舟關節	
外翻	
腓骨短肌	腓腸肌
腓骨第三肌	比目魚肌
伸趾長肌	脛後肌
	屈趾長肌
	屈拇長肌
	脛前肌

肌肉功能測試

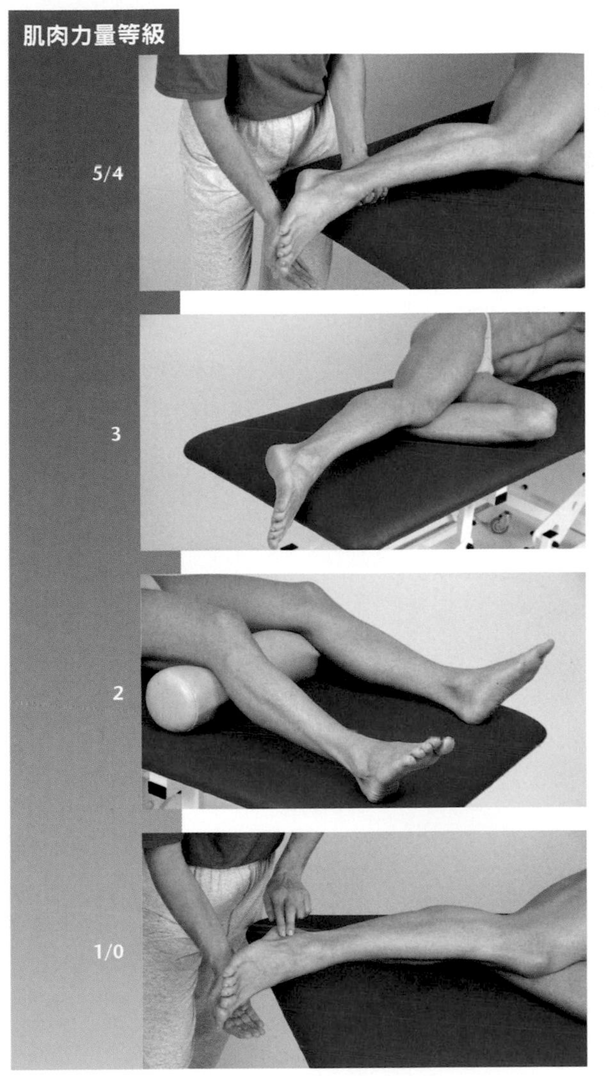

起始位置：病患側躺且測試腳在上方。

測試過程：測試者一隻手固定病患遠端小腿，另一隻手給予拇趾側足跟底部，背屈與旋後方向的阻力。

指導語：將你的足部拇趾側往下踩，抵抗我的阻力並維持姿勢。

起始位置：病患側躺且測試腳在上方。

測試過程：測試者觀察足部動作。

指導語：將你的足部拇趾側往下踩。

起始位置：病患平躺。小腿膝關節屈曲並用膝墊支撐。

測試過程：測試者觀察足部動作。

指導語：將你的足部拇趾側往下踩。

起始位置：病患側躺且測試腳在上方。

測試過程：測試者觸診腳踝區域的腓骨長肌與背側的腓骨短肌。

指導語：嘗試將你的足部拇趾側往下踩。

腓骨短肌

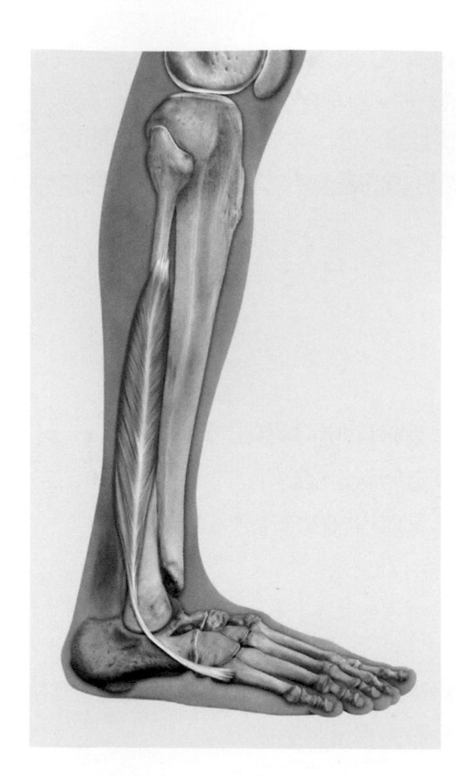

如同腓骨長肌，腓骨短肌也使足部外側抬起並屈曲，也協助調整足部適應地板狀況。兩條肌肉可以協助維持平衡，特別是單腳站立時。腓骨短肌還有重要的旋前功能，可以拮抗強力的旋後肌動作以避免旋後造成的損傷。

起點	腓骨遠端2/3；前側與後側小腿肌間隔
終點	第5蹠骨粗隆
神經支配	淺層腓神經（第5節腰神經、第1節薦神經）

功能

協同肌	拮抗肌
踝關節	
屈曲	
腓腸肌	脛前肌
比目魚肌	伸趾長肌
屈拇長肌	伸拇長肌
腓骨長肌	腓骨第三肌
脛後肌	
屈趾長肌	
距下關節與距跟舟關節	
外翻	
腓骨長肌	腓腸肌
腓骨第三肌	比目魚肌
伸趾長肌	脛後肌
	屈趾長肌
	屈拇長肌
	脛前肌

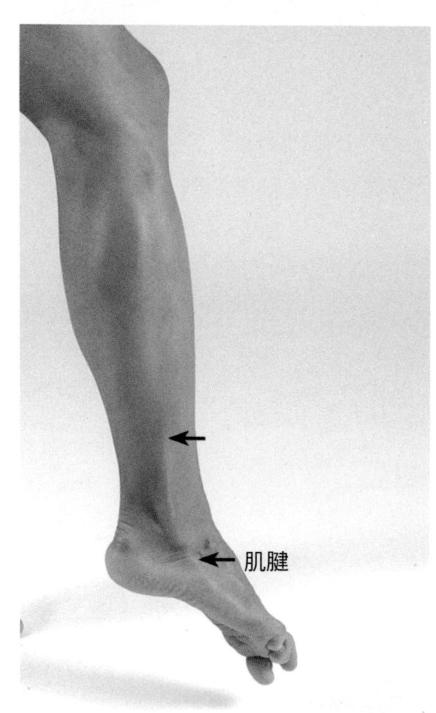

肌肉功能測試

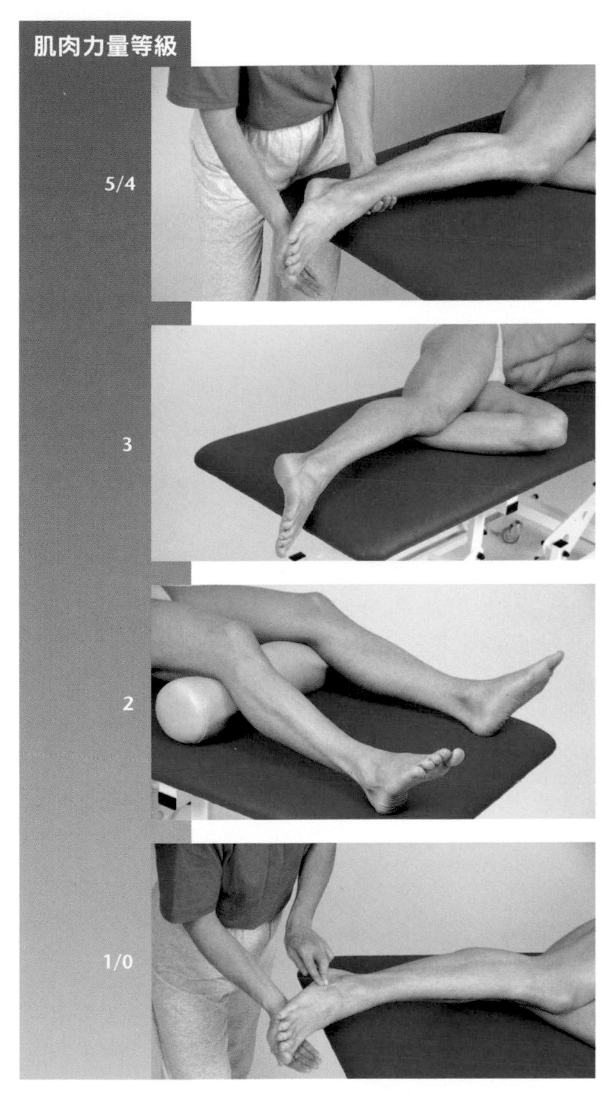

起始位置：病患側躺且測試腳在上方。

測試過程：測試者一隻手固定病患遠端小腿，另一隻手給予拇趾側足跟底部，背屈與旋後方向的阻力。

指導語：將你的足部拇趾側往下踩，抵抗我的阻力並維持姿勢。

起始位置：病患側躺且測試腳在上方。

測試過程：測試者觀察足部動作。

指導語：將你的足部拇趾側往下踩。

起始位置：病患平躺。小腿膝關節屈曲並用膝墊支撐。

測試過程：測試者觀察足部動作。

指導語：將你的足部拇趾側往下踩。

起始位置：病患側躺且測試腳在上方。

測試過程：測試者觸診第5蹠骨的腓骨短肌。

指導語：嘗試將你的足部拇趾側往下踩。

腓骨第三肌

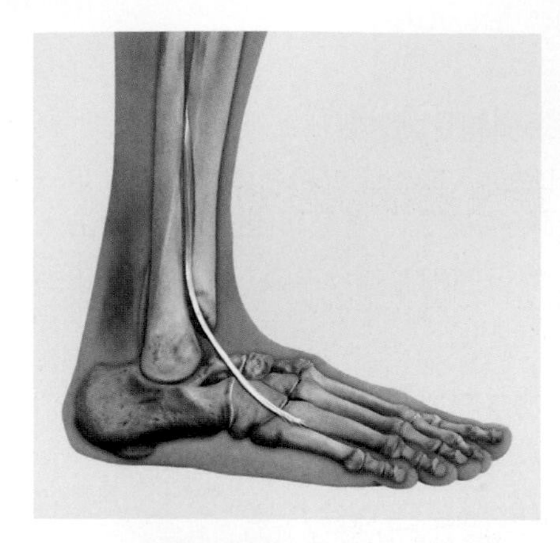

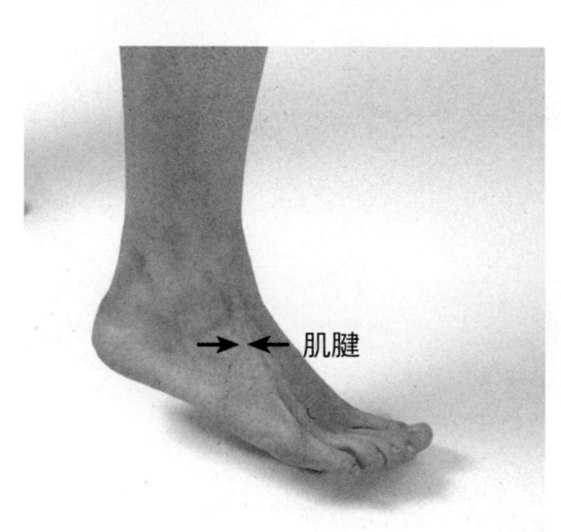

腓骨第三肌是伸趾長肌的分支，儘管肌腱經過的路徑是足部外側；因此，它可以使足部外側抬起或是外翻，並產生踝關節伸直。整體來說，其產生旋前動作而防止旋後損傷。

起點 腓骨遠端1/3；小腿骨間膜

終點 第5蹠骨背側基部

神經支配 深層腓神經（第5節腰神經～第1節薦神經）

特殊性質 腓骨第三肌不一定存在，它從伸直肌群分支出來

功能

協同肌	拮抗肌
踝關節	
伸直	腓腸肌
脛前肌	比目魚肌
伸趾長肌	屈拇長肌
伸拇長肌	腓骨長肌
	腓骨短肌
	脛後肌
	屈趾長肌

協同肌	拮抗肌
距下關節與距跟舟關節	
外翻	腓腸肌
腓骨長肌	比目魚肌
腓骨短肌	脛後肌
伸趾長肌	屈趾長肌
	屈拇長肌
	脛前肌

肌肉延展測試

腓腸肌、蹠肌和比目魚肌

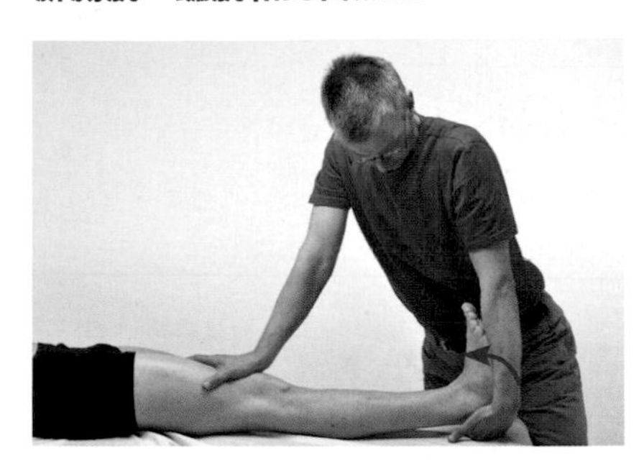

方法

膝關節伸直。治療師將病患足部擺到踝關節最大背屈姿勢。

發現

如果動作無法執行到最大範圍，末端角度感覺到柔軟、有彈性的組織在限制動作範圍，表示肌肉有縮短現象。病患在肌肉延展過程有牽拉感。若要單獨測試比目魚肌的延展性，膝關節需在屈曲狀態下測試。

脛後肌

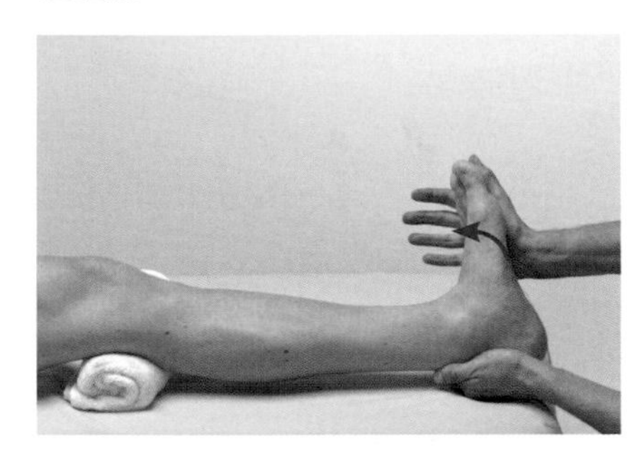

方法

治療師將病患足部擺到踝關節、距下關節與距跟舟關節最大背屈與旋前姿勢。膝關節些微屈曲。

發現

如果動作無法執行到最大範圍，末端角度感覺到柔軟、有彈性的組織在限制動作範圍，表示肌肉有縮短現象。病患在肌肉延展過程有牽拉感。

脛前肌

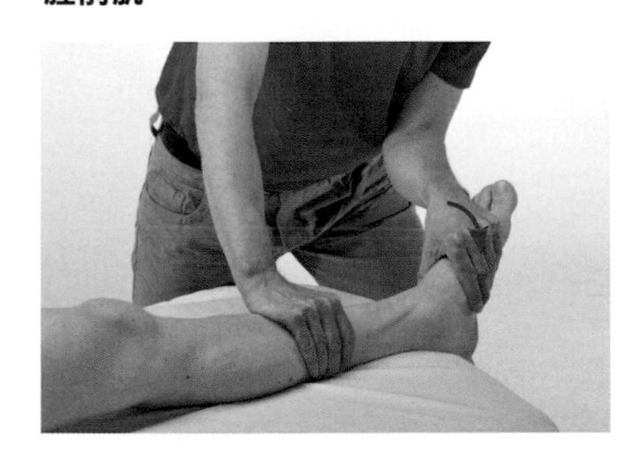

方法

治療師將病患足部擺到踝關節、距下關節與距跟舟關節最大蹠屈與旋前姿勢。

發現

如果動作無法執行到最大範圍，末端角度感覺到柔軟、有彈性的組織在限制動作範圍，表示肌肉有縮短現象。病患在肌肉延展過程有牽拉感。

3
下肢
3.4 趾關節肌群

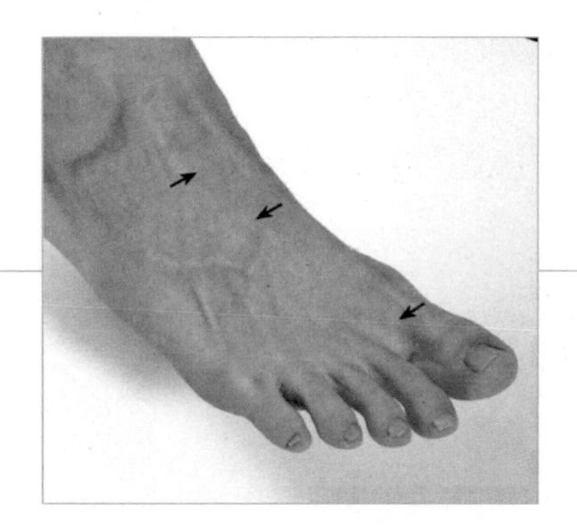

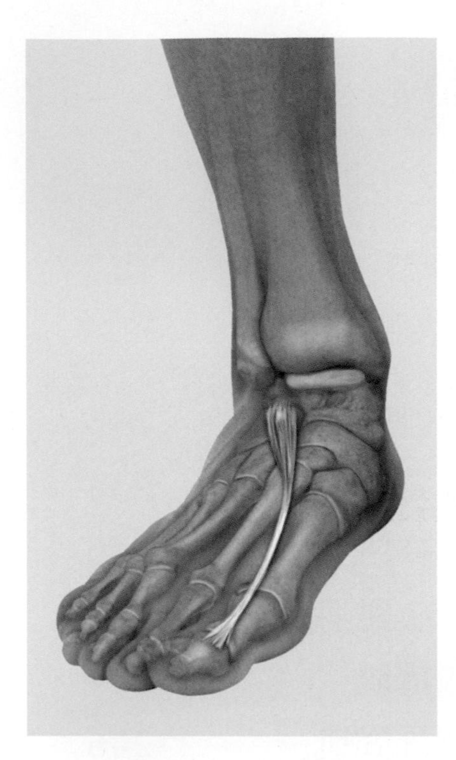

伸拇短肌

如同伸拇長肌，伸拇短肌使拇趾伸直。

起點　跟骨背外側表面；跗骨竇入口前方

終點　拇趾近端指骨

神經支配　深層腓神經（第5節腰神經～第1節薦神經）

功能

協同肌	拮抗肌
第1蹠趾關節	
伸直	
伸拇長肌	屈拇長肌
	屈拇短肌
	外展拇肌
	內收拇肌

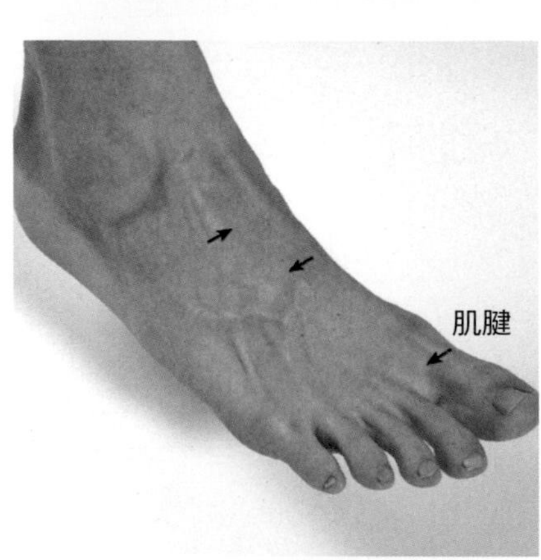

肌肉功能測試

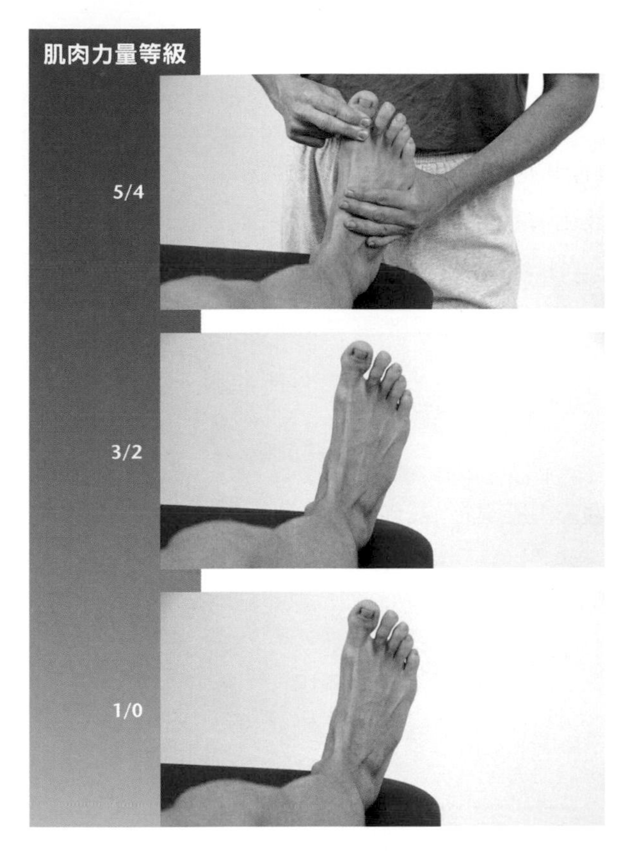

起始位置：病患平躺。小腿膝關節屈曲並用膝墊支撐。測試足部擺在正中姿勢。

測試過程：測試者一隻手固定病患蹠骨，另一隻手給予拇趾近端趾骨蹠趾關節屈曲方向的阻力。

指導語：將你的拇趾伸直，抵抗我的阻力並維持姿勢。

起始位置：病患平躺。小腿膝關節屈曲並用膝墊支撐。測試足部擺在正中姿勢。

測試過程：測試者觀察腳趾動作。

指導語：將你的拇趾伸直。

起始位置：病患平躺。小腿膝關節屈曲並用膝墊支撐。測試足部擺在正中姿勢。

測試過程：測試者觀察腳趾動作。

指導語：嘗試將你的拇趾伸直。

! 問題／評論

- 伸拇短肌與伸拇長肌會共同作用。沒辦法單獨測試伸拇短肌的收縮。

伸拇長肌

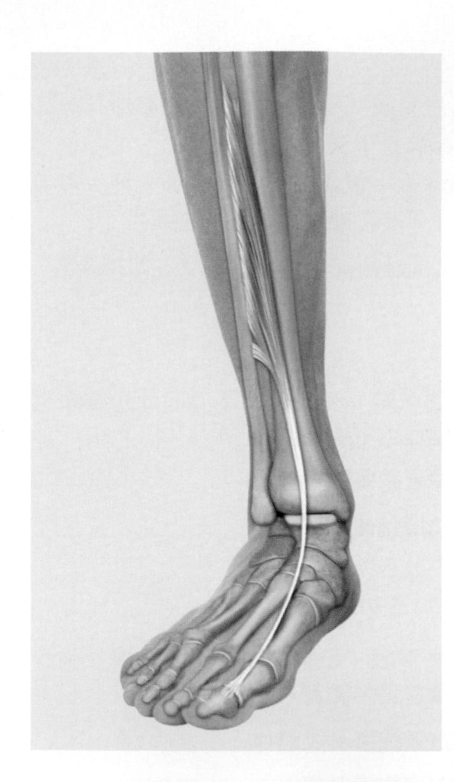

> 伸拇長肌是拇趾唯一有力的伸直肌。它也是腳踝的伸直肌。

起點	腓骨中段1/3前側表面；小腿骨間膜
終點	拇趾遠端趾骨背側表面
神經支配	深層腓神經（第5節腰神經～第1節薦神經）
特殊性質	伸拇長肌是第5節腰神經的指標肌肉

功能

協同肌	拮抗肌
踝關節、距下關節與距跟舟關節	
背屈	
脛前肌	腓腸肌
伸趾長肌	比目魚肌
	屈拇長肌
	腓骨長肌
	腓骨短肌
	屈趾長肌
	脛後肌
第1蹠趾關節	
伸直	
伸拇短肌	屈拇長肌
	屈拇短肌
	外展拇肌
	內收拇肌
第1趾間關節	
伸直	
無	屈拇長肌

肌腱

肌肉功能測試

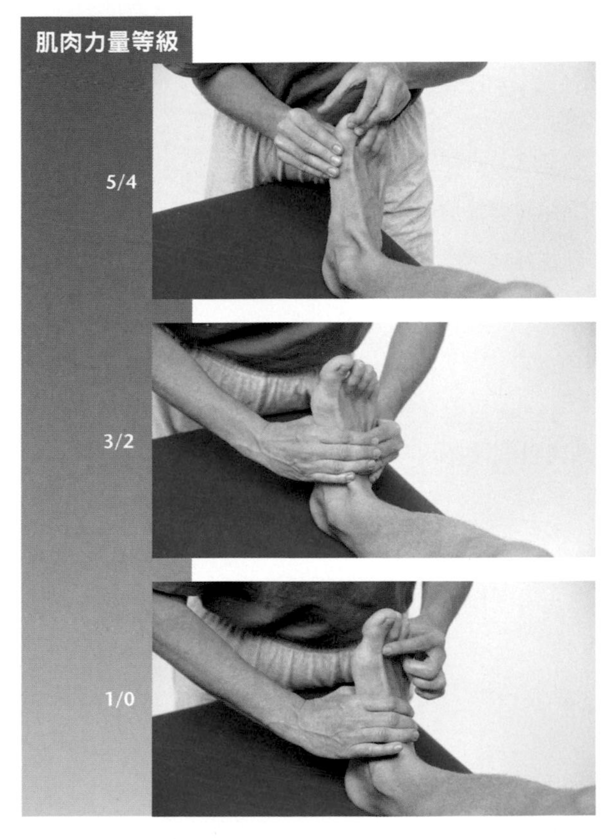

5/4

起始位置：病患平躺。小腿膝關節屈曲並用膝墊支撐。測試足部擺在正中姿勢。

測試過程：測試者一隻手固定病患近端趾骨，另一隻手給予拇趾遠端趾骨趾間關節屈曲方向的阻力。

指導語：將你的拇趾伸直，抵抗我的阻力並維持姿勢。

3/2

起始位置：病患平躺。小腿膝關節屈曲並用膝墊支撐。測試足部擺在正中姿勢。

測試過程：測試者固定蹠骨。

指導語：將你的拇趾伸直。

1/0

起始位置：病患平躺。小腿膝關節屈曲並用膝墊支撐。測試足部擺在正中姿勢。

測試過程：測試者觸診伸拇長肌。

指導語：嘗試將你的拇趾伸直。

臨床關聯性

- 在足背中段，伸拇長肌肌腱外側可以摸到足背動脈脈搏。

問題／評論

- 伸拇長肌協助脛前肌踝關節背屈的功能。

伸趾短肌

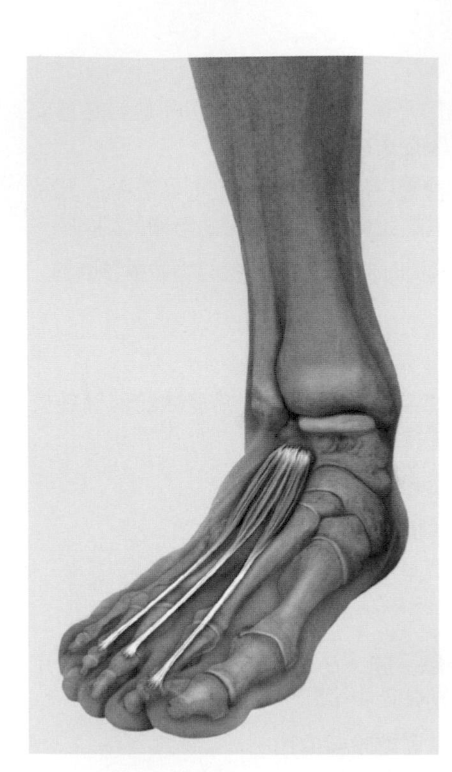

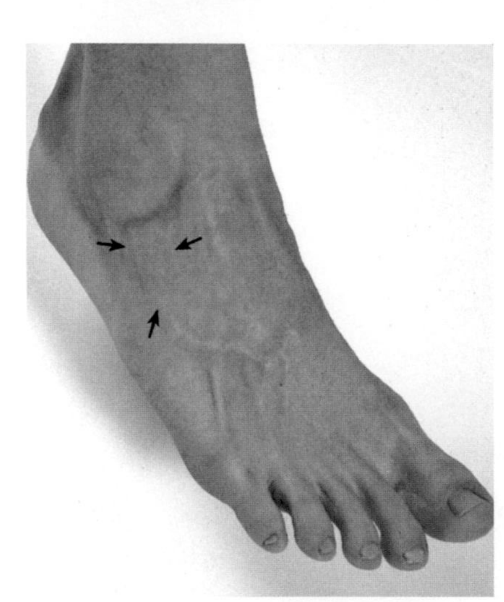

伸趾短肌協助伸趾長肌，使第2～4趾伸直。

起點　跟骨上外側表面

終點　第2～4趾背側腱膜

神經支配　深層腓神經（第5節腰神經～第1節薦神經）

功能

協同肌	拮抗肌
第2～4蹠趾關節與趾間關節	
伸直	
伸趾長肌（II～V）	屈趾長肌
	屈趾短肌
	骨間肌
	蚓狀肌
	蹠方肌

肌肉功能測試

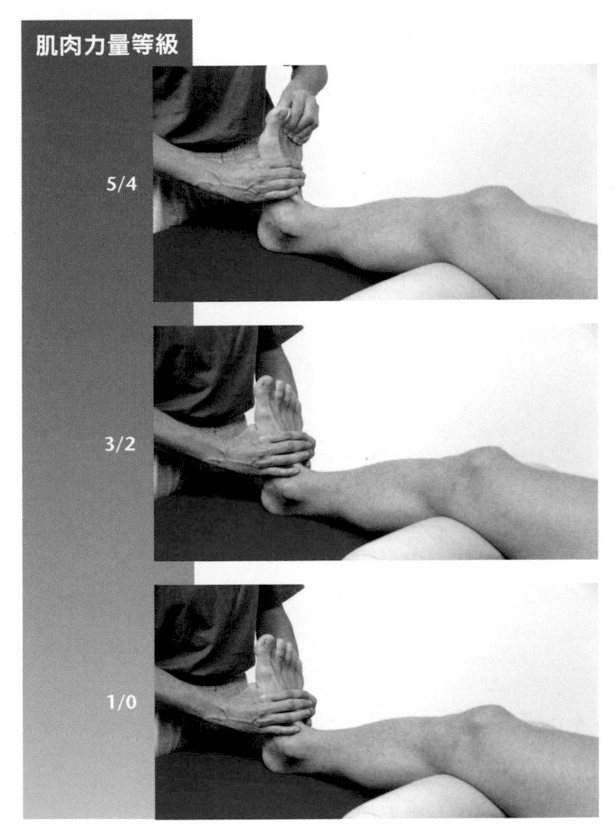

起始位置：病患平躺。小腿膝關節屈曲並用膝墊支撐。測試足部擺在正中姿勢。

測試過程：測試者一隻手固定病患蹠骨，另一隻手給予第2～4趾屈曲方向的阻力。

指導語：將你的腳趾伸直，抵抗我的阻力並維持姿勢。

起始位置：病患平躺。小腿膝關節屈曲並用膝墊支撐。測試足部擺在正中姿勢。

測試過程：測試者固定蹠骨。

指導語：將你的腳趾伸直。

起始位置：病患平躺。小腿膝關節屈曲並用膝墊支撐。測試足部擺在正中姿勢。

測試過程：測試者觀察腳趾動作。

指導語：嘗試將你的腳趾伸直。

! 問題／評論

- 伸趾短肌與伸趾長肌會共同測試。

伸趾長肌

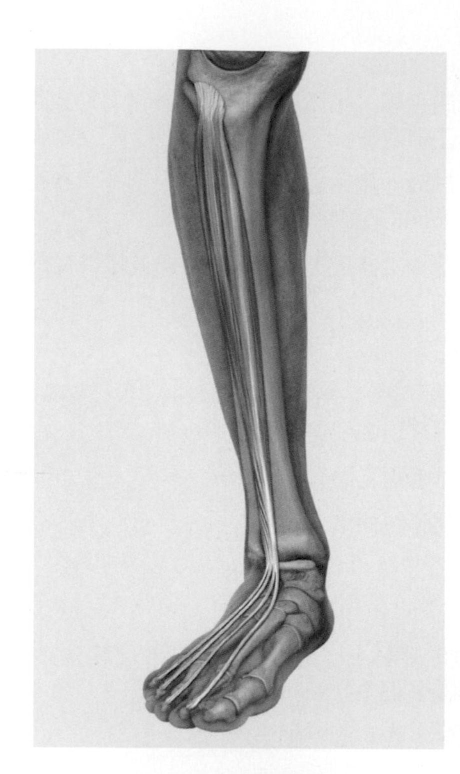

| 伸趾長肌使趾間關節、蹠趾關節與踝關節伸直。

起點	脛骨外上髁；腓骨近端3/4前側表面；小腿骨間膜；小腿筋膜；小腿前側肌間隔
終點	透過4條肌腱連接到第2～5趾背側腱膜（中段與遠端趾骨）
神經支配	深層腓神經（第5節腰神經～第1節薦神經）

功能

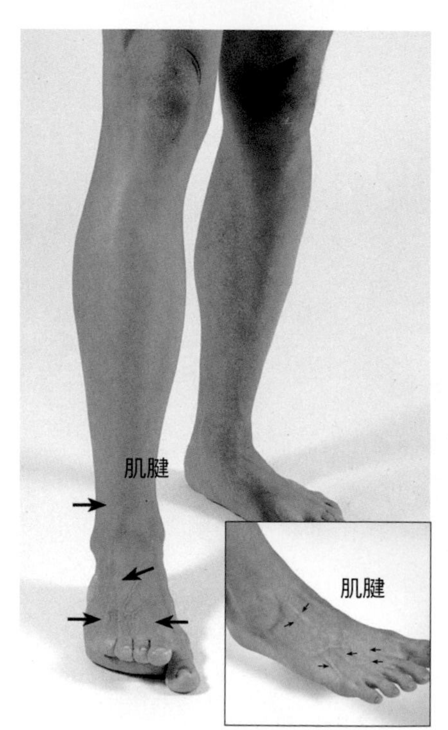

協同肌	拮抗肌
踝關節	
伸直	
脛前肌 伸拇長肌	腓腸肌　比目魚肌　屈拇長肌 腓骨長肌　腓骨短肌　脛後肌 屈趾長肌
距下關節與距跟舟關節	
旋前（外翻與伸直）	
腓骨長肌 腓骨短肌 腓骨第三肌	腓腸肌　比目魚肌 脛後肌　屈趾長肌 屈拇長肌　脛前肌
第2～5蹠趾關節	
伸直	
伸趾短肌（II～IV）	屈趾長肌（II～V） 屈趾短肌 足部背側骨間肌（II-IV） 足部蹠側骨間肌（III-V） 足部蚓狀肌 屈小趾短肌（V） 對掌小趾肌（V） 外展小趾肌（V）
第2～5近端與遠端趾間關節	
伸直	
伸趾短肌（II-IV，沒有作用在遠端趾間關節）	屈趾短肌（沒有作用在遠端趾間關節） 屈趾長肌

肌肉功能測試

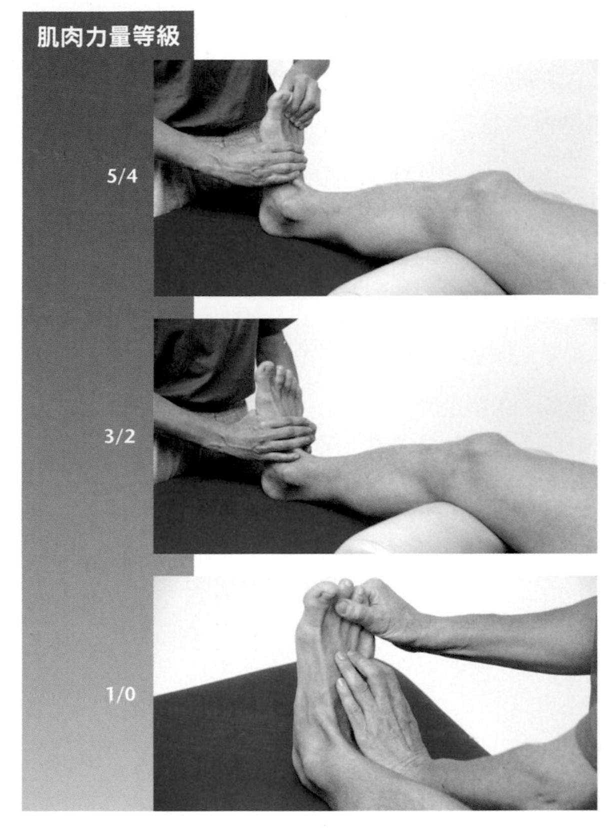

起始位置：病患平躺。小腿膝關節屈曲並用膝墊支撐。測試足部擺在正中姿勢。

測試過程：測試者一隻手固定病患蹠骨，另一隻手給予第2～5趾屈曲方向的阻力。

指導語：將你的腳趾伸直，抵抗我的阻力並維持姿勢。

起始位置：病患平躺。小腿膝關節屈曲並用膝墊支撐。測試足部擺在正中姿勢。

測試過程：測試者固定蹠骨。

指導語：將你的腳趾伸直。

起始位置：病患平躺。小腿膝關節屈曲並用膝墊支撐。測試足部擺在正中姿勢。

測試過程：測試者觸診伸趾長肌肌腱。

指導語：嘗試將你的腳趾伸直。

! 問題／評論

- 伸趾長肌與伸趾短肌會共同測試。
- 伸趾長肌會協助脛前肌的功能。

屈拇短肌

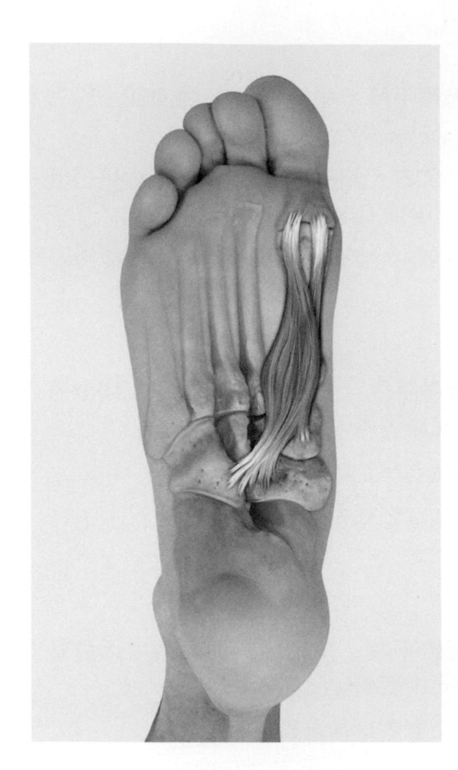

屈拇短肌在步態末期腳離地時，使拇趾強力屈曲，在過程中產生推進力並協助避免足部外翻。此外，它也能維持內側足弓的功能。

起點	內側頭與外側頭：楔狀骨蹠側，蹠側跟骰韌帶，脛後肌肌腱
終點	內側頭：拇趾近端趾骨基部，內側種子骨 外側頭：拇趾近端趾骨基部，外側種子骨
神經支配	內側頭：內側足底神經（第1～3節薦神經） 外側頭：外側足底神經（第1～3節薦神經）

功能

協同肌	拮抗肌
第1蹠趾關節	
屈曲	
屈拇長肌	伸拇長肌
外展拇肌	伸拇短肌
內收拇肌	

肌肉功能測試

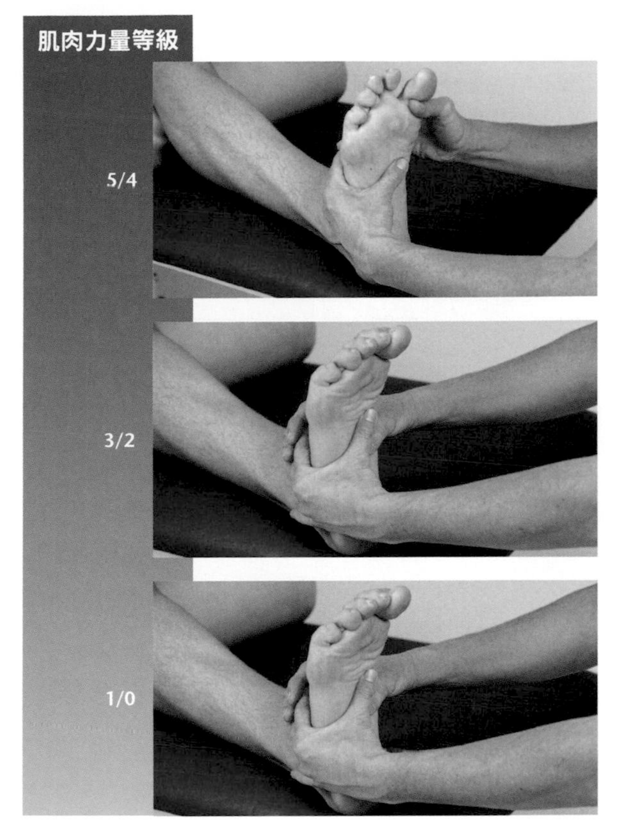

起始位置：病患平躺。小腿膝關節屈曲並用膝墊支撐。測試足部擺在正中姿勢。

測試過程：測試者一隻手固定病患蹠骨，另一隻手給予拇趾近端趾骨伸直方向的阻力。

指導語：將你的腳趾屈曲，抵抗我的阻力並維持姿勢。

起始位置：病患平躺。小腿膝關節屈曲並用膝墊支撐。測試足部擺在正中姿勢。

測試過程：測試者固定蹠骨。

指導語：將你的腳趾屈曲。

起始位置：病患平躺。小腿膝關節屈曲並用膝墊支撐。測試足部擺在正中姿勢。

測試過程：測試者觀察拇趾動作。

指導語：嘗試將你的腳趾屈曲。

! 問題／評論

- 屈拇短肌與屈拇長肌的功能在測試中無法區分。

屈拇長肌

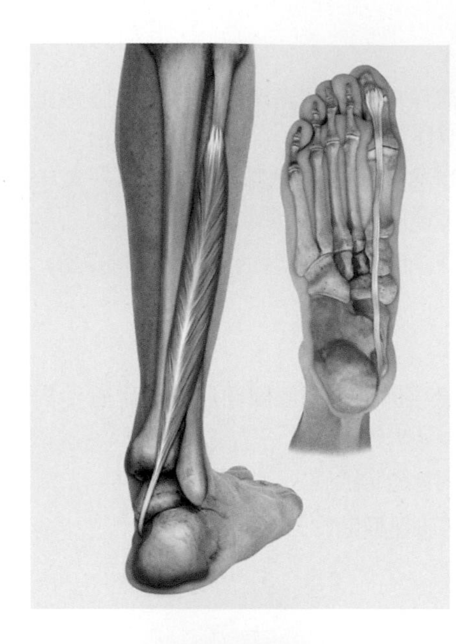

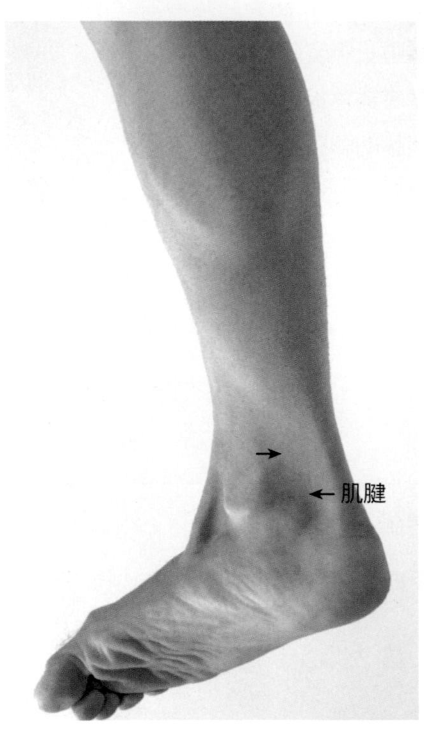

屈拇長肌使踝關節與拇趾屈曲；它對距下關節與距根舟關節也有旋後功能。

起點　　　腓骨遠端2/3背側表面；小腿骨間膜

終點　　　拇趾遠端趾骨

神經支配　脛神經（第5節腰神經～第2節薦神經）

功能

協同肌	拮抗肌
踝關節	
屈曲	
腓腸肌	脛前肌
比目魚肌	伸趾長肌
腓骨肌	伸拇長肌
脛後肌	
屈趾長肌	
距下關節與距跟舟關節	
旋後	
腓腸肌	腓骨肌
比目魚肌	伸趾長肌
脛後肌	
屈趾長肌	
脛前肌	
第1蹠趾關節	
屈曲	
屈拇短肌	伸拇長肌
外展拇肌	伸拇短肌
內收拇肌	
第1趾間關節	
屈曲	
無	伸拇長肌

肌肉功能測試

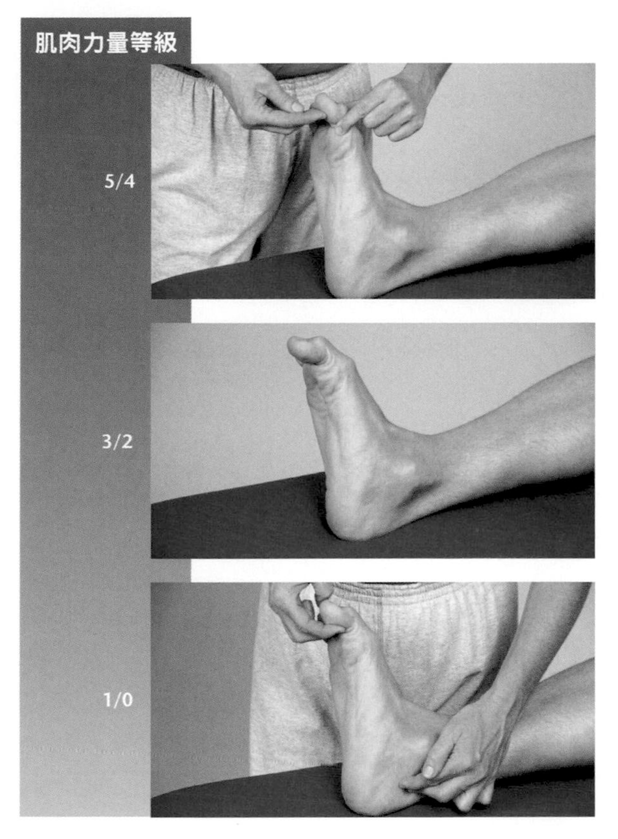

起始位置：病患平躺。小腿膝關節屈曲並用膝墊支撐。測試足部擺在正中姿勢。

測試過程：測試者一隻手固定病患拇趾近端趾骨，另一隻手給予拇趾遠端趾骨伸直方向的阻力。

指導語：將你的拇趾屈曲，抵抗我的阻力並維持姿勢。

起始位置：病患平躺。小腿膝關節屈曲並用膝墊支撐。測試足部擺在正中姿勢。

測試過程：測試者觀察拇趾動作。

指導語：將你的拇趾屈曲。

起始位置：病患平躺。小腿膝關節屈曲並用膝墊支撐。測試足部擺在正中姿勢。

測試過程：測試者觸診屈拇長肌肌腱。

指導語：嘗試將你的腳趾屈曲。

問題／評論

- 屈拇長肌是唯一能使拇趾遠端趾間關節屈曲的肌肉。
- 在腳踝內側，從內踝到腳跟由前往後可觀察到的肌腱依序為：
  - 脛後肌
  - 屈趾長肌
  - 屈拇長肌

屈趾短肌

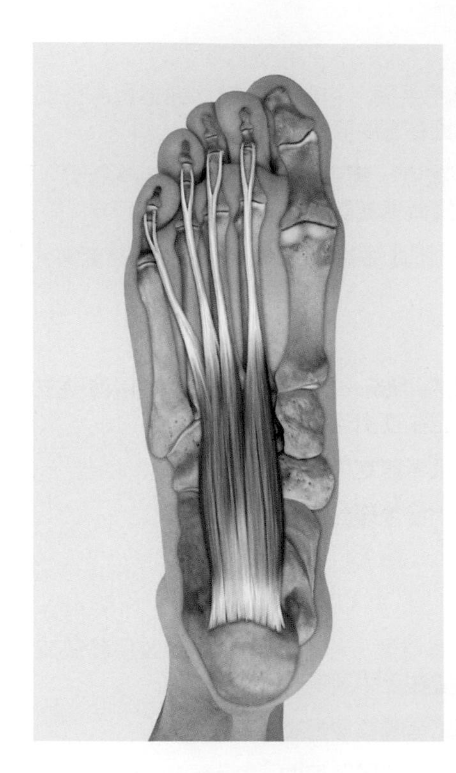

屈趾短肌能支持與補足屈趾長肌的功能使腳趾屈曲。作為短屈肌，它能使屈趾長肌更多力量作用於踝關節上。

起點	跟骨粗隆足底；足底筋膜
終點	第2～5趾中段趾骨
神經支配	內側足底神經（第1～2節薦神經）
特殊性質	屈趾長肌肌腱通過屈趾短肌分岔的肌腱連接到遠端趾骨

功能

協同肌	拮抗肌
第2～4蹠趾關節	
屈曲	
屈趾長肌	伸趾長肌
背側骨間肌（II～IV）	伸趾短肌
蹠側骨間肌（III～V）	
蚓狀肌	
屈小趾肌（V）	
對掌小趾肌（V）	
外展小趾肌（V）	
第2～5趾間關節	
屈曲	
屈趾長肌	伸趾長肌
	伸趾短肌（不作用在遠端趾間關節）

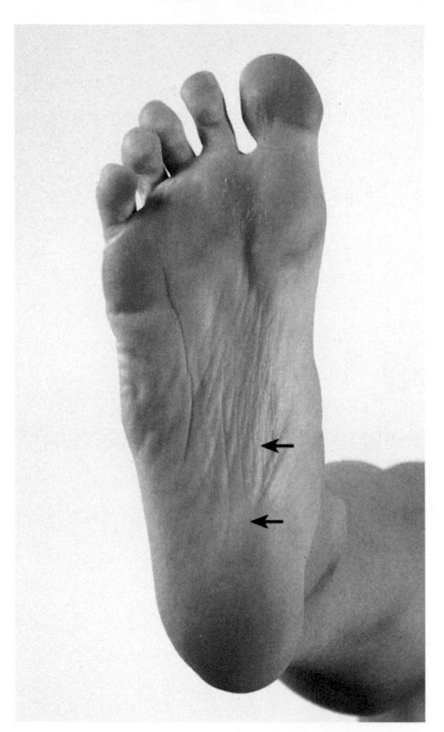

肌肉功能測試

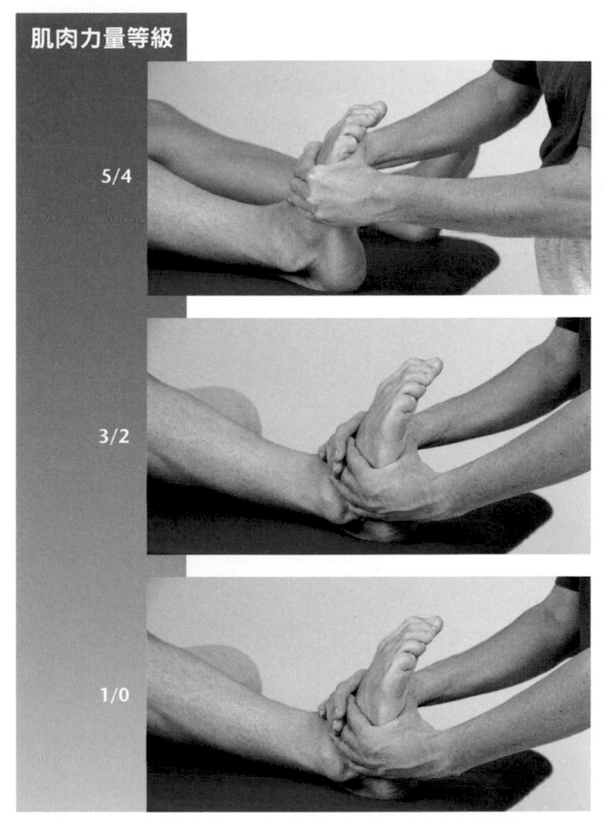

5/4

起始位置：病患平躺。小腿膝關節屈曲並用膝墊支撐。測試足部擺在正中姿勢。

測試過程：測試者一隻手固定病患蹠骨，另一隻手給予第2～5趾中段趾骨伸直方向的阻力。

指導語：將你的腳趾屈曲，抵抗我的阻力並維持姿勢。

3/2

起始位置：病患平躺。小腿膝關節屈曲並用膝墊支撐。測試足部擺在正中姿勢。

測試過程：測試者固定蹠骨。

指導語：將你的腳趾屈曲。

1/0

起始位置：病患平躺。小腿膝關節屈曲並用膝墊支撐。測試足部擺在正中姿勢。

測試過程：測試者觀察腳趾動作。

指導語：嘗試將你的腳趾屈曲。

問題／評論

- 屈趾短肌、屈趾長肌與屈小趾肌共同作用，使蹠趾關節與近端趾間關節屈曲。

屈趾長肌

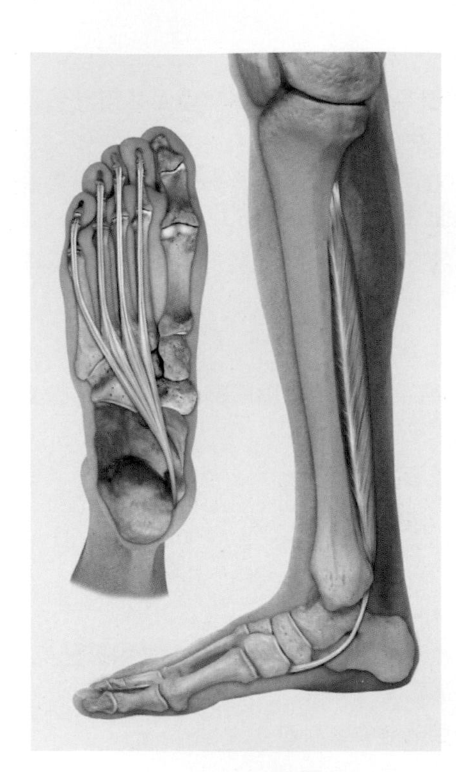

屈趾長肌使足部與腳趾屈曲。在動作過程中，其作用對於足部離地時的推蹬與維持站姿平衡相當重要。

起點　　　脛骨背側表面

終點　　　第2～5趾遠端趾骨

神經支配　脛神經（第5節腰神經～第2節薦神經）

功能

協同肌		拮抗肌	
踝關節			
屈曲			
腓腸肌	比目魚肌	脛前肌	
屈拇長肌	腓骨長肌	伸趾長肌	
腓骨短肌	脛後肌	伸拇長肌	
距下關節與距跟舟關節			
旋後（內翻與屈曲）			
腓腸肌	比目魚肌	腓骨長肌	腓骨短肌
脛後肌	屈拇長肌	腓骨第三肌	伸趾長肌
脛前肌		屈趾長肌	
第2～5蹠趾關節			
屈曲			
屈趾短肌		伸趾長肌	
足部背側骨間肌（II～IV）		伸趾短肌（II～IV）	
足部蹠側骨間肌（III～V）			
足部蚓狀肌			
蹠方肌（透過屈趾長肌肌腱）			
第2～5趾間關節			
屈曲			
屈趾短肌		伸趾長肌	
蹠方肌（透過屈趾長肌肌腱）		伸趾短肌（II～IV）	
屈小趾短肌（V）			
外展小趾肌（V）			
對掌小趾肌			

肌腱

肌肉功能測試

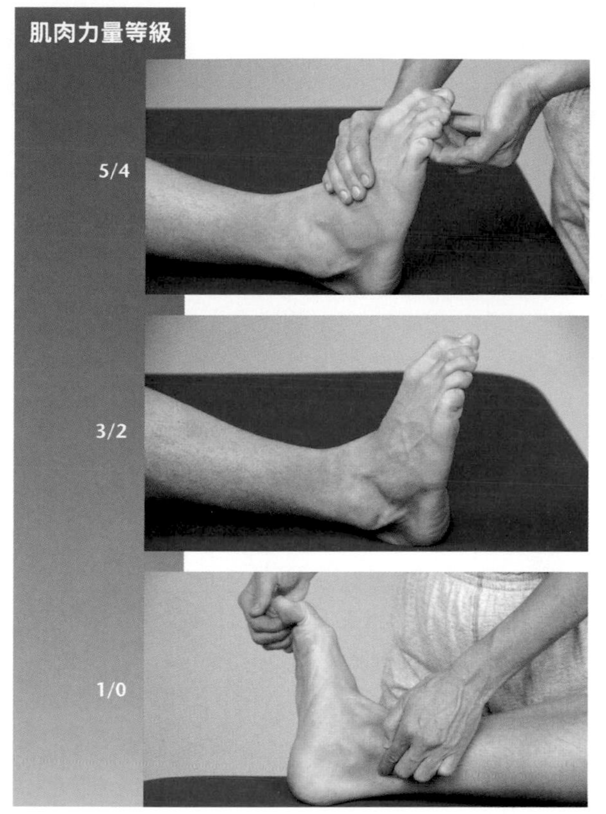

起始位置：病患平躺。小腿膝關節屈曲並用膝墊支撐。測試足部擺在正中姿勢。

測試過程：測試者一隻手固定病患蹠骨，另一隻手給予第2～5趾遠端趾骨伸直方向的阻力。

指導語：將你的腳趾屈曲，抵抗我的阻力並維持姿勢。

起始位置：病患平躺。小腿膝關節屈曲並用膝墊支撐。測試足部擺在正中姿勢。

測試過程：測試者觀察腳趾動作。

指導語：將你的腳趾屈曲。

起始位置：病患平躺。小腿膝關節屈曲並用膝墊支撐。測試足部擺在正中姿勢。

測試過程：測試者觸診屈趾長肌肌腱。

指導語：嘗試將你的腳趾屈曲。

! 問題／評論

- 在腳踝內側，從內踝到腳跟由前往後可觀察到的肌腱依序為：
  - 脛後肌
  - 屈趾長肌
  - 屈拇長肌
- 屈趾長肌與蹠方肌會共同測試。

蹠方肌

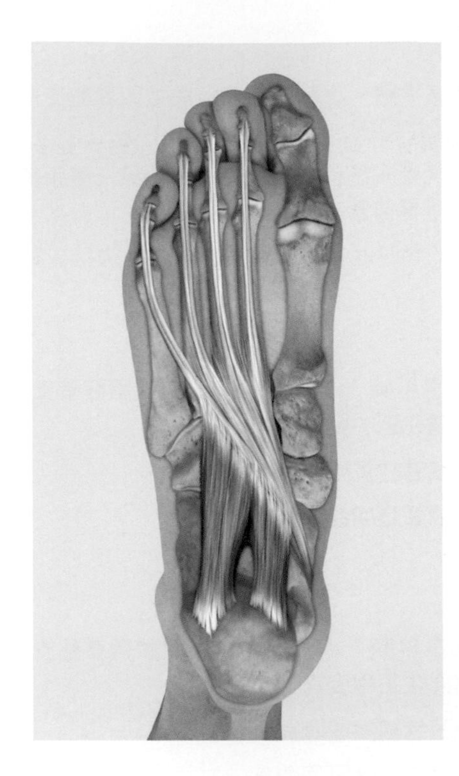

屈趾長肌肌腱從足部內側穿過腳底到腳趾遠端關節，而蹠方肌給予屈趾長肌肌腱向背側外側拉的力，這使腳趾能直接向腳跟方向彎曲。此外，即使踝關節已經屈曲，它也能帶動屈趾長肌產生強力的腳趾收縮。

起點	跟骨蹠側；足底長韌帶
終點	屈趾長肌分支成肌腱前的外側緣
神經支配	外側足底神經（第2～3節薦神經）
特殊性質	此肌肉也被稱為「屈肌輔助肌」

功能

協同肌	拮抗肌
第2～5蹠趾關節	
屈曲	
屈趾長肌	伸趾長肌
屈趾短肌	伸趾短肌（II～IV）
第2～5趾間關節	
屈曲	
屈趾長肌	伸趾長肌
屈趾短肌（不作用在遠端趾間關節）	伸趾短肌（II～IV，不作用在遠端趾間關節）
足部背側骨間肌（II～IV）	
足部蹠側骨間肌（III～V）	
足部蚓狀肌	
屈小趾短肌（V）	
外展小趾肌（V）	
對掌小趾肌	

肌肉功能測試

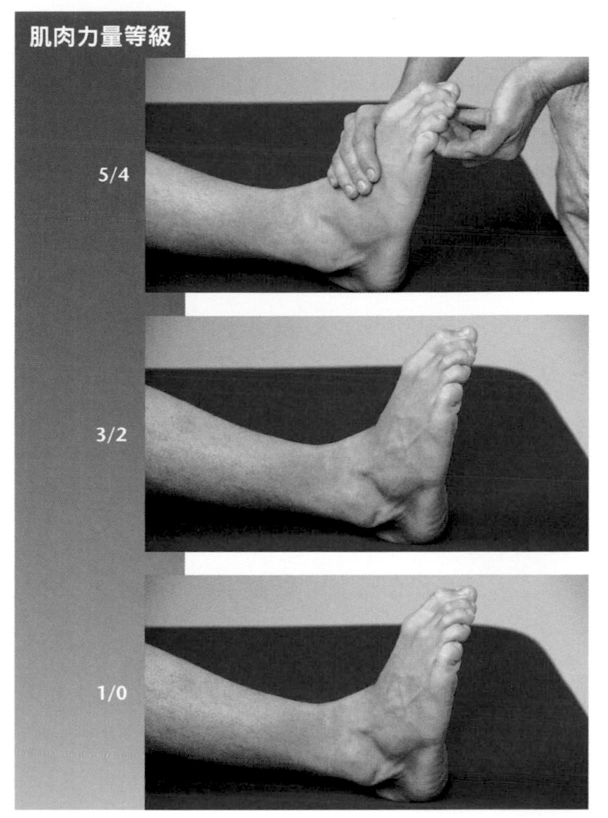

起始位置：病患平躺。小腿膝關節屈曲並用膝墊支撐。測試足部擺在正中姿勢。

測試過程：測試者一隻手固定病患蹠骨，另一隻手給予第2～5趾遠端趾骨伸直方向的阻力。

指導語：將你的腳趾屈曲，抵抗我的阻力並維持姿勢。

起始位置：病患平躺。小腿膝關節屈曲並用膝墊支撐。測試足部擺在正中姿勢。

測試過程：測試者觀察腳趾動作。

指導語：將你的腳趾屈曲。

起始位置：病患平躺。小腿膝關節屈曲並用膝墊支撐。測試足部擺在正中姿勢。

測試過程：測試者觀察腳趾動作。

指導語：嘗試將你的腳趾屈曲。

問題／評論

- 無法觸診到蹠方肌。
- 屈趾長肌與蹠方肌會共同測試。

屈小趾短肌

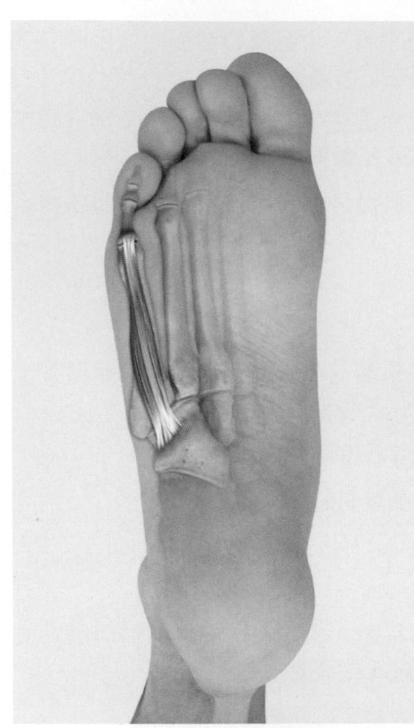

屈小趾短肌使小趾屈曲並支撐足弓。

起點	第5蹠骨基部；足底長韌帶；腓骨長肌肌腱腱鞘
終點	小趾近端趾骨
神經支配	外側足底神經（第2～3節薦神經）

功能

協同肌	拮抗肌
第5蹠趾關節	
屈曲	
屈趾長肌	伸趾長肌
屈趾短肌	
外展小趾肌	
對掌小趾肌	
足部蹠側骨間肌	
足部蚓狀肌	
外展	
外展小趾肌	足部蹠側骨間肌
對掌小趾肌	

肌肉功能測試

肌肉力量等級

5/4

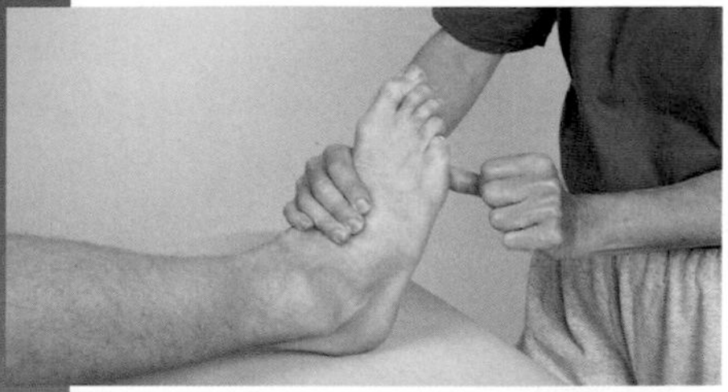

起始位置：病患平躺。小腿膝關節屈曲並用膝墊支撐。測試足部擺在正中姿勢。

測試過程：測試者一隻手固定病患蹠骨，另一隻手給予小趾近端趾骨伸直方向的阻力。

指導語：將你的腳趾屈曲，抵抗我的阻力並維持姿勢。

3/2

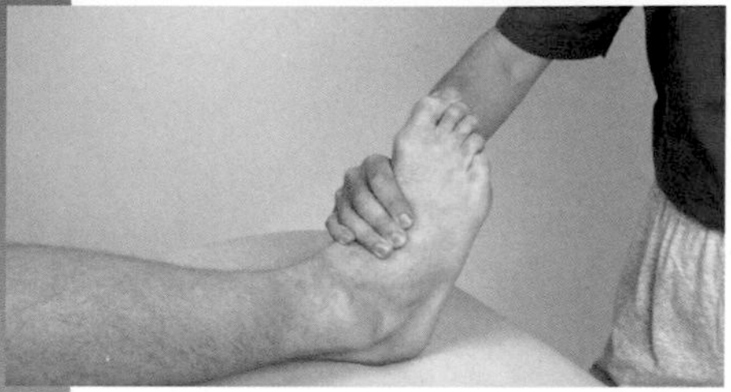

起始位置：病患平躺。小腿膝關節屈曲並用膝墊支撐。測試足部擺在正中姿勢。

測試過程：測試者固定病患蹠骨。

指導語：將你的腳趾屈曲。

1/0

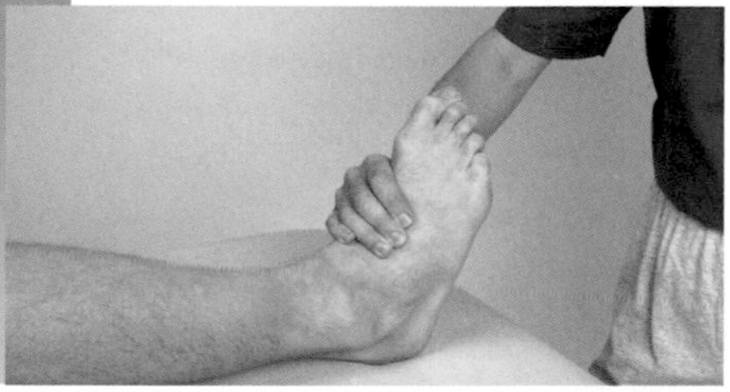

起始位置：病患平躺。小腿膝關節屈曲並用膝墊支撐。測試足部擺在正中姿勢。

測試過程：測試者觀察小趾動作。

指導語：嘗試將你的腳趾屈曲。

問題／評論

- 屈趾短肌、屈趾長肌、蹠方肌與屈小趾肌共同作用，使蹠趾關節與近端趾間關節屈曲。

足部背側骨間肌

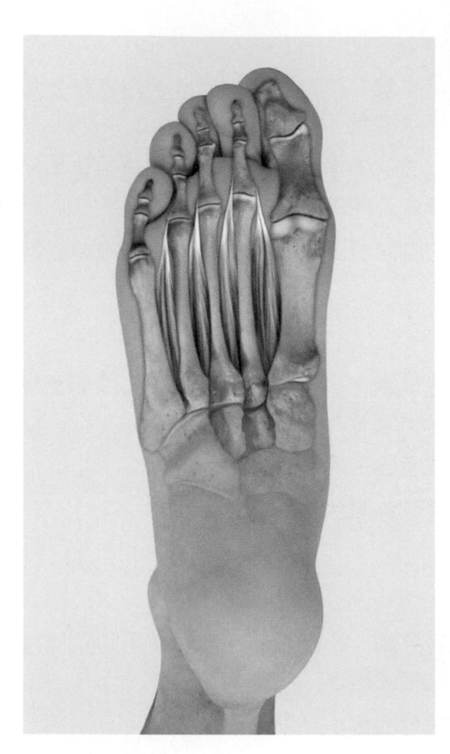

背側骨間肌使腳趾外展與蹠趾關節屈曲。在過程中和蚓狀肌與蹠側骨間肌共同作用下，可協助長伸肌產生踝關節與趾間關節伸直的力量。背側骨間肌本身對趾間關節並不會產生動作。

起點	背側骨間肌有兩個頭，起始於蹠骨兩側
終點	第2～4趾近端趾骨外側表面（第2～4趾外側，第2趾內側）
神經支配	足底長神經（第1～3節薦神經）

功能

協同肌	拮抗肌
第2～4蹠趾關節	
屈曲	
屈趾長肌	伸趾長肌
屈趾短肌	伸趾短肌
蹠側骨間肌（III～IV）	
足部蚓狀肌（II～IV）	
外展（僅第3和4趾）	
無	蹠側骨間肌（III、IV）

肌肉功能測試

肌肉力量等級

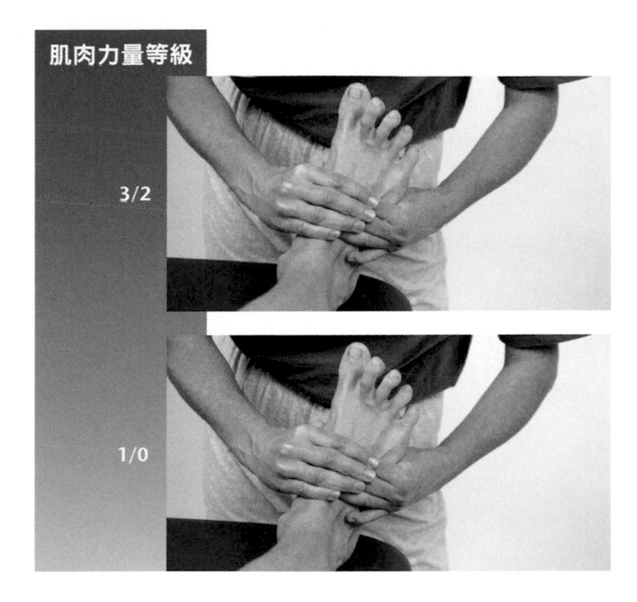

3/2

起始位置：病患平躺。小腿膝關節屈曲並用膝墊支撐。

測試過程：測試者將病患足部擺在正中姿勢。

指導語：將你的腳趾打開。

1/0

起始位置：病患平躺。小腿膝關節屈曲並用膝墊支撐。

測試過程：測試者將病患足部擺在正中姿勢，並觀察腳趾動作。

指導語：嘗試將你的腳趾打開。

問題／評論

- 本測試刻意不給予阻力。背側骨間肌日常生活並不活躍，因此無法在主動控制下活動。
- 4條背側骨間肌分別接到第2～4趾近端趾骨。拇趾與小腳趾有各自的外展肌。

外展拇肌

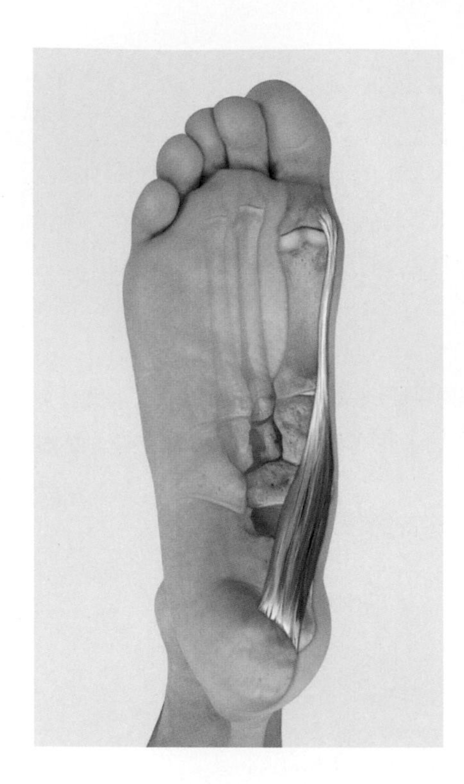

外展拇肌使拇趾外展且屈曲蹠趾關節。最重要的是，它可以穩定內側足弓，特別是在腳跟抬離地面、內側足弓有被身體重量壓扁趨勢時。

起點　跟骨粗隆內側；足底筋膜

終點　拇趾近端趾骨

神經支配　內側足底神經（第1～2節薦神經）

功能

協同肌	拮抗肌
第1蹠趾關節	
外展	
無	內收拇肌
	伸拇短肌
	屈拇長肌（在拇趾內收姿勢）
	伸拇長肌（在拇趾內收姿勢）
屈曲	
屈拇長肌	伸拇長肌
屈拇短肌	伸拇短肌
內收拇肌	

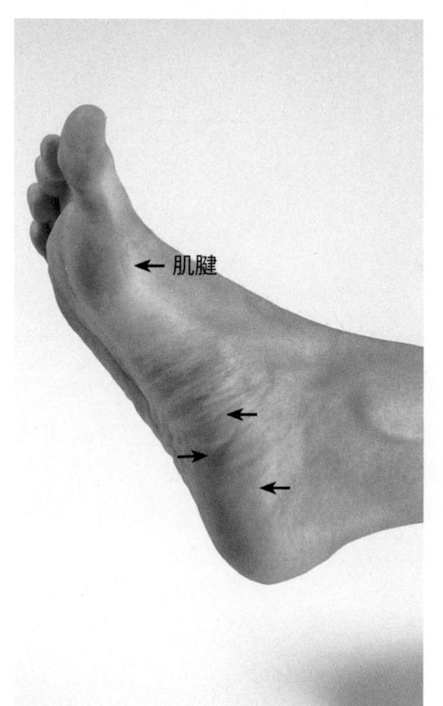

肌肉功能測試

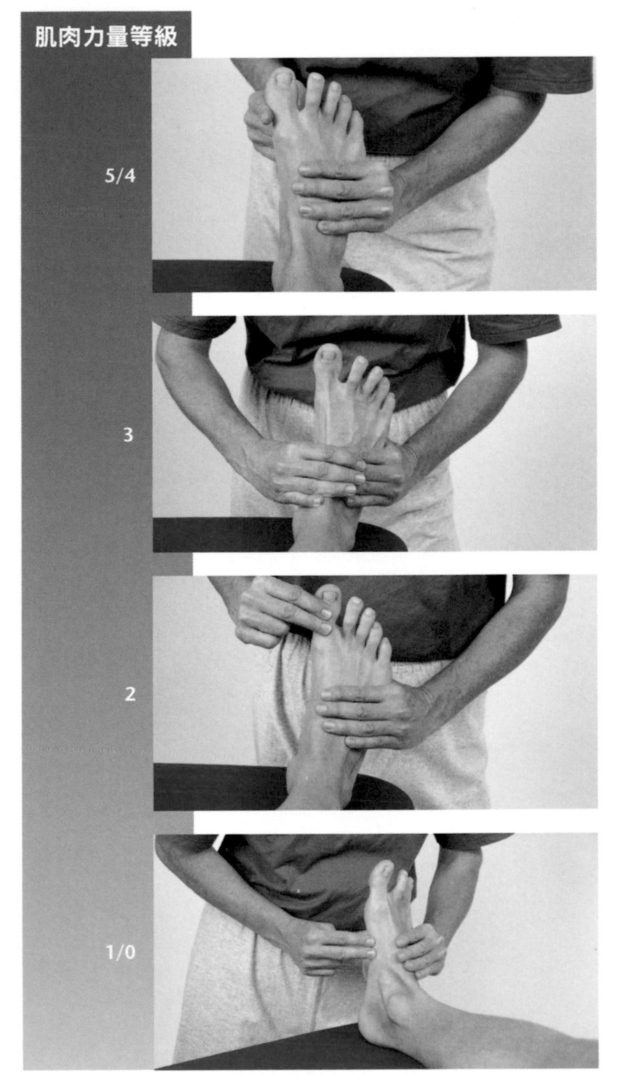

起始位置：病患平躺。小腿膝關節屈曲並用膝墊支撐。測試足部擺在正中姿勢。

測試過程：測試者一隻手固定病患蹠骨，另一隻手給予拇趾近端趾骨外側內收方向的阻力。

指導語：將你的拇趾打開，抵抗我的阻力並維持姿勢。

起始位置：病患平躺。小腿膝關節屈曲並用膝墊支撐。測試足部擺在正中姿勢。

測試過程：測試者固定病患蹠骨。

指導語：將你的拇趾打開。

起始位置：病患平躺。小腿膝關節屈曲並用膝墊支撐。

測試過程：測試者固定病患蹠骨並支撐拇趾。

指導語：將你的拇趾打開。

起始位置：病患仰臥，小腿膝關節處用膝墊支撐，使待測試一膝關節彎屈曲，待測試足部擺正中姿勢。

測試過程：觸診外展拇肌肌腱

指導語：將你的拇趾打開。

! 問題／評論

- 拇趾常發生外翻畸形，因此外展拇肌會萎縮，這會使肌肉更難收縮。在這種情況下，可以將拇趾被動擺在正中位置，這樣外展拇肌會更好收縮（見第2級肌力測試）。
- 拇趾外翻時，伸肌與屈肌因為改變位置會變成拇趾內收肌。這些肌肉的收縮會拮抗外展拇肌收縮的效果。

外展小趾肌

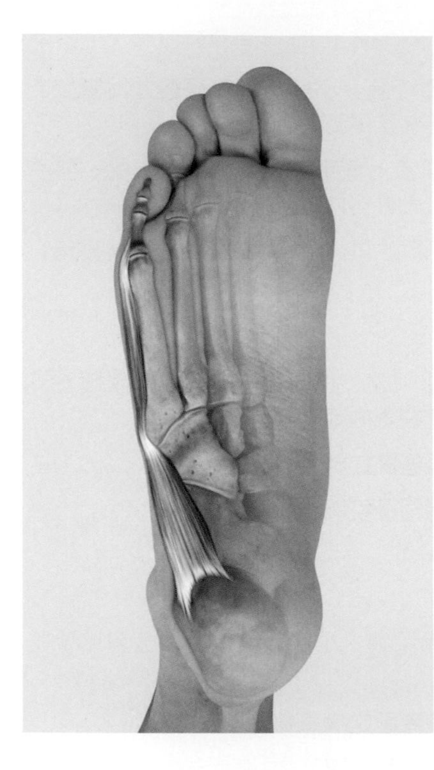

外展小趾肌使小趾外展與屈曲。這條肌肉也會調控外側足弓。

起點　跟骨粗隆外側突，相鄰筋膜

終點　小趾近端趾骨外側表面

神經支配　外側足底神經（第2～3節薦神經）

功能

協同肌	拮抗肌
第5蹠趾關節	
屈曲	
屈趾長肌	伸趾長肌
屈趾短肌	
屈小趾肌	
對掌小趾肌	
蹠側骨間肌	
足部蚓狀肌	

外展	
對掌小趾肌	蹠側骨間肌
	足部第4蚓狀肌

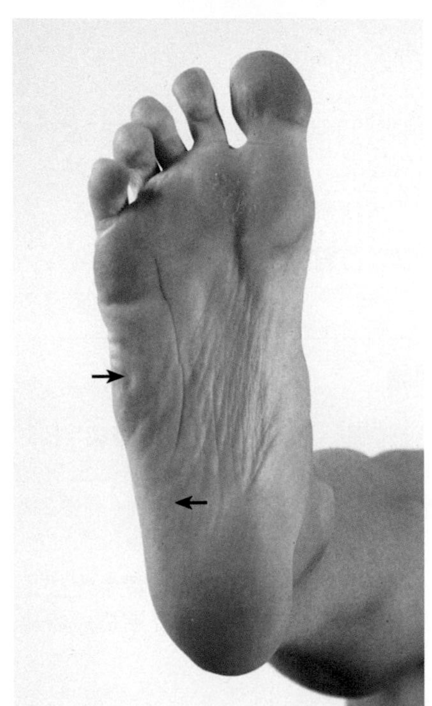

肌肉功能測試

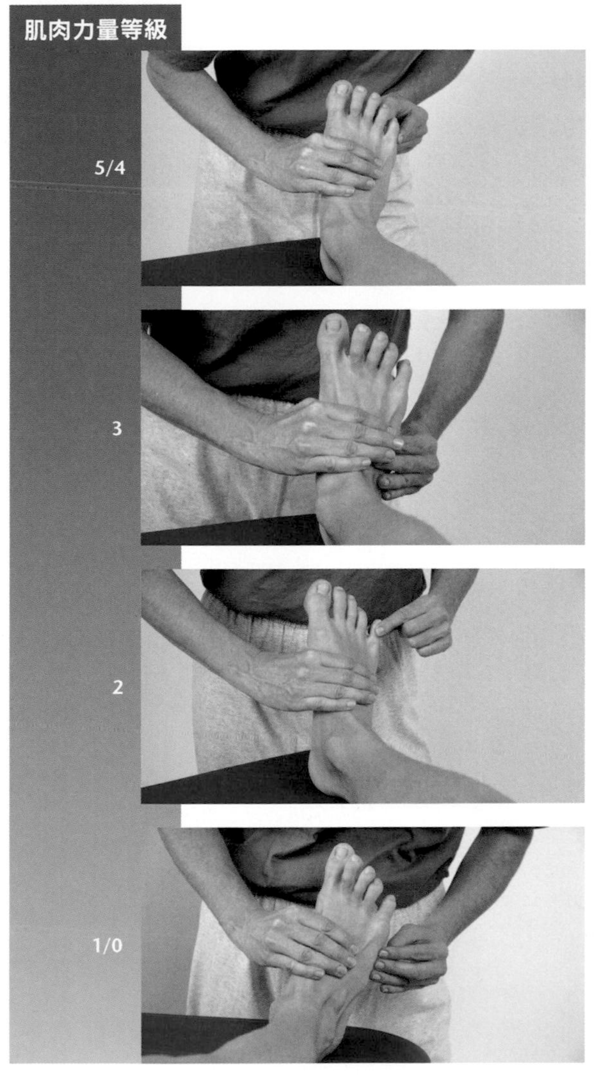

起始位置：病患平躺。小腿膝關節屈曲並用膝墊支撐。測試足部擺在正中姿勢。

測試過程：測試者一隻手固定病患蹠骨，另一隻手給予小趾近端趾骨外側內收方向的阻力。

指導語：將你的小趾打開，抵抗我的阻力並維持姿勢。

起始位置：病患平躺。小腿膝關節屈曲並用膝墊支撐。測試足部擺在正中姿勢。

測試過程：測試者固定病患蹠骨。

指導語：將你的小趾打開。

起始位置：病患平躺。小腿膝關節屈曲並用膝墊支撐。

測試過程：測試者固定病患蹠骨並支撐小趾。

指導語：將你的小趾打開。

起始位置：病患平躺。小腿膝關節屈曲並用膝墊支撐。測試足部擺在正中姿勢。

測試過程：測試者觸診外展小趾肌。

指導語：嘗試將你的小趾打開。

問題／評論

- 小趾通常會有內翻畸形，因此外展小趾肌會萎縮，這會使肌肉更難收縮。在這種情況下，可以將小趾被動擺在正中位置，這樣外展小趾肌會更好收縮（見第2級肌力測試）。
- 當小趾內翻畸形時，伸肌與屈肌因為改變位置會變成小趾內收肌。這些肌肉的收縮會拮抗外展小趾肌收縮的效果。

內收拇肌

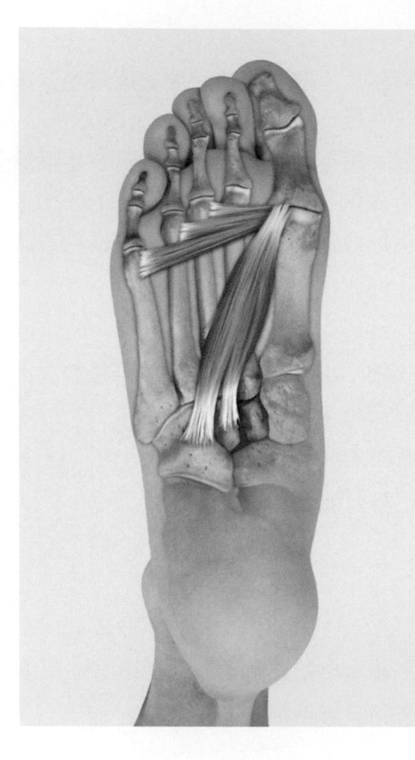

內收拇肌使拇趾內收與些微屈曲。重要的是，它穿過足底能調控足弓。

起點　斜向頭：骰骨，外側楔狀骨，足底跟骰韌帶，足底長韌帶；水平頭：第3～5蹠趾關節關節囊，橫深蹠韌帶

終點　拇趾近端趾骨與外側種子骨

神經支配　外側足底神經（第2～3節薦神經）

功能

協同肌	拮抗肌
第1蹠趾關節	
內收	
屈拇長肌（在拇趾內收姿勢）	外展拇肌
伸拇長肌（在拇趾內收姿勢）	
屈曲	
屈拇長肌	伸拇長肌
屈拇短肌	伸拇短肌
外展拇肌	

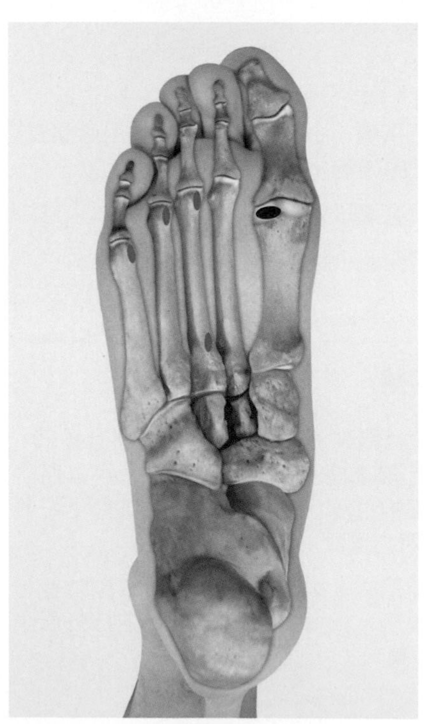

肌肉功能測試

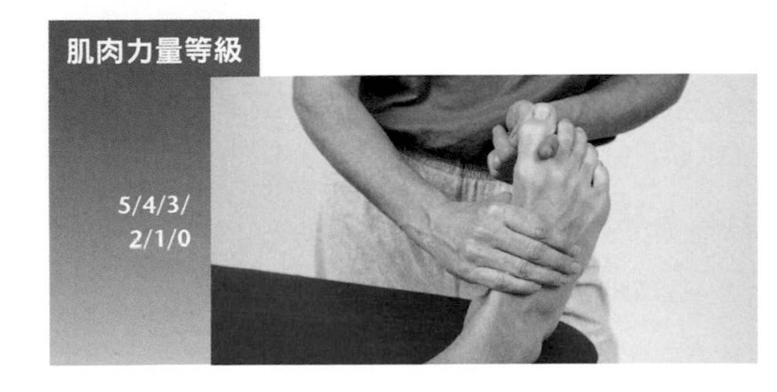

起始位置：病患平躺。小腿膝關節屈曲並用膝墊支撐。測試足部擺在正中姿勢。

測試過程：測試者一隻手固定病患蹠骨，另一隻手的一根手指放在病患拇趾與第2趾中間。

指導語：嘗試將你的腳趾夾緊我的手指。

臨床關聯性

- 在許多病患中，拇趾已經呈現內收（拇趾外翻）。因此會無法觀察到拇趾內收動作。

蹠側骨間肌

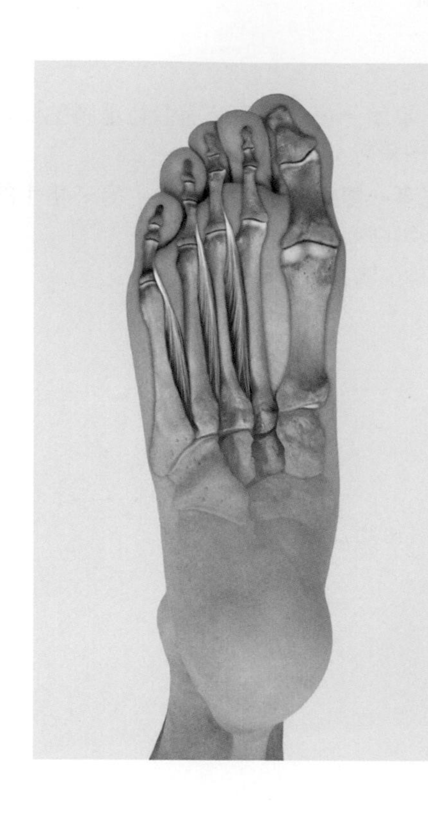

蹠側骨間肌使第3～5趾向第2趾內收。因為這些肌肉對蹠趾關節有屈曲作用，讓屈趾長肌能更多作用在趾間關節與踝關節上。

起點　第3～5蹠骨內側基部

終點　第3～5近端趾骨內側

神經支配　外側足底神經（第1～3節薦神經）

功能

協同肌	拮抗肌
第3～5蹠趾關節	
屈曲	
屈趾長肌	伸趾長肌
屈趾短肌	伸趾短肌（III、IV）
背側骨間肌（III-IV）	
足部蚓狀肌（II-IV）	
蹠方肌	
屈小趾短肌（V）	
對掌小趾肌（V）	
外展小趾肌（V）	
內收	
無	背側骨間肌（III、IV）

肌肉功能測試

肌肉力量等級

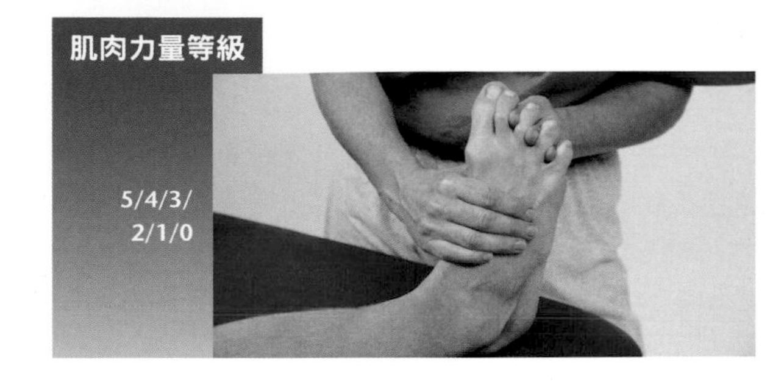

5/4/3/
2/1/0

起始位置：病患平躺。小腿膝關節屈曲並用膝墊支撐。測試足部擺在正中姿勢。

測試過程：測試者一隻手固定病患蹠骨，另一隻手的手指分別放在病患第2～5趾中間。

指導語：嘗試將你的腳趾夾緊我的手指。

問題／評論

- 許多人會發現很難自主做出這個動作。
- 足部蚓狀肌在蹠側骨間肌收縮時能提供支撐作用。

足部蚓狀肌

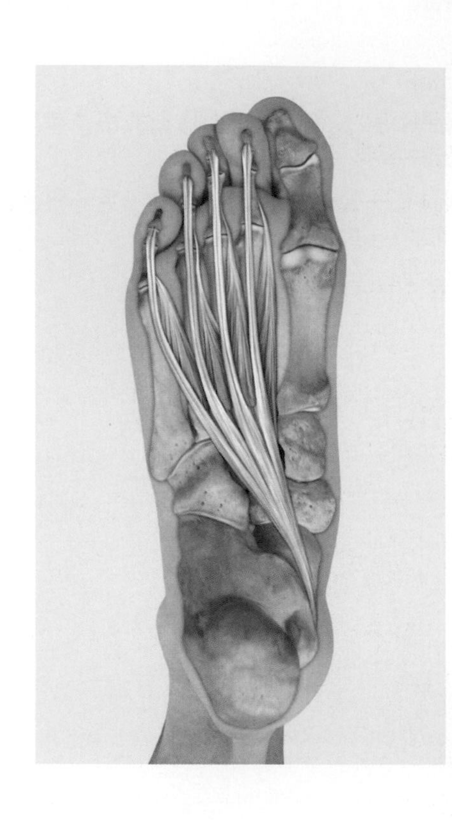

足部蚓狀肌使蹠趾關節屈曲，這功能很重要，因為足部蚓狀肌可以防止蹠趾關節過度伸直，使伸趾肌的力量能集中在趾間關節上。足部蚓狀肌的收縮可使蹠趾關節保持在適當位置，使伸趾肌的力量充分發揮。與相對應的手部蚓狀肌相比，足部蚓狀肌與骨間肌對於近端與遠端趾間關節的伸直作用很微弱，甚至沒有作用。

起點	屈趾長肌肌腱
終點	第2～5趾近端趾骨與背側腱膜
神經支配	第1蚓狀肌：內側足底神經（第1～2節薦神經）； 第2～4蚓狀肌：外側足底神經（第2～3節薦神經）

功能

協同肌	拮抗肌
第2～5蹠趾關節	
屈曲	
屈趾長肌	伸趾長肌
屈趾短肌	伸趾短肌（II～IV）
背側骨間肌（II～IV）	
足部蚓狀肌（III～V）	
蹠方肌	
屈小趾短肌（V）	
外展小趾肌（V）	

對掌小趾肌

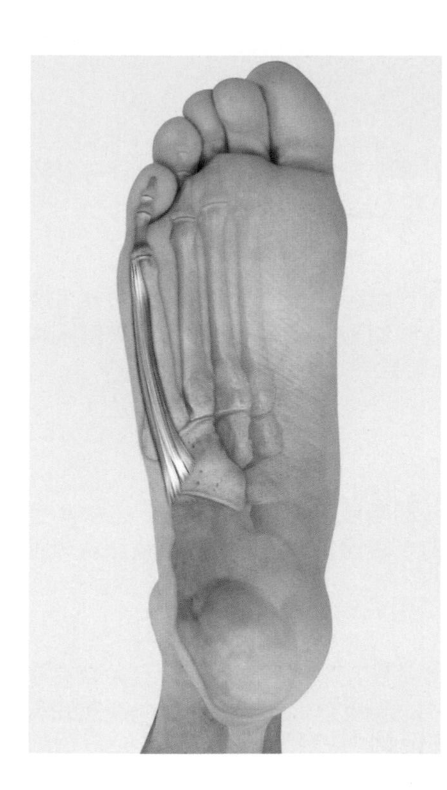

對掌小趾肌是維持足弓的成員之一。

起點　　　腓骨長肌肌腱腱鞘、足底長韌帶

終點　　　第5趾蹠骨遠端外側

神經支配　外側足底神經（第2～3節薦神經）

功能

協同肌	拮抗肌
第2～5蹠趾關節	
屈曲	
向內、向足底牽拉第5蹠骨	外展小趾肌
屈小趾肌	
屈趾長肌	
屈趾短肌	

肌肉延展測試

屈趾長肌與屈拇長肌

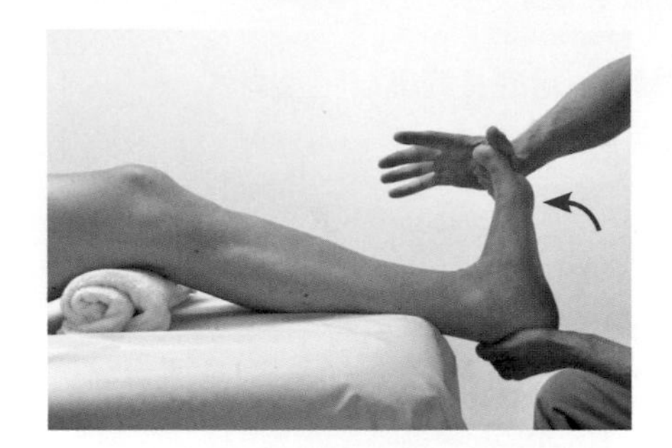

方法

病患蹠趾關節、近端與遠端趾間關節伸直。治療師將足部帶到踝關節、距下關節與距跟舟關節最大背屈（伸直）與旋前。

發現

如果動作無法執行到最大範圍或腳趾無法維持伸直，且末端角度感覺到柔軟、有彈性的組織在限制動作範圍，表示肌肉有縮短現象。病患在肌肉延展過程有牽拉感。

伸趾長肌與伸拇長肌

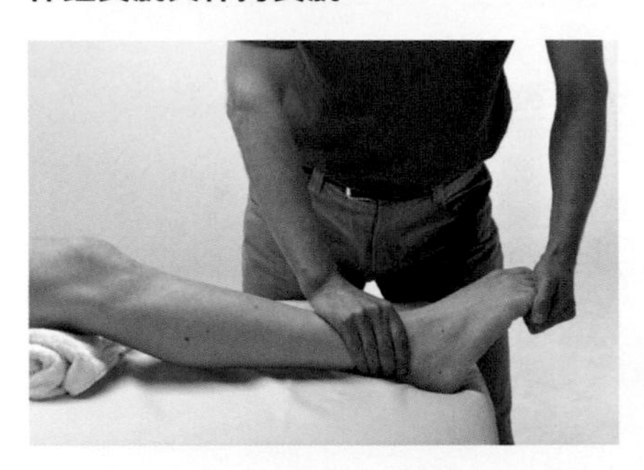

方法

病患蹠趾關節、近端與遠端趾間關節屈曲。治療師將足部帶到最大蹠屈與旋前來測試伸拇長肌；帶到最大蹠屈與旋後來測試伸趾長肌。

發現

如果動作無法執行到最大範圍或腳趾無法維持屈曲，且末端角度感覺到柔軟、有彈性的組織在限制動作範圍，表示肌肉有縮短現象。病患在肌肉延展過程有牽拉感。

內收拇肌

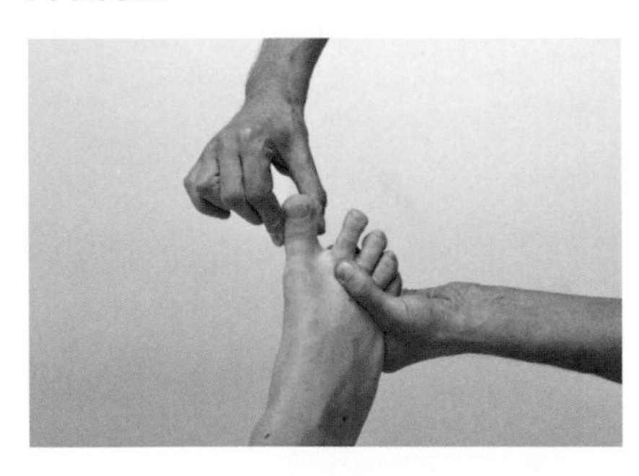

方法

治療師將病患拇趾帶到蹠趾關節最大外展。

發現

如果動作無法執行到最大範圍，末端角度感覺到柔軟、有彈性的組織在限制動作範圍，表示肌肉有縮短現象。病患在肌肉延展過程有牽拉感。

3
下肢

3.5 支配下肢肌肉的運動神經

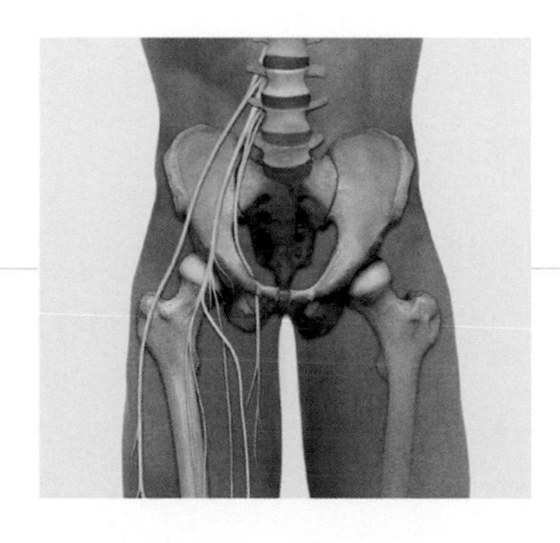

股神經

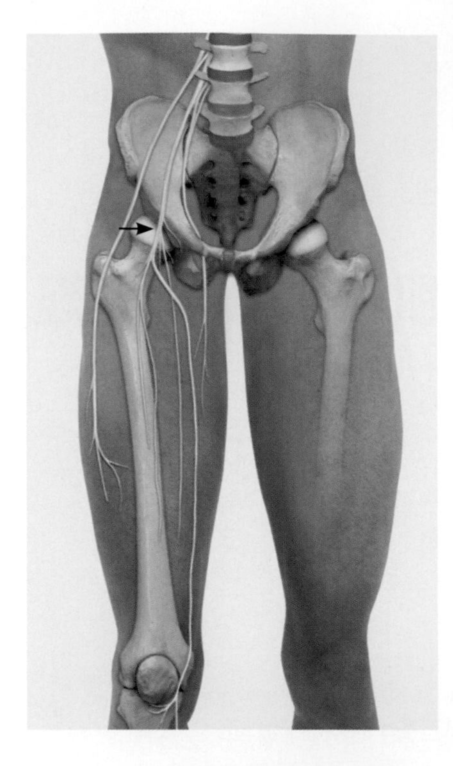

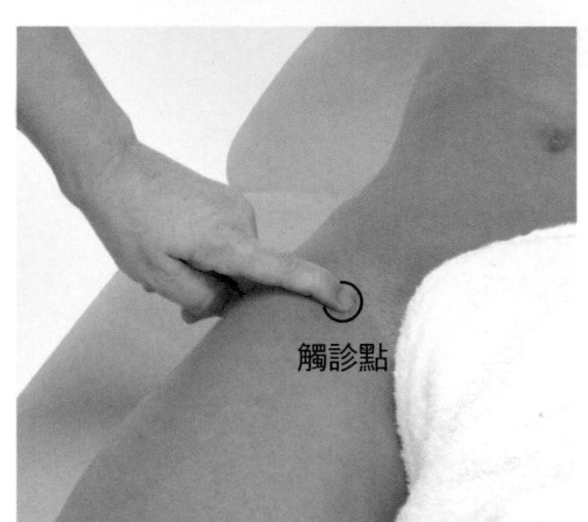

股神經（L1～L4）

腰神經前支從椎間孔離開腰椎，骶神經前支則從骶前孔離開骶椎。第12胸神經前支的一部分、第1～3腰神經前支的全部以及第4腰神經前支的一部分構成腰叢，骶叢則發自L4～S3（或S4）。這些脊神經前支在髂腰肌內部和下方、骨盆後內表面靠近身體中線處共同構成腰骶叢。在腰骶叢這個縱橫交織的神經網內，各脊神經前支重新編織為各大主要神經，然後發出眾多分支支配身體各部分。

股神經被髂腰筋膜覆蓋，順著腰大肌和髂肌之間的間溝穿過肌腔隙，一路上發出分支支配這兩塊肌肉。在腹股溝韌帶的緊下方，股神經分為眾多運動分支，支配恥骨肌（與閉孔神經一起）、縫匠肌和股四頭肌。

說明

如果髂腰肌出血，致使其所在筋膜間室出血，就可能導致筋膜間隔區症候群，並伴隨股四頭肌癱瘓。如果股四頭肌完全癱瘓，膝部就只能被動伸展了（參見第255頁與臀上神經相關的內容）。

股神經延展性測試

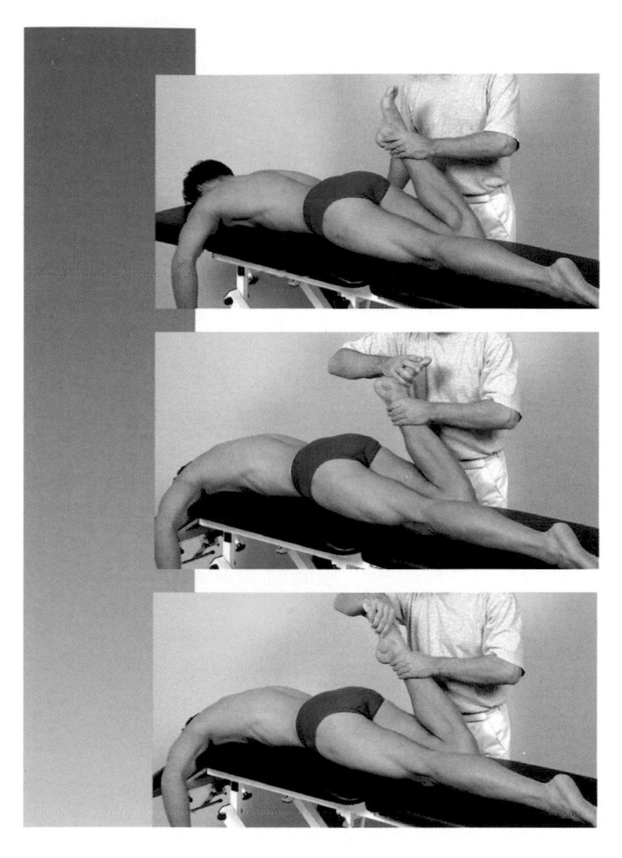

測試對象採取俯臥式，髖關節處於伸展狀態。測試者移動待測試一側膝關節以使其屈曲。

為增加神經張力，測試者需移動待測試一側踝關節以使足部背屈。

測試者可以移動待測試一側踝關節，使足部最大限度地蹠屈，這樣也可以增加神經張力。

問題／評論

- 如果測試對象在這個測試中反覆出現典型的疼痛感，或者改變神經張力後其踝關節的運動範圍受到影響，就說明股神經在延展性方面出了問題。

閉孔神經

閉孔神經（L2～L4）

腰神經前支從椎間孔離開腰椎，骶神經前支則從骶前孔離開骶椎。第12胸神經前支的一部分、第1～3腰神經前支的全部以及第4腰神經前支的一部分構成腰叢，骶叢則發自L4～S3（或S4）。這些脊神經前支在髂腰肌內部和下方、骨盆後內表面靠近身體中線處共同構成腰骶叢。在腰骶叢這個縱橫交織的神經網內，各脊神經前支重新編織為各大主要神經，然後發出眾多分支支配身體各部分。

閉孔神經在腰大肌後方下行進入小骨盆，與閉孔血管伴行穿過閉膜管。出盆腔後，它支配閉孔外肌，並在恥骨肌深面分成各運動分支，於短收肌的前方和後方繼續下行。這些分支支配恥骨肌（與股神經一起）、長收肌、短收肌、股薄肌以及大收肌的止於股骨粗線內側唇的深部肌束。

說明

女性在分娩時可能發生閉孔神經損傷。

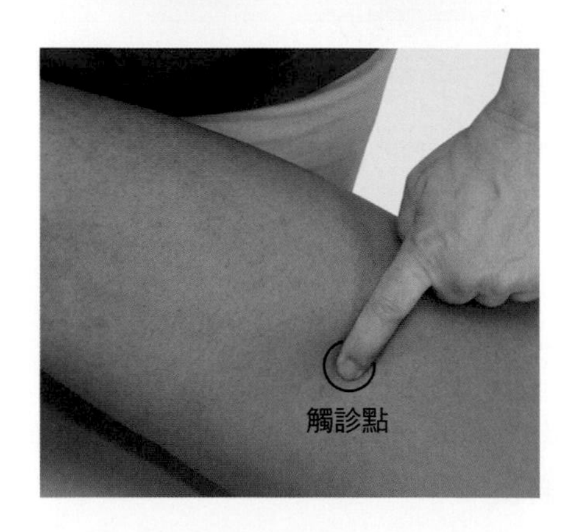

臀上神經和臀下神經

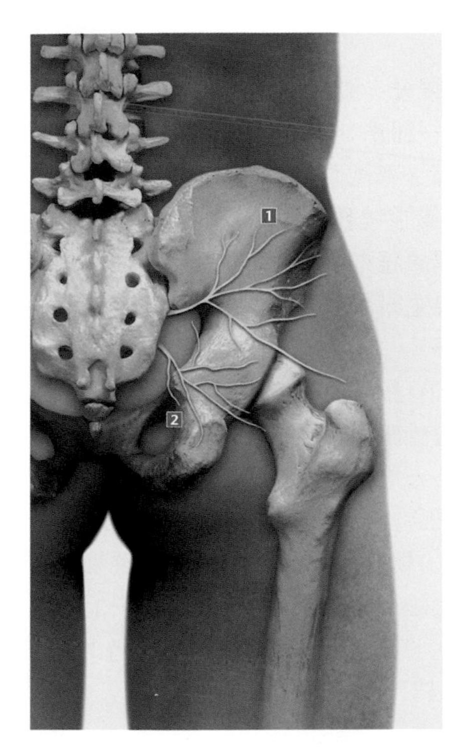

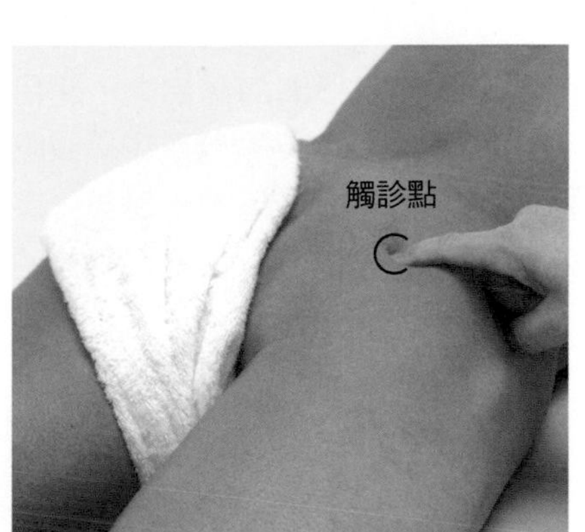

臀上神經（L4～S1）

腰神經前支從椎間孔離開腰椎，骶神經前支則從骶前孔離開骶椎。第12胸神經前支的一部分、第1～3腰神經前支的全部以及第4腰神經前支的一部分構成腰叢，骶叢則發自L4～S3（或S4）。這些脊神經前支在髂腰肌內部和下方、骨盆後內表面靠近身體中線處共同構成腰骶叢。在腰骶叢這個縱橫交織的神經網內，各脊神經前支重新編織為各大主要神經，然後發出眾多分支支配身體各部分。

臀上神經發出後不久就穿過梨狀肌上孔離開小骨盆，行於臀中肌與臀小肌之間，支配臀中肌、臀小肌和闊筋膜張肌。

臀下神經（L5～S2）

臀下神經發自L5～S2脊髓節段，與坐骨神經伴行穿過梨狀肌下孔，發出眾多分支支配臀大肌。

說明

臀下神經損傷會導致臀大肌癱瘓，平地行走時臀大肌的功能可以被膕繩肌代替，但是患者將無法上樓或爬山。臀上神經支配闊筋膜張肌，闊筋膜張肌能與臀大肌一起有力地繃緊髂脛束，所以當股神經受損時，膝關節雖無法主動伸展，但只要闊筋膜張肌和臀大肌沒有癱瘓，膝關節被動伸展後可維持伸展狀態。

1 臀上神經
2 臀下神經

坐骨神經

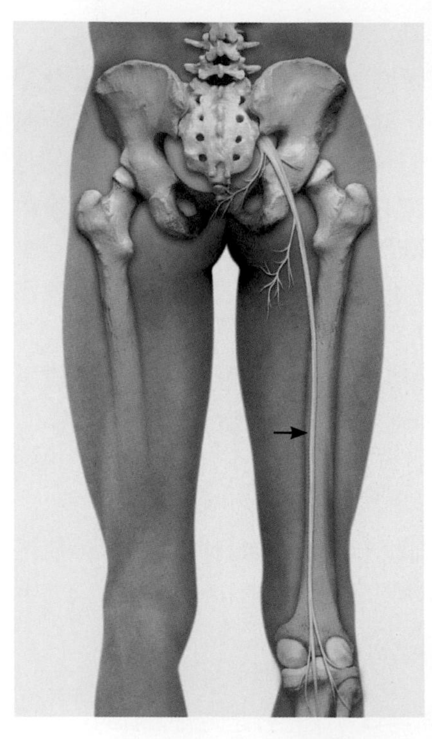

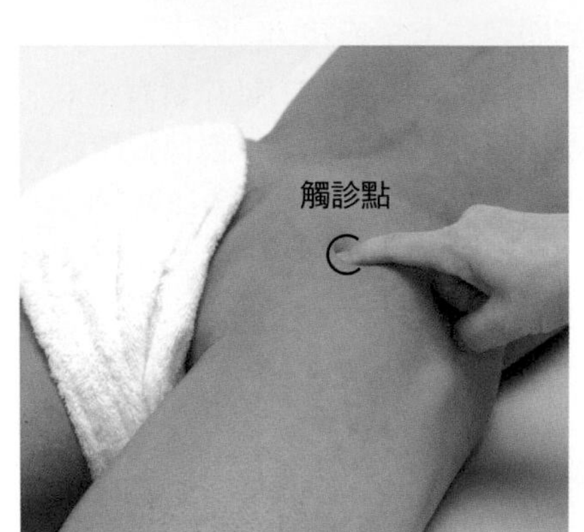

坐骨神經（L4～S3）

腰神經前支從椎間孔離開腰椎，骶神經前支則從骶前孔離開骶椎。第12胸神經前支的一部分、第1～3腰神經前支的全部以及第4腰神經前支的一部分構成腰叢，骶叢則發自L4～S3（或S4）。這些脊神經前支在髂腰肌內部和下方、骨盆後內表面靠近身體中線處共同構成腰骶叢。在腰骶叢這個縱橫交織的神經網內，各脊神經前支重新編織為各大主要神經，然後發出眾多分支支配身體各部分。

坐骨神經是人體內最粗大、行程最長的神經，經梨狀肌下孔出骨盆至臀大肌深面，在坐骨結節和大轉子之間、股方肌淺面下行至股後區，然後在膕窩上方不同高度處（因人而異，最遲發生在進入膕窩前）分為腓總神經和脛神經兩大終支。如果坐骨神經在盆腔內就分為兩支，那麼腓總神經會穿過梨狀肌出盆腔。在股後區，坐骨神經沿途發出數個運動分支分別支配半腱肌、半膜肌、股二頭肌和大收肌淺部肌束（此部分肌束止於收肌結節）。

說明

骨盆受傷或髖部手術（如完全腹膜外腹股溝疝修補術，簡稱TEP手術）可能造成坐骨神經的擠壓性損傷。梨狀肌攣縮或肥大也可能造成坐骨神經被壓迫。股方肌無力時，坐骨神經會深深陷入坐骨結節和大轉子之間，從而受到卡壓，這時髖關節的旋外會對它造成損傷。

脛神經

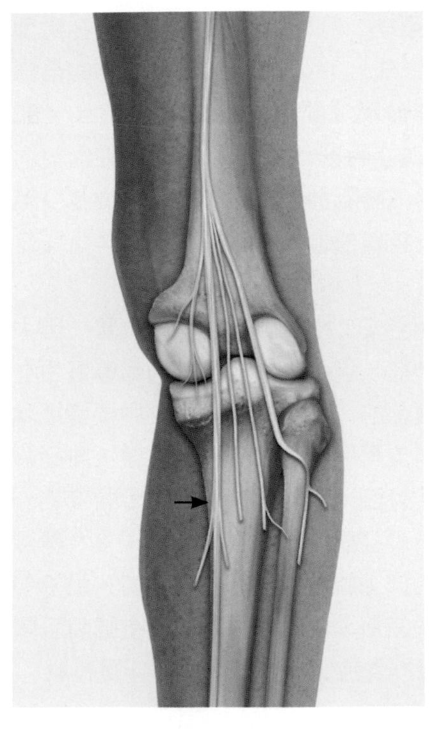

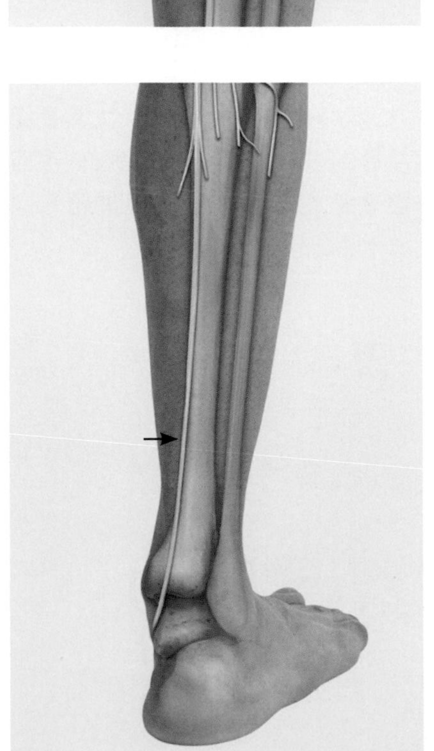

脛神經（L4～S3）

腰神經前支從椎間孔離開腰椎，骶神經前支則從骶前孔離開骶椎。第12胸神經前支的一部分、第1～3腰神經前支的全部以及第4腰神經前支的一部分構成腰叢，骶叢則發自L4～S3（或S4）。這些脊神經前支在髂腰肌內部和下方、骨盆後內表面靠近身體中線處共同構成腰骶叢。在腰骶叢這個縱橫交織的神經網內，各脊神經前支重新編織為各大主要神經，然後發出眾多分支支配身體各部分。

在坐骨神經於膕窩上方（通常情況下）分為脛神經和腓總神經之前，其中要構成脛神經的部分已經發出許多近端運動分支支配周邊肌肉。在坐骨神經分為脛神經和腓總神經之後，脛神經垂直向下穿過膕窩，於比目魚肌肌腱弓深面穿過，到達小腿的後深筋膜室。在這個間室中，脛神經與脛後血管伴行向下，穿過內踝管到達足底區。在踝管內與內踝等高處，脛神經分為兩大終支：足底內側神經和足底外側神經。

說明

小腿受傷時可能導致後深筋膜室發生筋膜間室症候群：間室內壓力升高，致使脛神經受損和間室內血管受到壓迫。

腓總神經、腓深神經和腓淺神經

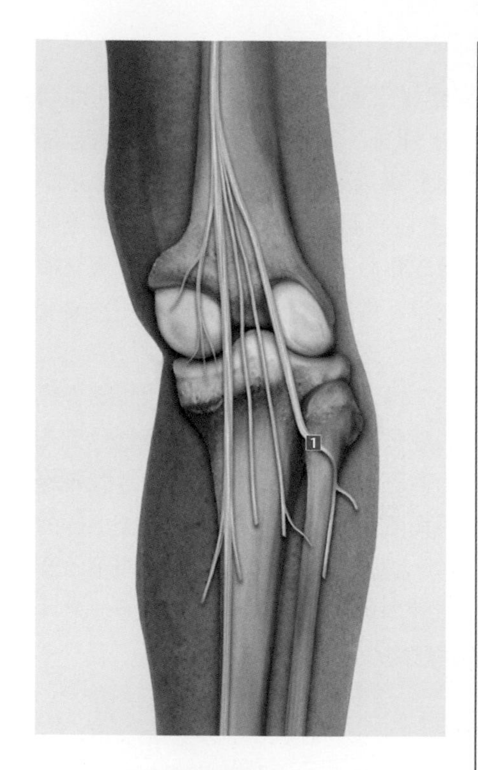

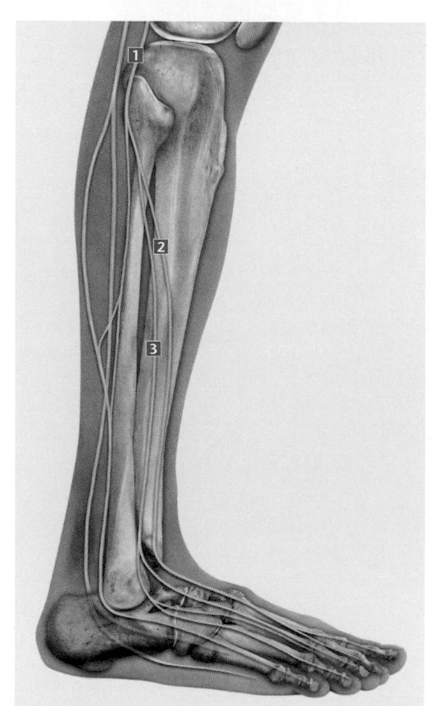

腰神經前支從椎間孔離開腰椎，骶神經前支則從骶前孔離開骶椎。第12胸神經前支的一部分、第1～3腰神經前支的全部以及第4腰神經前支的一部分構成腰叢，骶叢則發自L4～S3（或S4）。這些脊神經前支在髂腰肌內部和下方、骨盆後內表面靠近身體中線處共同構成腰骶叢。在腰骶叢這個縱橫交織的神經網內，各脊神經前支重新編織為各大主要神經，然後發出眾多分支支配身體各部分。

腓總神經是坐骨神經的一個分支。坐骨神經在不同位置（因人而異）分為腓總神經和脛神經，這兩大終支的分離最遲發生在坐骨神經進入膕窩前。分離前的一路上，坐骨神經中要構成腓總神經的部分發出運動分支支配股二頭肌短頭。然後，腓總神經沿股二頭肌內側緣行至腓骨頭，向下從背側繞腓骨頸向前到達小腿外側筋膜室，穿過腓骨長肌後，分為兩大終末支：腓深神經和腓淺神經。腓淺神經伴著腓骨長肌下行到足背，沿途發出分支支配腓骨長肌和腓股短肌。腓深神經則穿過小腿前肌間隔進入小腿前筋膜室，支配脛骨前肌、伸拇長肌和伸趾長肌。

說明

由於神經自身的位置特點，在測試對象體位不當時（尤其是採取側臥位時）或用石膏固定小腿的方法不當時，腓總神經很容易受到壓迫。加護病房裡昏迷患者尤其需要注意這個問題。

1 腓總神經
2 腓深神經
3 腓淺神經

腓神經和脛神經延展性測試

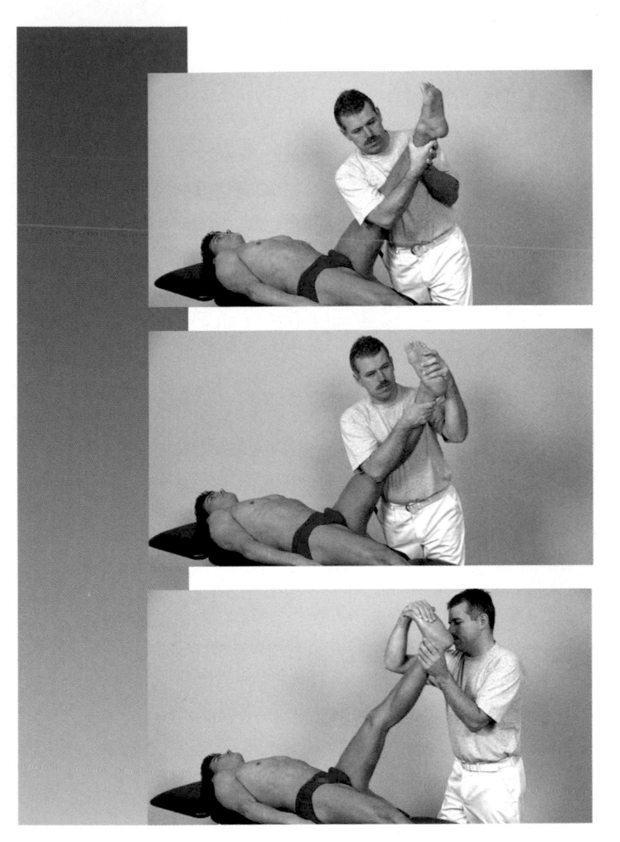

測試對象採取仰臥位，膝關節伸展。測試者移動待測試一側腿部以使髖關節前屈。為增加神經張力，測試者還需移動待測試一側腿部以使髖關節在前屈的同時內收和旋內。

若要增加腓神經的張力，測試者還需移動待測試一側足部以使蹠屈和內翻。

若要增加脛神經的張力，測試者還需移動待測試一側足部以使其背屈和外翻。

足底外側神經和足底內側神經

腰神經前支從椎間孔離開腰椎，骶神經前支則從骶前孔離開骶椎。第12胸神經前支的一部分、第1～3腰神經前支的全部以及第4腰神經前支的一部分構成腰叢，骶叢則發自L4～S3（或S4）。這些脊神經前支在髂腰肌內部和下方、骨盆後內表面靠近身體中線處共同構成腰骶叢。在腰骶叢這個縱橫交織的神經網內，各脊神經前支重新編織為各大主要神經，然後發出眾多分支支配身體各部分。

脛神經在內踝附近踝管內分為足底外側神經和足底內側神經。足底外側神經與足底外側動脈和靜脈一起，沿足底外側溝穿過足底方肌，然後分成各個終末支，於第3、4、5蹠骨間繼續向遠端走行。足底內側神經則穿過足底內側溝，與足底內側動脈一起經足內側緣（於外展拇指肌的深面）至拇趾內側，在足底方肌處它發出運動分支——趾足底總神經。

說明

如果趾足底總神經在第2和第3蹠骨之間，或者第3和第4蹠骨之間的分支受到刺激，就會發生莫頓神經痛。

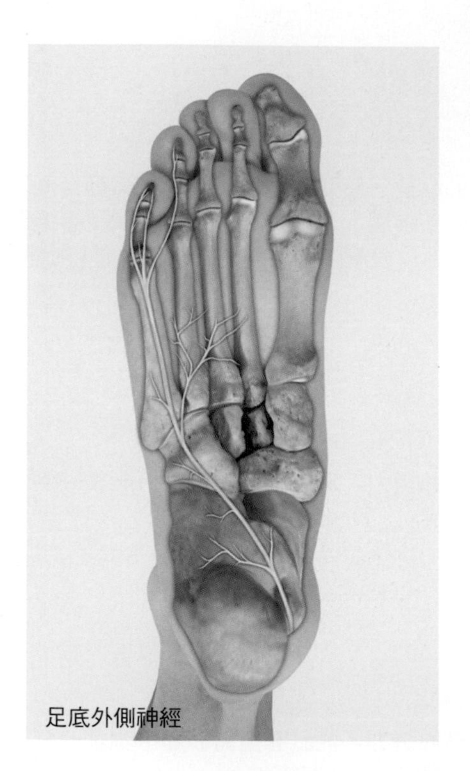

足底外側神經

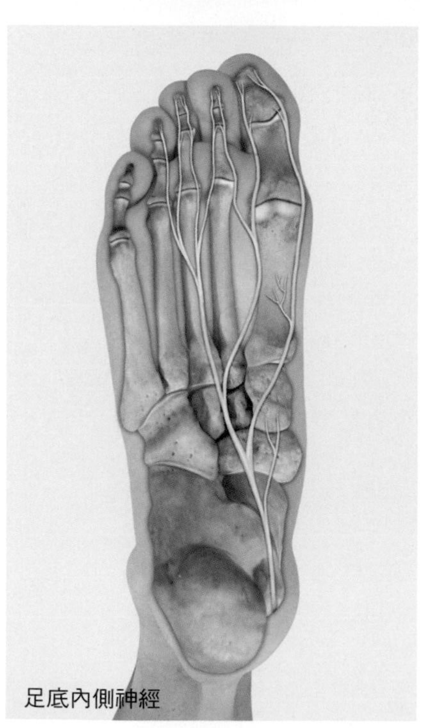

足底內側神經

下肢肌肉神經支配

神經名稱	支配肌肉	發出該神經的脊椎節段							
		L1	L2	L3	L4	L5	S1	S2	S3
股神經									
	腰肌（腰神經前支）								
	髂肌								
	恥骨肌								
	縫匠肌								
	股四頭肌								
閉孔神經									
	恥骨肌								
	內收長肌								
	內收短肌								
	內收大肌深部 （淺部由脛神經L4～L5支配）								
	股薄肌								
	閉孔外肌								
臀上神經									
	闊筋膜張肌								
	臀中肌								
	臀小肌								
臀下神經									
	臀大肌								
	股方肌的一部分								
坐骨神經									
	股方肌的一部分								
薦神經叢直接分支									
	梨狀肌								
	閉孔內肌								
	孖肌								
脛神經									
	股二頭肌長頭								
	半膜肌								
	半腱肌								

下肢肌肉神經支配2						
神經名稱	支配肌肉	發出該神經的脊椎節段				
		L4	L5	S1	S2	S3
	小腿三頭肌					
	蹠肌					
	膕肌					
	脛後肌					
	屈趾長肌					
	屈拇長肌					
總腓神經						
	股二頭肌短頭					
深層腓神經						
	脛前肌					
	伸趾長肌					
	伸拇長肌					
	伸趾短肌					
	腓骨第三肌					
淺層腓神經						
	腓骨長肌					
	腓骨短肌					
外側足底神經						
	外展小趾肌					
	屈小趾短肌					
	對掌小趾肌					
	蹠側骨間肌					
	足部蚓狀肌II～IV					
	背側骨間肌					
	屈拇短肌外側頭					
	內收拇肌					
	蹠方肌					
內側足底神經						
	外展拇肌					
	足部蚓狀肌I					
	屈拇短肌內側頭					
	屈趾短肌					

4

軀幹

4.1 腰椎背部深層肌肉

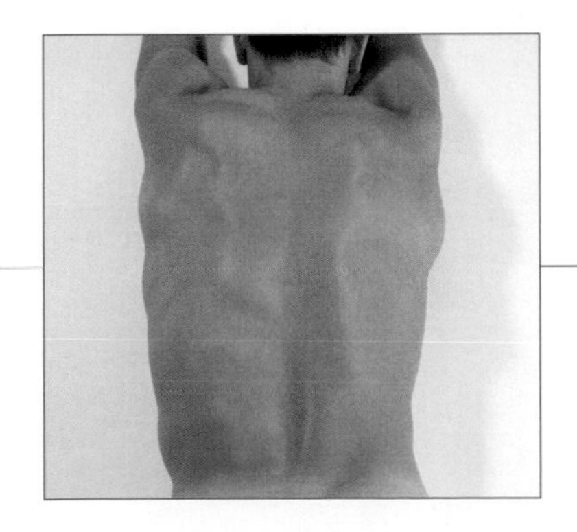

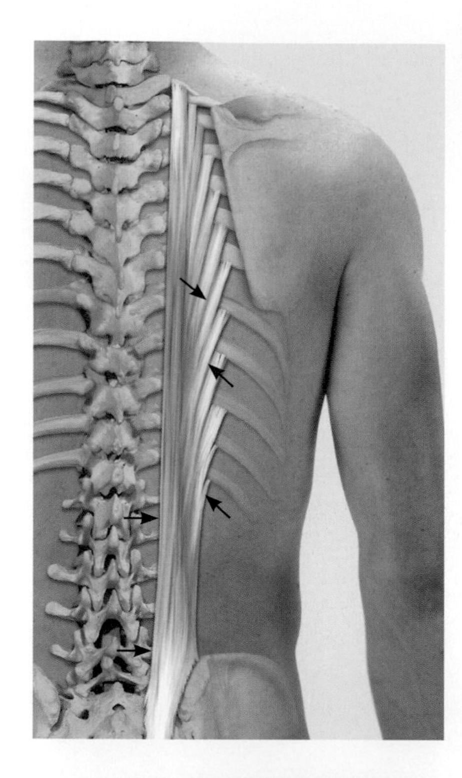

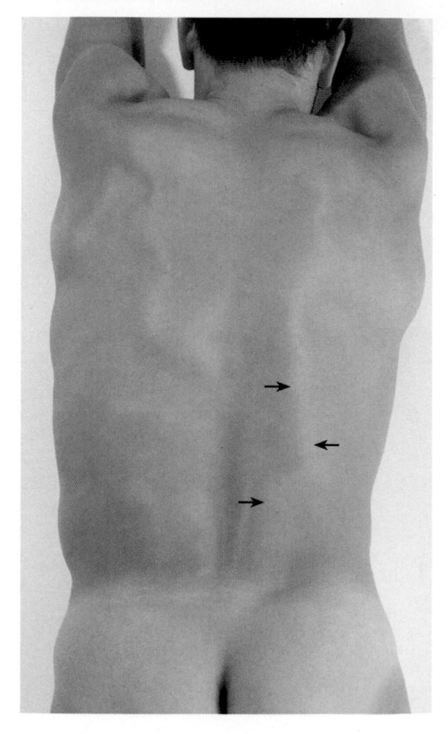

腰髂肋肌

外側束，豎脊肌群

髂肋肌兩側收縮時，可使整個脊椎有力地伸直。當單側收縮時，髂肋肌使脊椎側彎到同側。它對軀幹的旋轉效果非常微弱。

起點	薦骨；髂嵴；所有腰椎棘突；胸腰筋膜
終點	第7～12肋骨角
神經支配	脊神經背側分支（第7節胸神經～第5節腰神經）
特殊性質	胸髂肋肌在本書中不隸屬於腰髂肋肌的一部分，會於下一個單元說明

功能

協同肌	拮抗肌
椎間關節與椎間盤（腰椎）	
伸直（雙側收縮）	
這個區域所有其他深層背部肌肉	腹直肌　腹外斜肌 腹內斜肌
同側側彎	
這個區域所有其他深層背部肌肉（不包含腰棘肌與腰棘間肌） 腰方肌（同側） 腹直肌（同側） 腹外斜肌（同側） 腹內斜肌（同側）	腰方肌（對側）　腹直肌（對側） 腹外斜肌（對側） 腹內斜肌（對側） 當對側收縮時，所有作為同側協同肌的肌肉都會作為拮抗肌
同側旋轉	
腰最長肌（同側） 腹內斜肌（同側） 當對側收縮時，所有作為同側拮抗肌的肌肉都會作為協同肌	腹外斜肌（同側） 腹內斜肌（對側） 腰多裂肌　腰旋轉肌 當對側收縮時，所有作為同側協同肌的肌肉都會作為拮抗肌
肋椎關節與胸肋關節	
肋骨下降	
腹直肌　腹外斜肌　腹內斜肌 腹橫肌　內肋間肌　胸橫肌 下後鋸肌　腰方肌　胸最長肌	外肋間肌 內肋間肌（軟骨間部分）

外側腰橫突間肌

外側束，橫突間肌群

當雙側外側腰橫突間肌收縮時會伸直脊椎，而單側收縮時則往同側側彎。如同內側腰橫突間肌，它們能穩定腰椎並防止脊椎側向滑動。

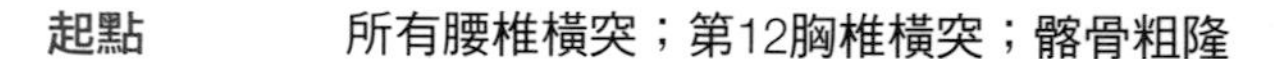

起點	所有腰椎橫突；第12胸椎橫突；髂骨粗隆
終點	第1～5腰椎橫突；第11胸椎橫突
神經支配	脊神經腹側分支（第12節胸神經～第5節腰神經）
特殊性質	這些肌肉起始於腹側部，由脊神經腹側分支支配

功能

協同肌	拮抗肌
椎間關節與椎間盤（腰椎）	
伸直（雙側收縮）	
內側腰橫突間肌	腹直肌
這個區域所有其他深層背部肌肉	腹外斜肌
	腹內斜肌
同側側彎	
內側腰橫突間肌	當對側收縮時，所有作為同側協同肌的肌肉都會作為拮抗肌
這個區域所有其他深層背部肌肉（不包含腰棘肌與腰棘間肌）	
腰方肌（同側）	
腹直肌（同側）	
腹外斜肌（同側）	
腹內斜肌（同側）	

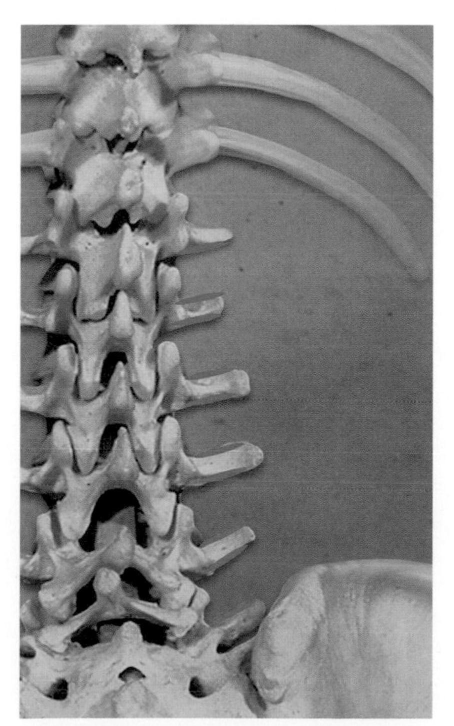

內側腰橫突間肌

外側束，橫突間肌群

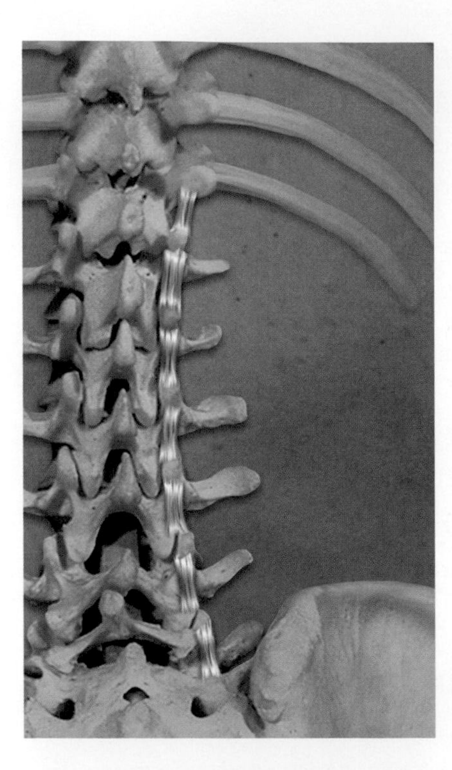

當雙側的內側腰橫突間肌收縮時會伸直脊椎，而單側收縮時則往同側側彎。內側腰橫突間肌發育較強健，它們對於穩定腰椎扮演重要角色，並防止脊椎側向滑動。因此，內側腰橫突間肌在髂薦交界區域特別強壯，因此處不穩定的風險最高。

起點　髂骨粗隆；第1～5節腰椎副突

終點　第2～5腰以及第12節胸椎椎乳突

神經支配　脊神經背側分支（第1～5節腰神經）

功能

協同肌	拮抗肌
椎間關節與椎間盤（腰椎）	
伸直（雙側收縮）	
外側腰橫突間肌	腹直肌
這個區域所有其他深層背部肌肉	腹外斜肌
	腹內斜肌
同側側彎	
外側腰橫突間肌	當對側收縮時，所有作為同側協同肌的肌肉都會作為拮抗肌
這個區域所有其他深層背部肌肉（不包含腰棘肌與腰棘間肌）	
腰方肌（同側）	
腹直肌（同側）	
腹外斜肌（同側）	
腹內斜肌（同側）	

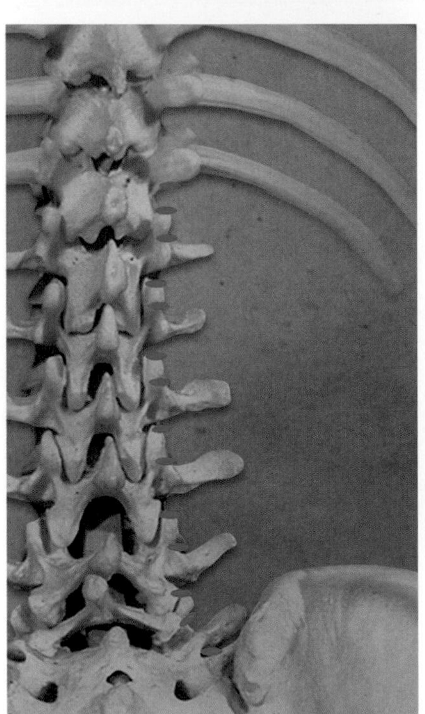

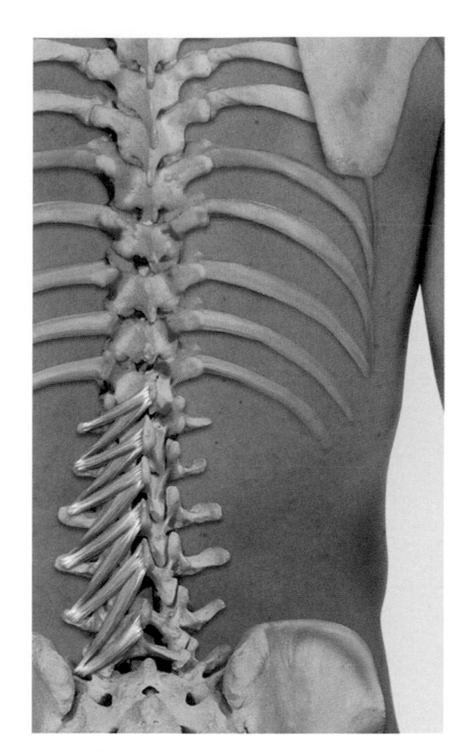

腰旋轉肌

內側束，橫棘肌群

腰旋轉短肌與長肌力量微弱，此區域的功能會由強健的多裂肌取代。當雙側收縮時會伸直脊椎；單側收縮時，肌束愈長，往同側側彎的作用越顯著，而向對側旋轉的作用越微弱。旋轉短肌往上接到上一節脊椎，而旋轉長肌則橫跨2～3節脊椎。當肌肉橫跨3～4節脊椎時，稱為多裂肌（見下頁）；若橫跨5～6節脊椎時，稱為半棘肌。

起點	腰椎乳突的基部
終點	腰椎棘突與椎弓基部
神經支配	脊神經背側分支（第1～5節腰神經）

功能

協同肌	拮抗肌
椎間關節與椎間盤（腰椎）	
伸直（雙側收縮）	
這個區域所有其他深層背部肌肉	腹直肌 腹外斜肌 腹內斜肌
同側側彎	
這個區域所有其他深層背部肌肉（不包含腰棘肌與腰棘間肌） 腰方肌（同側） 腹直肌（同側） 腹外斜肌（同側） 腹內斜肌（同側）	當對側收縮時，所有作為同側協同肌的肌肉都會作為拮抗肌
對側旋轉	
腹內斜肌（對側） 腹外斜肌（同側） 腰多裂肌（同側） 當對側收縮時，所有作為同側拮抗肌的肌肉都會作為協同肌	腹外斜肌（對側） 腹內斜肌（同側） 腰髂肋肌（同側） 腰最長肌（同側） 當對側收縮時，所有作為同側協同肌的肌肉都會作為拮抗肌

腰多裂肌

內側束，橫棘肌群

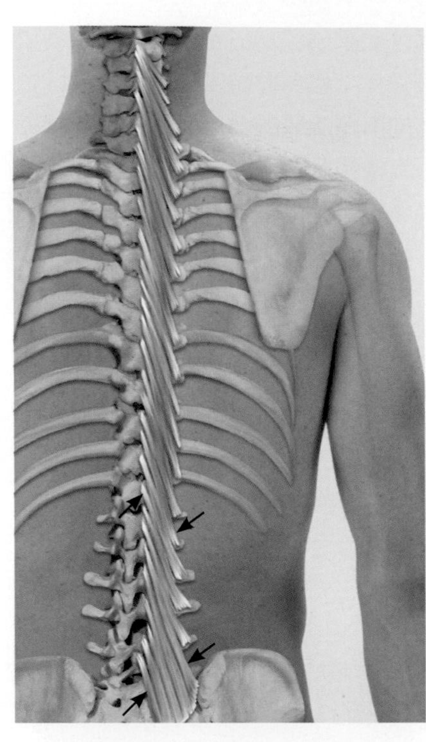

腰多裂肌是強壯的肌群，幾乎分布在整個腰椎，對這個區域有穩定作用。它的主要功能為雙側收縮時使脊椎伸直；單側收縮時，肌束越長，往同側側彎的作用越顯著，而向對側旋轉的作用越微弱。但這兩個功能對於腰椎來說較為次要。

起點	腰椎乳突；薦椎（第4薦椎背側表面）；後側薦髂韌帶；髂嵴
終點	下段胸椎與上段腰椎棘突
神經支配	脊神經背側分支（第1節腰神經～第1節薦神經）

功能

協同肌	拮抗肌
椎間關節與椎間盤（腰椎）	
伸直（雙側收縮）	
這個區域所有其他深層背部肌肉	腹直肌 腹外斜肌 腹內斜肌
同側側彎	
這個區域所有其他深層背部肌肉（不包含腰棘肌與腰棘間肌） 腰方肌（同側） 腹直肌（同側） 腹外斜肌（同側） 腹內斜肌（同側）	當對側收縮時，所有作為同側協同肌的肌肉都會作為拮抗肌
對側旋轉	
腹內斜肌（對側） 腹外斜肌（同側） 腰多裂肌（同側） 當對側收縮時，所有作為同側拮抗肌的肌肉都會作為協同肌	腹外斜肌（對側） 腹內斜肌（同側） 腰髂肋肌（同側） 腰最長肌（同側） 當對側收縮時，所有作為同側協同肌的肌肉都會作為拮抗肌

腰髂肋肌與胸最長肌平坦的肌腱會覆蓋在腰多裂肌上。
圖中的肌肉凸起即為腰多裂肌。

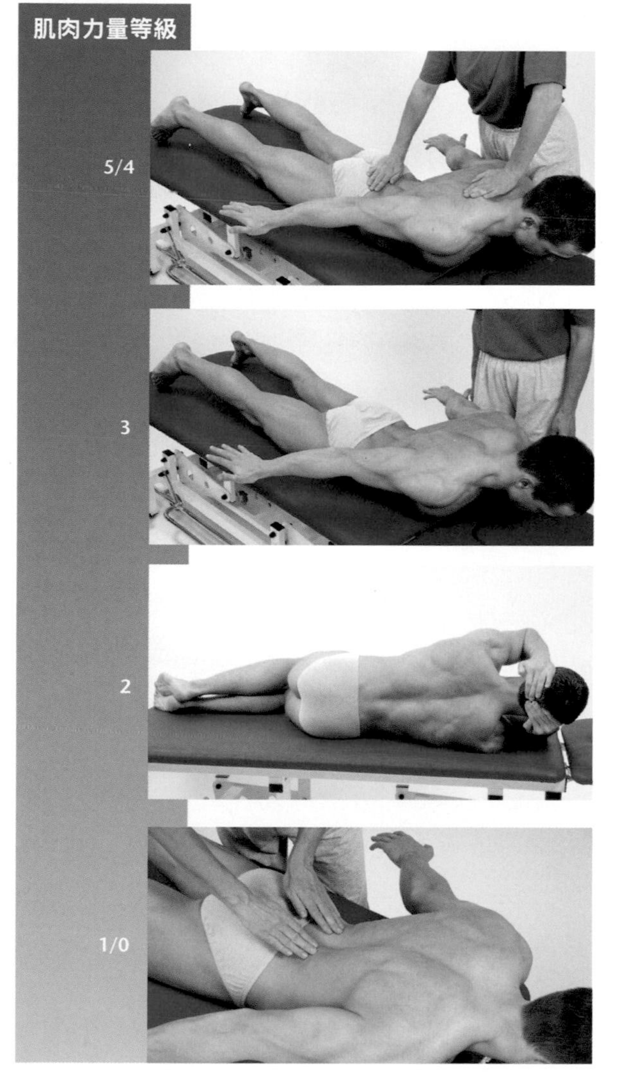

肌肉功能測試

起始位置：病患採趴姿。手臂置於身體兩側，掌心朝下。

測試過程：測試者一隻手固定病患骨盆，另一隻手給予胸椎向下（向床面）的阻力。

指導語：將你的上半身抬離床面，抵抗我的阻力並維持姿勢。

起始位置：病患採趴姿。手臂置於身體兩側，掌心朝下。

測試過程：測試者觀察軀幹動作。

指導語：將你的上半身抬離床面。

起始位置：病患側躺且脊椎屈曲。

測試過程：測試者觀察軀幹動作。

指導語：將你的脊椎伸直，過程中雙手抱住頭部後側並挺胸。

起始位置：病患採趴姿。手臂置於身體兩側，掌心朝下。

測試過程：測試者觸診腰椎伸肌。

指導語：嘗試將你的上半身抬離床面

臨床關聯性

- 不良脊椎姿勢通常以受影響區域的深層背肌緊繃來反映。
- 下背痛也可能是腎脂肪囊病變引起。

問題／評論

- 測試病患必須能伸直胸椎與腰椎。
- 若病患的背伸肌過強但臀伸肌微弱，會出現腰椎過度伸直、但上半身可能無法抬離床面的情況。
- 腰棘間肌也參與了活動。

肌肉延展測試

腰椎背側伸直肌

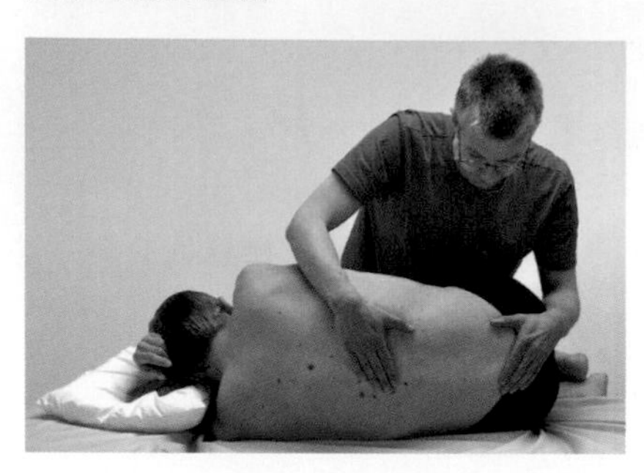

方法

透過髖關節屈曲與帶動骨盆到正中姿勢，治療師將病患軀幹帶到腰椎最大屈曲。

發現

如果動作無法執行到最大範圍，且末端角度感覺到柔軟、有彈性的組織在限制動作範圍，表示肌肉有縮短現象。病患在肌肉延展過程有牽拉感。

4

軀幹 ——

4.2 胸椎背部深層肌肉

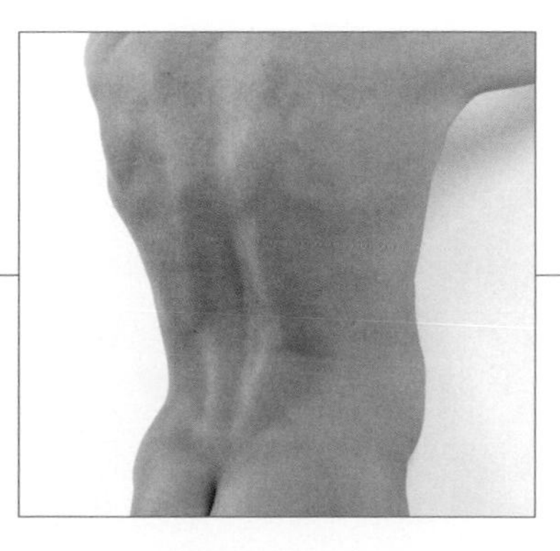

胸髂肋肌

外側束，豎脊肌群

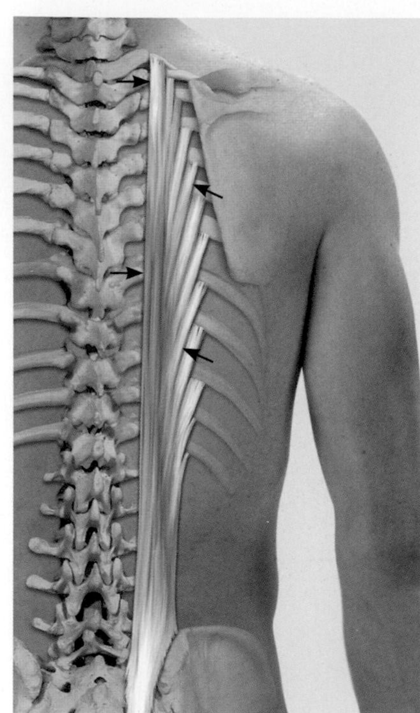

胸髂肋肌雙側收縮時，能使整個脊椎強力伸直。因為胸髂肋肌僅透過肋骨間接作用在脊椎，所以它也會造成肋骨下降。當單側收縮時，能使脊椎向同側旋轉。

起點	第7～12肋骨角內側
終點	第1～7肋骨角
神經支配	脊神經背側分支（第1節胸神經～第1節腰神經）

功能

協同肌	拮抗肌
椎間關節與椎間盤（胸椎）	
伸直（雙側收縮）	
胸背區的其他背部肌肉	有拮抗作用的腹肌僅透過它們在下胸廓的起點發揮間接作用
同側側彎	
胸背區的其他背部肌肉（不包含棘肌與棘間肌） 有協同作用的腹肌僅透過它們在下胸廓的起點發揮間接作用	在同側扮演協同肌的所有肌肉為對側收縮時的拮抗肌
同側旋轉	
有協同作用的腹肌僅透過它們在下胸廓的起點發揮間接作用 在同側扮演拮抗肌的所有肌肉為對側收縮時的協同肌	胸旋轉肌　腰多裂肌 有拮抗作用的腹肌僅透過它們在下胸廓的起點發揮間接作用 在同側扮演協同肌的所有肌肉為對側收縮時的拮抗肌
肋椎關節與胸肋關節	
肋骨下降	
腹直肌、腹外斜肌、腹內斜肌、腹横肌、內肋間肌、胸横肌、下後鋸肌、腰方肌、胸最長肌、腰髂肋肌	外肋間肌、內肋間肌（軟骨間部分）、斜角肌、上後鋸肌

胸最長肌

外側束，豎脊肌群

因為胸最長肌也起始於薦骨與髂骨，它能連同髂肋肌使骨盆往前傾。當單側收縮時，胸最長肌使脊椎往同側側彎。當雙側收縮時，脊椎將強力地伸直。但它對軀幹的旋轉作用很微弱。

起點	腰椎橫突的背側表面；深層胸腰筋膜；薦骨背側表面
終點	胸椎橫突；下9～10對肋骨的肋結節與肋角之間
神經支配	脊神經背側分支（第1胸神經～第5腰神經）

功能

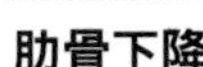

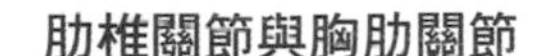
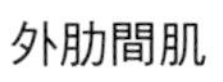

協同肌	拮抗肌
椎間關節與椎間盤（胸椎）	
伸直（雙側收縮）	
胸背區的其他背部肌肉	有拮抗作用的腹肌僅透過它們在下胸廓的起點發揮間接作用
同側側彎	
胸背區的其他背部肌肉（不包含棘肌與棘間肌） 有協同作用的腹肌僅透過它們在下胸廓的起點發揮間接作用	在同側扮演協同肌的所有肌肉為對側收縮時的拮抗肌
肋椎關節與胸肋關節	
肋骨下降	
腹直肌 腹外斜肌 腹內斜肌 腹橫肌 內肋間肌 胸橫肌 下後鋸肌 腰方肌 胸髂肋肌	外肋間肌 內肋間肌（軟骨間部分） 斜角肌 上後鋸肌

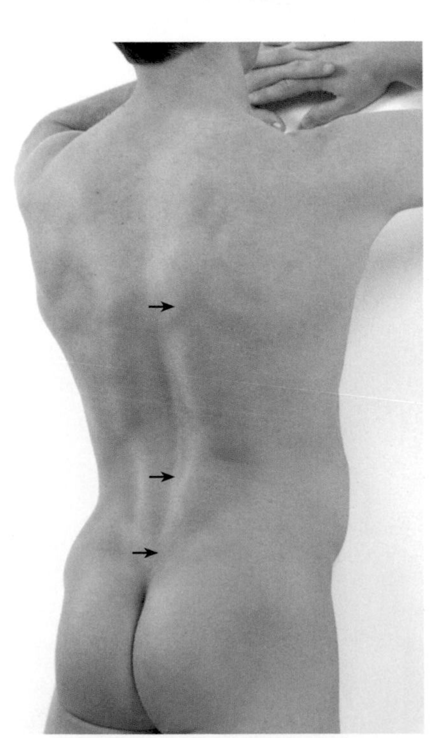

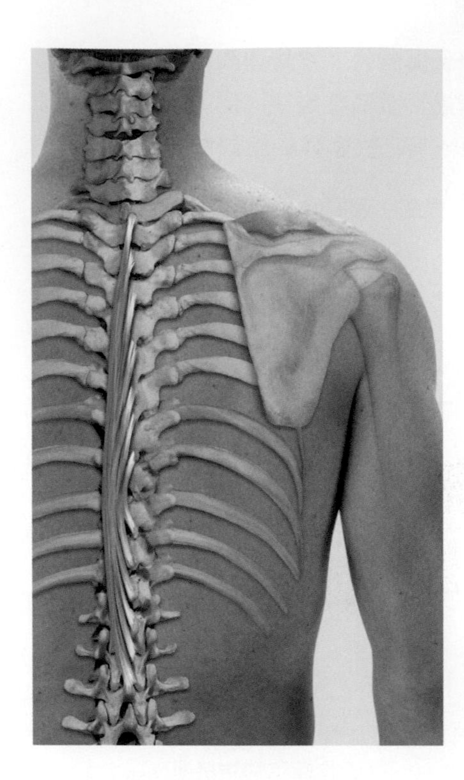

胸棘肌

內側束，棘肌群

胸棘肌強而有力，能使胸椎伸直與穩定。

起點	第1～2腰椎棘突與第10～12胸椎棘突
終點	第2～9胸椎棘突
神經支配	脊神經背側分支（第3節胸神經～第1節腰神經）

功能

協同肌	拮抗肌
椎間關節與椎間盤（胸椎）	
伸直（雙側收縮）	
胸背區的其他背部肌肉	有拮抗作用的腹肌僅透過它們在下胸廓的起點發揮間接作用

胸旋轉肌

內側束，橫棘肌群

胸旋轉肌強而有力。當雙側收縮時能使脊椎伸直；當單側收縮時，肌束越長，往同側側彎的作用越顯著，而向對側旋轉的作用越微弱。旋轉短肌往上接到上一節脊椎，而旋轉長肌則橫跨2節脊椎。當肌肉橫跨超過2節脊椎時，稱為多裂肌（見下頁）。

起點	第2～12胸椎橫突基部
終點	第1～11胸椎與第7頸椎棘突與椎弓基部
神經支配	脊神經背側分支（第7節頸神經～第12節胸神經）

功能

協同肌	拮抗肌
椎間關節與椎間盤（胸椎）	
伸直（雙側收縮）	
胸背區的其他背部肌肉	有拮抗作用的腹肌僅透過它們在下胸廓的起點發揮間接作用
同側側彎	
胸背區的其他背部肌肉（不包含棘肌與棘間肌）	有拮抗作用的腹肌僅透過它們在下胸廓的起點發揮間接作用 在同側扮演協同肌的所有肌肉為對側收縮時的拮抗肌
對側旋轉	
胸半棘肌（同側）	腹內斜肌（同側）
胸多裂肌（同側）	胸髂肋肌（同側）
腹外斜肌（同側）	胸最長肌（同側）
在同側扮演拮抗肌的所有肌肉為對側收縮時的協同肌	在同側扮演協同肌的所有肌肉為對側收縮時的拮抗肌

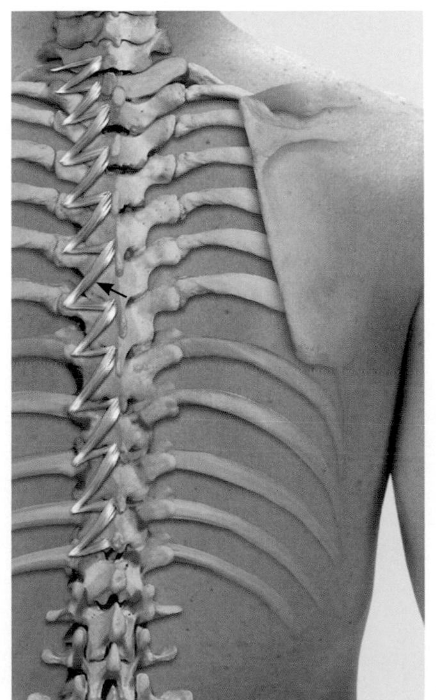

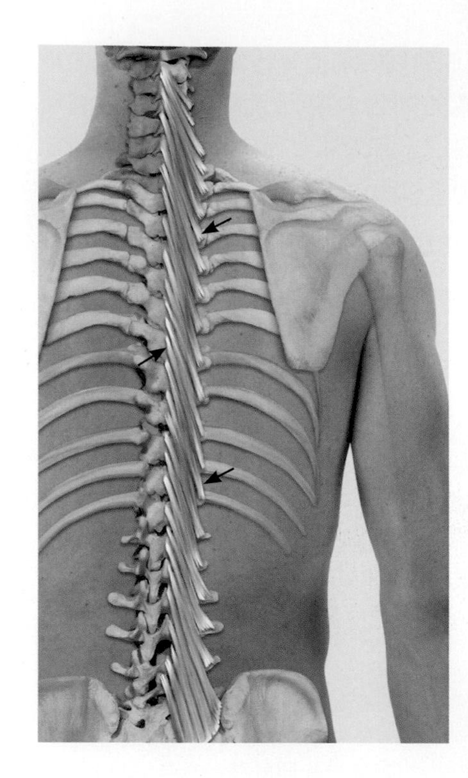

胸多裂肌

內側束，橫棘肌群

胸多裂肌是非常強而有力的肌肉，其橫跨3～4節脊椎。當雙側收縮時能使脊椎伸直；當單側收縮時，肌束越長，往同側側彎的作用越顯著，而向對側旋轉的作用越微弱。

起點	胸椎橫突
終點	上胸椎與下頸椎棘突
神經支配	脊神經背側分支（第3節頸神經～第5節胸神經）

功能

協同肌	拮抗肌
椎間關節與椎間盤（胸椎）	
伸直（雙側收縮）	
胸背區的其他背部肌肉	有拮抗作用的腹肌僅透過它們在下胸廓的起點發揮間接作用
同側側彎	
胸背區的其他背部肌肉（不包含棘肌與棘間肌）	在同側扮演協同肌的所有肌肉為對側收縮時的拮抗肌
對側旋轉	
胸旋轉肌（同側）	腹內斜肌（同側）
腹外斜肌（同側）	胸髂肋肌（同側）
在同側扮演拮抗肌的所有肌肉為對側收縮時的協同肌	胸最長肌（同側）
	在同側扮演協同肌的所有肌肉為對側收縮時的拮抗肌

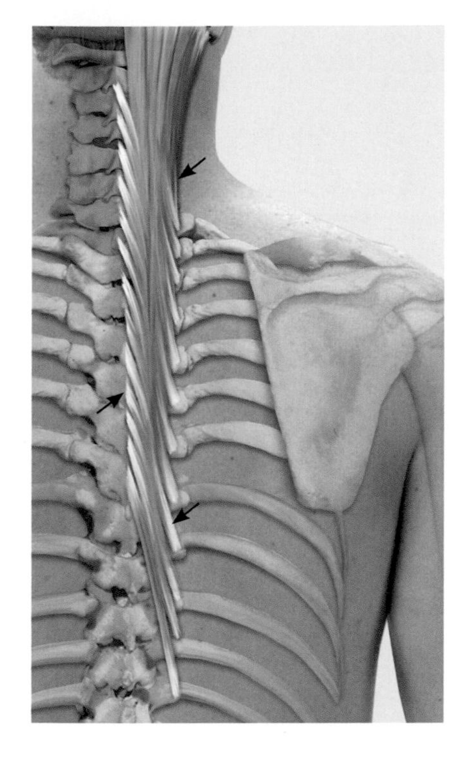

胸半棘肌

內側束，橫棘肌群

胸半棘肌橫跨5～6節脊椎，雙側收縮時能使脊椎伸直；當單側收縮時會同側側彎。它使胸椎旋轉的功能非常微弱。

起點　第7頸椎～第12胸椎橫突

終點　第6頸椎～第3胸椎棘突

神經支配　脊神經背側分支（第6節頸神經～第12節胸神經）

功能

協同肌	拮抗肌
椎間關節與椎間盤（胸椎）	
伸直（雙側收縮）	
胸背區的其他背部肌肉	有拮抗作用的腹肌僅透過它們在下胸廓的起點發揮間接作用
同側側彎	
胸背區的其他背部肌肉（不包含棘肌與棘間肌）	有拮抗作用的腹肌僅透過它們在下胸廓的起點發揮間接作用 在同側扮演協同肌的所有肌肉為對側收縮時的拮抗肌

下列肌肉將共同進行測試：

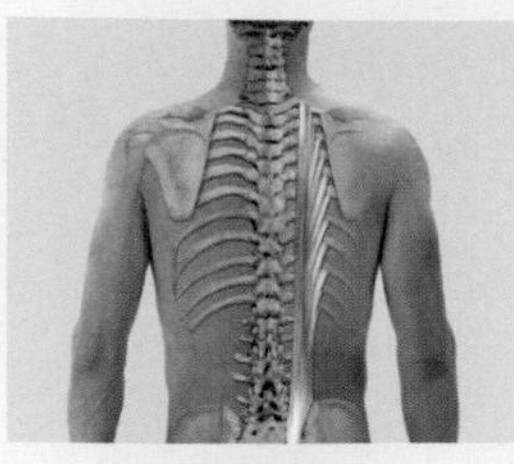

胸髂肋肌 P272

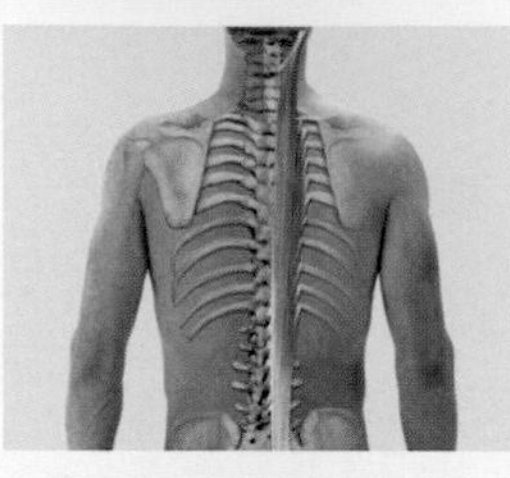

胸最長肌 P273

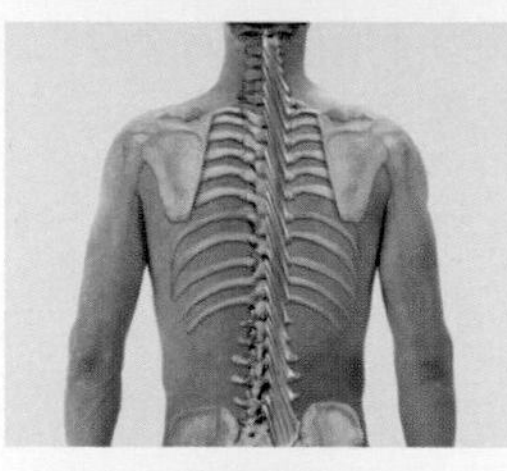

胸旋轉肌 P275

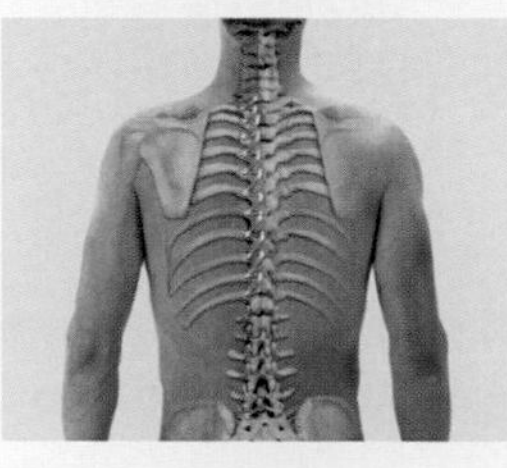

胸多裂肌 P276

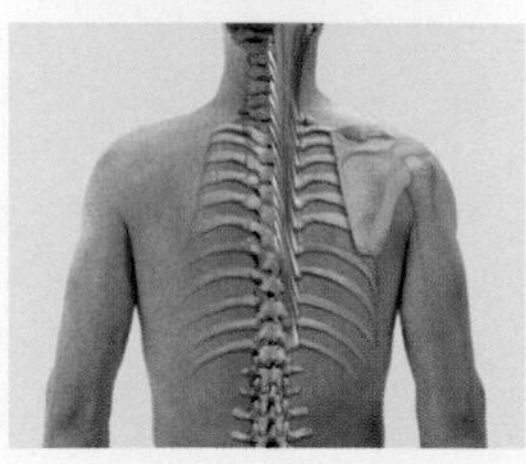

胸半棘肌 P277

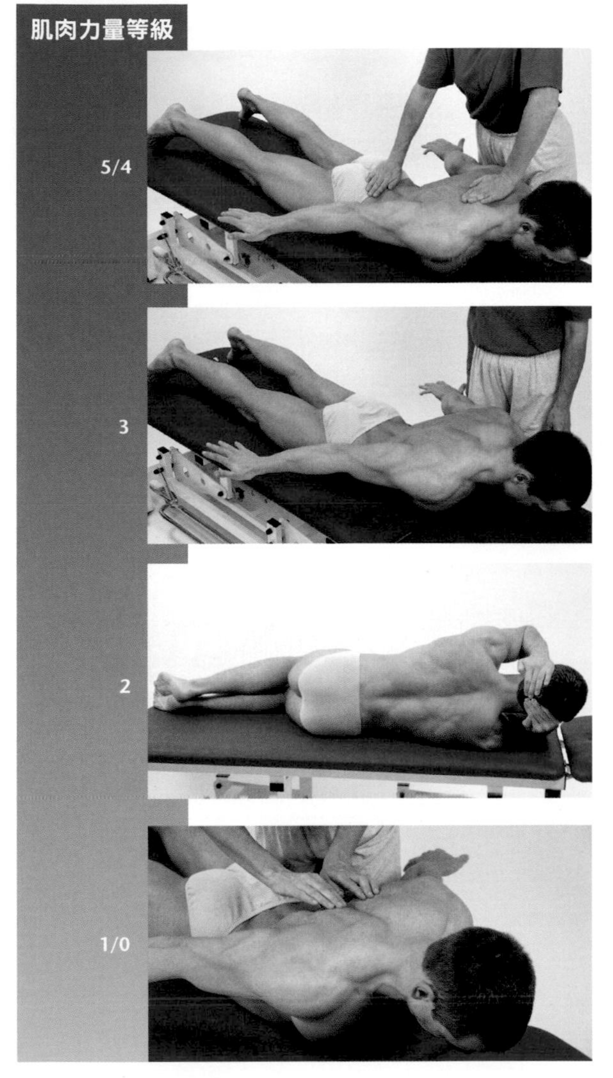

肌肉功能測試

起始位置：病患採趴姿。手臂置於身體兩側，掌心朝下。

測試過程：測試者一隻手固定病患骨盆，另一隻手給予胸椎向下（向床面）的阻力。

指導語：將你的上半身抬離床面，抵抗我的阻力並維持姿勢。

起始位置：病患採趴姿。手臂置於身體兩側，掌心朝下。

測試過程：測試者觀察軀幹動作。

指導語：將你的上半身抬離床面。

起始位置：病患側躺且脊椎屈曲。

測試過程：測試者觀察軀幹動作。

指導語：將你的脊椎伸直，過程中雙手抱住頭部後側並挺胸。

起始位置：病患採趴姿。手臂置於身體兩側，掌心朝下。

測試過程：測試者觸診胸椎伸肌。

指導語：嘗試將你的上半身抬離床面。

臨床關聯性

- 不良脊椎姿勢通常以受影響區域的深層背肌緊繃來反映。

問題／評論

- 測試病患必須能伸直胸椎。
- 若病患的背伸肌過強但臀伸肌微弱，會出現腰椎過度伸直、但上半身可能無法抬離床面的情況。

4

軀幹

4.3 頸椎背部深層肌肉

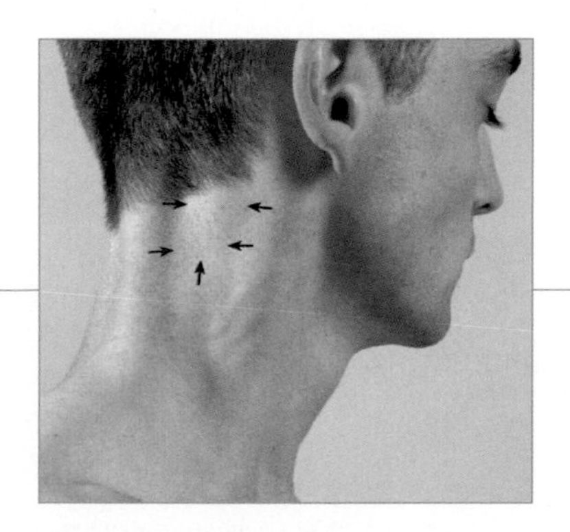

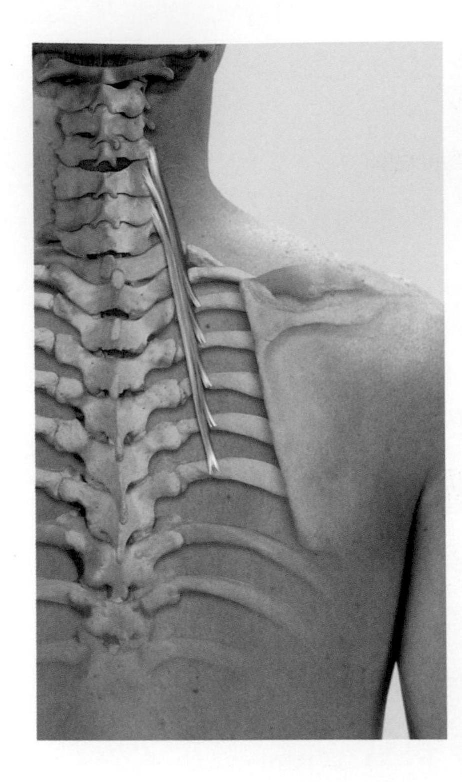

頸髂肋肌

外側束，豎脊肌群

> 當雙側收縮時，頸髂肋肌能使頸椎強力伸直。

起點	第3～7肋骨肋角內側
終點	第3～6頸椎橫突後結節
神經支配	脊神經背側分支（第3節頸神經～第7節胸神經）

功能

椎間關節與椎間盤（頸椎）

伸直（雙側收縮）

協同肌	拮抗肌
胸鎖乳突肌（頭部伸直姿勢）	胸鎖乳突肌（頭部屈曲姿勢）
斜方肌下降部（上斜方肌）	頭長肌
提肩胛肌	頸長肌
頸背區的其他背部肌肉	前斜角肌
	舌骨下肌與舌骨上肌

同側側彎

協同肌	拮抗肌
胸鎖乳突肌	在同側扮演協同肌的所有肌肉為對側收縮時的拮抗肌
斜角肌	
斜方肌下降部（上斜方肌）	
提肩胛肌	
頸背區的其他背部肌肉（不包含棘肌與棘間肌）	

同側旋轉

協同肌	拮抗肌
頭夾肌	胸鎖乳突肌
頸夾肌	頸半棘肌
頸最長肌	頭半棘肌
頭最長肌	頸多裂肌
頭後大直肌	頸旋轉肌
頭下斜肌	頭上斜肌
在同側扮演拮抗肌的所有肌肉為對側收縮時的協同肌	在同側扮演協同肌的所有肌肉為對側收縮時的拮抗肌

頭最長肌

外側束，豎脊肌群

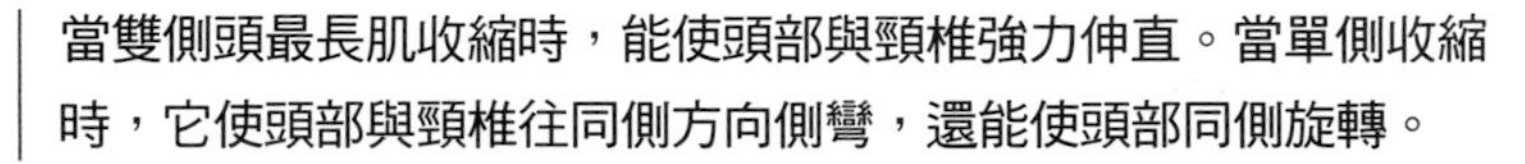

當雙側頭最長肌收縮時，能使頭部與頸椎強力伸直。當單側收縮時，它使頭部與頸椎往同側方向側彎，還能使頭部同側旋轉。

起點	第3頸椎～第3胸椎橫突
終點	顳骨乳突
神經支配	脊神經背側分支（第3節頸神經～第3節胸神經）

功能

協同肌	拮抗肌
寰枕關節、椎間關節與椎間盤（頸椎）	
伸直（雙側收縮）	
胸鎖乳突肌（頭部伸直姿勢）	胸鎖乳突肌（頭部屈曲姿勢）
斜方肌下降部（上斜方肌）	頭長肌
提肩胛肌	頸長肌
頸背區的其他背部肌肉	頭前直肌
	前斜角肌
	舌骨下肌與舌骨上肌
同側側彎	
胸鎖乳突肌	在同側扮演協同肌的所有肌肉為對側收縮時的拮抗肌
斜角肌	
斜方肌下降部（上斜方肌）	
提肩胛肌	
頸背區的其他背部肌肉（不包含棘肌與棘間肌）	

同側旋轉

頭夾肌	頸夾肌	胸鎖乳突肌	頸半棘肌
頸髂肋肌	頸最長肌	頭半棘肌	頸多裂肌
頭後大直肌	頭下斜肌	頸旋轉肌	頭上斜肌

在同側扮演拮抗肌的所有肌肉為對側收縮時的協同肌

在同側扮演協同肌的所有肌肉為對側收縮時的拮抗肌

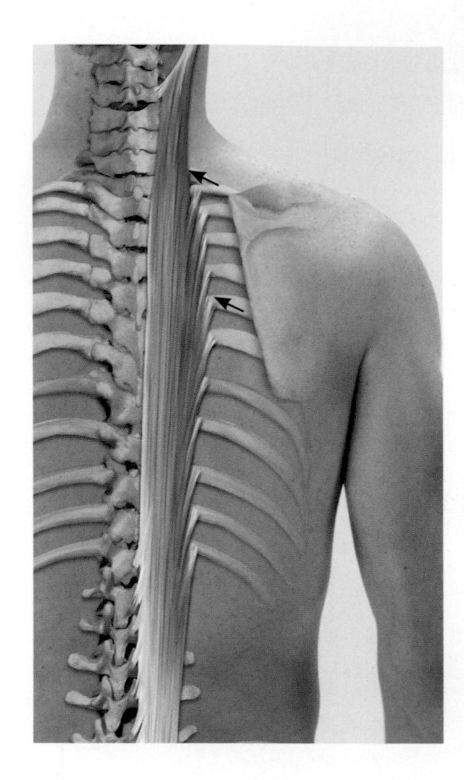

頸最長肌

外側束，豎脊肌群

當頸最長肌雙側收縮時，能使頸椎強力伸直；單側收縮時，能使頸椎往同側側彎。

起點	第3～7頸椎與第1～6胸椎橫突
終點	第2～5頸椎橫突後結節
神經支配	脊神經背側分支（第3節頸神經～第6節胸神經）

功能

協同肌	拮抗肌
椎間關節與椎間盤（頸椎）	
伸直（雙側收縮）	
胸鎖乳突肌（頭部伸直姿勢）	胸鎖乳突肌（頭部屈曲姿勢）
斜方肌下降部（上斜方肌）	頭長肌
提肩胛肌	頸長肌
頸背區的其他背部肌肉	前斜角肌
	舌骨下肌與舌骨上肌
同側側彎	
胸鎖乳突肌	在同側扮演協同肌的所有肌肉為對側收縮時的拮抗肌
斜角肌	
斜方肌下降部（上斜方肌）	
提肩胛肌	
頸背區的其他背部肌肉（不包含棘肌與棘間肌）	

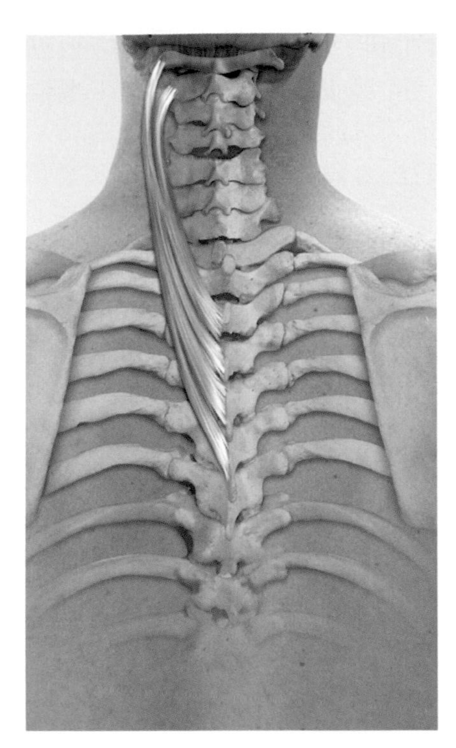

頸夾肌

脊橫肌群

當頸夾肌雙側收縮時，能使頸椎伸直；單側收縮時，會使頸椎往同側旋轉。當旋轉效果被拮抗肌抵銷時，頸椎會往同側側彎。頸夾肌位在其他深層肌肉的背側，能像支持帶一樣將這些肌肉固定在脊椎上。

起點	第3～6胸椎棘突
終點	第1～2頸椎橫突後結節
神經支配	脊神經背側分支（第5～7節頸神經）

功能

協同肌	拮抗肌
椎間關節與椎間盤（頸椎）	
伸直（雙側收縮）	
胸鎖乳突肌（頭部伸直姿勢）	胸鎖乳突肌
斜方肌下降部（上斜方肌）	頭長肌
提肩胛肌	頸長肌
頸背區的其他背部肌肉	前斜角肌
	舌骨下肌與舌骨上肌
同側旋轉	
頭夾肌	胸鎖乳突肌
髂肋肌	旋轉肌
最長肌	半棘肌
頭後大直肌	頭上斜肌
頭下斜肌	在同側扮演協同肌的所有肌肉為對側收縮時的拮抗肌
在同側扮演拮抗肌的所有肌肉為對側收縮時的協同肌	

頭夾肌

脊橫肌群

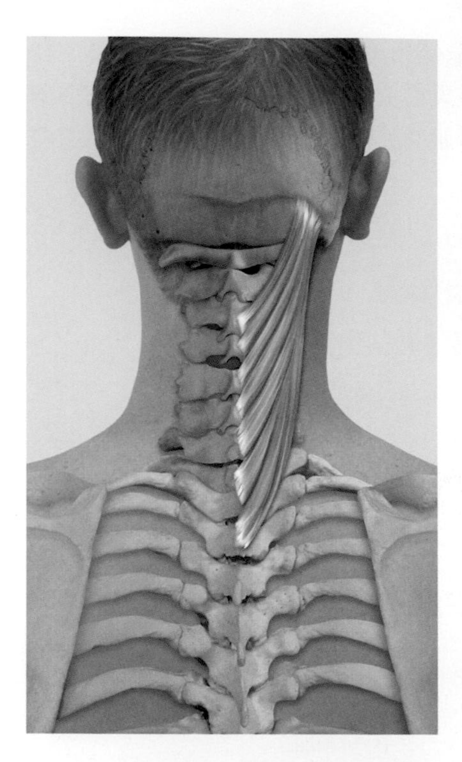

如同頸夾肌，當頭夾肌雙側收縮時，能使頸椎伸直；單側收縮時，會使頸椎往同側旋轉。當旋轉效果被拮抗肌抵銷時，頸椎會往同側側彎。然而與頸夾肌不同的是，頭夾肌單側收縮時，能作用在寰枕關節與寰樞關節，使頭部同側旋轉與側彎。當雙側收縮時，能使頭部後仰。

起點 項韌帶下1/2；第7頸椎～第3胸椎棘突

終點 顳骨乳突；枕骨上項線

神經支配 脊神經背側分支（第3～5節頸神經）

功能

協同肌	拮抗肌
寰枕關節、椎間關節與椎間盤（頸椎）	
伸直（雙側收縮）	
胸鎖乳突肌（頭部伸直姿勢）	胸鎖乳突肌（頭部屈曲姿勢）
斜方肌下降部（上斜方肌）	頭長肌
提肩胛肌	頸長肌（只作用於頸椎）
頸背區的其他背部肌肉	頭前直肌
	前斜角肌（只作用於頸椎）
	舌骨下肌與舌骨上肌
椎間關節（頸椎）	
同側旋轉	
頸夾肌	胸鎖乳突肌
髂肋肌	旋轉肌
最長肌	半棘肌
頭後大直肌	頭上斜肌
頭下斜肌	在同側扮演協同肌的所有肌肉為對側收縮時的拮抗肌
在同側扮演拮抗肌的所有肌肉為對側收縮時的協同肌	

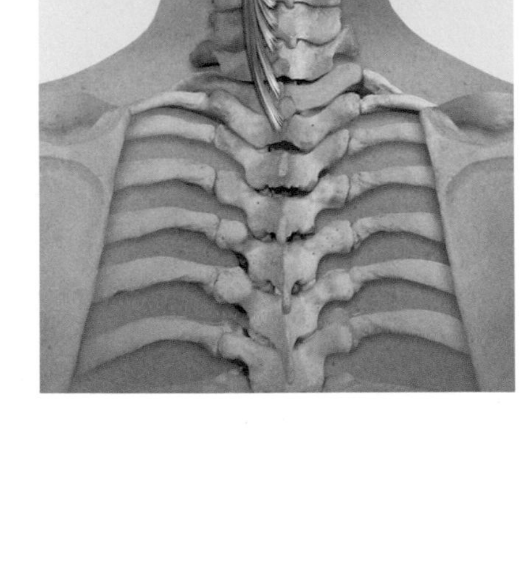

頸棘肌

內側束，棘肌群

頸棘肌可伸直並穩定頸椎，但力量很微弱。

起點	第6頸椎～第2胸椎棘突
終點	第2~4頸椎棘突
神經支配	脊神經背側分支（第2節頸神經～第6節胸神經）

功能

協同肌	拮抗肌
椎間關節與椎間盤（頸椎）	
伸直（雙側收縮）	
胸鎖乳突肌（頭部伸直姿勢）	胸鎖乳突肌（頭部屈曲姿勢）
斜方肌下降部（上斜方肌）	頭長肌
提肩胛肌	頸長肌
頸背區的其他背部肌肉	前斜角肌
	舌骨下肌與舌骨上肌

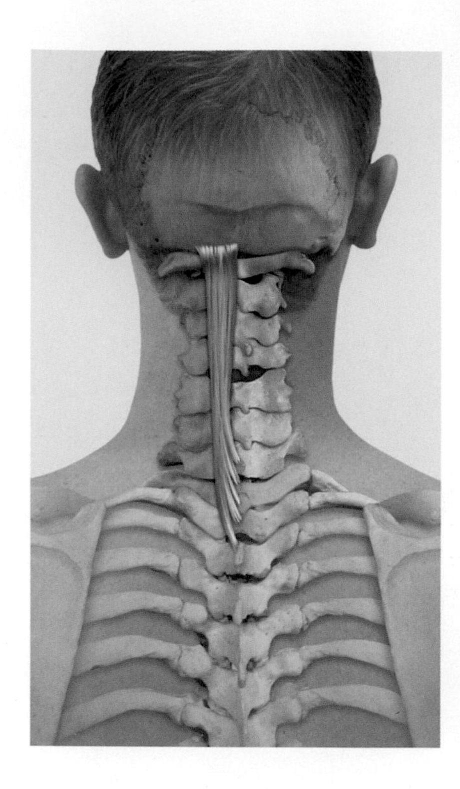

頭棘肌

內側束，棘肌群

頭棘肌的肌束連接到頭部，其所產生的動作包括伸直，並穩定頭部與頸椎。

起點	第6～7頸椎與第1～3胸椎棘突
終點	枕鱗
神經支配	脊神經背側分支（第6節頸神經～第3節胸神經）

功能

協同肌	拮抗肌
寰枕關節、椎間關節與椎間盤（頸椎）	
伸直（雙側收縮）	
胸鎖乳突肌（頭部伸直姿勢）	胸鎖乳突肌（頭部屈曲姿勢）
斜方肌下降部（上斜方肌）	頭長肌
提肩胛肌	頸長肌（只作用於頸椎）
頸背區的其他背部肌肉	頭前直肌
	前斜角肌（只作用於頸椎）
	舌骨下肌與舌骨上肌

頸旋轉肌

內側束，橫棘肌群

頸旋轉長肌與短肌力量微弱，當收縮雙側時能使脊椎伸直；單側收縮時，肌束越長，往同側側彎的作用越顯著，而向對側旋轉的作用越微弱。頸旋轉短肌接到上一節頸椎，而長肌則橫跨2節頸椎。如果相同方向的肌束橫跨2節以上脊椎，則屬於多裂肌。

起點	頸椎的下關節突
終點	頸椎棘突與椎弓基部
神經支配	脊神經背側分支（第1～8節頸神經）

頸旋轉短肌

功能

協同肌 | 拮抗肌

椎間關節與椎間盤（頸椎）

伸直（雙側收縮）

協同肌	拮抗肌	
胸鎖乳突肌（頭部伸直姿勢）	胸鎖乳突肌（頭部屈曲姿勢）	
斜方肌下降部（上斜方肌）	頭長肌	頸長肌
提肩胛肌	頭前直肌	前斜角肌
頸背區的其他背部肌肉	舌骨下肌與舌骨上肌	

同側側彎

協同肌	拮抗肌
胸鎖乳突肌	在同側扮演協同肌的所有肌肉為對側收縮時的拮抗肌
斜角肌	
斜方肌下降部（上斜方肌）	
提肩胛肌	
頸背區的其他背部肌肉（不包含棘肌與棘間肌）	

對側旋轉

協同肌	拮抗肌	
胸鎖乳突肌	頭夾肌	頸夾肌
頸半棘肌	頸髂肋肌	頸最長肌
頸多裂肌	頭後大直肌	頭下斜肌
頭上斜肌	在同側扮演協同肌的所有肌肉為對側收縮時的拮抗肌	
在同側扮演拮抗肌的所有肌肉為對側收縮時的協同肌		

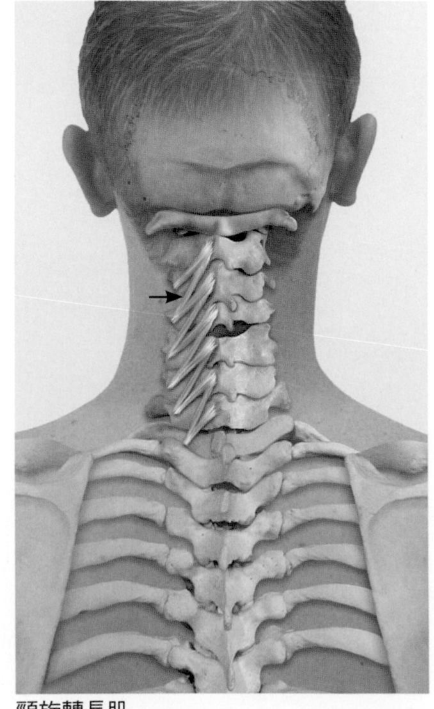

頸旋轉長肌

頸多裂肌

內側束，橫棘肌群

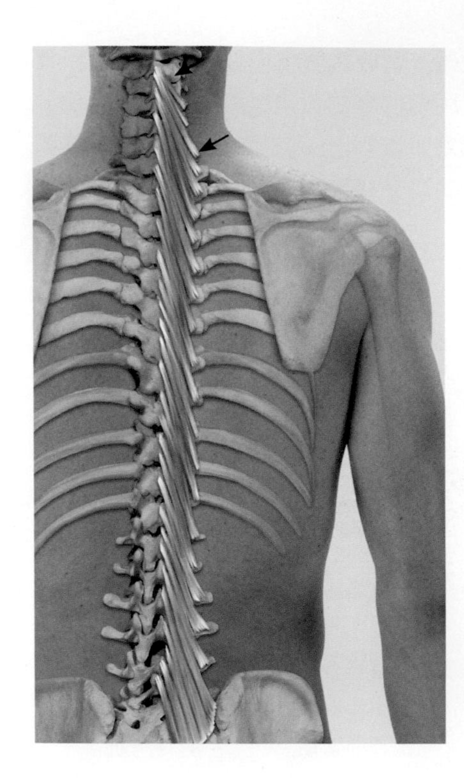

頸多裂肌是強而有力的肌肉，橫跨2～4節脊椎。當收縮雙側時能使頸椎伸直；單側收縮時，肌束越長，往同側側彎的作用越顯著，而向對側旋轉的作用越微弱。

起點　第4～7頸椎下關節突

終點　第2～7頸椎棘突

神經支配　脊神經背側分支（第3～8節頸神經）

功能

協同肌	拮抗肌
椎間關節與椎間盤（頸椎）	
伸直（雙側收縮）	
胸鎖乳突肌（頭部伸直姿勢）	胸鎖乳突肌（頭部屈曲姿勢）
斜方肌下降部（上斜方肌）	頭長肌
提肩胛肌	頸長肌
頸背區的其他背部肌肉	頭前直肌
	前斜角肌
	舌骨下肌與舌骨上肌
同側側彎	
胸鎖乳突肌	在同側扮演協同肌的所有肌肉為對側收縮時的拮抗肌
斜角肌	
斜方肌下降部（上斜方肌） 提肩胛肌	
頸背區的其他背部肌肉（不包含棘肌與棘間肌）	
對側旋轉	
胸鎖乳突肌	頭夾肌　頸夾肌
頸半棘肌	頸髂肋肌　頸最長肌
頭上斜肌	頭後大直肌　頭下斜肌
頸旋轉肌	在同側扮演協同肌的所有肌肉為對側收縮時的拮抗肌
在同側扮演拮抗肌的所有肌肉為對側收縮時的協同肌	

頸半棘肌

內側束，橫棘肌群

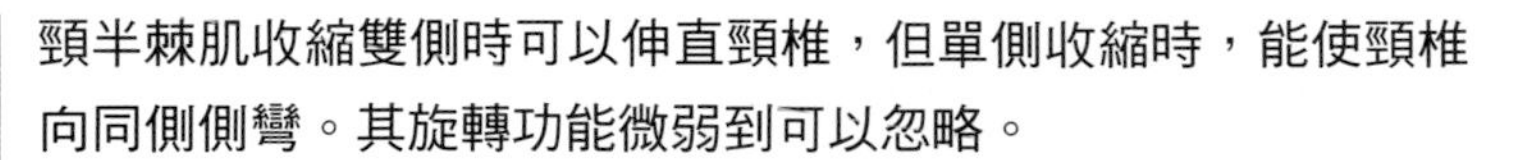

頸半棘肌收縮雙側時可以伸直頸椎，但單側收縮時，能使頸椎向同側側彎。其旋轉功能微弱到可以忽略。

起點	第7頸椎～第6胸椎橫突
終點	第2～6頸椎棘突
神經支配	脊神經背側分支（第1節頸神經～第6節胸神經）

功能

協同肌	拮抗肌
椎間關節與椎間盤（頸椎）	
伸直（雙側收縮）	
胸鎖乳突肌（頭部伸直姿勢）	胸鎖乳突肌（頭部屈曲姿勢）
斜方肌下降部（上斜方肌）	頭長肌
提肩胛肌	頸長肌
頸背區的其他背部肌肉	前斜角肌
	舌骨下肌與舌骨上肌
同側側彎	
胸鎖乳突肌	在同側扮演協同肌的所有肌肉為對側收縮時的拮抗肌
頭半棘肌	
斜角肌	
斜方肌下降部（上斜方肌）	
提肩胛肌	
頸背區的其他背部肌肉（不包含棘肌與棘間肌）	

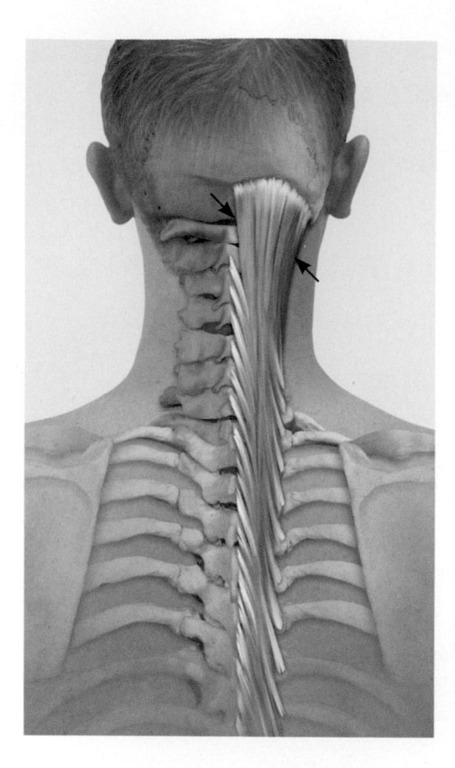

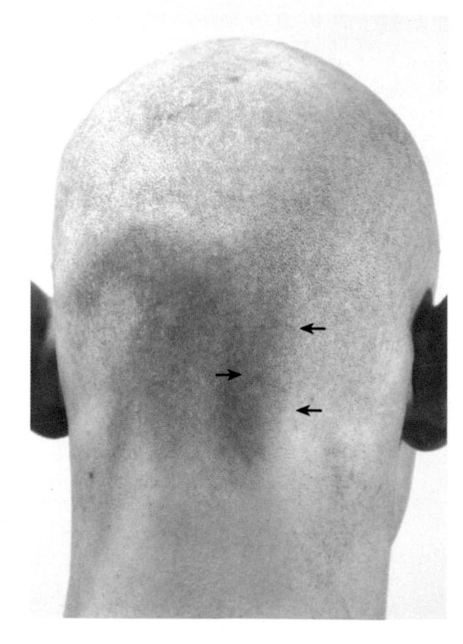

頭半棘肌

內側束，橫棘肌群

頭半棘肌收縮雙側時，可使頭部與頸椎伸直；單側收縮時，則使頭部與頸椎向同側側彎。頭半棘肌的對側旋轉功能較弱，但在頸部區域已經是最有功能的。

起點	第3頸椎～第7胸椎橫突
終點	枕鱗
神經支配	脊神經背側分支（第4～8節頸神經）

功能

協同肌	拮抗肌
椎間關節與椎間盤（頸椎）	
伸直（雙側收縮）	
胸鎖乳突肌（頭部伸直姿勢）	胸鎖乳突肌（頭部屈曲姿勢）
斜方肌下降部（上斜方肌）	頭長肌
提肩胛肌	頸長肌（只作用於頸椎）
頸背區的其他背部肌肉	頭前直肌
	前斜角肌（只作用於頸椎）
	舌骨下肌與舌骨上肌
同側側彎	
胸鎖乳突肌	在同側扮演協同肌的所有肌肉為對側收縮時的拮抗肌
斜角肌	
斜方肌下降部（上斜方肌）	
提肩胛肌	
頸背區的其他背部肌肉（不包含棘肌與棘間肌）	

協同肌	拮抗肌	
對側旋轉		
胸鎖乳突肌	頭夾肌	頸夾肌
頸多裂肌	頸髂肋肌	頸最長肌
頸旋轉肌	頭後大直肌	頭下斜肌
頭上斜肌	在同側扮演協同肌的所有肌肉為對側收縮時的拮抗肌	
在同側扮演拮抗肌的所有肌肉為對側收縮時的協同肌		

頭後大直肌

內側束

頭後大直肌收縮雙側時能使頭部後仰；單側收縮時，會使頭部向同側旋轉。

起點	樞椎棘突
終點	枕骨下項線中部
神經支配	從脊神經背側分支出來的枕下神經（第1～2節頸神經）
特殊性質	頭後大直肌是枕下三角的內上界

功能

協同肌	拮抗肌
寰枕關節	
伸直（雙側收縮）	
胸鎖乳突肌（頭部伸直姿勢）	胸鎖乳突肌（頭部屈曲姿勢）
斜方肌下降部（上斜方肌）	頭長肌
提肩胛肌	頭前直肌
頸背區的其他背部肌肉	舌骨下肌與舌骨上肌
同側旋轉	
頭夾肌	胸鎖乳突肌
頸夾肌	頭半棘肌
頭最長肌	在同側扮演協同肌的所有肌肉為對側收縮時的拮抗肌
斜方肌下降部（上斜方肌）	
提肩胛肌	
在同側扮演拮抗肌的所有肌肉為對側收縮時的協同肌	

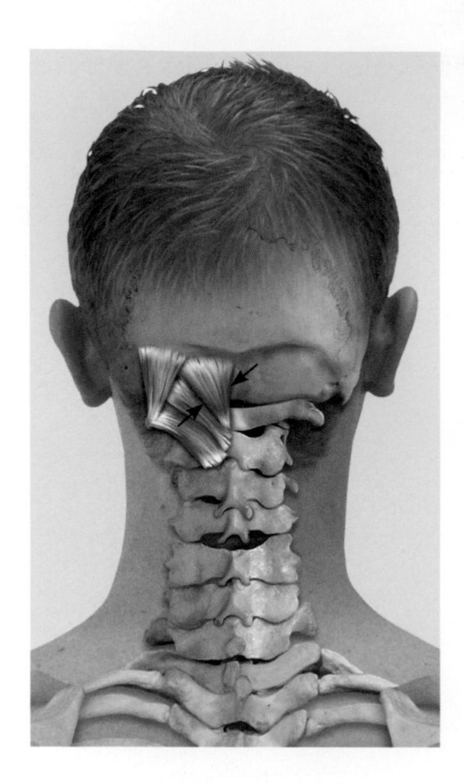

頭後小直肌

內側束

頭後小直肌使寰枕關節伸直。

起點	寰椎後結節
終點	枕骨後項線中部
神經支配	從脊神經背側分支出來的枕下神經（第1節頸神經）

功能

協同肌	拮抗肌
寰枕關節	
伸直（雙側收縮）	
胸鎖乳突肌（頭部伸直姿勢）	胸鎖乳突肌（頭部屈曲姿勢）
斜方肌下降部（上斜方肌）	頭長肌
提肩胛肌	頭前直肌
頸背區的其他背部肌肉	舌骨下肌與舌骨上肌

頭上斜肌

外側束

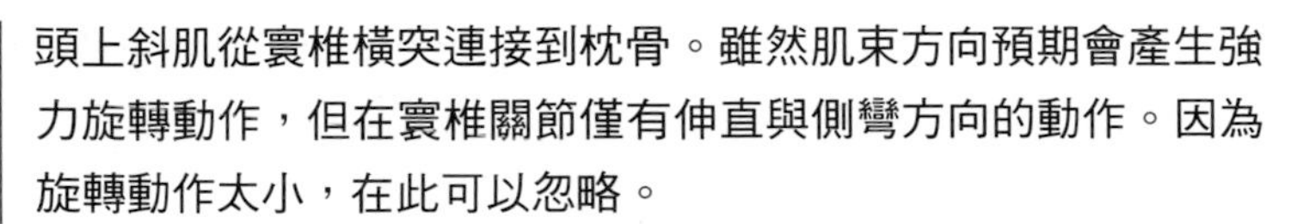

頭上斜肌從寰椎橫突連接到枕骨。雖然肌束方向預期會產生強力旋轉動作，但在寰椎關節僅有伸直與側彎方向的動作。因為旋轉動作太小，在此可以忽略。

起點	寰椎橫突
終點	枕骨，下項線上方與外側
神經支配	從脊神經背側分支出來的枕下神經（第1節頸神經）
特殊性質	頭上斜肌是枕下三角的外上界

功能

協同肌	拮抗肌
寰枕關節	
伸直（雙側收縮）	
胸鎖乳突肌（頭部伸直姿勢）	胸鎖乳突肌（頭部屈曲姿勢）
斜方肌下降部（上斜方肌）	頭長肌
提肩胛肌	頭前直肌
頸背區的其他背部肌肉	舌骨下肌與舌骨上肌
同側側彎	
胸鎖乳突肌	在同側扮演協同肌的所有肌肉為對側收縮時的拮抗肌
斜方肌下降部（上斜方肌）	
提肩胛肌	
頸背區連接到頭部的其他背部肌肉（不包含棘肌與棘間肌）	

頭下斜肌

內側束

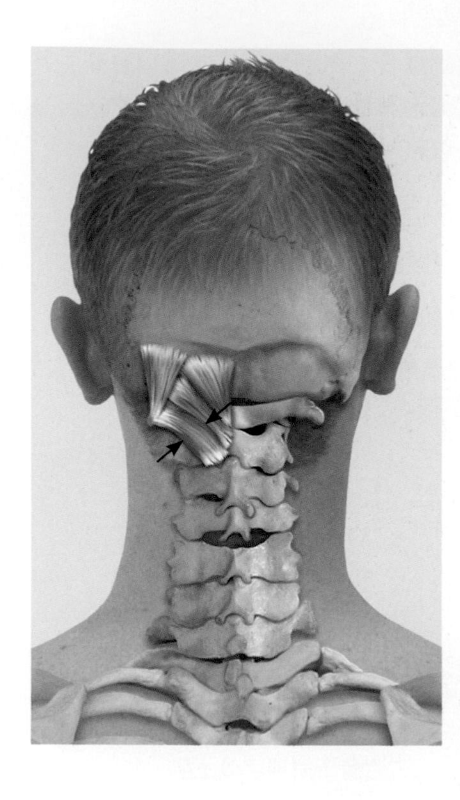

頭下斜肌從樞椎棘突連接到寰椎橫突。即使其終點不在頭部，仍可以透過作用在寰樞關節使頭部往同側旋轉。此外，頭下斜肌與其他枕下肌一樣，雙側收縮時能對敏感的寰枕關節與寰樞關節產生穩定作用。

起點	樞椎棘突
終點	寰椎橫突背側
神經支配	枕下神經（第2節頸神經）
特殊性質	頭下斜肌是枕下三角的外下界

功能

協同肌	拮抗肌
寰樞關節	
同側旋轉	
頭夾肌	胸鎖乳突肌
頸夾肌	在同側扮演協同肌的所有肌肉為對側收縮時的拮抗肌
頭最長肌	
頭後大直肌	
在同側扮演拮抗肌的所有肌肉為對側收縮時的協同肌	

肌肉功能測試

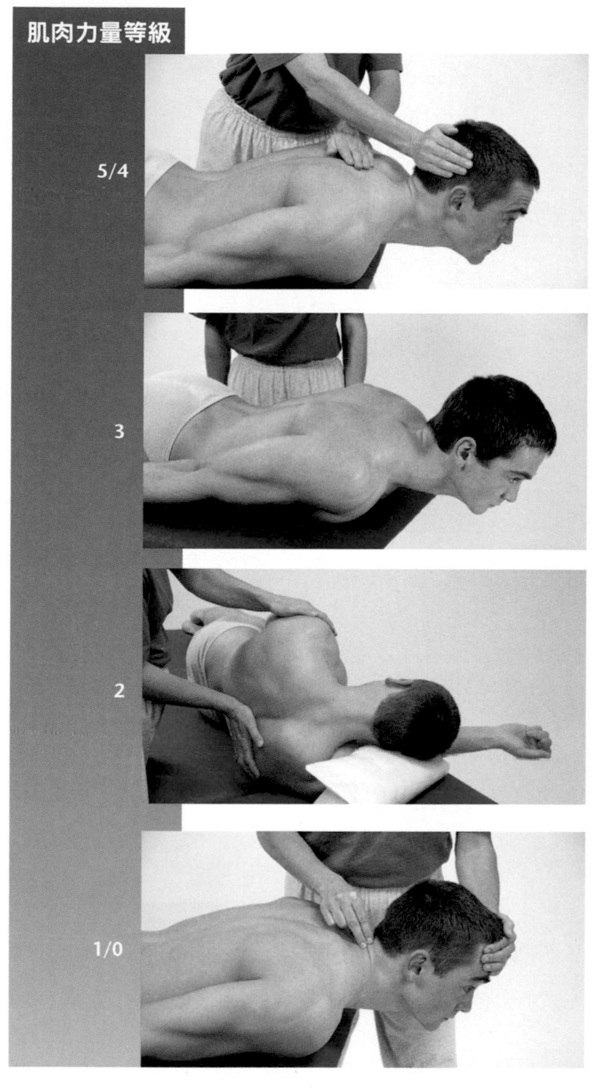

5/4

起始位置：病患採趴姿。頭頸部垂出床緣，肩膀以下趴在治療床上。

測試過程：測試者一隻手固定病患胸廓，另一隻手給予頭部後側頸椎屈曲方向的阻力。

指導語：將你的頭部後仰，抵抗我的阻力並維持姿勢。

3

起始位置：病患採趴姿。頭頸部垂出床緣，肩膀以下趴在治療床上。

測試過程：測試者觀察頭部動作。

指導語：將你的頭頸部後仰。

2

起始位置：病患側躺並頸部屈曲。

測試過程：測試者固定病患胸廓。

指導語：將你的頭頸部後仰。

1/0

起始位置：病患採趴姿。頭頸部垂出床緣，肩膀以下趴在治療床上。

測試過程：測試者觸診頸椎伸直肌。

指導語：嘗試將你的頭頸部後仰。

臨床關聯性

- 前側與後側頸部肌肉共同收縮，可使頸椎穩定在正中姿勢，如在頭頂上放物體並維持平衡。
- 無論休息或運動，頭下斜肌都必須維持寰枕關節的位置。

問題／評論

- 頸部伸直肌的各肌肉功能在測試上無法區辨。
- 在物理治療領域的文獻上，枕骨與寰椎間的交界被稱為C0。

肌肉延展測試

半棘肌、夾肌與最長肌（雙側）

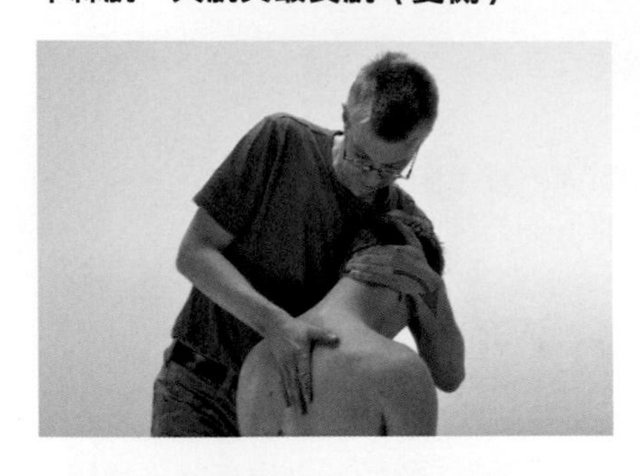

方法

治療師輕微牽引病患頭頸部並帶到最大屈曲位置。

發現

如果動作無法執行到最大範圍，且末端角度感覺到柔軟、有彈性的組織在限制動作範圍，表示肌肉有縮短現象。病患在肌肉延展過程有牽拉感。

其他短小的頸伸肌

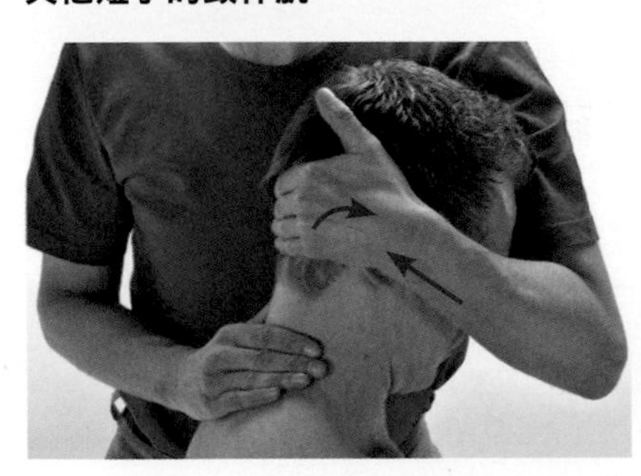

方法

治療師用拇指與食指固定病患頸椎中段，另一隻手去抱住病患枕骨，並將病患頭部靠在自己的肩膀上。治療師藉由將病患枕骨往上、往前方向推，使病患的寰枕關節產生最大屈曲。

發現

如果動作無法執行到最大範圍，且末端角度感覺到柔軟、有彈性的組織在限制動作範圍，表示肌肉有縮短現象。病患在肌肉延展過程有牽拉感。

4
軀幹 ——

4.4 腹部腹側肌群

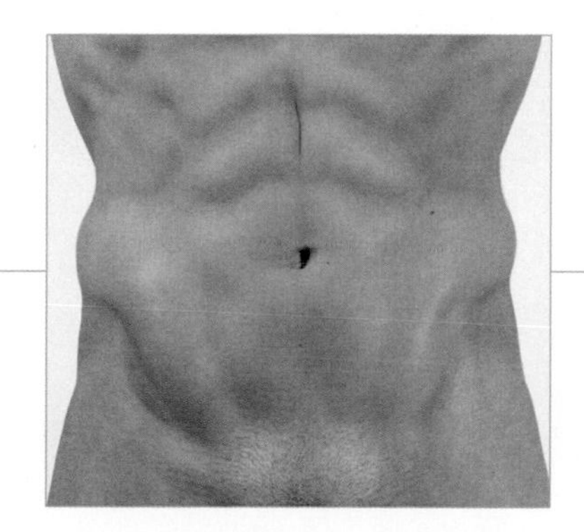

腹直肌

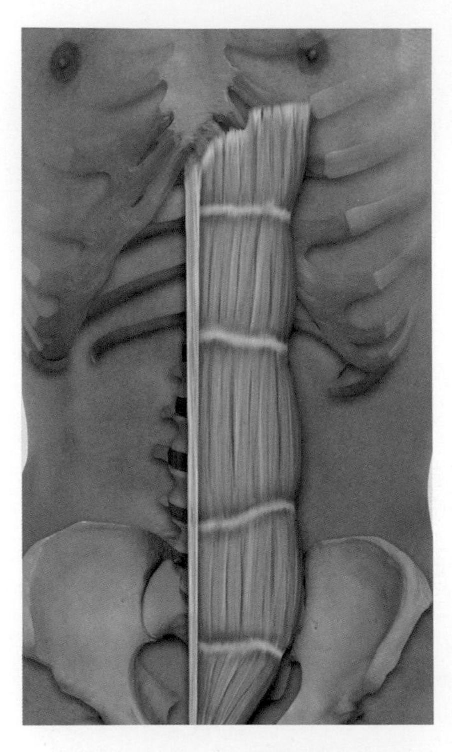

腹直肌是胸椎與腰椎強力的屈肌，當我們從平躺姿勢將上半身抬起時，就需要用到腹直肌。腹直肌也參與維持和增加腹壓。它的上部肌束對於講話時的吐氣調控至關重要。

起點	第5～7肋軟骨前側表面；胸骨劍突
終點	恥骨嵴；恥骨聯合
神經支配	肋間神經（第5～11節胸神經）；肋下神經（第12節胸神經）；髂腹下神經（第12節胸神經～第1節腰神經）；髂腹股溝神經（第1節腰神經）
特殊性質	腹直肌前面有腱劃橫跨，這些腱劃會與腹直肌鞘前層緊密連結。背側則肌束相連，沒有腱劃。腹直肌在肚臍下方從恥骨到白線間一小部分，也被稱作錐狀肌。

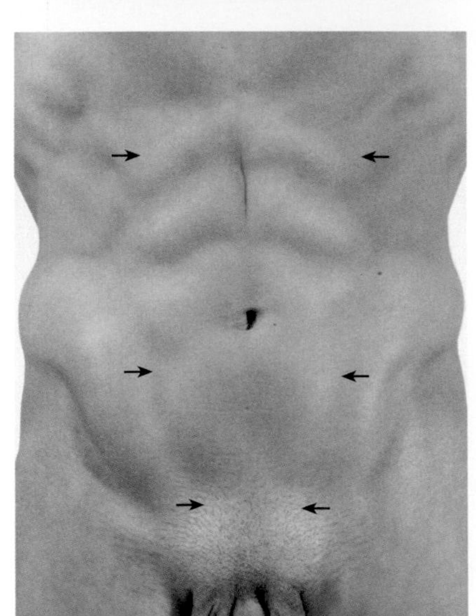

功能

協同肌	拮抗肌
椎間關節與椎間盤（主要是胸椎）	
屈曲（雙側收縮）	
腹外斜肌	所有背側肌群
腹內斜肌	
維持和增加腹壓（雙側收縮）	
腹橫肌	無
腹外斜肌	
腹內斜肌	
橫膈膜	

肌肉功能測試

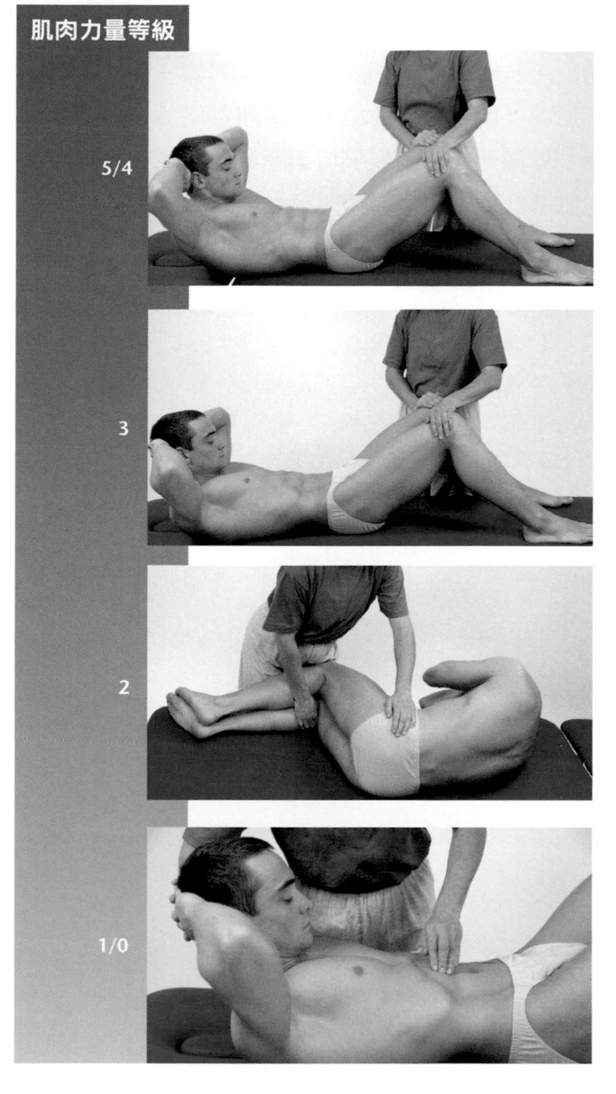

5/4

起始位置：病患平躺，雙膝屈曲並雙手抱頭。

測試過程：測試者用雙手固定雙腿。

指導語：請做出捲腹動作，將你的頭部、肩膀與胸廓抬離床面。

3

起始位置：病患平躺，雙膝屈曲並雙手抱頭。

測試過程：測試者用雙手固定雙腿。

指導語：請做出捲腹動作，盡可能將你的頭部、肩膀與胸廓抬離床面。

2

起始位置：病患側躺，髖關節與膝關節屈曲。

測試過程：測試者固定病患骨盆與小腿，並觀察病患軀幹動作。

指導語：請捲起身體，將你的鼻子靠近肚臍。

1/0

起始位置：病患平躺，雙膝屈曲並雙手抱頭。

測試過程：測試者觸診腹直肌。

指導語：嘗試將你的頭部與肩膀抬離床面。

臨床關聯性

- 腹直肌分離指兩側腹直肌從白線分離的現象。

問題／評論

- 腹斜肌的部分肌束也參與腹部屈曲。

腹外斜肌

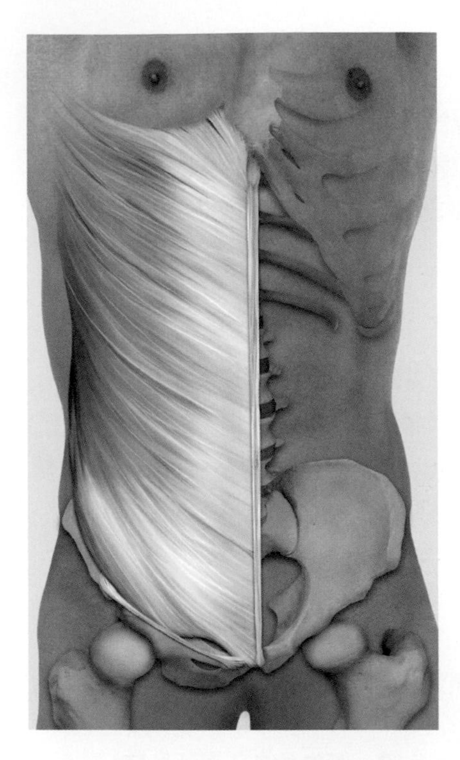

腹外斜肌單側收縮時能使胸廓相對於骨盆往對側旋轉，而雙側收縮能使脊椎屈曲。此外，它會與其他腹肌共同維持和增加腹壓，協助分娩、排尿或排便。雙側收縮時，能通過上部肌束收緊胸廓下口以協助吐氣。但這個功能本書不討論。

起點	第5～12肋外側與下緣
終點	恥骨結節；恥骨嵴；髂嵴外側唇；腹股溝韌帶；白線
神經支配	肋間神經（第5～11節胸神經）；肋下神經（第12節胸神經）；髂腹下神經（第12節胸神經～第1節腰神經）；髂腹股溝神經（第1節腰神經）
特殊性質	腹外斜肌構成腹直肌鞘前層

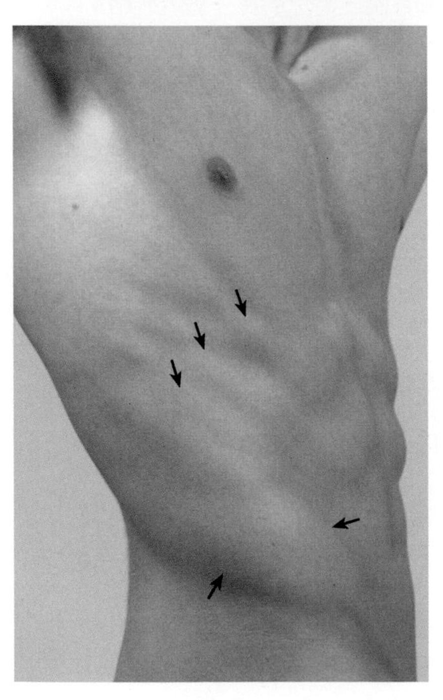

功能

協同肌	拮抗肌
椎間關節與椎間盤（主要是胸椎）	
軀幹對側旋轉	
對側腹內斜肌　腰多裂肌	腹內斜肌　腰髂肋肌
腰旋轉肌	胸最長肌
在同側扮演拮抗肌的所有肌肉為對側收縮時的協同肌	在同側扮演協同肌的所有肌肉為對側收縮時的拮抗肌
屈曲（雙側收縮）	
腹直肌　腹內斜肌	所有背側肌群
椎間關節與椎間盤（腰椎與胸椎）	
同側側彎	
腹內斜肌　腰方肌	對側腹外斜肌　對側腹內斜肌
腰旋轉肌　提肋肌	對側腰方肌
腰區與胸背區的所有背部深層肌肉（不包含棘肌與棘間肌）	腰區與胸背區的所有對側背部深層肌肉（不包含棘肌與棘間肌）
維持和增加腹壓（雙側收縮）	
腹橫肌　腹外斜肌	無
腹內斜肌　橫膈膜	
收腹動作（雙側收縮）	
腹橫肌　腹內斜肌	腹直肌　橫膈膜

肌肉功能測試

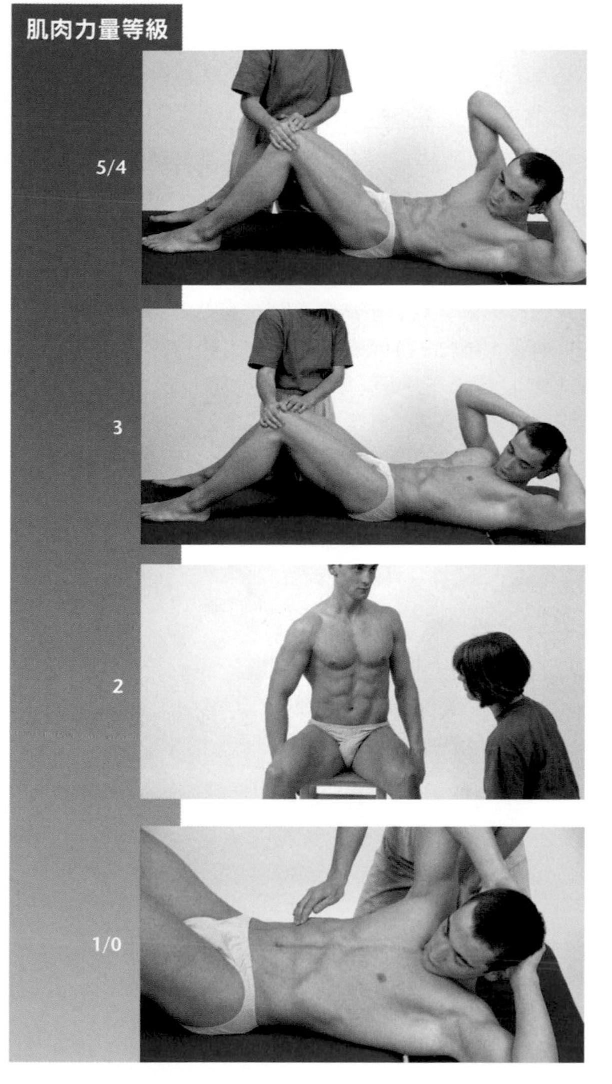

起始位置：病患平躺，雙膝屈曲並雙手抱頭。

測試過程：測試者觀察軀幹動作。

指導語：將你的頭部與肩膀抬離床面，右肩往左側骨盆靠近。胸廓可以抬起

起始位置：病患平躺，雙膝屈曲並雙手抱頭。

測試過程：測試者觀察軀幹動作。

指導語：將你的頭部與肩膀盡可能抬離床面，右肩往左側骨盆靠近。

起始位置：病患採坐姿。

測試過程：測試者觀察軀幹動作。

指導語：將你的軀幹往左側旋轉。

起始位置：病患平躺，雙膝屈曲並雙手抱頭。

測試過程：測試者觸診腹外斜肌。

指導語：嘗試將你的右肩往左側骨盆靠近。

! 問題／評論

- 測試動作的幅度取決於脊椎與其他身體部位的活動度。
- 屈膝可以減少髂腰肌協助這個動作。
- 右側腹外斜肌、左側腹內斜肌與兩側腹橫肌會共同作用。
- 上方測試的是右側腹外斜肌。

腹內斜肌

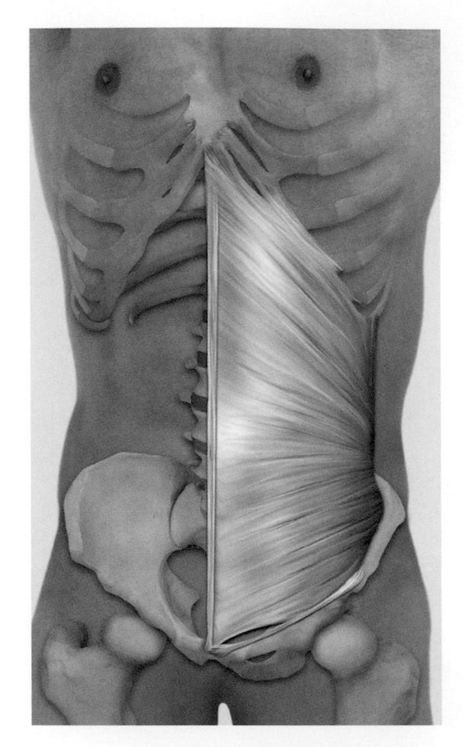

腹內斜肌單側收縮時，會使胸廓相對於骨盆往同側旋轉，雙側收縮時能使脊椎屈曲。此外，它會與其他腹肌共同維持和增加腹壓，協助分娩、排尿或排便。另外它能通過上部肌束收緊胸廓下口以協助吐氣。但這個功能本書不討論。

腰下三角

起點	腹股溝韌帶；髂嵴；胸腰筋膜
終點	恥骨嵴；第9～12肋肋軟骨；經腹直肌鞘連接到白線
神經支配	肋間神經（第5～11節胸神經）；肋下神經（第12節胸神經）；髂腹下神經（第12節胸神經～第1節腰神經）；髂腹股溝神經（第1節腰神經）
特殊性質	腹內斜肌構成腹直肌鞘前層與後層。在腰下三角，淺層筋膜直接覆蓋在腹內斜肌上

功能

協同肌	拮抗肌
椎間關節與椎間盤（主要是胸椎）	
軀幹同側旋轉	
對側腹外斜肌　腰髂肋肌	腹外斜肌　腰多裂肌
胸最長肌	腰旋轉肌
在同側扮演拮抗肌的所有肌肉為對側收縮時的協同肌	在同側扮演協同肌的所有肌肉為對側收縮時的拮抗肌
屈曲（雙側收縮）	
腹直肌　腹外斜肌	所有背側肌群
椎間關節與椎間盤（腰椎與胸椎）	
同側側彎	
腹外斜肌　腰方肌	對側腹外斜肌
腰旋轉肌　提肋肌	對側腹內斜肌
腰區與胸背區的所有背部深層肌肉（不包含棘肌與棘間肌）	對側腰方肌
	腰區與胸背區的所有對側背部深層肌肉（不包含棘肌與棘間肌）
維持和增加腹壓（雙側收縮）	
腹橫肌　腹外斜肌	無
腹內斜肌　橫膈膜	
收腹動作（雙側收縮）	
腹橫肌　腹外斜肌	腹直肌　橫膈膜

肌肉功能測試

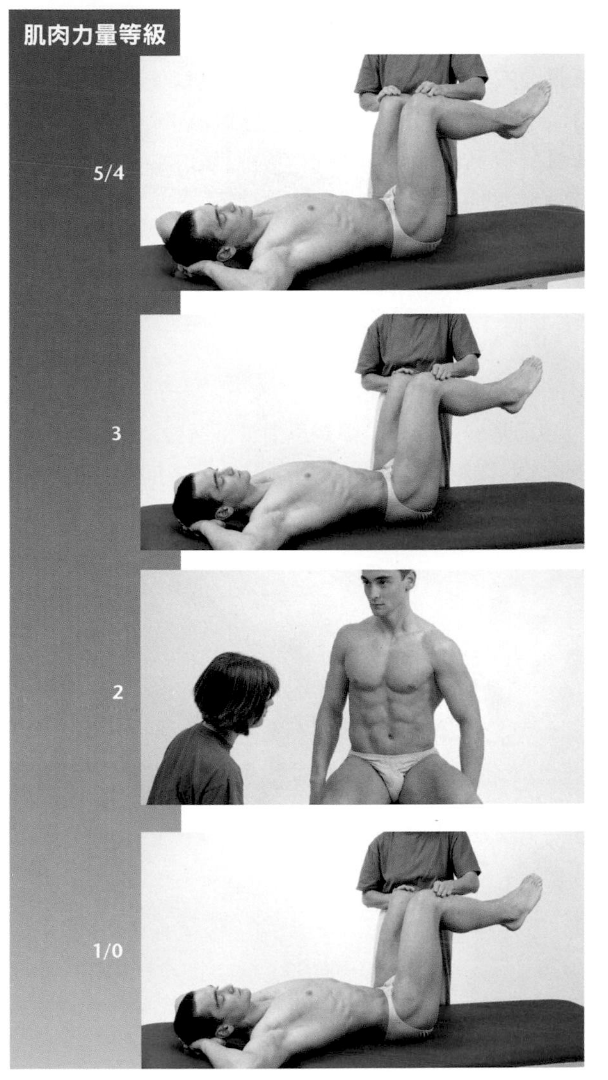

起始位置：病患平躺，雙手抱頭。髖關節與膝關節屈曲90度。

測試過程：測試者支撐病患小腿。

指導語：將你的右側骨盆大幅抬離床面，並往左側肋骨下緣靠近。過程中肩膀不要抬起。

起始位置：病患平躺，雙手抱頭。髖關節與膝關節屈曲90度。

測試過程：測試者支撐病患小腿。

指導語：將你的右側骨盆盡可能抬離床面，並往左側肋骨下緣靠近。過程中肩膀不要抬起。

起始位置：病患直立坐著。

測試過程：測試者觀察病患軀幹動作。

指導語：將你的軀幹往右側旋轉。

起始位置：病患平躺，雙手抱頭。髖關節與膝關節屈曲90度。

測試過程：測試者支撐病患小腿。

指導語：嘗試將你的右側骨盆抬離床面，並往左側肋骨下緣靠近。

! 問題／評論

- 右側腹內斜肌、左側腹外斜肌與兩側腹橫肌會共同作用。
- 觸診腹內斜肌的最佳位置為腰下三角。
- 上方測試的是右側腹內斜肌。

提睪肌

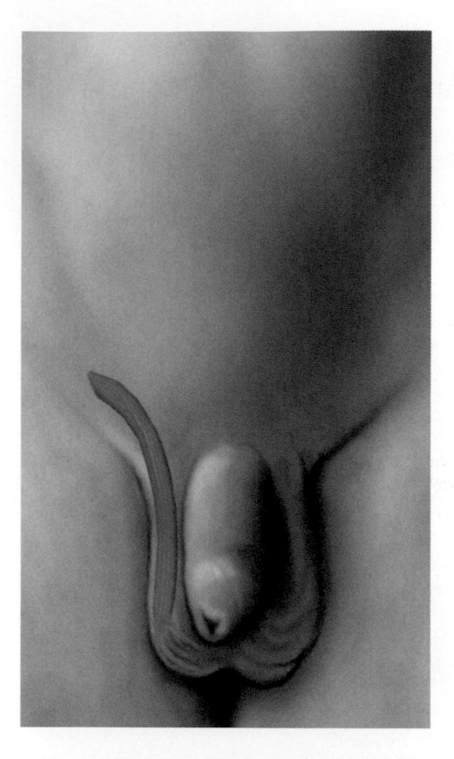

在下腹肌自主收縮或觸發提睪反射時，提睪肌會使陰囊內的睪丸短暫上提。這被認為是人體無意義的殘餘反射。因持續性的睪丸上提與為調節睪丸周圍溫度而產生的陰囊收縮，是透過陰囊肉膜達成而非提睪肌。

起點	腹內斜肌最下部的肌束與腹橫肌最下部的少量肌束
終點	睪丸鞘膜
神經支配	生殖股神經的生殖支（第1～2節腰神經）
特殊性質	若第2節腰神經損傷，提睪反射會減弱或消失。提睪反射是透過輕劃大腿內側上部皮膚，造成同側睪丸會在陰囊中被上提。

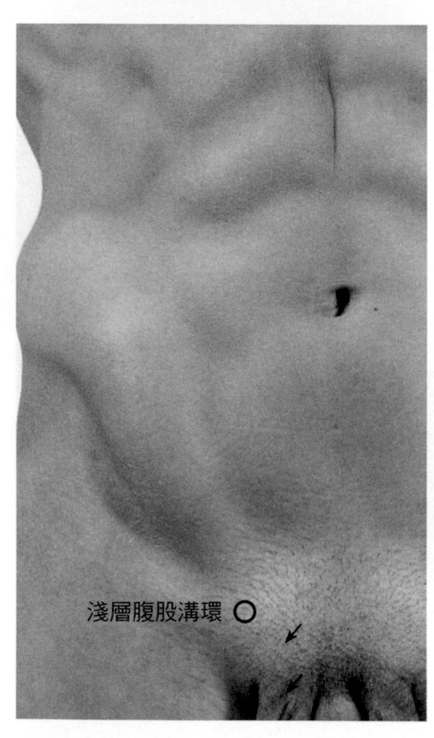

腹橫肌

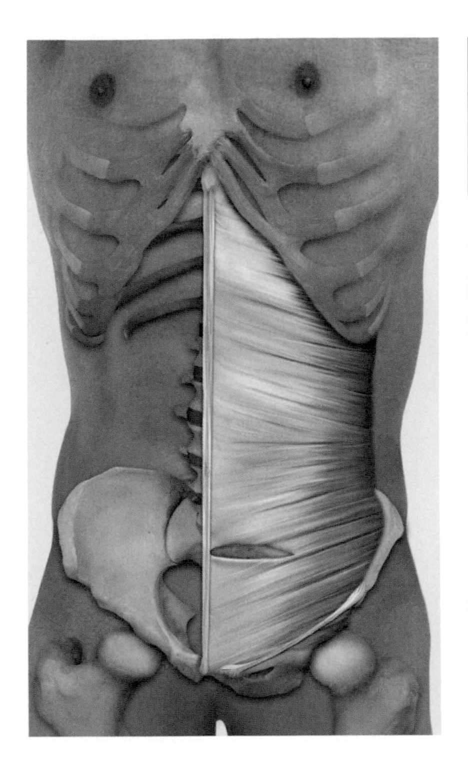

腹橫肌使胸廓相對於骨盆往同側旋轉。腹橫肌雙側收縮時，上部肌束會收緊胸廓下口，產生吐氣作用。腹橫肌適應成產生很高的腹內壓，以協助分娩、排尿、排便與收腹動作。下方列表不討論其吐氣功能。

起點	第6～12肋肋軟骨；腰椎橫突
終點	白線
神經支配	肋間神經（第5～11節胸神經） 肋下神經（第12節胸神經） 髂腹下神經（第12節胸神經～第1節腰神經） 髂腹股溝神經（第1節腰神經）
特殊性質	腹橫肌在弓狀線之上構成腹直肌鞘後層，在弓狀線之下構成腹直肌鞘前層

功能

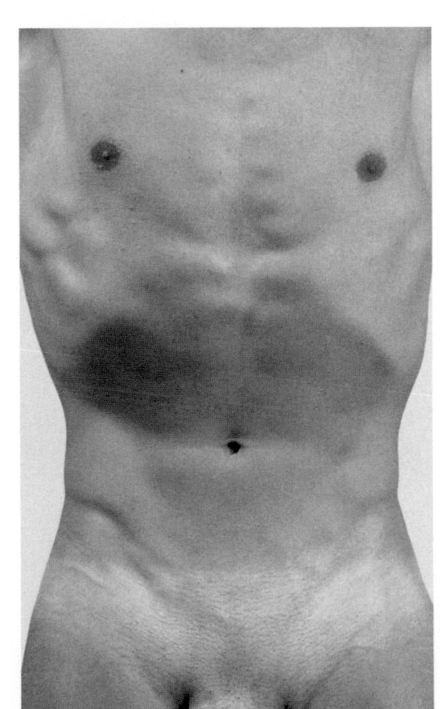

協同肌	拮抗肌
椎間關節與椎間盤（主要是胸椎）	
軀幹同側旋轉	
腹內斜肌	腹外斜肌
對側腹外斜肌	對側腹內斜肌
腰髂肋肌	腰多裂肌
胸最長肌	腰旋轉肌
在同側扮演拮抗肌的所有肌肉為對側收縮時的協同肌	在同側扮演協同肌的所有肌肉為對側收縮時的拮抗肌
維持和增加腹壓（雙側收縮）	
腹直肌	無
腹外斜肌	
腹內斜肌	
橫膈膜	
收腹動作（雙側收縮）	
腹內斜肌	腹直肌
腹外斜肌	橫膈膜

腰方肌

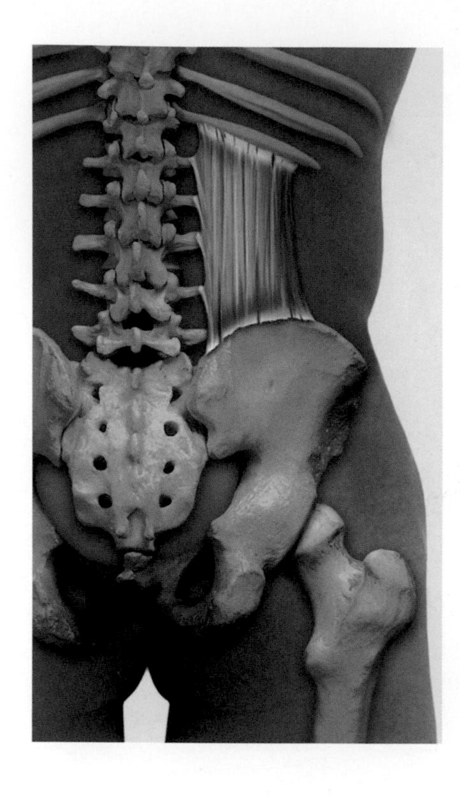

腰方肌在擺盪腳的強力收縮時，會協助支撐腳的臀肌共同防止擺盪腳的骨盆往下掉。當腰方肌單側收縮時，使胸椎與腰椎往同側側彎；雙側收縮時，會與下後鋸肌共同穩定下胸廓口，提供橫膈膜穩定的起點，因此，它有輔助吸氣的功能，但在下方列表不討論。腰方肌不像頭頸部的長肌能防止頸椎過度前凸那樣控制腰椎前凸，因為腰方肌肌束與腰椎背側有一定距離。

起點　髂嵴；髂腰韌帶

終點　第12肋下緣；第1～4腰椎橫突

神經支配　肋間神經（第12節胸神經～第1節腰神經）
肋下神經（第12節胸神經）
髂腹下神經（第12節胸神經～第1節腰神經）
髂腹股溝神經（第1節腰神經）

功能

協同肌	拮抗肌
椎間關節	
同側側彎	
腹內斜肌	對側腹外斜肌
腹外斜肌	對側腹內斜肌
腰旋轉肌	對側腰方肌
提肋肌	腰區的所有對側背部深層肌肉（不包含棘肌與棘間肌）
腰區的所有背部深層肌肉（不包含棘肌與棘間肌）	

肌肉功能測試

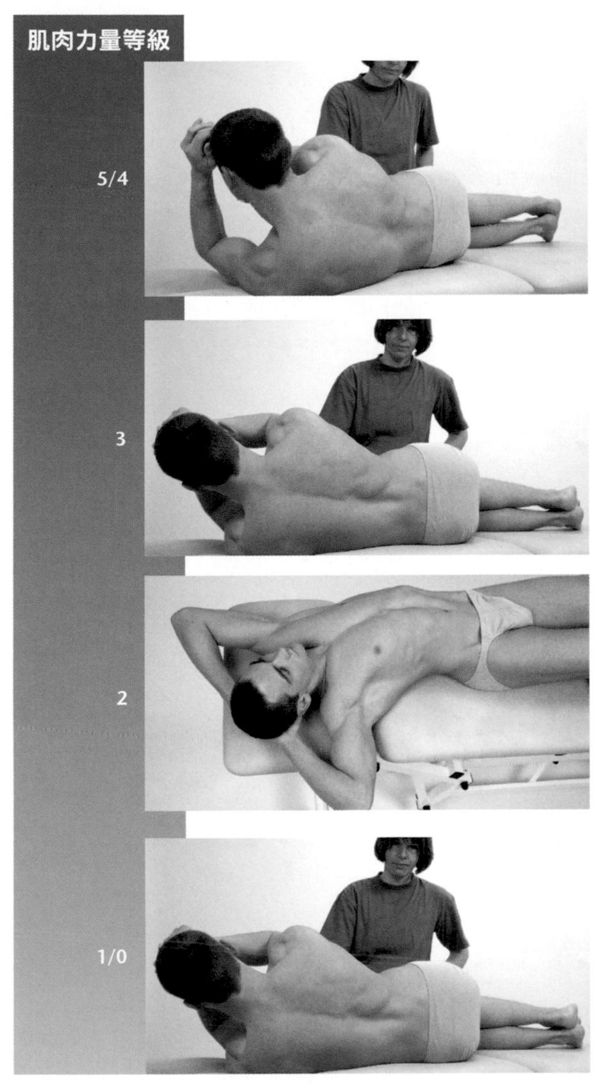

5/4

起始位置：病患側躺，髖關節與膝關節屈曲90度，雙手在額頭前相握。

測試過程：測試者固定病患雙腿。

指導語：將你的上半身抬離床面。

3

起始位置：病患側躺，髖關節與膝關節屈曲90度，雙手在額頭前相握。

測試過程：測試者固定病患雙腿。

指導語：將你的上半身盡可能抬離床面。

2

起始位置：病患平躺，雙手抱頭且雙膝屈曲。

測試過程：測試者觀察病患軀幹動作。

指導語：請在床面上移動上半身，將你的右側胸廓靠近右側骨盆。

1/0

起始位置：病患側躺，髖關節與膝關節屈曲90度，雙手在額頭前相握。

測試過程：測試者固定病患雙腿。

指導語：嘗試將你的上半身抬離床面。

! 問題／評論

- 腰方肌無法被觸診。
- 腰方肌的功能與其他背肌和腹肌，無法在測試中區分。

肌肉延展測試

腰方肌

方法

治療師一隻手固定病患骨盆，另一隻手帶動病患軀幹往對側側彎到最大腰椎側彎角度。

發現

如果動作無法執行到最大範圍，且末端角度感覺到柔軟、有彈性的組織在限制動作範圍，表示肌肉有縮短現象。病患在肌肉延展過程有牽拉感。

腹直肌（兩側）

方法

治療師推動病患骨盆前傾，同時向後上方推動上半身，將病患軀幹帶到最大腰椎伸直角度。

發現

如果動作無法執行到最大範圍，且末端角度感覺到柔軟、有彈性的組織在限制動作範圍，表示肌肉有縮短現象。病患在肌肉延展過程有牽拉感。

腹直肌、右側腹外斜肌與左側腹內斜肌

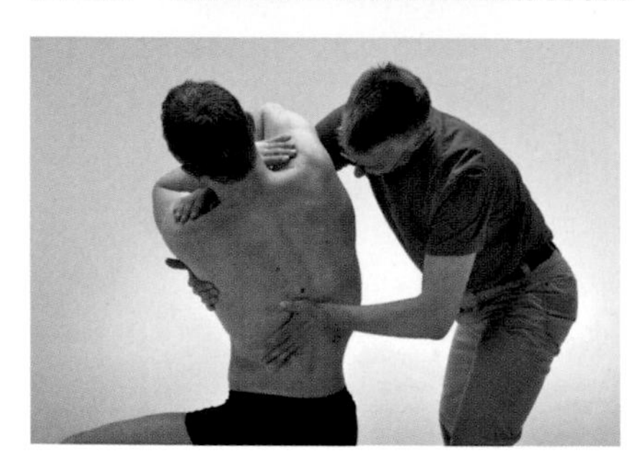

方法

治療師帶動病患軀幹到最大伸直、左側側彎與右側旋轉角度。

發現

如果動作無法執行到最大範圍，且末端角度感覺到柔軟、有彈性的組織在限制動作範圍，表示肌肉有縮短現象。病患在肌肉延展過程有牽拉感。

說明

如果動作無法執行到最大範圍，且兩側相比時感覺到末端角度是硬、有彈性的組織在限制動作範圍，表示是關節囊的問題。

4
軀幹 ——
4.5 胸椎腹側肌群

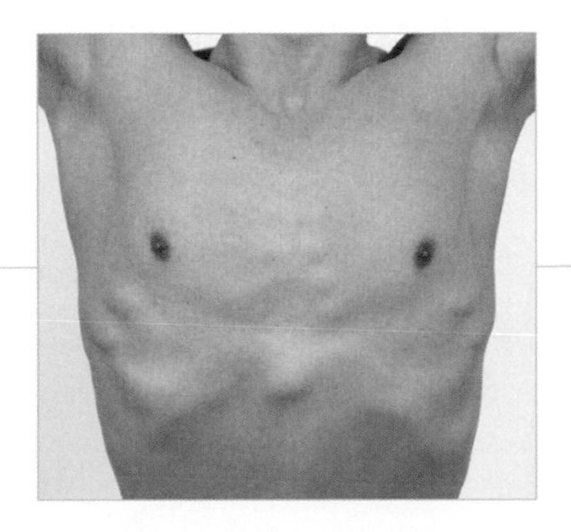

外肋間肌

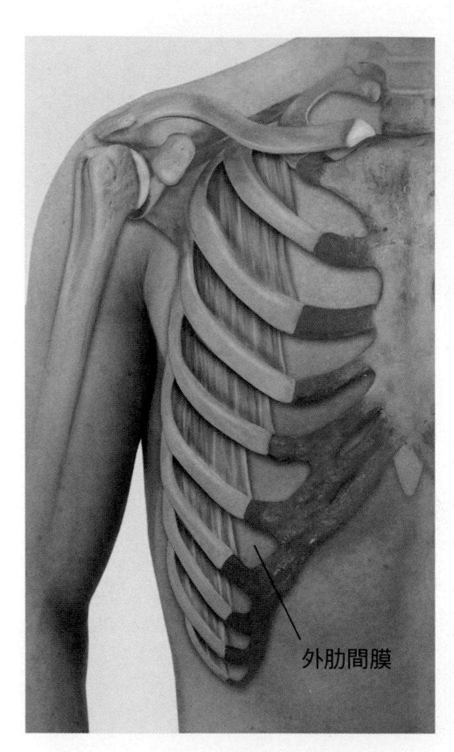

外肋間肌能透過抬高肋骨來擴大肋間隙，這會擴大肋膜腔以增加吸氣。這也會擴大胸廓的前後徑與橫徑，使胸骨與肋骨皆上抬。肋間肌與橫膈膜功能間的關係會在後面章節描述。

起點	第1～11肋下緣
終點	第2～12肋上緣
神經支配	肋間神經（第1～11節胸神經）
特殊性質	外肋間肌前部靠近胸骨處的肌束，會被一片稱為外肋間膜的結締組織取代

功能

協同肌	拮抗肌
肋椎關節與胸肋關節	
使肋骨繞著肋骨頸長軸旋轉（前側肋骨上抬）	
內肋間肌（軟骨間部分）	內肋間肌（骨間部分）
斜角肌	胸橫肌
上後鋸肌	腹橫肌
	腹斜肌

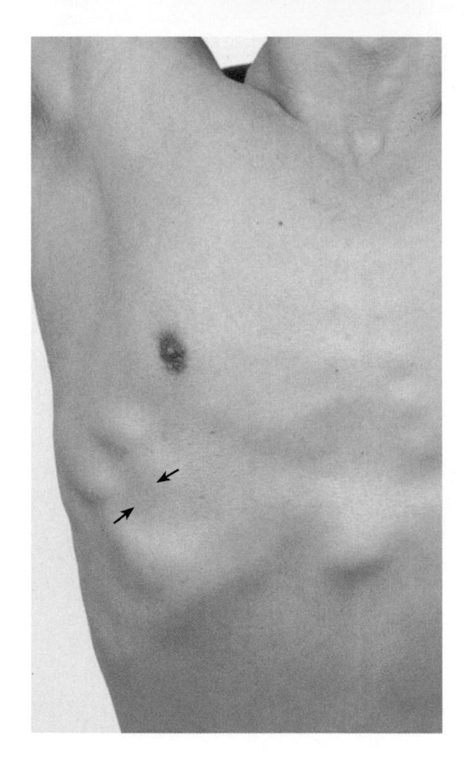

肌肉功能測試

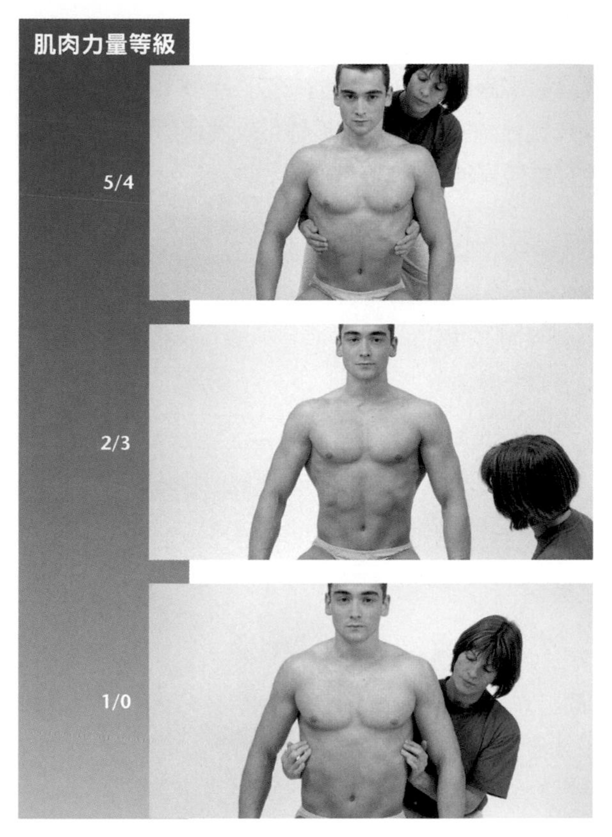

5/4

起始位置：病患採坐姿。

測試過程：測試者雙手放在病患兩側胸廓的下肋角，給予吐氣方向的阻力。

指導語：請你深吸氣並對抗我的阻力。

2/3

起始位置：病患採坐姿。

測試過程：測試者觀察胸廓動作。

指導語：請你深吸氣。

1/0

起始位置：病患採坐姿。

測試過程：測試者觸診外肋間肌。

指導語：請你盡可能深吸氣。

問題／評論

- 外肋間肌與上後鋸肌功能相同。
- 斜角肌是平順吸氣時的主要肌肉，只有當用力吸氣時外肋間肌才會參與。

上後鋸肌

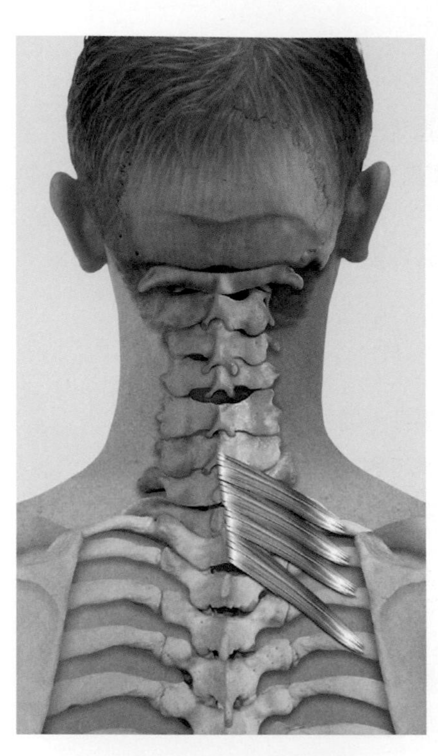

上後鋸肌從頸椎最下兩節與胸椎最上兩節，往外下方連接到第2～5肋角外側。因此，吸氣時上後鋸肌可以透過肋骨來抬高整個胸廓。它的脊椎伸直功能可以忽略。

起點	第6～7頸椎棘突；第1～2胸椎棘突
終點	第2～5肋角外側
神經支配	脊神經前側分支（第6節頸神經～第2節胸神經）

功能

協同肌	拮抗肌
第2～5肋椎關節與胸肋關節	
使肋骨繞著肋骨頸長軸旋轉（前側肋骨上抬）	
外肋間肌	內肋間肌（骨間部分）
內肋間肌（軟骨間部分）	胸橫肌
斜角肌	腹橫肌

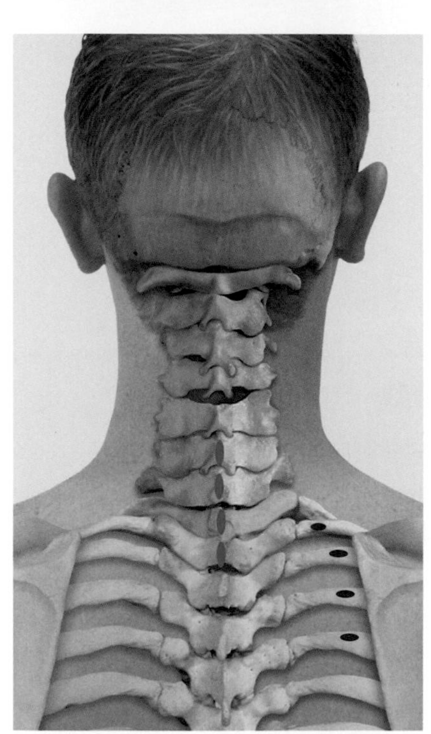

肌肉功能測試

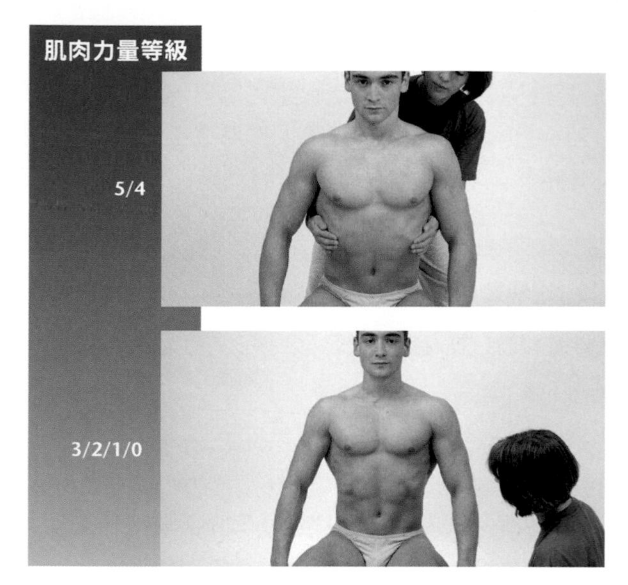

起始位置：病患採坐姿。

測試過程：測試者雙手放在病患兩側胸廓的下肋角，給予吐氣方向的阻力。

指導語：請你深吸氣並對抗我的阻力。

起始位置：病患採坐姿。

測試過程：測試者觀察胸廓動作。

指導語：請你深吸氣。

問題／評論

- 上後鋸肌與外肋間肌共同完成肋骨上抬。我們無法透過直接給予第2～5肋骨阻力來區分兩者功能。

內肋間肌

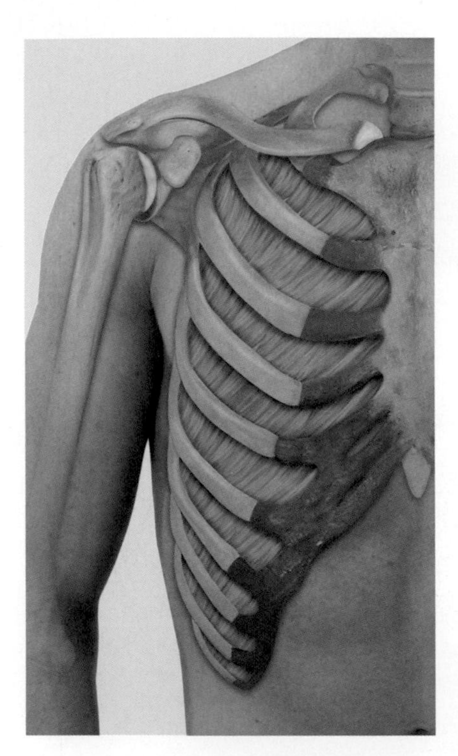

內肋間肌在肋骨間的肌束可協助吐氣，這些肌束能將上方肋骨往下方肋骨拉動。但內肋間肌的肋軟骨間的肌束卻能協助吸氣（見外肋間肌章節）。下方列表只呈現吐氣功能。

起點	第2～12肋骨上緣
終點	第1～11肋軟骨與肋溝下緣
神經支配	肋間神經（第1～11節胸神經）
特殊性質	在身體後側靠近脊椎的肋間隙，會被一片稱為內肋間膜的結締組織取代，此處不可進行胸腔穿刺；肋間後動脈損傷時，因此處缺乏肌肉層，限制了動脈出血程度而有利於止血

功能

協同肌	拮抗肌
肋椎關節與胸肋關節	
使肋骨繞著肋骨頸長軸旋轉（前側肋骨下降）	
胸橫肌	外肋間肌
腹橫肌	內肋間肌（軟骨間部分）
腹斜肌	斜角肌
腹直肌	上後鋸肌

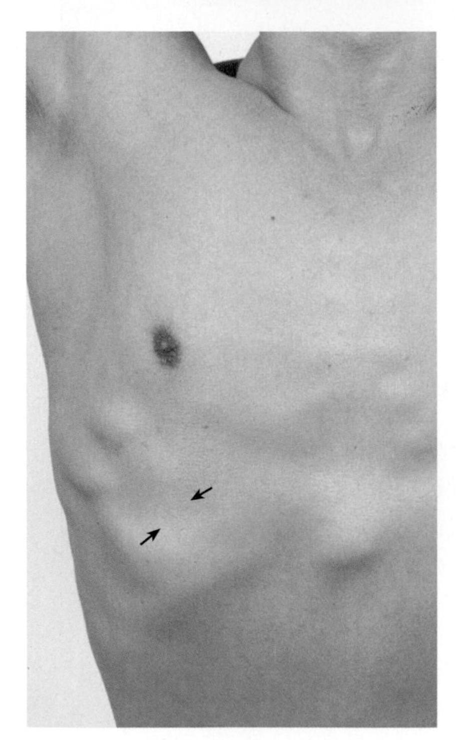

肌肉功能測試

肌肉力量等級

起始位置：病患採直立坐姿。

測試過程：測試者觀察病患胸廓動作。

指導語：請用力吐氣。

問題／評論

- 腹肌會協助吐氣功能。
- 最內肋間肌、下後鋸肌與內肋間肌功能相同。
- 內肋間肌因為位置關係無法被觸診。

下後鋸肌

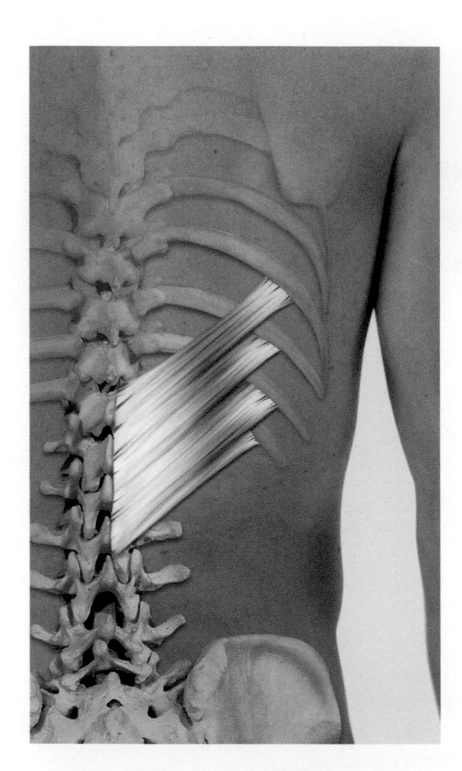

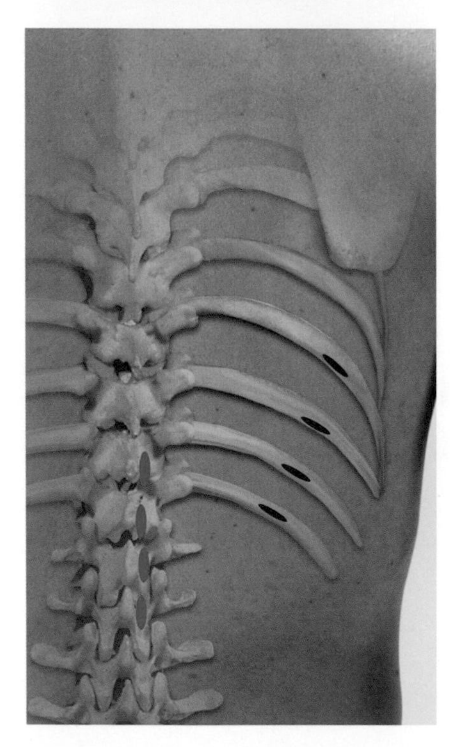

下後鋸肌能在吸氣時向後下方牽拉假肋，保持胸廓下口後部的穩定。避免假肋因橫膈膜的牽拉而向前、向上折進胸腔。

起點	第11～12胸椎棘突；第1～2腰椎棘突
終點	第9～12肋骨下緣
神經支配	脊神經前側分支（第11節胸神經～第2節腰神經）

功能

協同肌	拮抗肌
第9～12肋椎關節與胸肋關節	
吸氣時穩定胸廓下口後部	
腰方肌	橫膈膜
腰髂肋肌	

肌肉力量等級

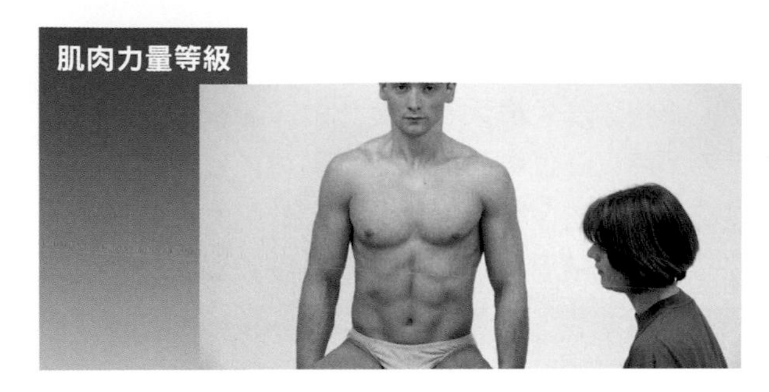

肌肉功能測試

起始位置：病患採直立坐姿。

測試過程：測試者觀察病患胸廓動作。

指導語：請用力吐氣。

問題／評論

- 下後鋸肌與內肋間肌皆有肋骨下降功能。
- 腹肌會協助吐氣功能。

橫膈膜

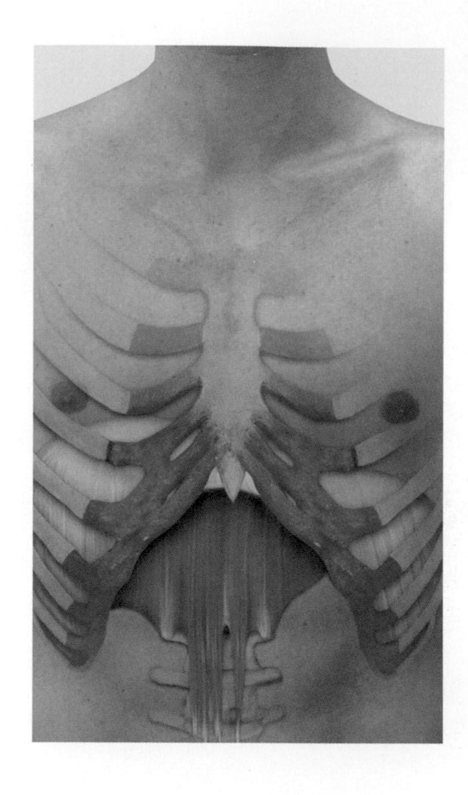

橫膈膜是能使人體胸腔產生最大容積變化的呼吸肌，其肌肉部以肌束起點命名，可以降低中央肌腱，進而增加橫膈膜以上的胸腔容積。這會降低胸腔內壓，肋膜腔與肺的壓力也會下降。當聲門口打開時，空氣就會吸進肺部。同時胸腔與上腹腔的器官會往下位移使腹圍增加。相對地，有拮抗作用的腹肌會直接向下拉動自身起點所在的肋骨，並向上推動上腹腔器官抵抗橫膈膜的作用。吸氣時，橫膈膜的功能取決於肋間肌對整個胸廓的穩定，以及下後鋸肌與腰方肌對胸廓下口的穩定（這點特別重要）。若沒有這些肌肉的穩定，橫膈膜收縮時會出現逆式呼吸，也就是胸廓容積縮小，胸廓下口也變更窄，病患反而會出現吐氣動作。

起點	胸骨部：劍突後側表面，腹直肌鞘深層；肋骨部：第7～12肋軟骨內側表面；腰部：橫膈膜內外腳分別起始於左右的上3節腰椎前面的前縱韌帶和內外弓狀韌帶
終點	橫膈膜中央肌腱
神經支配	左、右膈神經（第3～5節頸神經）

功能

協同肌	拮抗肌
吸氣	
外肋間肌	內肋間肌（骨間部）
內肋間肌（軟骨間部）	胸橫肌
斜角肌	腹外斜肌
上後鋸肌	腹內斜肌
	腹橫肌
	腹直肌

4

軀幹 ——

4.6 骨盆底肌群

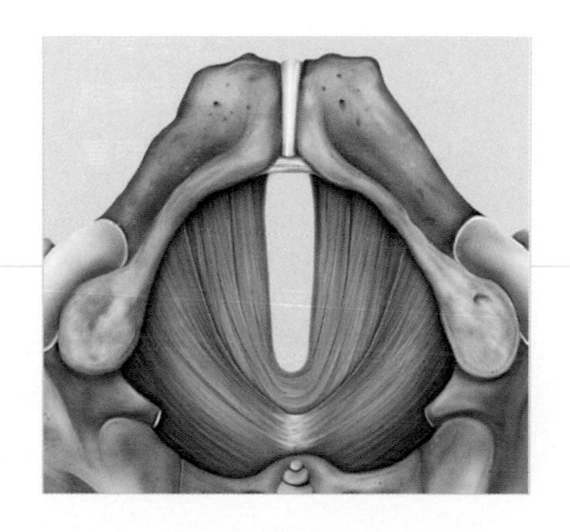

提肛肌

提肛肌構成骨盆底肌，其張力會隨腹內壓增大而提高（例如打噴嚏或咳嗽），進而維持腹腔與骨盆腔器官的位置。它形成基礎的肌肉框架，固定直腸、尿道與女性的陰道的位置。這些肌束根據各自位置被命名，從下而上依序為恥骨直腸肌、恥骨尾骨肌與髂骨尾骨肌。

起點	從恥骨經提肛肌腱弓（連接到閉孔肌筋膜）接到坐骨棘
終點	從肌肉名稱可知，恥骨尾骨肌與髂骨尾骨肌接到尾骨；位於下層的恥骨直腸肌的部分纖維，在直腸後方與對側纖維形成U字型；有少數纖維會接到會陰中心腱與直腸壁
神經支配	薦神經叢直接發出的分支（第3～4節薦神經）

恥骨直腸肌

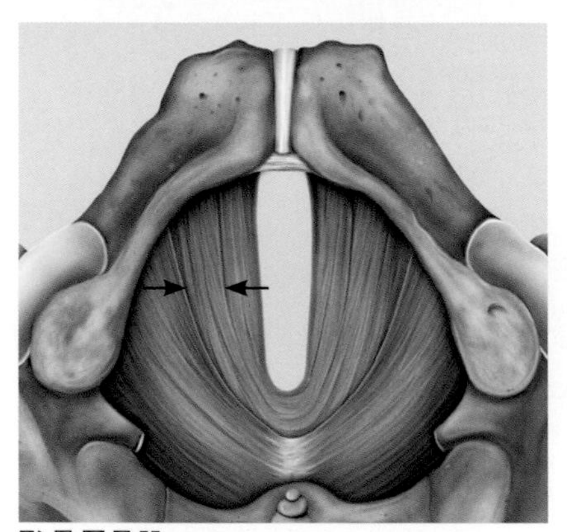

恥骨尾骨肌

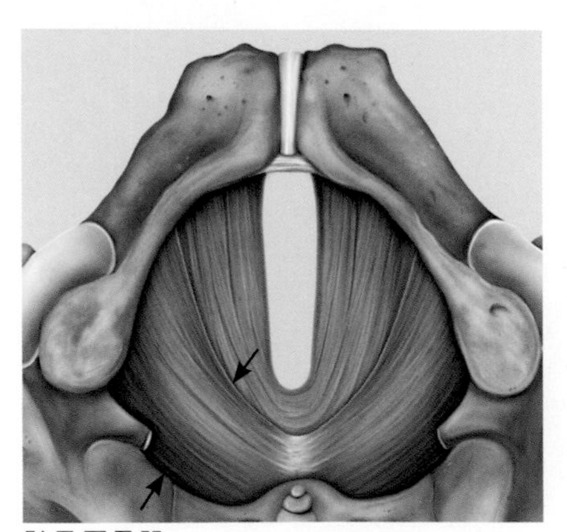

髂骨尾骨肌

恥骨尾骨肌

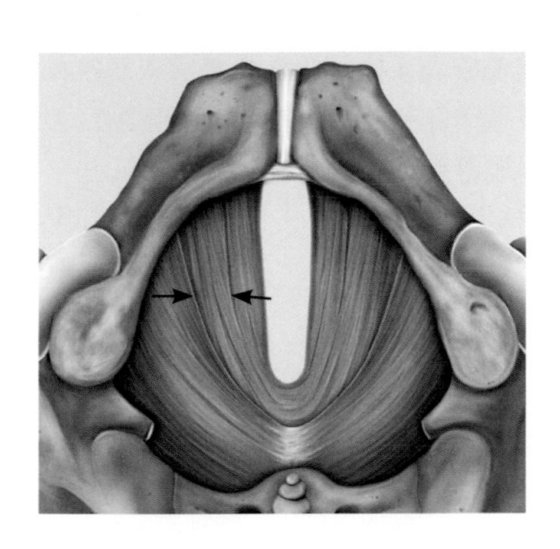

恥骨尾骨肌位於恥骨與尾骨間的外側。它與恥骨直腸肌與髂骨尾骨肌連結在一起，但有確實接到尾骨上。恥骨尾骨肌肌束走靠近尾骨與直腸後側環的中線，可以對抗恥骨陰道肌與恥骨直腸肌往腹側方向的拉力，因此可以協助打開直腸與陰道。

起點	恥骨內側表面；提肛肌腱弓
終點	尾骨
神經支配	薦神經叢直接發出的分支（第3～4節薦神經）
特殊性質	恥骨尾骨肌與恥骨直腸肌、髂骨尾骨肌以及男性提前列腺肌或女性恥骨陰道肌共同構成提肛肌

恥骨陰道肌

恥骨陰道肌能從側面與後面限制陰道，並將其向前與向上拉向恥骨。它的肌束走向顯示很可能將陰道拉向水平位置。在這個姿勢下，陰道就像閥門，在腹內壓增加或承受胎兒重量時可被壓迫至關閉。

恥骨前列腺肌

男性的恥骨前列腺肌與女性的恥骨陰道肌相對應，可以稍微提高前列腺。

恥骨直腸肌

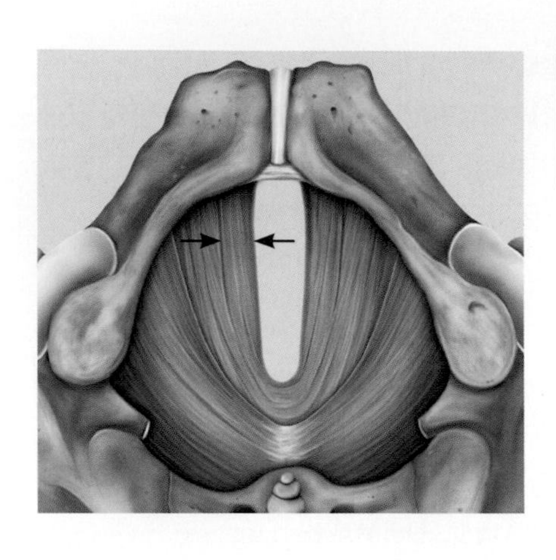

恥骨直腸肌從直腸下段的後側繞過直腸，收縮時會將直腸往前牽引。因為直腸往前移會在會陰結締組織上被壓迫，這被認為是最重要的排便控制機制。恥骨直腸肌放鬆會導致排便。

起點	恥骨內側表面
終點	直腸側壁、後壁與會陰中央肌腱，部分肌束在後側與對側肌束交織，構成U字型
神經支配	尾神經叢（第3～4節薦神經）
特殊性質	恥骨直腸肌與恥骨尾骨肌、髂骨尾骨肌與男性提前列腺肌或女性恥骨陰道肌共同構成提肛肌；恥骨直腸肌形成提肛肌裂孔，提供腸道、陰道與尿道通過

髂骨尾骨肌

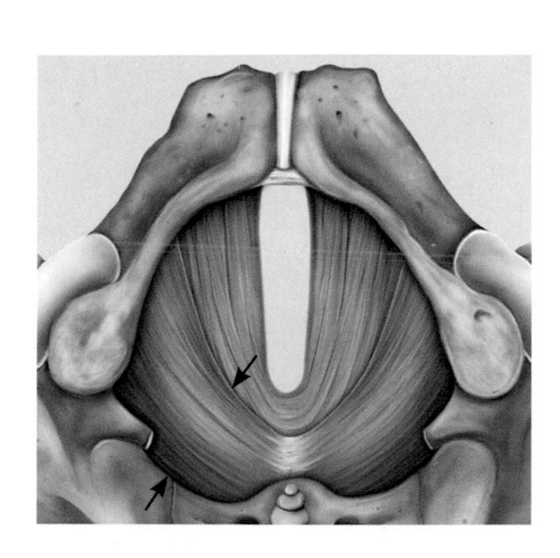

髂骨尾骨肌位在恥骨尾骨肌外側，與各器官出口無直接關係。它起始於提肛肌腱弓，以近乎橫向的肌束連接到下薦椎與尾骨。

起點	提肛肌腱弓
終點	尾骨
神經支配	薦神經叢直接發出的分支（第3～4節薦神經）
特殊性質	髂骨尾骨肌與恥骨尾骨肌、恥骨直腸肌與男性提前列腺肌或女性恥骨陰道肌共同構成提肛肌

坐骨尾骨肌

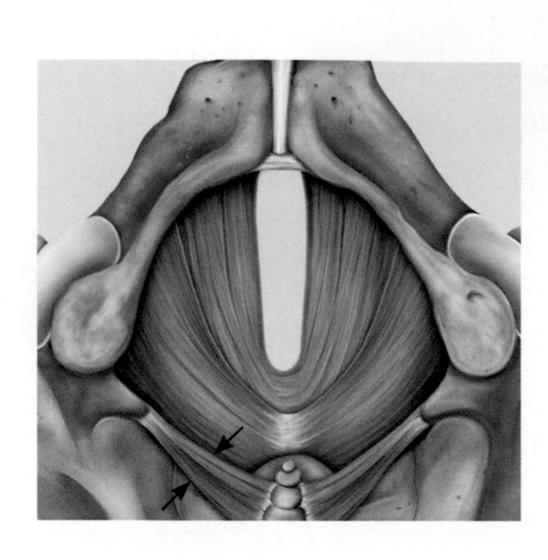

坐骨尾骨肌與各器官出口沒有直接關係。它的肌束走向與髂骨尾骨肌相同，但更加後側，以很寬的接觸面積從外側薦椎與尾骨連接到坐骨棘。坐骨尾骨肌雖然不是提肛肌的一部分，但同樣能維持骨盆底肌的張力。

起點	坐骨棘內側表面
終點	薦骨下外側緣；尾骨
神經支配	薦神經叢直接發出的分支（第3～4節薦神經）

肛門外括約肌

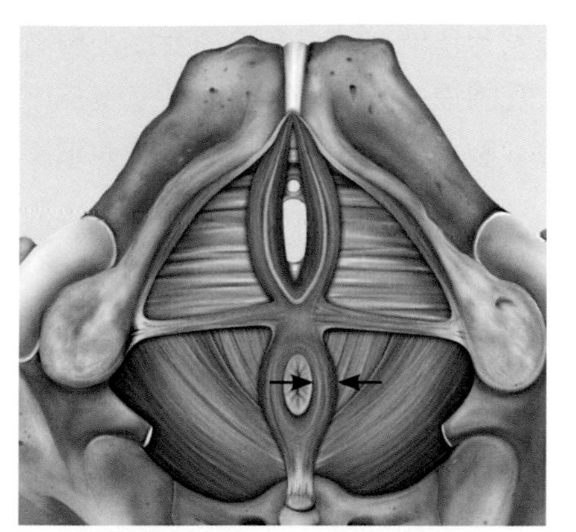

女性骨盆底

男性肛門周圍（圖片來自Foto-Archiv KVM）

肛門外括約肌根據相對於肛門表皮的位置分成三個部分。皮下部為圍繞肛門一圈的環形肌束，與臉部的輪匝肌相似；淺層部（強而有力）和深層部位於肛門側面，能從兩側收緊肛門，但這兩部分肌束並非環形，而是兩端分別附著於會陰和肛門尾骨韌帶。肛門外括約肌在進行肛門反射與緊急排便狀態時，會自主收縮。肛門內括約肌失去張力時，它收緊肛門的功能變得更加重要，但這兩條肌肉嚴格來說不算協同肌。

起點　肛門周圍真皮；會陰中心腱

終點　肛門周圍真皮與皮下組織；肛門尾骨韌帶

神經支配　陰部神經（第2～4節薦神經）

會陰深橫肌

會陰深橫肌對提肛肌裂孔有固定作用。若沒有它的支撐，裂孔處會成為脫疝的脆弱位置。在男性，會陰深橫肌在尿道膜部周圍形成尿道括約肌；在女性，它沒有環繞尿道形成明顯的環狀結構。

起點　恥骨下支；坐骨支

終點　兩側發出的肌束於中線處相互交織，部分肌束止於會陰中心腱

神經支配　陰部神經或會陰神經或陰蒂背神經（女性）以及陰莖背神經（男性）（第2～4節薦神經）

女性骨盆底

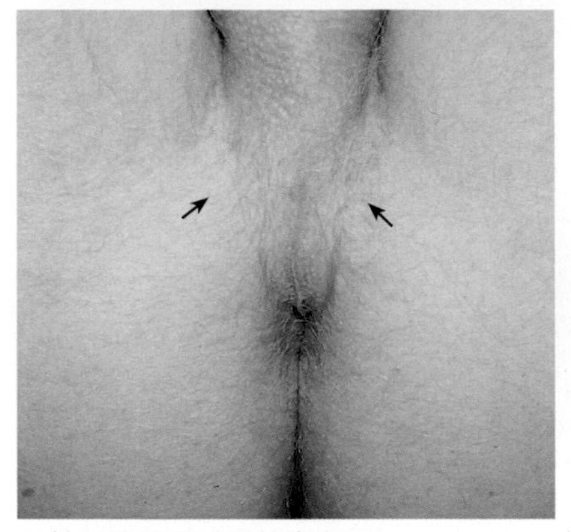

男性肛門周圍（圖片來自Foto-Archiv KVM）

會陰淺橫肌

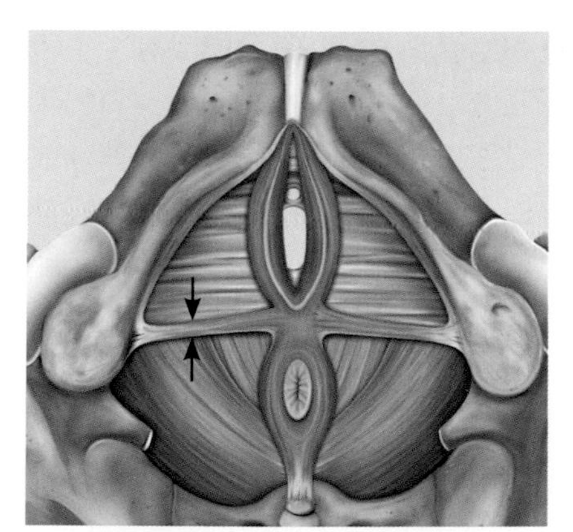

女性骨盆底

男性肛門周圍（圖片來自Foto-Archiv KVM）

會陰淺橫肌與會陰深橫肌相同，能固定會陰縫，進而固定位於會陰中線的肛門、陰莖根（男性）或會陰後部（女性）。會陰淺橫肌經常發育不完全。

起點	坐骨粗隆；坐骨支
終點	會陰中心腱
神經支配	陰部神經或會陰神經（第2～4節薦神經）
特殊性質	會陰淺橫肌不一定存在

坐骨海綿體肌

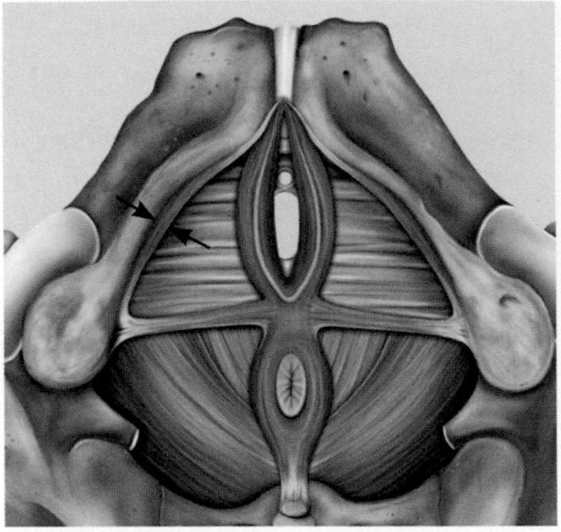

女性骨盆底

陰莖處於鬆弛狀態時，坐骨海綿體肌收縮使其些微回縮；陰莖處於勃起狀態時，坐骨海綿體肌收縮會將其拉向腹壁。海綿體充血時，坐骨海綿體肌會壓迫連接在恥骨上的陰莖海綿體（或陰蒂海綿體）後側，將此處血液擠壓至海綿體前側。海綿體後側則像海綿一樣再次充滿血液，接著坐骨海綿體肌再次收縮。陰莖因此能得到勃起該有的硬度。

起點	坐骨支
終點	陰莖（或陰蒂）海綿體的白膜
神經支配	陰部神經（第2～4節薦神經）

球海綿體肌

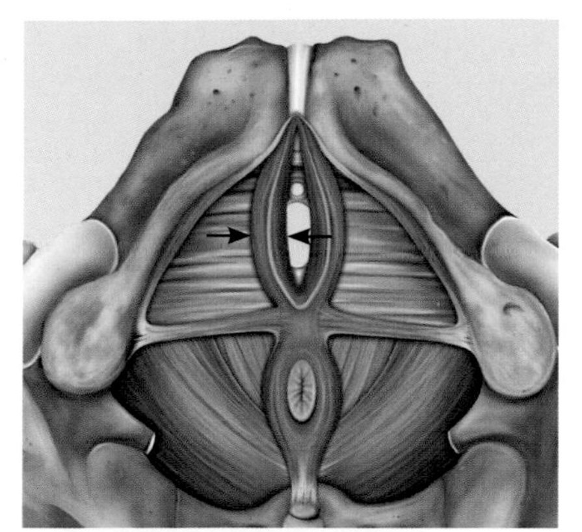

女性骨盆底

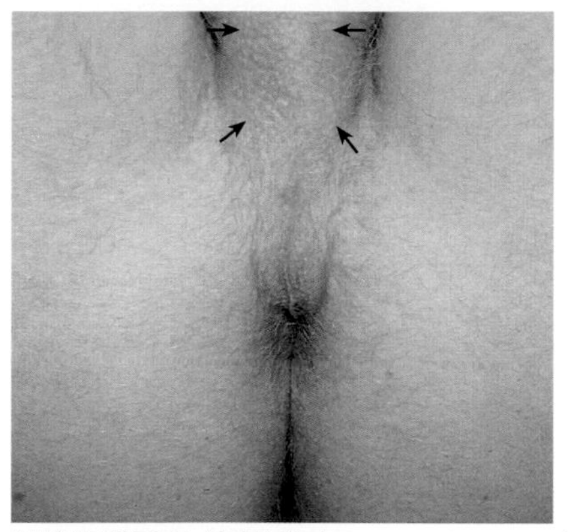

男性肛門周圍（圖片來自Foto-Archiv KVM）

在男性，球海綿體肌環繞著尿道球，能壓迫尿道球與海綿體，並將血液從尿道球擠壓到龜頭而增加勃起程度。此外，因男性尿道較長，在排尿與射精的最後階段時，球海綿體肌的收縮有助於尿液或精液排出體外。在女性，球海綿體肌環繞陰道口，可小幅度收縮陰道口與會陰縫，也能將肛門稍微向前拉。

起點 會陰中心腱

終點 女性：陰蒂海綿體
男性：尿生殖下筋膜、陰莖背部

神經支配 陰部神經（第2～4節薦神經）

4
軀幹

4.7 支配軀幹肌肉的運動神經

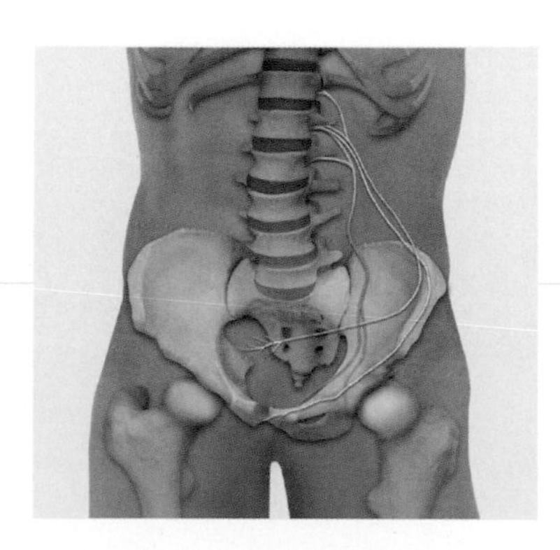

膈神經

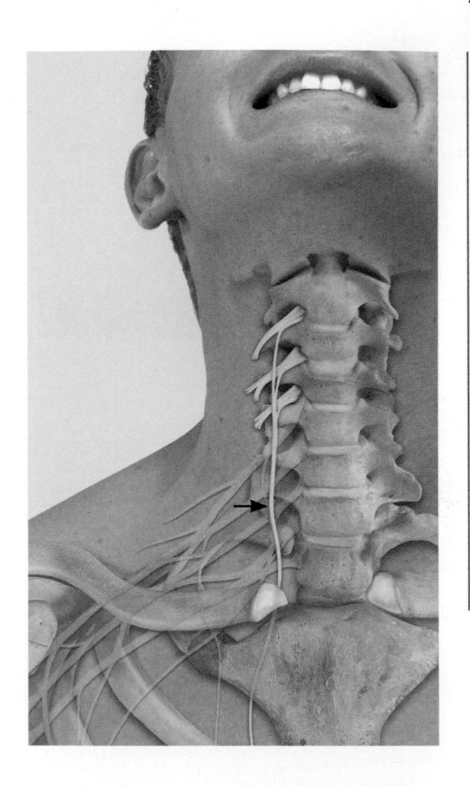

膈神經（C3～C5）

相應脊神經從頸椎椎間孔離開椎管。作為頸叢主要分支之一的膈神經先沿前斜角肌前面下行，於鎖骨下動脈前方經胸廓上口進入胸腔；然後經由肺根前方，穿過縱隔向下到達膈。膈神經的運動纖維負責支配膈的運動，而感覺纖維則分布於膈周邊的組織和器官。

說明

副膈神經並非人人具有，且發出部位因人而異。

膈神經單側損傷會導致膈癱瘓，同側膈腳抬高，同側肺的呼吸作用也會受到影響。如果患者高位（C4或更高脊髓節段）截癱導致膈神經失效，可對膈神經進行電刺激以恢復其對膈的支配能力。

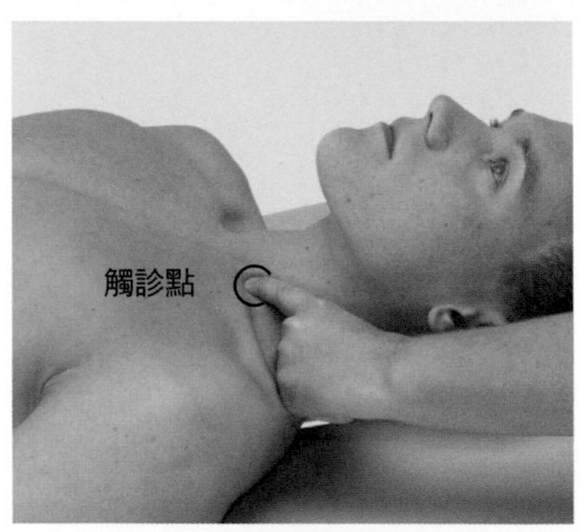

肋間神經和肋下神經

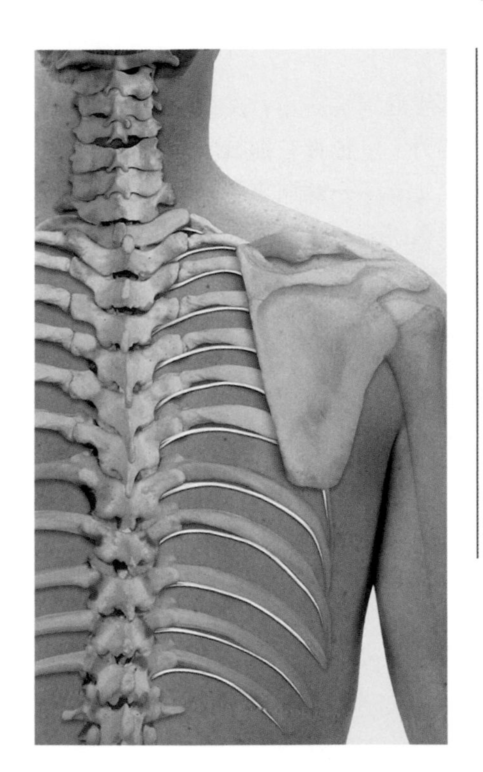

12對胸神經從同序數胸椎下方的椎間孔離開椎管後，分為前支、後支、交通支和脊膜支。肋間神經和肋下神經屬於胸神經前支。而胸神經後支則發出運動分支支配胸背區的背固有肌，其分布具有明顯的節段性。每一個胸神經後支又分為內側支和外側支，按其支配區域，背固有肌被分為內側束和外側束。

肋間神經和肋下神經的運動分支支配軀幹前側肌肉。第1胸神經前支有一部分加入了臂叢，在此不做討論。11對肋間神經在相應的肋骨下緣、被結締組織包裹和保護著穿肋間內肌前行。肋下神經則走行於第12肋骨下方。

肋間神經和肋下神經支配相應節段內的肋間外肌、肋間內肌、胸橫肌、腹外斜肌、腹內斜肌、腹橫肌、肋提肌、腰方肌、上後鋸肌和下後鋸肌。此外，它們還支配腹直肌的相應肌束。

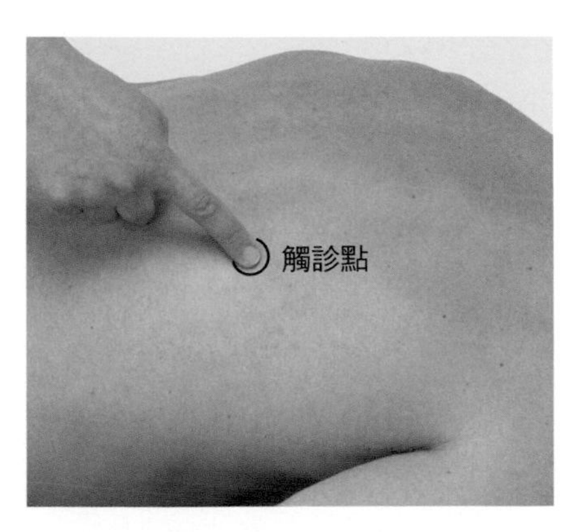

髂腹下神經、髂腹股溝神經和生殖股神經

髂腹下神經（T12～L1）

髂腹下神經發自腰叢，與髂腹股溝神經平行著從腰大肌外側緣穿出後，經腰方肌前面行向外下，然後在髂嵴上方進入腹橫肌和腹內斜肌之間，繼續向前走行。一路發出運動分支支配腹壁諸扁肌，然後從側面進入腹直肌鞘，支配腹直肌的相應節段。

髂腹股溝神經（L1）

髂腹股溝神經發自腰叢，走行方向和所支配的肌肉均與髂腹下神經的相仿。

生殖股神經（L1～L2）

生殖股神經自腰叢，穿出腰大肌後分為兩大終末支——股支和生殖支。股支主要支配股三角區的皮膚感覺。男性的生殖支是混合型神經（既含運動纖維又含感覺纖維），它伴行精索進入腹股溝管，支配提睪肌的同時支配陰囊根部的皮膚感覺。女性的生殖支隨子宮圓韌帶分布於大陰唇，支配該處的皮膚感覺。

1 髂腹下神經
2 髂腹股溝神經
3 生殖股神經

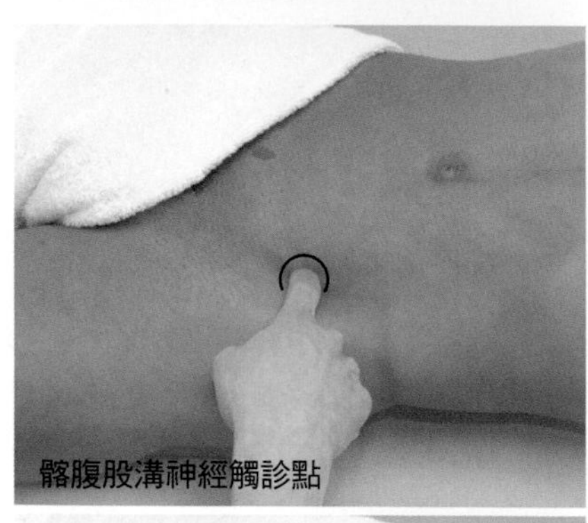
髂腹股溝神經觸診點

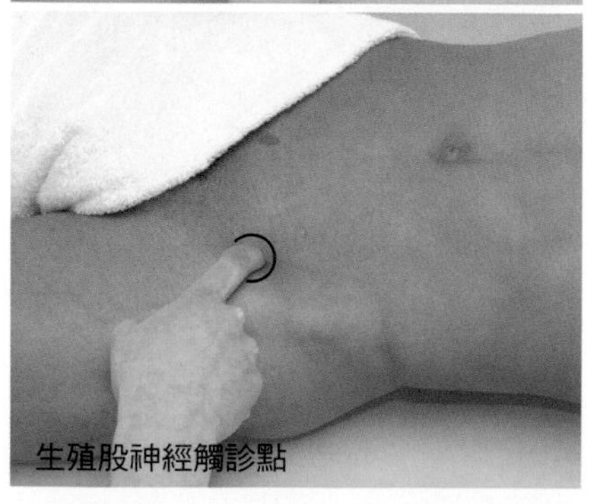
生殖股神經觸診點

陰部神經

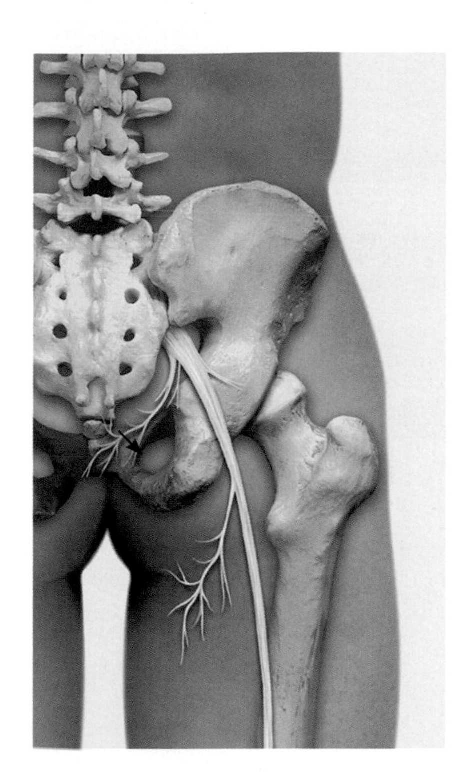

骶神經前支從骶前孔出骶管。骶叢由脊神經L4～S3（或S4）的前支構成。

陰部神經從骶叢發出後，穿出梨狀肌下孔至臀部，然後在骶棘韌帶的內側穿過坐骨小孔進入陰部管。它的運動分支支配會陰橫肌、肛門外括約肌、坐骨海綿體肌和球海綿體肌。

軀幹肌肉神經支配															
神經名稱	支配肌肉	發出該神經的脊椎節段													
		T1	T2	T3	T4	T5	T6	T7	T8	T9	T10	T11	T12	L1	L2
膈神經（C3-C5）															
	橫膈膜（C3～C5）														
肋間神經															
	上後鋸肌（C6～C8）														
	腹直肌														
	腹外斜肌														
	腹內斜肌														
	腹橫肌														
	下後鋸肌														
	外肋間肌與內肋間肌														
肋下神經															
	錐狀肌														
	腰方肌														
髂腹下神經															
	腹外斜肌														
	腹內斜肌														
	腹橫肌														
髂腹股溝神經															
	腹內斜肌														
	腹橫肌														
生殖股神經															
	提睪肌														
背部深層肌肉受脊神經背側分支所支配															
骨盆底肌受陰部神經（S2～S4）所支配															

5
頸部

5.1 頸部肌肉

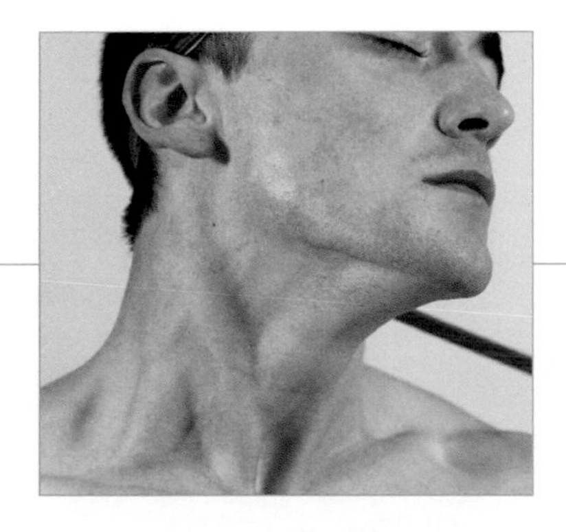

胸鎖乳突肌

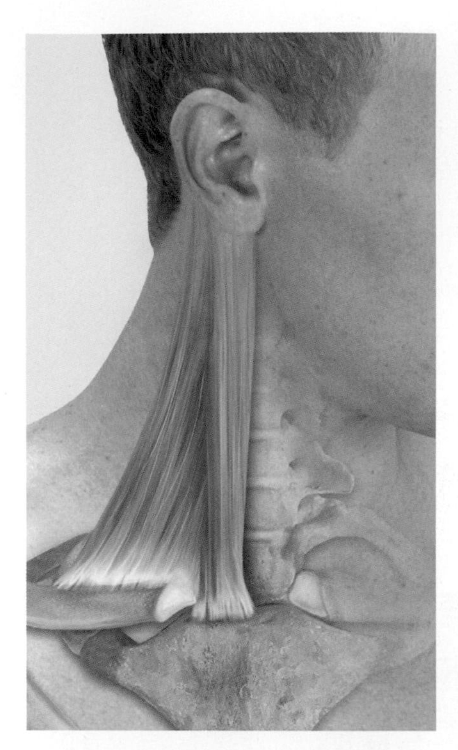

胸鎖乳突肌單側收縮時，使頭頸部向同側側彎與對側旋轉。雙側收縮時，胸鎖乳突肌的屈曲和伸直功能取決於頭部的位置。當頭部在屈曲位置時，它能將頭頸部進一步屈曲；在伸直位置時，它會讓頭頸部進一步伸直。它在胸骨與鎖骨的動作小到可以忽略。

起點	胸骨頭：胸骨柄；鎖骨頭：鎖骨內側1/3
終點	顳骨乳突
神經支配	副神經（第2節頸神經）

功能

協同肌	拮抗肌
寰枕關節	
屈曲（頭部屈曲位置）	
頭前直肌　頭長肌　前斜角肌 舌骨上肌群　舌骨下肌群	枕下肌群 提肩胛肌 斜方肌下降部（上斜方肌）
伸直（頭部伸直位置）	
頭半棘肌　頭最長肌 頭夾肌　提肩胛肌 斜方肌下降部（上斜方肌）	頭前直肌　頭長肌 舌骨上肌群 舌骨下肌群
寰樞關節	
對側旋轉	
斜方肌下降部（上斜方肌） 當對側收縮時，所有作為同側拮抗肌的肌肉都會作為協同肌	頭最長肌　頭夾肌 頭後大直肌　頭下斜肌 當對側收縮時，所有作為同側協同肌的肌肉都會作為拮抗肌
頸部椎間盤與關節	
屈曲（頭部屈曲位置）	
頸長肌　頭長肌 前斜角肌　舌骨上肌群 舌骨下肌群	枕下肌群　提肩胛肌 斜方肌下降部（上斜方肌）
伸直（頭部伸直位置）	
頭半棘肌　頭最長肌 頭夾肌　提肩胛肌 斜方肌下降部（上斜方肌）	頭前直肌　頭長肌 頸長肌　舌骨上肌群 舌骨下肌群
頸部椎間盤與關節、寰枕關節與寰樞關節	
同側側彎	
頭夾肌　頭最長肌 頭外側直肌（只作用於寰枕關節） 斜角肌 斜方肌下降部（上斜方肌） 提肩胛肌	當對側收縮時，所有作為同側協同肌的肌肉都會作為拮抗肌

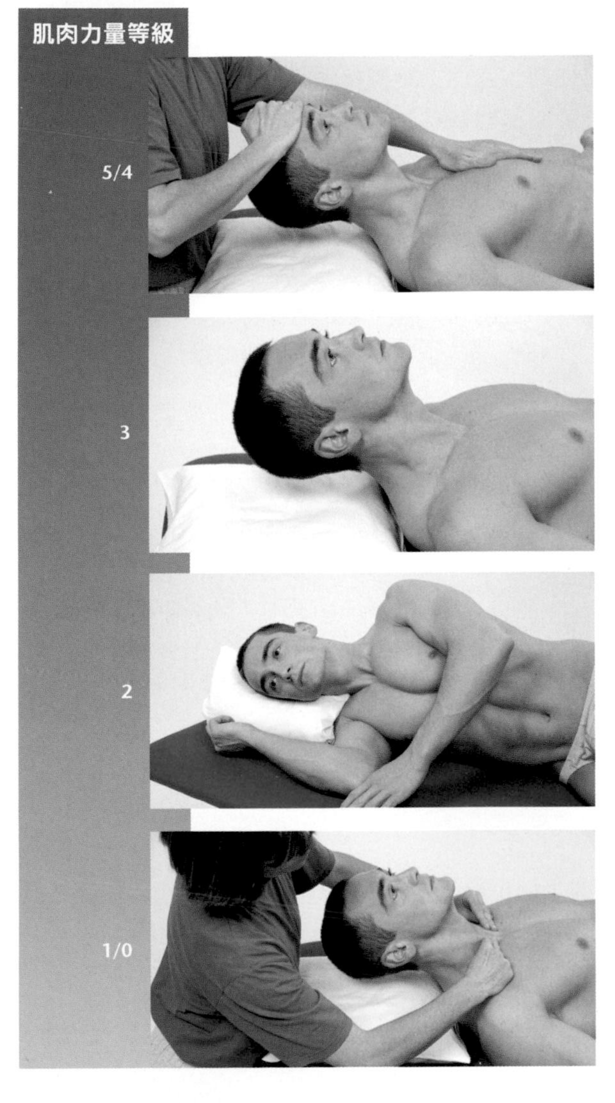

肌肉功能測試

雙側測試

起始位置：病患平躺。

測試過程：測試者一隻手固定胸骨，另一隻手給予病患前額向下的阻力。

指導語：請你將頭部抬離床面，抵抗我的阻力並維持姿勢。

雙側測試

起始位置：病患平躺。

測試過程：測試者觀察病患頭部動作。

指導語：請你將頭部抬離床面。

雙側測試

起始位置：病患側躺，在頭下墊枕頭使頸部與床面平行。

測試過程：測試者觀察病患頭部動作。

指導語：請你將頭部向前移動，胸廓不要移動。

雙側測試

起始位置：病患平躺。

測試過程：測試者觸診雙側胸鎖乳突肌。

指導語：請你嘗試將頭部抬離床面。

臨床關聯性

- 胸鎖乳突肌單側攣縮時會造成斜頸。
- 胸鎖乳突肌收縮時會強化頸部前凸。頭部會相對於頸部前移，而下頸椎會相對於胸椎屈曲。
- 胸鎖乳突肌為附屬呼吸肌群之一。

問題／評論

- 枕下肌群也會參與這個動作。
- 若要對單側胸鎖乳突肌進行測試，可以在測試時請病患同時進行對側旋轉。

頭長肌

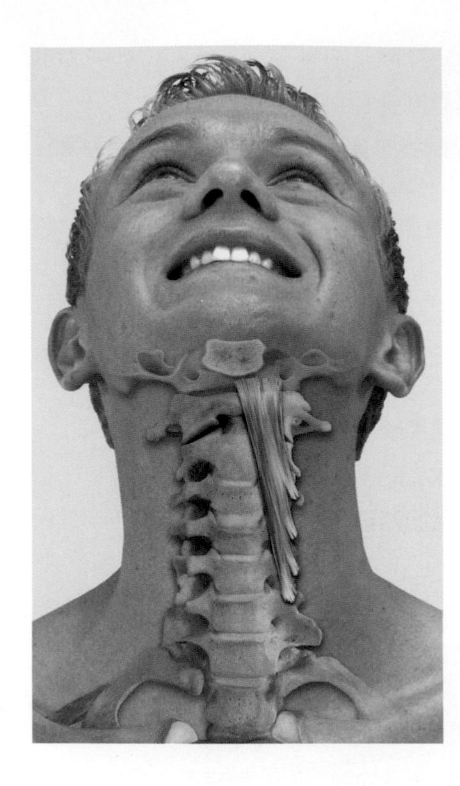

頭長肌使頸椎屈曲，進而抵銷掉枕下肌群使頸椎伸直的作用。此外，它也能使頭部對抗阻力屈曲。

起點 第3～6頸椎橫突前結節

終點 枕骨基底部

神經支配 頸神經叢直接分支（第1～4節頸神經）

功能

協同肌	拮抗肌
寰枕關節	
屈曲	
胸鎖乳突肌（頭部屈曲位置）	枕下肌群
頸長肌	胸鎖乳突肌（頭部伸直位置）
頭前直肌	斜方肌下降部（上斜方肌）
舌骨上肌群	提肩胛肌
舌骨下肌群	

協同肌	拮抗肌
頸部椎間盤與關節	
屈曲	
胸鎖乳突肌（頭部屈曲位置）	枕下肌群
頸長肌	胸鎖乳突肌（頭部伸直位置）
前斜角肌	斜方肌下降部（上斜方肌）
舌骨上肌群	提肩胛肌
舌骨下肌群	

頭前直肌和頭外側直肌

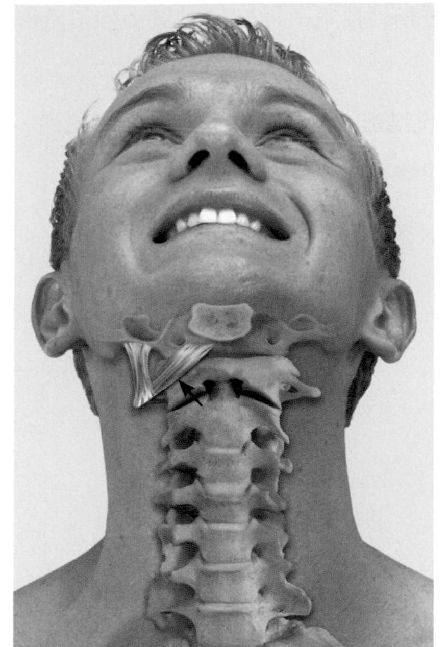

頭前直肌能小幅度屈曲寰枕關節，但這個動作還有其他更有效率的肌肉可以完成。頭前直肌的主要任務是，與其他頭直肌一起在頭部移動或甩動時穩定寰枕關節。因此，它需要能靈活地與這個區域其他的肌肉共同作用。

起點　寰椎橫突

終點　枕骨基底部

神經支配　頸神經叢直接分支（第1～4節頸神經）

功能

協同肌	拮抗肌
寰枕關節	
屈曲	
胸鎖乳突肌（頭部屈曲位置）	枕下肌群
頭長肌	斜方肌下降部（上斜方肌）
前斜角肌	提肩胛肌
舌骨上肌群	
舌骨下肌群	

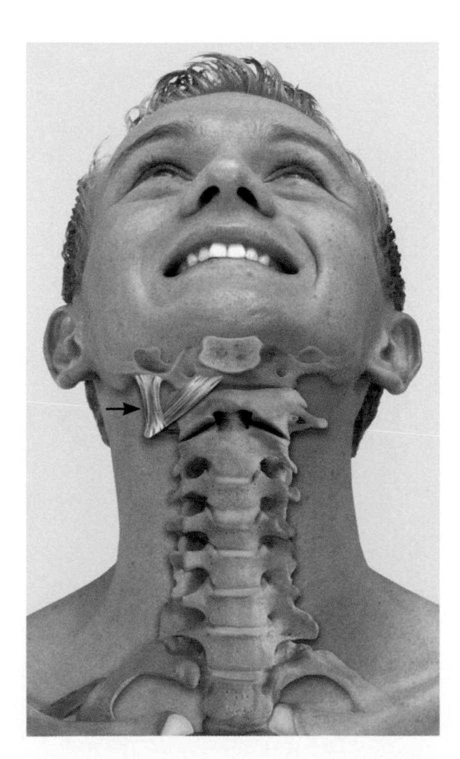

頭外側直肌能使寰枕關節小幅度向同側側彎。它更重要的功能是，在頭部運動時穩定寰枕關節。

起點　寰椎橫突前結節

終點　枕骨（頸靜脈孔外側）

神經支配　第1節頸神經的直接分支

頸長肌

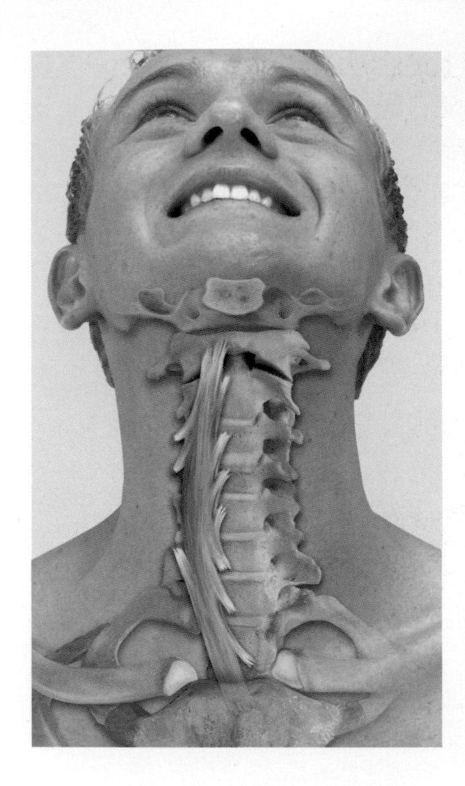

頸長肌使頸椎屈曲，所以如同頭長肌一樣，可以抵銷枕下肌群伸直的作用。

起點	上段頸椎的橫突前結節；最下段頸椎；第一胸椎椎體
終點	寰椎前結節；下頸椎橫突；上頸椎椎體
神經支配	脊神經前側分支（第2～8節頸神經）
特殊性質	頸長肌的拉丁名稱也可寫成「longus cervicis」

功能

協同肌	拮抗肌
頸部椎間盤與關節	
屈曲	
胸鎖乳突肌（頭部屈曲位置）	枕下肌群
頭長肌	胸鎖乳突肌（頭部伸直位置）
前斜角肌	提肩胛肌
舌骨上肌群	斜方肌下降部（上斜方肌）
舌骨下肌群	

肌肉功能測試

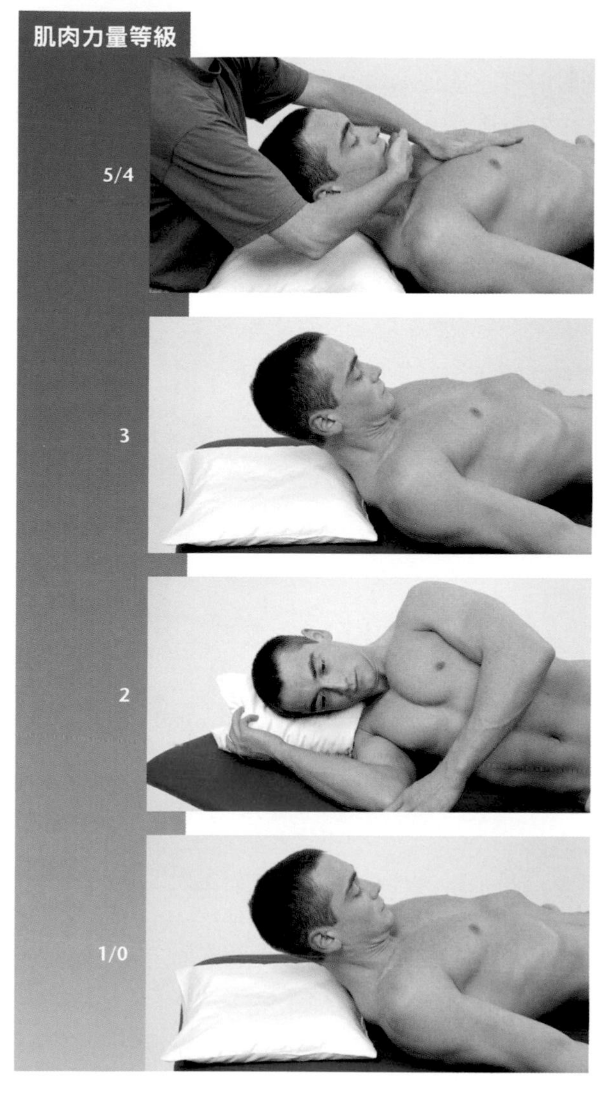

5/4

起始位置：病患平躺。

測試過程：測試者一隻手固定胸骨，另一隻手在下巴處給予頸椎伸直方向的阻力。

指導語：將你的頭抬離床面，使下巴靠近胸骨，抵抗我的阻力並維持姿勢。

3

起始位置：病患平躺。

測試過程：測試者觀察病患頭部動作。

指導語：將你的頭抬離床面，使下巴靠近胸骨。

2

起始位置：病患側躺。

測試過程：測試者觀察病患頭部動作。

指導語：將你的下巴靠近胸骨。

1/0

起始位置：病患平躺。

測試過程：測試者觀察病患頭部動作。

指導語：嘗試將你的頭抬離床面。

問題／評論

- 頭長肌、頭直肌與頸長肌的功能在測試中無法區辨。

前斜角肌

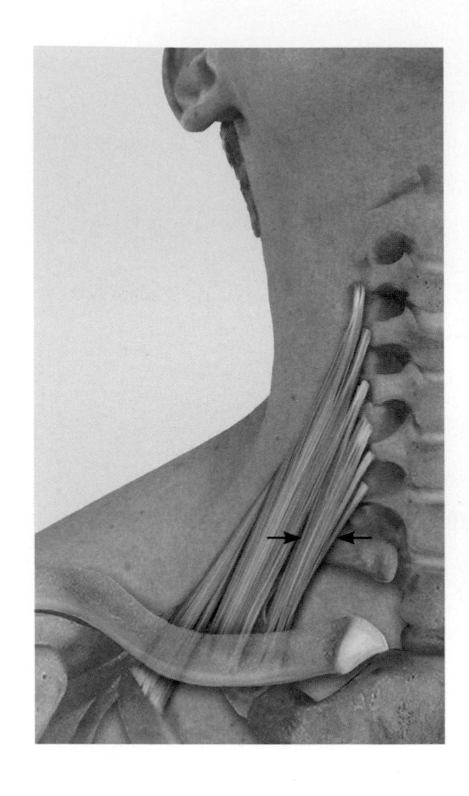

前斜角肌單側收縮時，能使頸椎往同側側彎。當第1肋骨固定時，它使頸椎往對側旋轉。雙側收縮時，旋轉與側彎的效果會被抵銷，進而產生頸椎屈曲動作。當頸椎固定時，它能抬起第1肋骨並協助吸氣。

起點	第3～6頸椎橫突前結節
終點	第1肋骨前斜角肌結節
神經支配	脊神經前側分支（第5～7節頸神經）
特殊性質	前斜角肌構成斜角肌間三角的前部；鎖骨下靜脈通過前斜角肌前側，而鎖骨下動脈與臂神經叢從肌肉後側走到手臂

功能

協同肌	拮抗肌
頸部椎間盤與關節	
同側側彎	
胸鎖乳突肌　中斜角肌 後斜角肌 斜方肌下降部（上斜方肌） 提肩胛肌 所有頸椎背側深層肌肉（不包含棘肌與棘間肌）	當對側收縮時，所有作為同側協同肌的肌肉都會作為拮抗肌
對側旋轉	
胸鎖乳突肌 斜方肌下降部（上斜方肌） 頸旋轉肌　頸多裂肌 當對側收縮時，所有作為同側拮抗肌的肌肉都會作為協同肌	頭夾肌　頸夾肌 頭最長肌　頭後大直肌 頭下斜肌 當對側收縮時，所有作為同側協同肌的肌肉都會作為拮抗肌
屈曲（雙側收縮）	
胸鎖乳突肌（頭部屈曲位置） 頭長肌　頸長肌 舌骨上肌群　舌骨下肌群	胸鎖乳突肌（頭部伸直位置） 斜方肌下降部（上斜方肌） 提肩胛肌 所有頸椎背側深層肌肉

中斜角肌

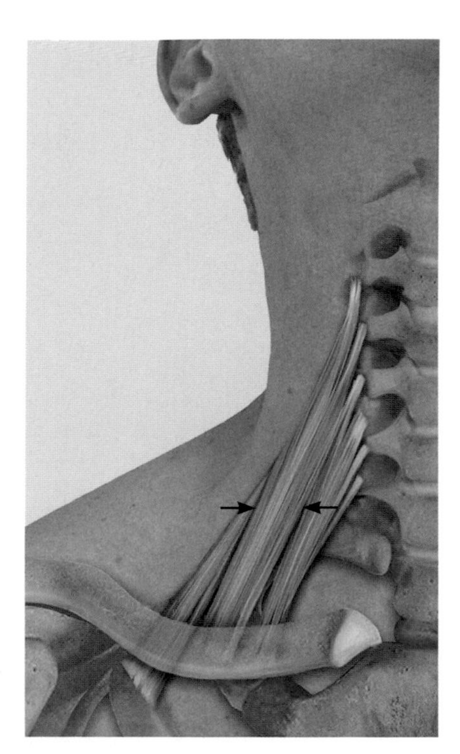

中斜角肌使頸椎側彎。因為是附屬呼吸肌群，也會協助吸氣。

起點	第2（或3）～7頸椎橫突前結節
終點	第1肋骨；鎖骨下動脈後溝
神經支配	脊神經前側分支（第4～8節頸神經）
特殊性質	中斜角肌構成斜角肌間三角的後部；鎖骨下動脈與臂神經叢從中斜肌肌前側通過

功能

協同肌	拮抗肌
頸部椎間盤與關節	
同側側彎	
胸鎖乳突肌　前斜角肌 後斜角肌 斜方肌下降部（上斜方肌） 提肩胛肌 所有頸椎背側深層肌肉（不包含棘肌與棘間肌）	當對側收縮時，所有作為同側協同肌的肌肉都會作為拮抗肌

後斜角肌

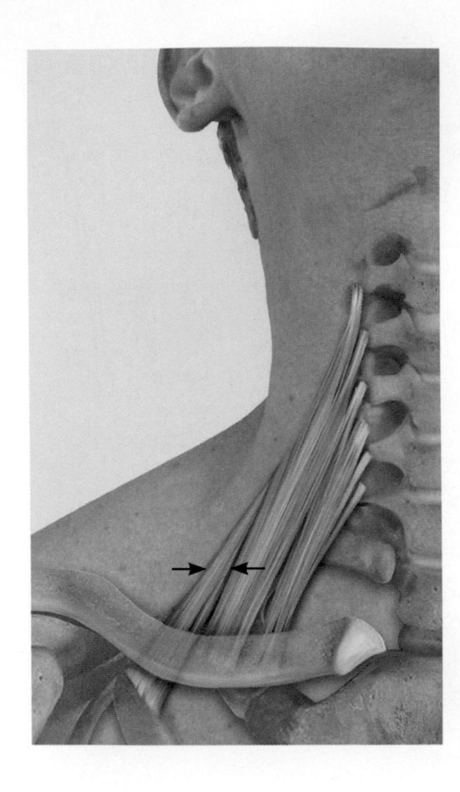

後斜角肌與中斜角肌功能相同，能使頸椎側彎與協助吸氣。

起點	第5～6頸椎橫突後結節
終點	第2肋骨上緣
神經支配	脊神經前側分支（第7-8節頸神經）

功能

協同肌	拮抗肌
頸部椎間盤與關節	
同側側彎	
胸鎖乳突肌 前斜角肌 中斜角肌 斜方肌下降部（上斜方肌） 提肩胛肌 所有頸椎背側深層肌肉（不包含棘肌與棘間肌）	當對側收縮時，所有作為同側協同肌的肌肉都會作為拮抗肌

肌肉功能測試

肌肉力量等級

5/4

起始位置：病患側躺。

測試過程：測試者一隻手固定病患肩膀，另一隻手給予頭部向下的阻力。

指導語：將你的頭部抬離床面，抵抗我的阻力並維持姿勢。

3

起始位置：病患側躺。

測試過程：測試者一隻手固定病患肩膀。

指導語：將你的頭部抬離床面。

2

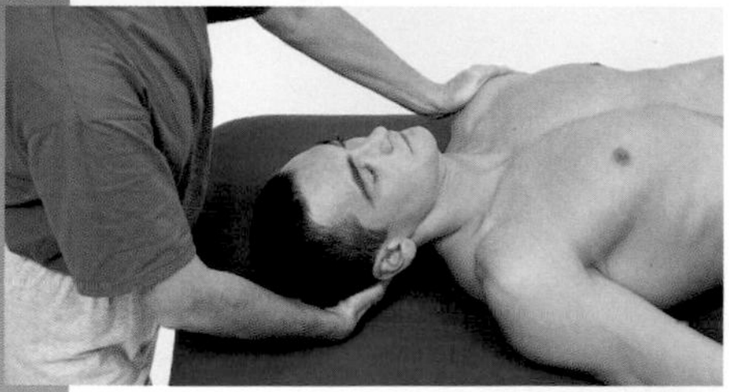

起始位置：病患平躺。

測試過程：測試者一隻手固定對側肩膀，另一隻手撐住病患頭部重量。

指導語：將你的右耳靠近右肩。

1/0

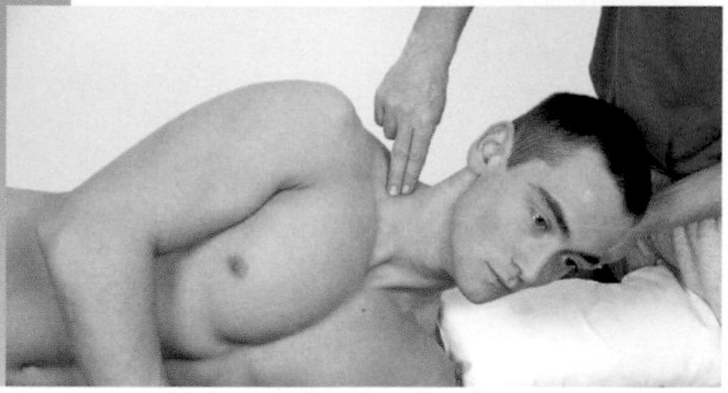

起始位置：病患側躺。

測試過程：測試者觸診斜角肌。

指導語：嘗試將你的頭部抬離床面。

臨床關聯性

- 臂神經叢與鎖骨下動脈會通過前斜角肌與中斜角肌之間（斜角肌間三角）。
- 臂神經叢可能在提重物時，在第1肋骨上方被拉扯或在兩條斜角肌間被壓迫，因而造成斜角肌症候群。

問題／評論

- 胸鎖乳突肌可以代償斜角肌的功能。
- 斜角肌作用時，前側橫突間肌也會協助其功能。

胸骨舌骨肌

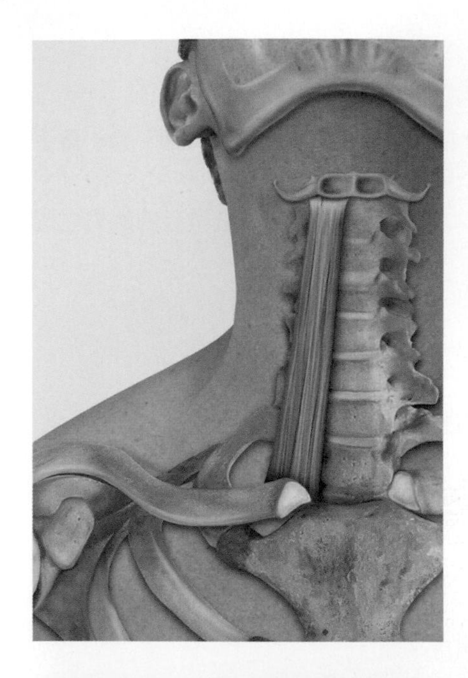

胸骨舌骨肌會使舌骨下降。當舌骨與下頜骨間的舌骨上肌收縮時，胸骨舌骨肌與其他舌骨下肌（胸骨甲狀肌除外）一樣，與二腹肌和下頜舌骨肌共同作用打開下顎。這個功能在下方功能列表沒有列出，因胸骨舌骨肌不能直接作用在顳顎關節上。

起點　鎖骨內側；胸鎖後韌帶；胸骨柄背側

終點　舌骨體

神經支配　頸襻（第1～4節頸神經）

功能

協同肌	拮抗肌
舌骨	
舌骨下降	
胸骨甲狀肌	二腹肌
甲狀舌骨肌（喉固定）	頦舌骨肌（下頜骨固定）
肩胛舌骨肌（作用弱）	下頜舌骨肌（下頜骨固定）
頸椎椎間盤與關節以及寰枕關節	
屈曲（間接作用）	
胸鎖乳突肌（頭部屈曲位置）	枕下肌群
頭長肌	胸鎖乳突肌（頭部伸直位置）
頸長肌（僅作用在頸椎）	斜方肌下降部（上斜方肌）
前斜角肌（僅作用在頸椎）	提肩胛肌
舌骨上肌	
胸骨甲狀肌	
甲狀舌骨肌（喉固定）	
肩胛舌骨肌（作用弱）	

肩胛舌骨肌

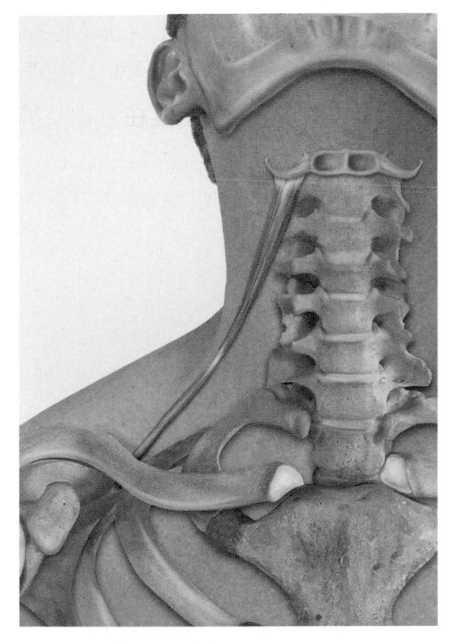

肩胛舌骨肌使舌骨下降和些微將舌骨往後側拉。它對肩胛骨的作用微弱到可以忽略，但對頸靜脈卻很重要。因為頸靜脈容易血壓過低（特別是直立時），肩胛舌骨肌能拉緊與頸靜脈血管表面相連的氣管前筋膜，幫助對抗外界壓力，保持頸靜脈暢通。

起點	肩胛骨上緣；肩胛上橫韌帶
終點	舌骨體
神經支配	頸襻（第1～4節頸神經）
特殊性質	肩胛舌骨肌具有中間腱

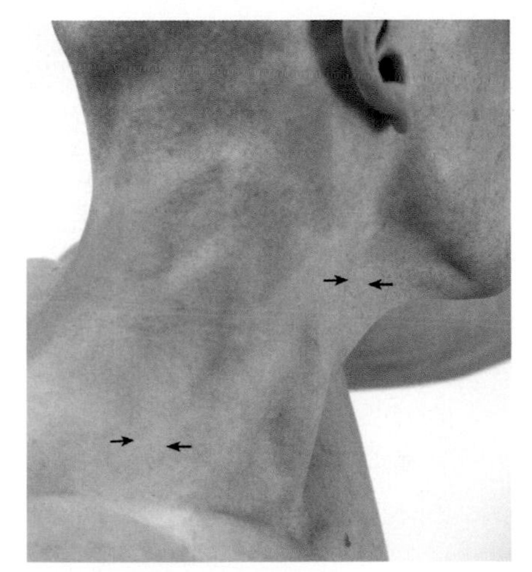

功能

協同肌	拮抗肌
舌骨	
舌骨下降	
胸骨舌骨肌	二腹肌
胸骨甲狀肌	頦舌骨肌（下頜骨固定）
甲狀舌骨肌（喉固定）	下頜舌骨肌（下頜骨固定）
頸椎椎間盤與關節以及寰枕關節	
屈曲（間接作用）	
胸鎖乳突肌（頭部屈曲位置）	枕下肌群
頭長肌	胸鎖乳突肌（頭部伸直位置）
頸長肌（僅作用在頸椎）	斜方肌下降部（上斜方肌）
前斜角肌（僅作用在頸椎）	提肩胛肌
舌骨上肌群	
胸骨甲狀肌	
甲狀舌骨肌（喉固定）	
胸骨舌骨肌	

胸骨甲狀肌

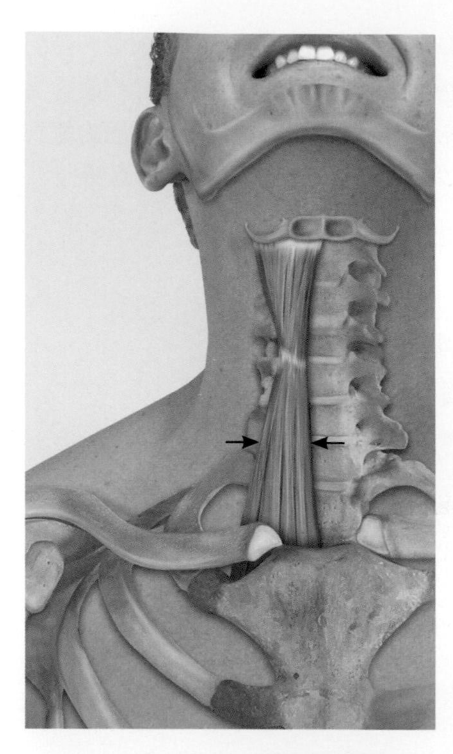

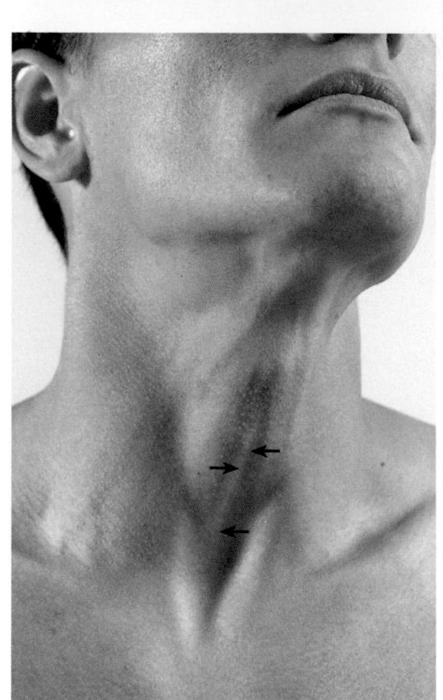

胸骨甲狀肌使喉降低，使其在吞嚥後回到起始位置。下降的舌骨和喉部脂肪組織能使喉打開，進而為發出聲音提供足夠的空間。

起點　　胸骨柄背側；第1肋軟骨背側

終點　　甲狀軟骨斜線

神經支配　　頸襻（第1～4節頸神經）

功能

協同肌	拮抗肌
喉	
喉下降	
氣管在縱向上的彈性收縮	甲狀舌骨肌
	莖突咽肌（間接作用）
	舌骨上肌群（間接作用）
頸椎椎間盤與關節、寰枕關節	
屈曲（間接作用）	
胸鎖乳突肌（頭部屈曲位置）	枕下肌群
頭長肌	胸鎖乳突肌（頭部伸直位置）
頸長肌（僅作用在頸椎）	斜方肌下降部（上斜方肌）
前斜角肌（僅作用在頸椎）	提肩胛肌
舌骨上肌群	
甲狀舌骨肌（喉固定）	
胸骨舌骨肌	
肩胛舌骨肌（作用弱）	

甲狀舌骨肌

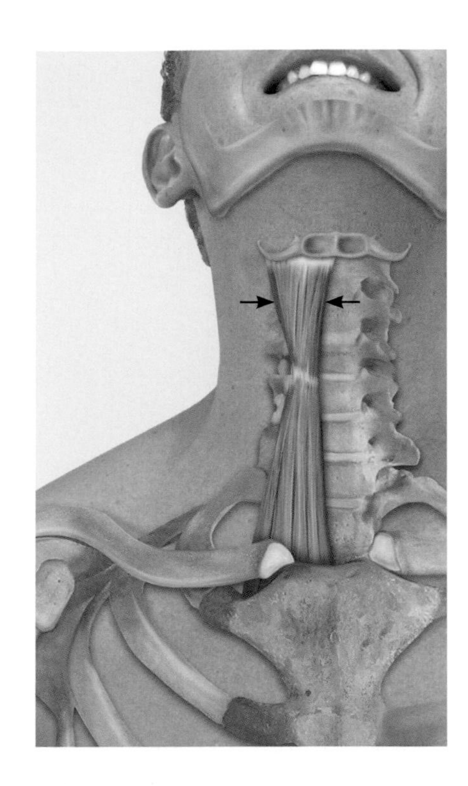

吞嚥時，甲狀舌骨肌收縮可使喉部往舌骨方向上抬，協助會厭軟骨下降並覆蓋住喉口。因此，甲狀舌骨肌是重要的吞嚥肌。當喉部被胸骨甲狀肌固定在胸骨上時，甲狀舌骨肌與胸骨舌骨肌共同使舌骨下降。當位於舌骨與下頜骨之間的舌骨上肌群收縮時，甲狀舌骨肌又會與舌骨下肌群一樣，與二腹肌和下頜舌骨肌共同張開下巴。這個功能並未列在下方功能列表，因為甲狀舌骨肌並未直接連接到顳顎關節。

起點	甲狀軟骨斜線
終點	舌骨體外側1/3；舌骨大角
神經支配	頸襻發出的甲狀舌骨肌支（由第1～2頸神經的部分纖維與舌下神經共同行走一小段距離後分出而形成）

功能

協同肌	拮抗肌
喉	
喉上抬（舌骨固定時的間接作用）	
莖突咽肌	胸骨甲狀肌
舌骨上肌群	肩胛舌骨肌（作用弱）
	（氣管在縱向上的彈性收縮）
舌骨	
舌骨下降	
胸骨舌骨肌	二腹肌
胸骨甲狀肌	頦舌骨肌（下頜骨固定）
肩胛舌骨肌（作用弱）	下頜舌骨肌（下頜骨固定）
頸椎椎間盤與關節、寰枕關節	
屈曲（間接作用）	
胸鎖乳突肌（頭部屈曲位置）	枕下肌群
頭長肌	胸鎖乳突肌（頭部伸直位置）
頸長肌（僅作用在頸椎）	斜方肌下降部（上斜方肌）
前斜角肌（僅作用在頸椎）	提肩胛肌
舌骨上肌群　　胸骨甲狀肌	
胸骨舌骨肌	
肩胛舌骨肌（作用弱）	

下列肌肉會共同測試：

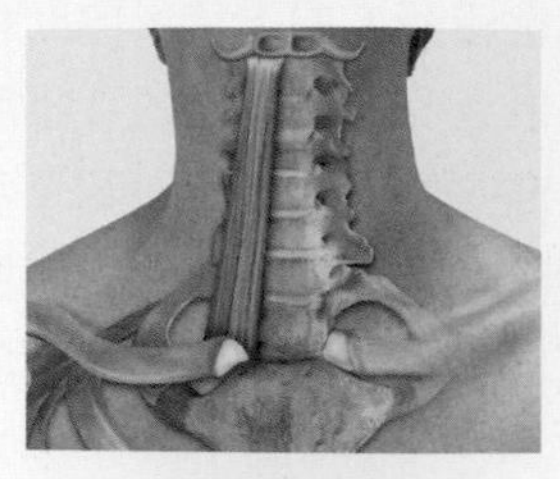

胸骨舌骨肌 P350

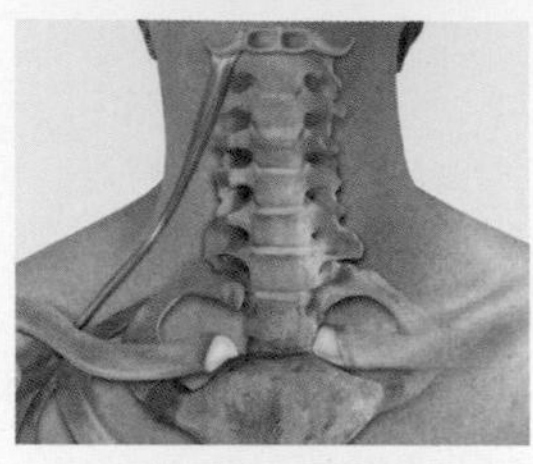

肩胛舌骨肌 P351

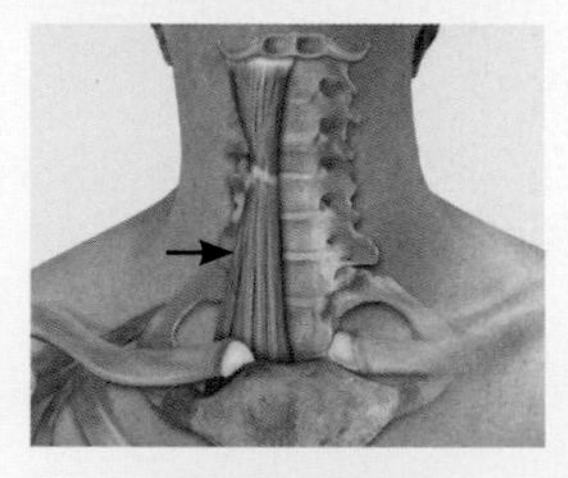

胸骨甲狀肌 P352

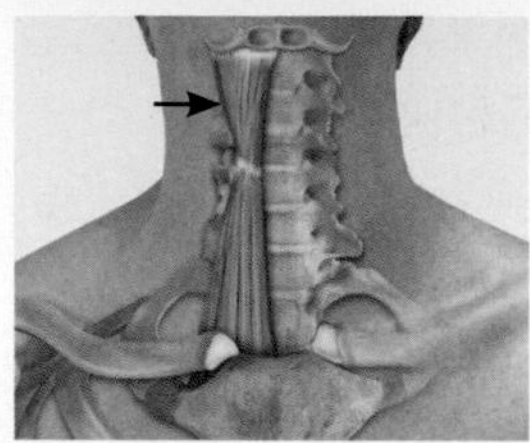

甲狀舌骨肌 P353

肌肉力量等級

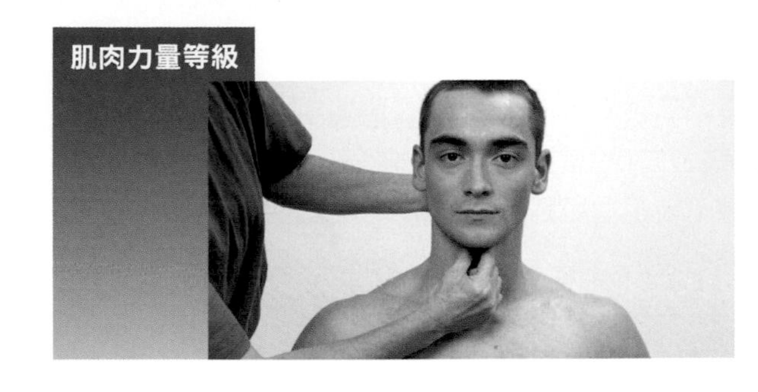

肌肉功能測試

起始位置：病患採坐姿，臉部放鬆，目視前方。

測試過程：測試者用拇指與食指觸診舌骨，感受舌骨向下移動。

指導語：請做吞嚥動作。

臨床關聯性

- 進行頸前正中囊切除時，需移除一部分舌骨。

問題／評論

- 舌骨下肌群各肌肉的功能無法透過測試作區辨。

二腹肌

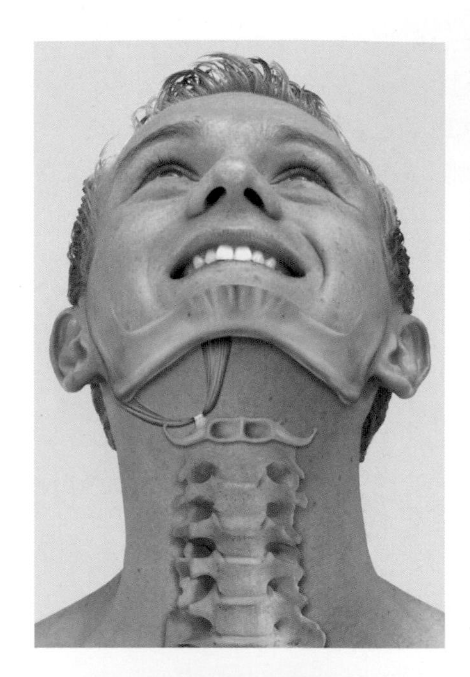

當舌骨固定時，二腹肌可將下頜骨往下拉，因此它是主動張口時（例如對抗阻力）的重要肌肉。吞嚥時，二腹肌能通過兩端附著的下頜骨（被咀嚼肌固定）和顳骨乳突抬起舌骨。其後側肌腹能使舌骨往後側移動。因為舌骨並沒有與其他骨頭構成關節，只能說二腹肌使舌骨相對於頸部軟組織產生位移。

起點	後腹：顳骨乳突
終點	前腹：下頜骨下緣
神經支配	前腹：三叉神經的下頜分支 後腹：顏面神經
特殊性質	二腹肌的中間腱處被莖突舌骨肌固定在舌骨上

功能

協同肌	拮抗肌
舌骨	
舌骨上抬	
下頜舌骨肌（下頜骨固定） 莖突舌骨肌 頦舌骨肌（下頜骨固定）	胸骨舌骨肌 甲狀舌骨肌（喉固定） 肩胛舌骨肌（作用弱）
舌骨往後移動（後腹）	
莖突舌骨肌	頦舌骨肌 下頜舌骨肌 二腹肌（前腹）
舌骨往前移動（前腹）	
頦舌骨肌 下頜舌骨肌	莖突舌骨肌 二腹肌（後腹）
顳顎關節	
下頜骨下降（舌骨固定）	
頦舌骨肌 下頜舌骨肌 翼內肌	顳肌 嚼肌 翼內肌
頸椎椎間盤與關節以及寰枕關節	
屈曲（間接作用）	
胸鎖乳突肌（頭部屈曲位置） 頭長肌 頸長肌（僅作用在頸椎） 前斜角肌（僅作用在頸椎） 舌骨下肌群 下頜舌骨肌 莖突舌骨肌 頦舌骨肌	枕下肌群 胸鎖乳突肌（頭部伸直位置） 斜方肌下降部（上斜方肌） 提肩胛肌

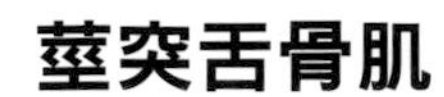

莖突舌骨肌

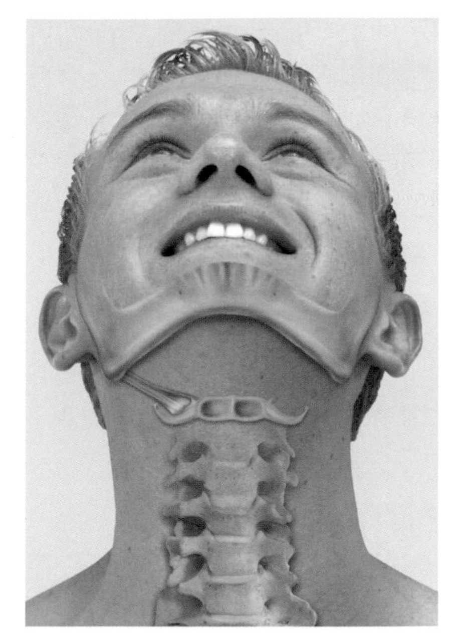

莖突舌骨肌能上抬與後移舌骨，進而拉長口底肌肉。在距離舌骨終點不遠處，它環繞二腹肌的中間腱，將其固定在舌骨上。因此，莖突舌骨肌也間接影響二腹肌在舌骨上的作用。

起點	顳骨莖突
終點	舌骨外側緣
神經支配	顏面神經
特殊性質	莖突舌骨肌將二腹肌中間腱固定在舌骨上

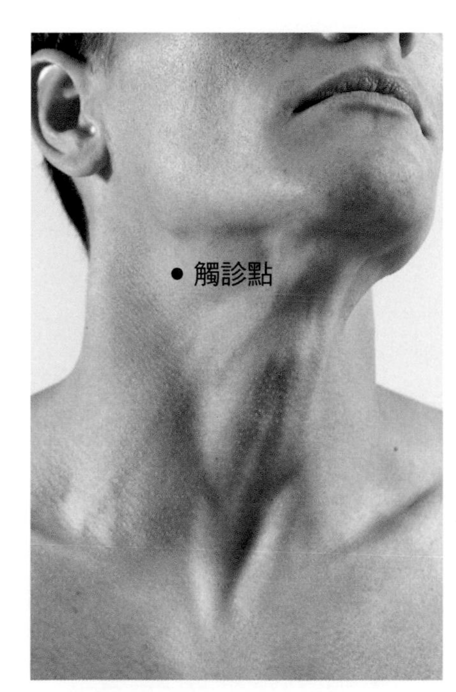

功能

協同肌	拮抗肌
舌骨	
舌骨上抬	
二腹肌	胸骨舌骨肌
下頷舌骨肌（下頷骨固定）	甲狀舌骨肌（喉固定）
頦舌骨肌（下頷骨固定）	肩胛舌骨肌（作用弱）
舌骨往後移動（後腹）	
二腹肌（後腹）	頦舌骨肌
	下頷舌骨肌
	二腹肌（前腹）
頸椎椎間盤與關節以及寰枕關節	
屈曲（間接作用）	
胸鎖乳突肌（頭部屈曲位置）	枕下肌群
頭長肌	胸鎖乳突肌（頭部伸直位置）
頸長肌（僅作用在頸椎）	斜方肌下降部（上斜方肌）
前斜角肌（僅作用在頸椎）	提肩胛肌
舌骨下肌群	
下頷舌骨肌	
二腹肌	
頦舌骨肌	

下頜舌骨肌

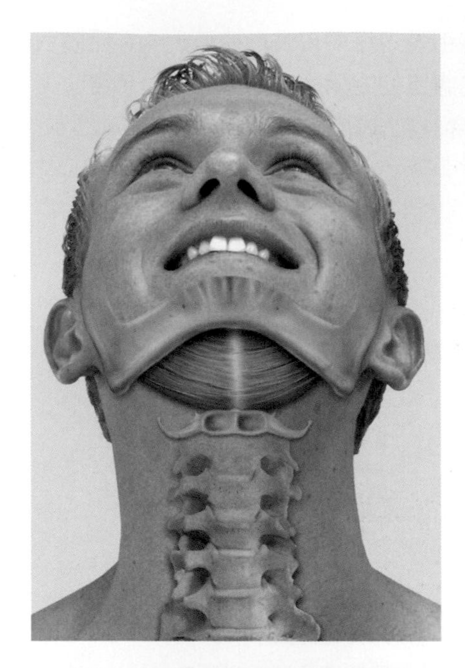

下頜舌骨肌根據固定位置有不同的作用：當舌骨固定時，可將下頜骨往下拉；下頜骨被咀嚼肌固定時（例如吞嚥時），可將舌骨上抬與前移，協助舌頭頂住上顎。在兩種情況下，舌底皆會抬高與緊繃，在吞嚥時協助舌頭抬向口腔頂部。因為舌骨沒有與其他骨頭構成關節，只能說下頜舌骨肌能使舌骨相對於頸部軟組織產生位移。

起點	下頜骨內側表面的下頜舌骨肌腺
終點	舌骨體上緣的下頜舌骨肌縫
神經支配	從三叉神經下頜分支發出的下頜舌骨肌神經
特殊性質	下頜舌骨肌從下頜骨兩側出發連接到舌骨，交會於中縫處，構成口底肌肉

功能

協同肌	拮抗肌
舌骨	
舌骨上抬	
二腹肌（下頜骨固定）	胸骨舌骨肌
莖突舌骨肌	甲狀舌骨肌（喉固定）
頦舌骨肌（下頜骨固定）	肩胛舌骨肌（作用弱）
舌骨往前移動（前腹）	
頦舌骨肌	莖突舌骨肌
二腹肌（前腹）	二腹肌（後腹）
顳顎關節	
下頜骨下降（舌骨固定）	
頦舌骨肌　二腹肌	顳肌　嚼肌
翼內肌	翼內肌
頸椎椎間盤與關節以及寰枕關節	
屈曲（間接作用）	
胸鎖乳突肌（頭部屈曲位置）	枕下肌群
頭長肌	胸鎖乳突肌（頭部伸直位置）
頸長肌（僅作用在頸椎）	斜方肌下降部（上斜方肌）
前斜角肌（僅作用在頸椎）	提肩胛肌
舌骨下肌群　二腹肌	
莖突舌骨肌　頦舌骨肌	

頦舌骨肌

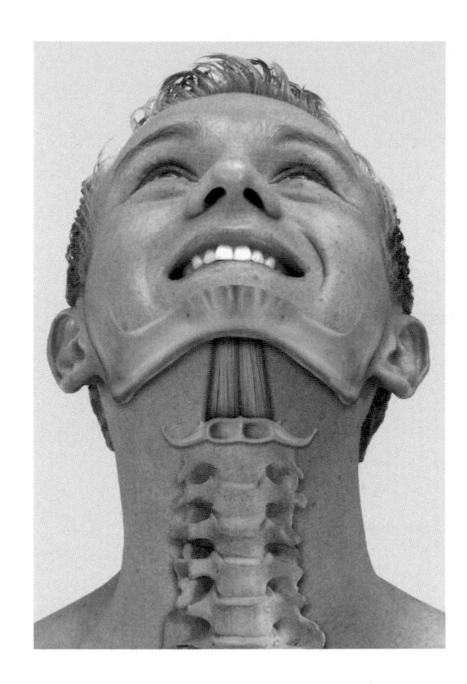

頦舌骨肌根據固定位置有不同的作用：當舌骨固定時，可將下頜骨往下拉；下頜骨被咀嚼肌固定時（例如吞嚥時），可將舌骨上抬與前移。在吞嚥時，它會縮短口底肌肉並同時擴大咽部。因為舌骨沒有與其他骨頭構成關節，只能說頦舌骨肌能使舌骨相對於頸部軟組織產生位移。

起點	下頜骨頦棘
終點	舌骨體前側表面
神經支配	頸襻發出的頦舌骨肌支（由第1～2頸神經的部分纖維與舌下神經共同行走一小段距離後分出而形成）

功能

協同肌	拮抗肌
舌骨	
舌骨上抬	
二腹肌（下頜骨固定）	胸骨舌骨肌
莖突舌骨肌	甲狀舌骨肌（喉固定）
下頜舌骨肌（下頜骨固定）	肩胛舌骨肌（作用弱）
舌骨往前移動（前腹）	
下頜舌骨肌	莖突舌骨肌
二腹肌（前腹）	二腹肌（後腹）
顳顎關節	
下頜骨下降（舌骨固定）	
下頜舌骨肌　二腹肌	顳肌　嚼肌
翼內肌	翼內肌
頸椎椎間盤與關節以及寰枕關節	
屈曲（間接作用）	
胸鎖乳突肌（頭部屈曲位置）	枕下肌群
頭長肌	胸鎖乳突肌（頭部伸直位置）
頸長肌（僅作用在頸椎）	斜方肌下降部（上斜方肌）
前斜角肌（僅作用在頸椎）	提肩胛肌
舌骨下肌群　二腹肌	
莖突舌骨肌　下頜舌骨肌	

下列肌肉會共同測試：

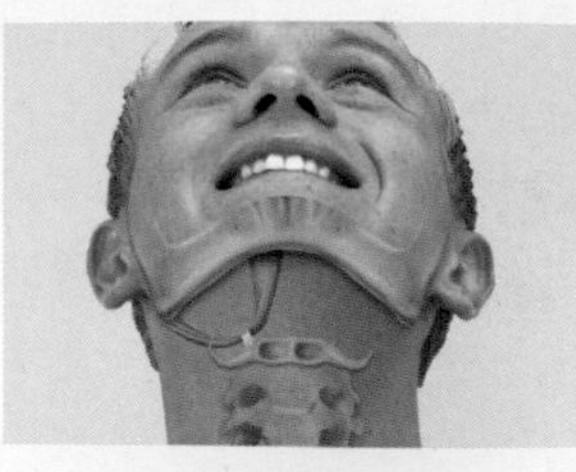

二腹肌 P356

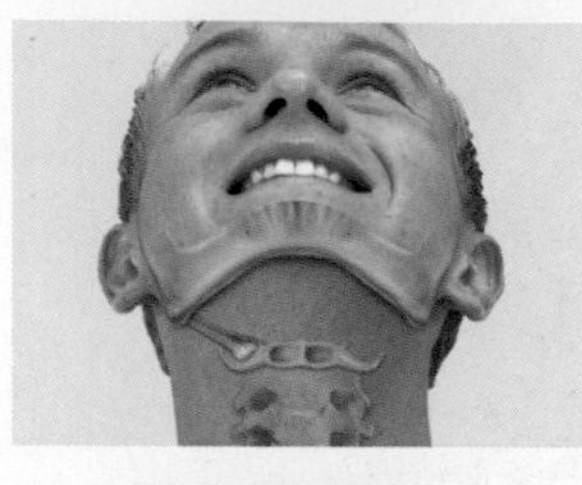

莖突舌骨肌 P357

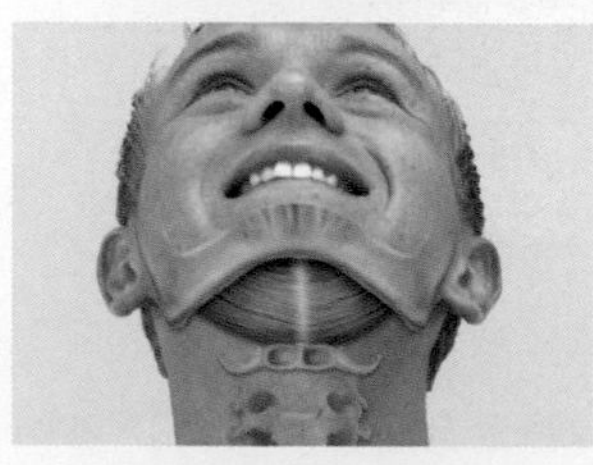

下頷舌骨肌 P358

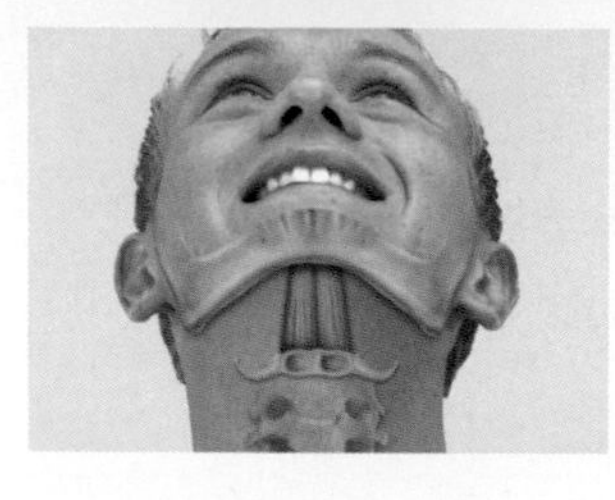

頦舌骨肌 P359

肌肉力量等級

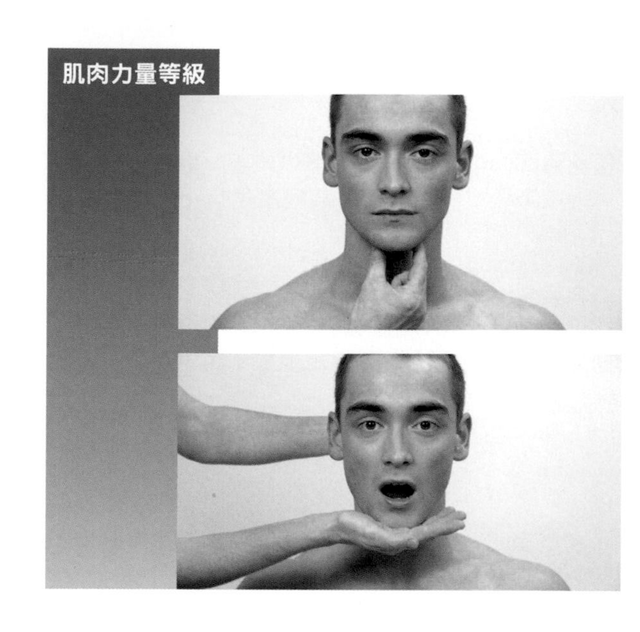

肌肉功能測試

方法一

起始位置：病患採坐姿，臉部放鬆，目視前方。

測試過程：測試者用拇指與食指觸診舌骨，並感受舌骨向上移動。

指導語：請做吞嚥動作。

方法二

起始位置：病患採坐姿，臉部放鬆，目視前方。

測試過程：測試者一隻手固定後腦，另一隻手放在下巴給予向上使嘴巴閉起的阻力

指導語：請你打開嘴巴，用下頜抵抗我的阻力。

臨床關聯性

- 舌骨上肌群在咀嚼、吞嚥與說話時會出力。
- 莖突舌骨韌帶骨化時會使舌骨固定在頸部。

問題／評論

- 舌骨上肌群的功能在測試中無法區辨。

肌肉延展測試

前斜角肌與中斜角肌

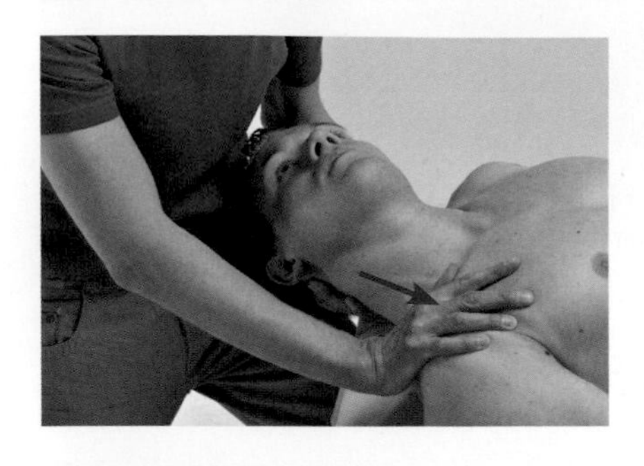

方法

治療師輕微牽拉病患頭頸部，將頭頸椎帶到伸直、對側側彎與同側旋轉的位置。治療師要求病患吐氣，將病患第1、2肋骨盡可能向下推動。

發現

如果動作無法執行到最大範圍，且末端角度感覺到柔軟、有彈性的組織在限制動作範圍，表示肌肉有縮短現象。病患在肌肉延展過程有牽拉感。

胸鎖乳突肌

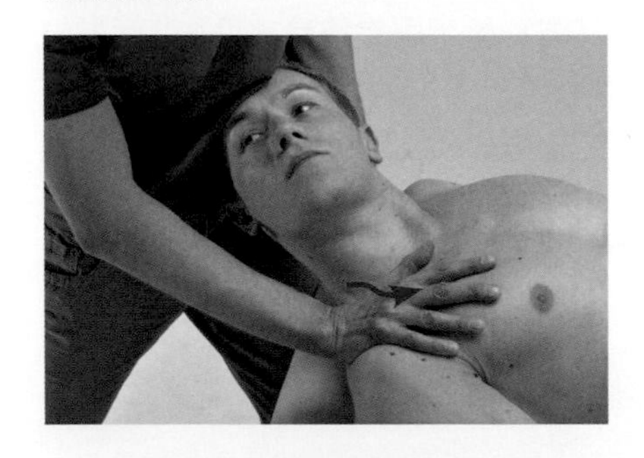

方法

治療師輕微牽拉病患頭頸部，將頭頸椎帶到屈曲、同側旋轉與對側側彎的位置。治療師將病患胸骨與鎖骨的胸骨端盡可能往下往背側推動。

發現

如果動作無法執行到最大範圍，且末端角度感覺到柔軟、有彈性的組織在限制動作範圍，表示肌肉有縮短現象。病患在肌肉延展過程有牽拉感。

舌骨上與舌骨下肌群（雙側）

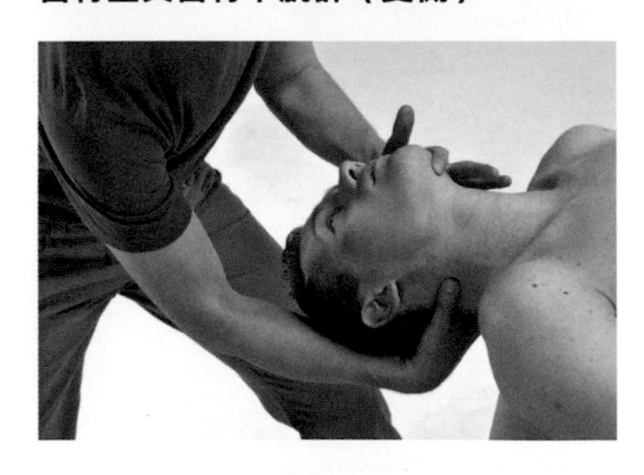

方法

治療師將病患頭頸部帶到最大伸直，過程中嘴巴閉合。

發現

如果動作受限，病患需要張開嘴巴。若張開嘴巴頸椎可以繼續伸直，表示舌骨肌群有縮短現象。末端角度感覺到柔軟、有彈性的組織在限制動作範圍。病患在肌肉延展過程有牽拉感。

5
頸部

5.2 支配頸部肌肉的運動神經

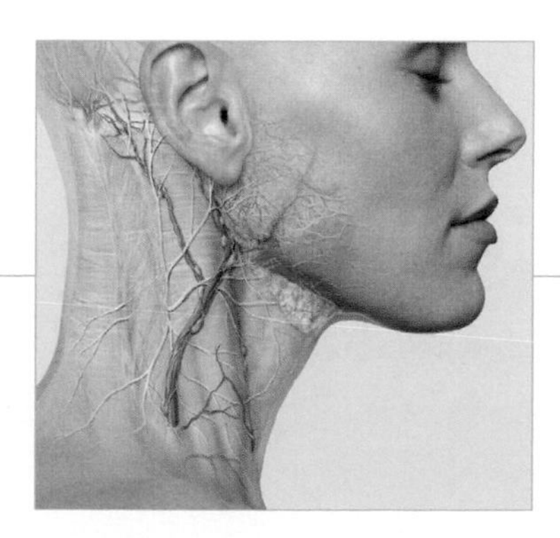

副神經

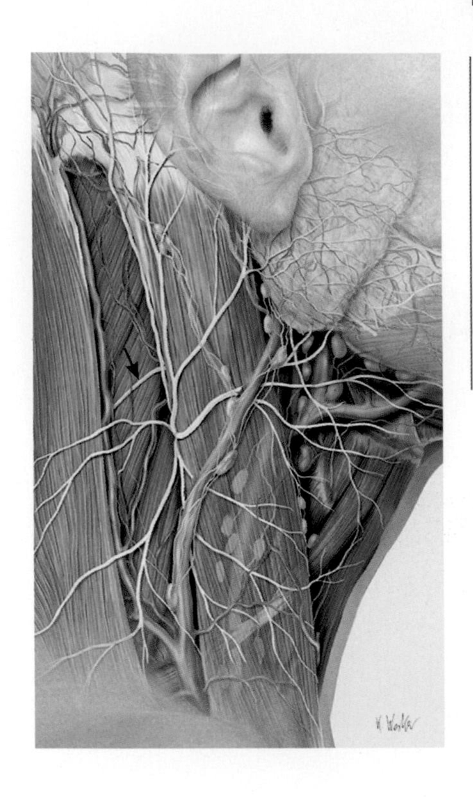

副神經是第11對腦神經，由顱根和脊髓根組成，其中顱根經頸靜脈孔出顱後加入迷走神經支配咽喉肌；脊髓根則與位置靠上的幾對頸神經的分支共同支配胸鎖乳突肌和斜方肌。

說明

胸鎖乳突肌受到副神經的異常支配而發生痙攣，可能會導致神經性斜頸。然而這種疾病產生的根本原因並不是周圍神經系統出了問題，而是中樞神經系統過度興奮。

頸神經和頸襻

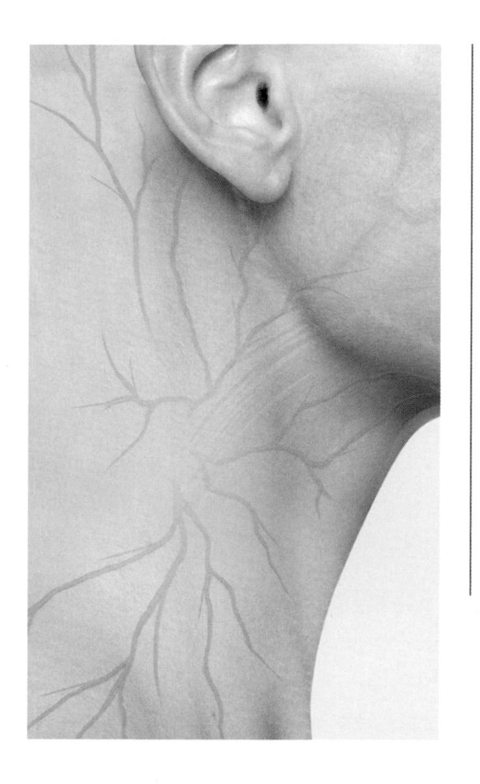

頸神經

頸部靠上區域的脊神經從椎間孔離開椎管後，立即分為前支、後支、交通支和脊膜支。其中後支負責支配頸後部（項區）的背固有肌，且每一對頸神經的後支只支配一節段內的肌肉和肌束。上三對頸神經的後支事實上構成了神經叢，但我們並不稱其為「頸叢」。第1頸神經後支作為純粹的運動神經，支配枕下肌群，又被稱為枕下神經。

頸神經前支的運動纖維，一部分（C1～C3）成為下文將講到的頸襻，一部分（C3～C5）成為膈神經（第334頁），還有一部分（C5～T1）構成臂叢。

此外，還有一部分頸神經運動纖維不參與構成神經叢，而負責支配頭前直肌、頭外側直肌、頭最長肌、頸最長肌、斜角肌和肩胛提肌，並與副神經一起支配胸鎖乳突肌和斜方肌。

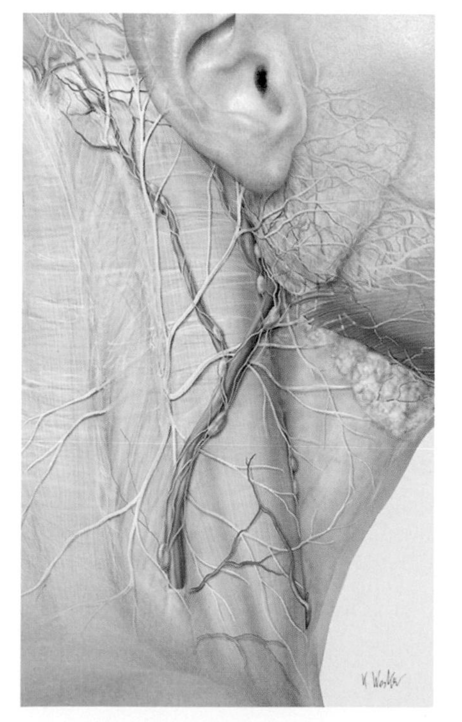

頸襻（C1～C3）

頸部靠上區域的脊神經從椎間孔離開椎管。頸襻由第1～3頸神經前支的運動纖維交織而成，支配舌骨下肌群和頦舌骨肌。舌下神經雖與第1、2頸神經的部分纖維伴行過一小段距離，但從功能和發育學角度看，它並不真正屬於頸襻，因為它是從顱內發出的，屬於腦神經。

頸襻由上根和下根兩部分組成：上根由第1、2頸神經前支的運動纖維構成，下根由第2、3頸神經前支的運動纖維構成。上根和下根分別從咽喉主要血管的內側和外側下行，於頸內靜脈淺面相接形成襻狀結構，並自襻發出分支去支配舌骨下肌群。通往頦舌骨肌和甲狀舌骨肌的神經分支，在與口底等高處就從頸襻中分離出去。

頸部肌肉神經支配									
神經名稱	支配肌肉	描述							
三叉神經		第5對腦神經							
	二腹肌前腹								
	下頜舌骨肌								
顏面神經		第7對腦神經							
	二腹肌後腹								
	莖突舌骨肌								
副神經		第11對腦神經							
	胸鎖乳突肌								
		C1	C2	C3	C4	C5	C6	C7	C8
頸神經叢		■	■	■	■				
	胸鎖乳突肌		■						
	頭長肌	■	■	■	■				
	頸長肌		■	■	■	■	■	■	■
	胸骨舌骨肌	■	■	■	■				
	肩胛舌骨肌	■	■	■	■				
	胸骨甲狀肌	■	■	■	■				
	甲狀舌骨肌	■	■						
	頦舌骨肌	■	■						
頸神經前側分支									
	頭前直肌	■							
	頭外側直肌	■							
	前斜角肌					■	■	■	
	中斜角肌			■	■	■	■	■	
	後斜角肌							■	■

6
頭部

6.1 顏面表情肌群

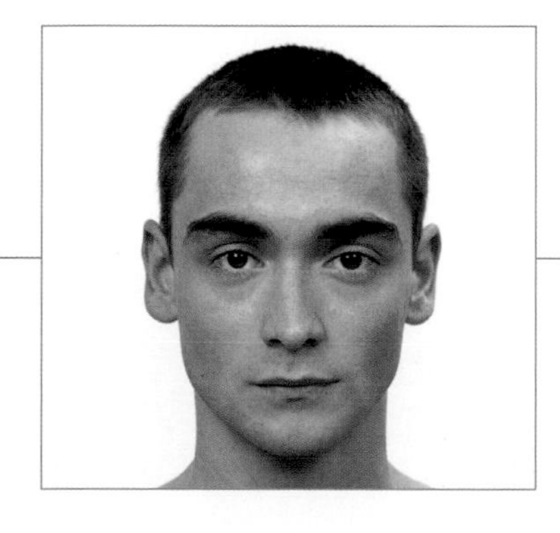

顱頂肌

顱頂肌由枕肌、額肌以及兩者間的帽狀腱膜（有時還包括顳頂肌，但這條肌肉經常發育不全）組成。枕肌與額肌常被合稱為枕額肌，額肌為枕額肌前腹，而枕肌為枕額肌後腹。顱頂肌能提眉使額頭產生深橫紋。它是眼輪匝肌的主要拮抗肌，能與提上眼瞼肌共同張開眼裂。這個動作在枕肌的協助下主要由額肌完成。枕肌通過自身收縮固定帽狀腱膜作為額肌的固定點。

起點
枕肌：枕骨上項線的短腱纖維
額肌：內側纖維起自降眉間肌，外側纖維起自皺眉肌與眼輪匝肌
顳頂肌：顳部皮膚，顳筋膜

終點
枕肌：帽狀腱膜
額肌： 帽狀腱膜，冠狀縫前側
顳頂肌： 帽狀腱膜

神經支配
枕肌：顏面神經耳後支
額肌：顏面神經顳支
顳頂肌： 顏面神經顳支

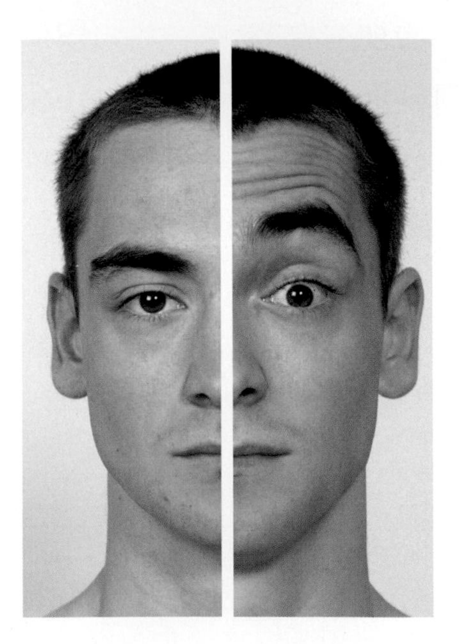

肌肉活動

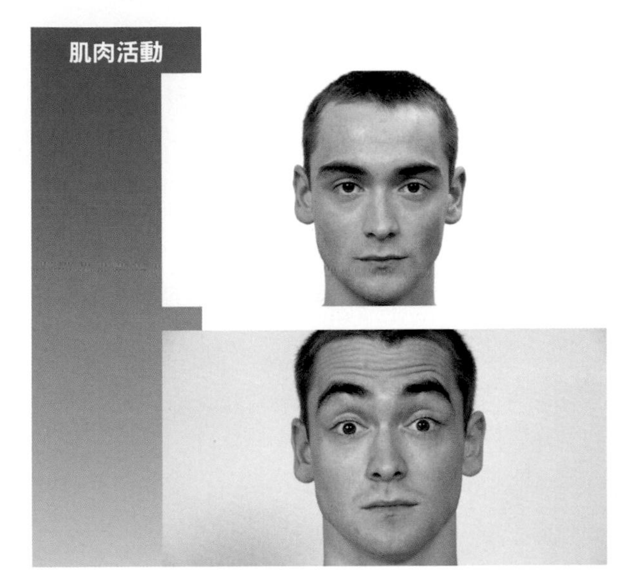

肌肉功能測試

起始位置：病患臉部放鬆，目視前方。

測試過程：測試者觀察病患臉部。

指導語：請你抬高眉毛，讓額頭產生皺紋。

臨床關聯性

- 相對於局部顏面神經麻痺，額肌在中樞顏面神經麻痺時仍能正常作用。

問題／評論

- 只有額肌與枕肌共同作用時，整個枕額肌才能正常作用。

皺眉肌

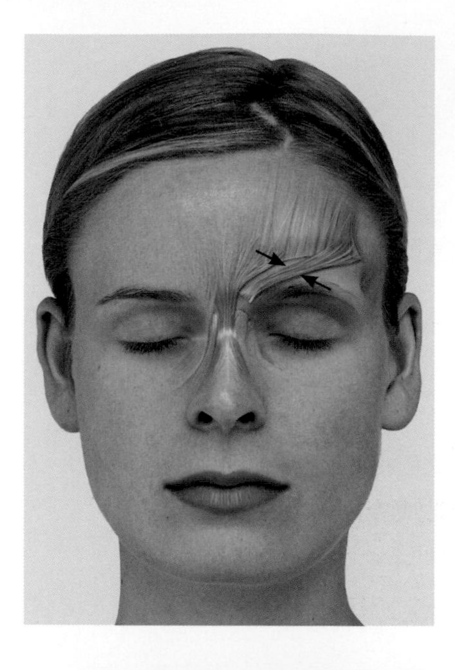

皺眉肌能將內側眉毛往內往下移動，進而在眉間與鼻根上產生垂直皺紋。

起點　額骨鼻部

終點　帽狀腱膜，眉毛中段1/3上方的皮膚

神經支配　顏面神經顳支

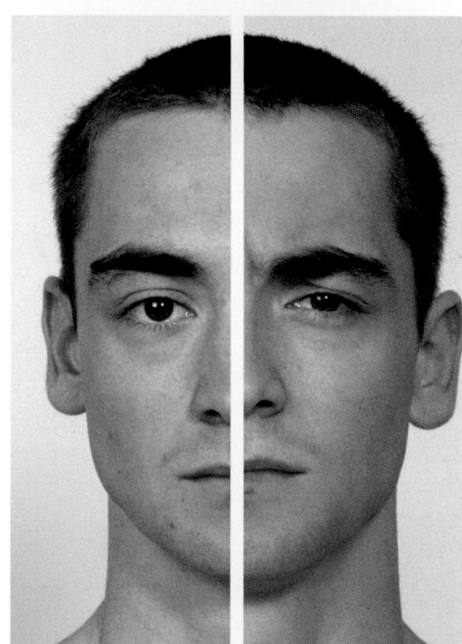

肌肉活動

肌肉功能測試

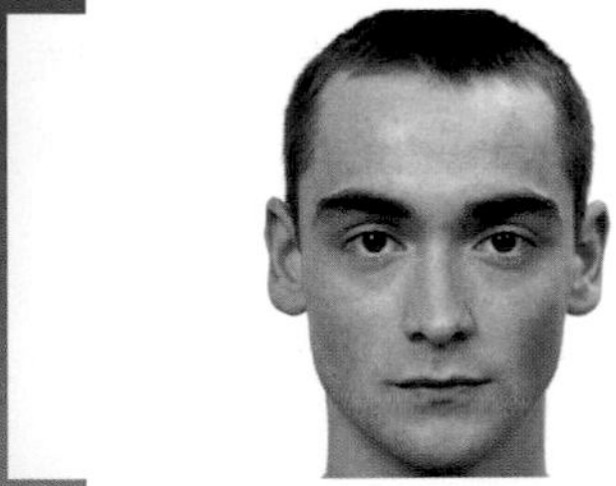

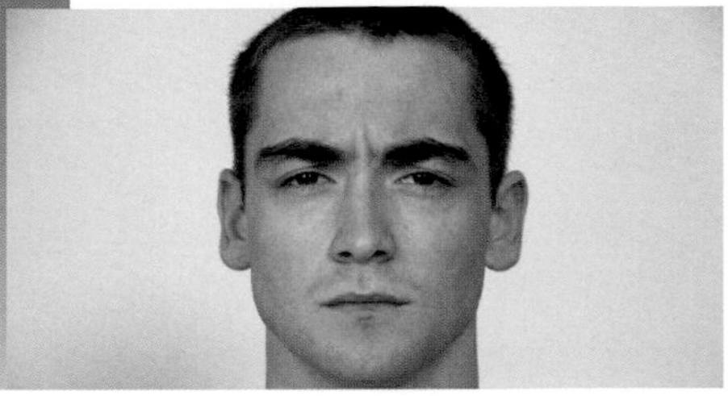

起始位置：病患臉部放鬆，目視前方。

測試過程：測試者仔細觀察病患臉部。

指導語：將你的內側眉毛向鼻子靠近。

臨床關聯性

- 遇到強光時皺眉肌收縮是一個保護反應。

問題／評論

- 皺眉動作通常需要降眉肌的協助。

降眉間肌

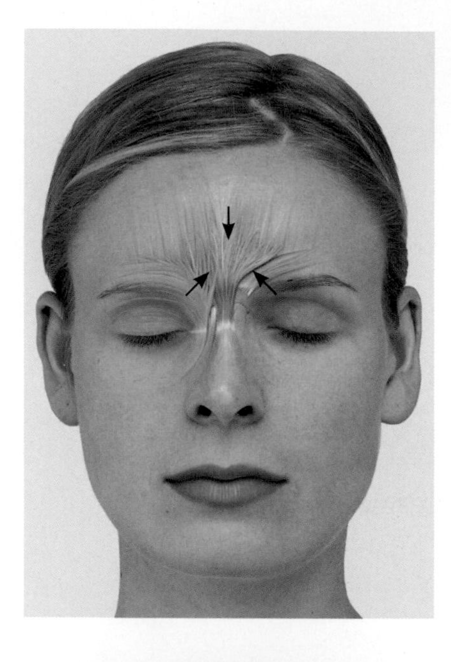

降眉間肌會與皺眉肌共同作用，將內側眉毛往鼻根方向拉動，使鼻子上方產生深深的水平橫紋。

起點	鼻骨下部；鼻軟骨上部
終點	雙眉間的前額皮膚
神經支配	顏面神經頰支

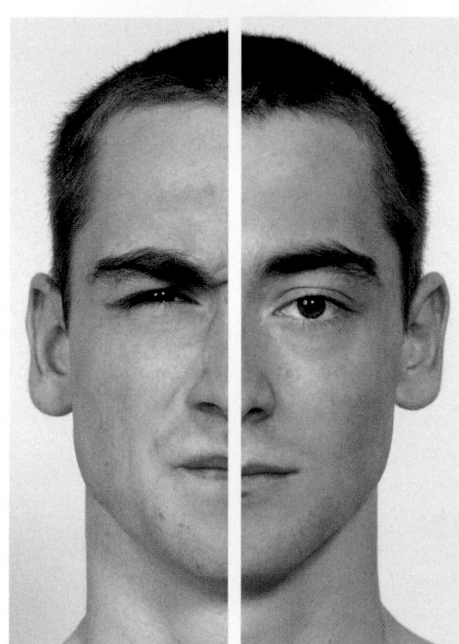

肌肉活動

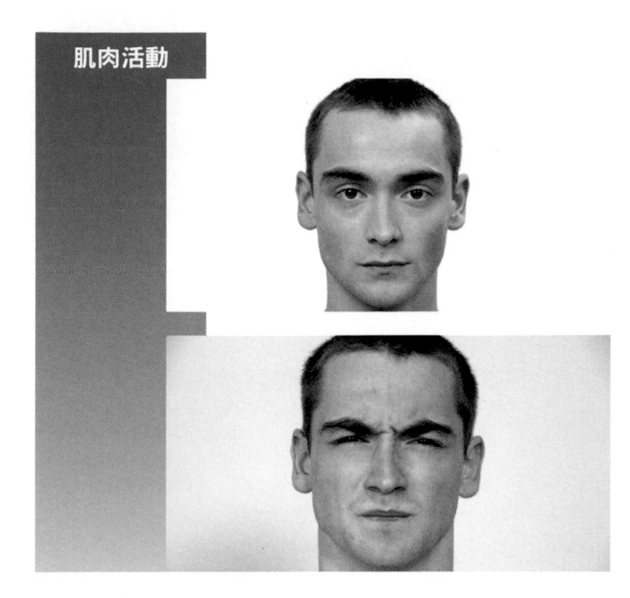

肌肉功能測試

起始位置：病患臉部放鬆，目視前方。

測試過程：測試者觀察病患臉部。

指導語：將你的眉毛往下動。

臨床關聯性

- 降眉間肌會產生憤怒的表情。

問題／評論

- 降眉間肌在部分人身上可能缺乏，病患也可能無法自主控制。

眼輪匝肌

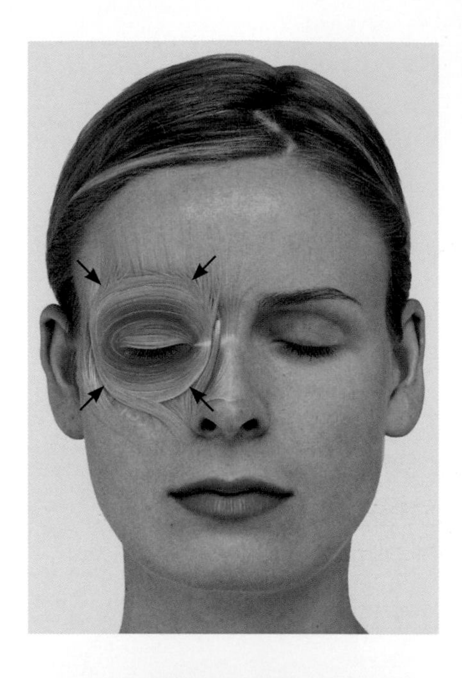

眼輪匝肌的眼瞼部與眼眶部能與皺眉肌共同作用使眼裂閉合。眼輪匝肌與提上眼瞼肌、上瞼板肌與下瞼板肌互為拮抗肌。在做笑的表情時，它會在外眼角形成向外輻射的笑紋。

起點	眼眶內側部分（上頷骨額突與鼻骨相接部分，淚前嵴與眼瞼內側韌帶）
終點	眼瞼部：上下眼瞼的皮膚 眼眶部：廣泛分布於眼眶、前額與臉頰皮膚
神經支配	顏面神經顳支與顴支

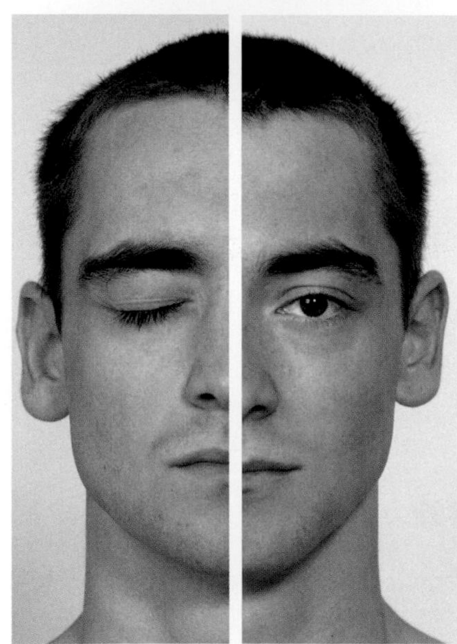

肌肉活動

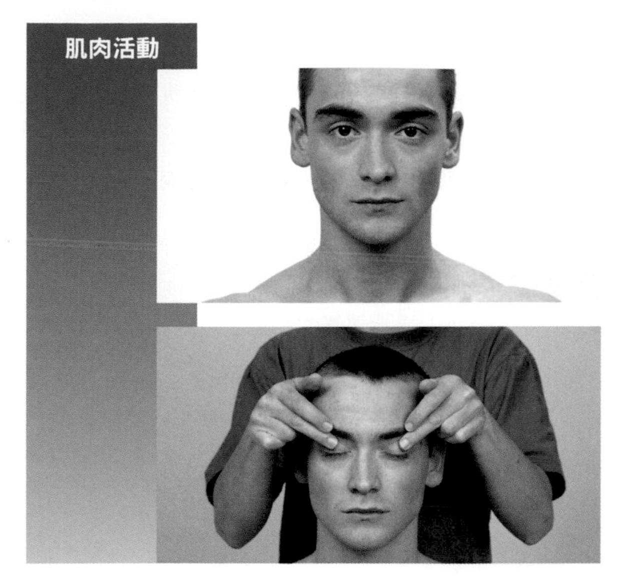

肌肉功能測試

起始位置：病患臉部放鬆，目視前方。

測試過程：測試者給予閉合的眼瞼打開的阻力。

指導語：請你保持眼睛閉合。

臨床關聯性

- 中樞顏面神經麻痺時，眼輪匝肌不會受到影響，因為它受兩側大腦皮質支配。
- 眼輪匝肌麻痺患者無法閉眼（眼瞼閉合不全）。當病患試圖閉眼時，眼球會反射性上轉（貝爾現象）。

問題／評論

- 當眼睛緊緊閉合時，主要是眼輪匝肌的眼眶部會起作用；當眼睛輕輕閉合時，主要是眼瞼部會起作用。
- 因眼輪匝肌的收縮而在眼睛外角產生皺紋，並隨年齡逐漸明顯的紋路被稱為「魚尾紋」。

提上眼瞼肌

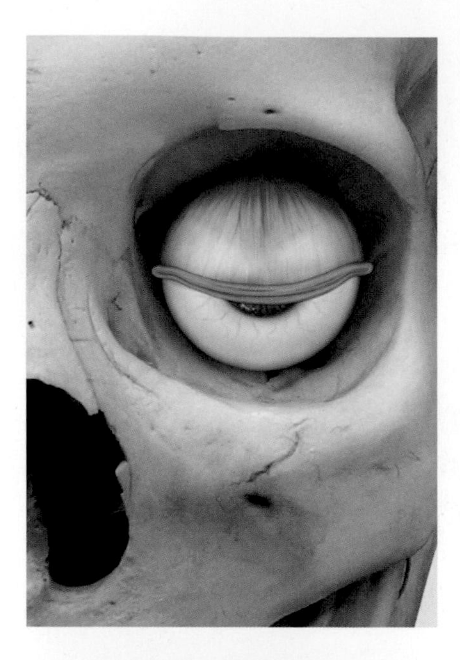

根據神經支配與起點來看，提上眼瞼肌為眼球外肌。它的功能測試與顏面表情肌相同，因此在此處討論。提上眼瞼肌能抬高上眼瞼，進而能控制眼裂閉合的程度，並參與眨眼。但上下眼瞼閉合的精細控制則由上瞼板肌與下瞼板肌控制，並受交感神經系統支配。

起點	蝶骨小翼下表面；視神經管的前側上方
終點	上瞼板與上眼瞼皮膚
神經支配	動眼神經上支

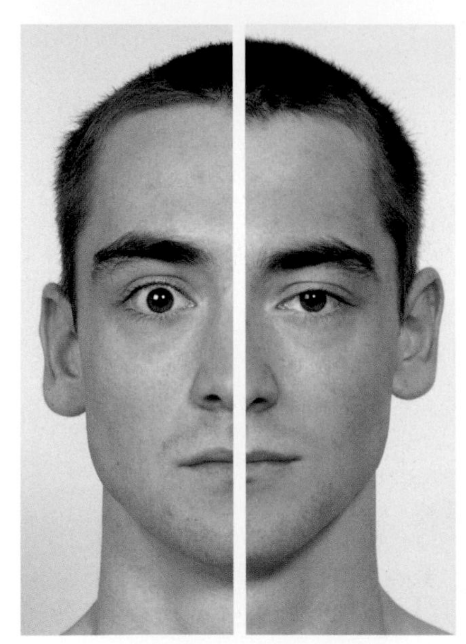

肌肉功能測試

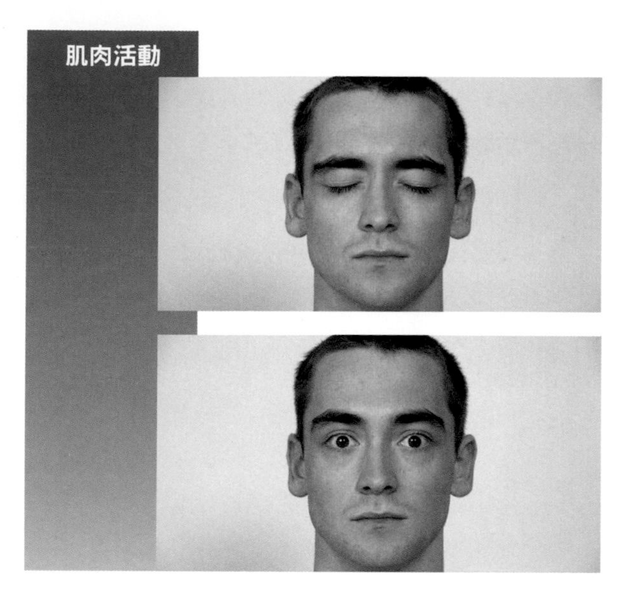

起始位置：病患臉部放鬆，目視前方。

測試過程：測試者觀察病患臉部。

指導語：請你張開眼睛，同時保持前額放鬆。

臨床關聯性

- 提上眼瞼肌麻痺會造成上眼瞼下垂。
- 提上眼瞼肌為平滑肌，並受動眼神經支配。上瞼板肌為平滑肌，受到由頸上交感神經節發出的節後神經纖維支配。若阻斷頸上交感神經節，例如治療祖德克氏萎縮症（又稱反射性交感神經失養症）時，會導致同側上眼瞼下垂。
- 提上眼瞼肌在睜眼狀態下會持續收縮。

問題／評論

- 測試過程中可能誘發枕額肌收縮。

鼻肌

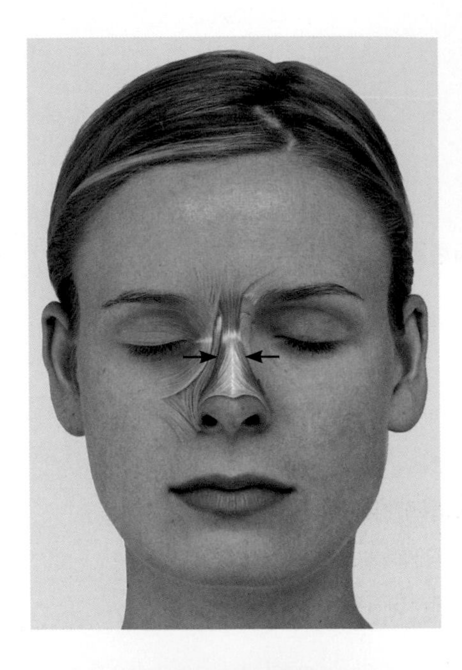

鼻肌的上部（翼部）能擴張鼻孔，進而協助呼吸。鼻肌的最下部以及交會於鼻中隔的肌纖維（橫部）能縮小鼻孔，並使鼻尖微微向下移動。

起點 上頜骨；側門齒與犬齒的牙槽

終點 鼻翼；鼻孔緣；鼻外側軟骨；鼻樑處腱膜

神經支配 顏面神經頰支

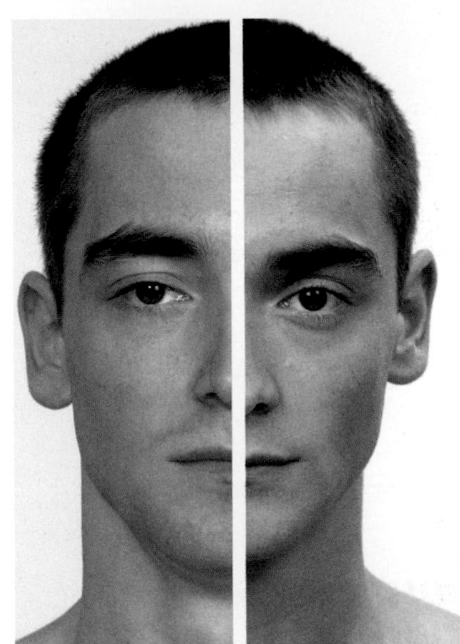

肌肉活動

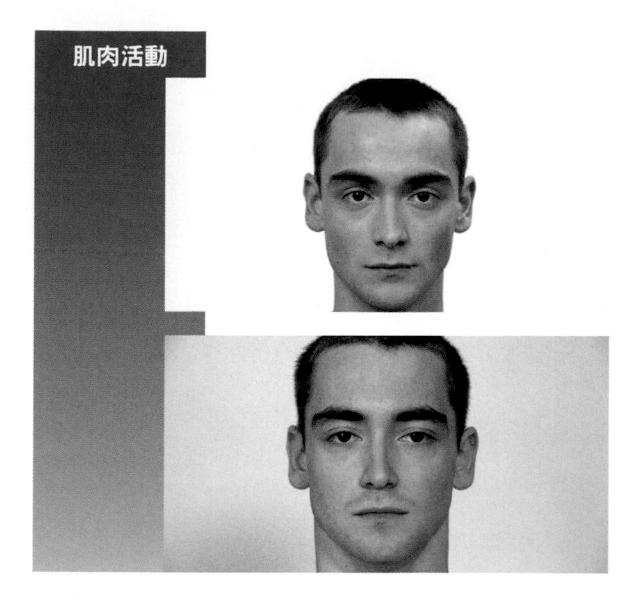

肌肉功能測試

起始位置：病患臉部放鬆，目視前方。

測試過程：測試者觀察病患臉部。

指導語：請將你的鼻翼向下移動。

問題／評論

- 病患可能無法單獨收縮鼻肌。
- 若病患無法產生自主動作，可用鼻子深長而緩慢地吸氣。

提上唇鼻翼肌

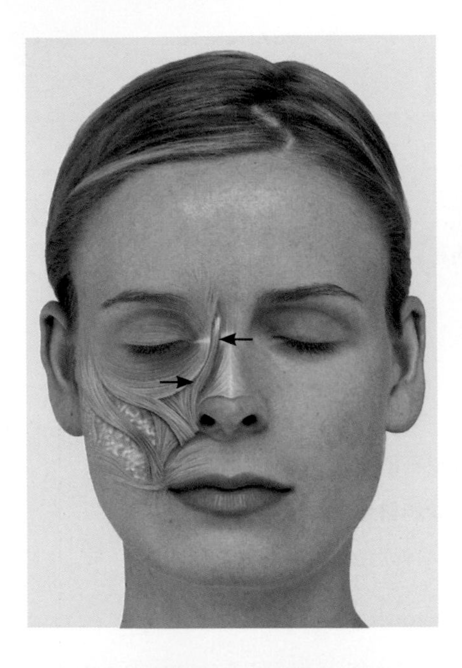

提上唇鼻翼肌與提上唇肌能共同作用來提起上唇。由於少數纖維連接到鼻孔外側周圍，它也能稍微提起鼻翼，特別是在吸氣時。這樣可以防止鼻翼在外界氣壓下而塌陷。因為吸氣時鼻前庭處於低壓狀態，鼻內的壓力會隨氣流的變化而降低。鼻翼的提起也能減低鼻腔對氣流的阻力。

起點	上頜骨額突；眼輪匝肌
終點	鼻翼；上唇；鼻孔外背側緣
神經支配	顏面神經顴支

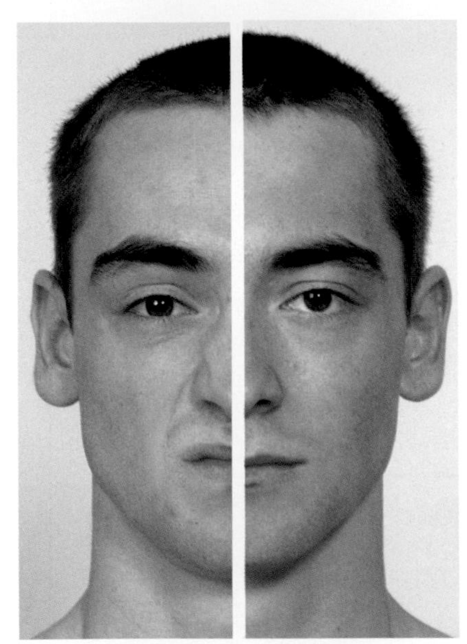

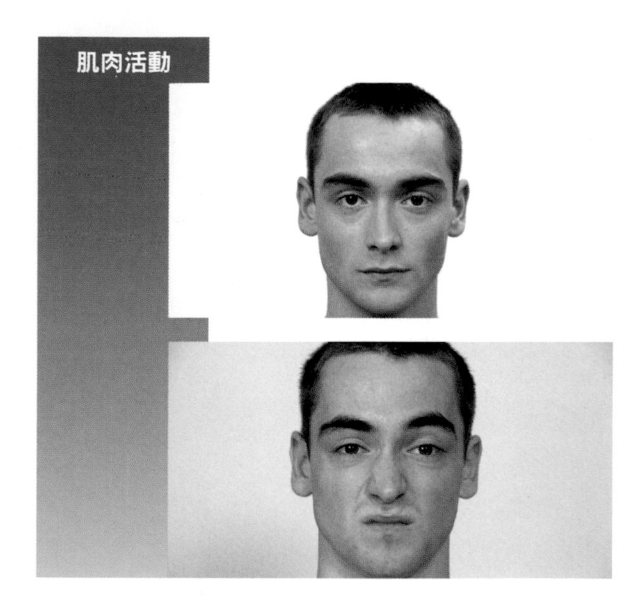

肌肉功能測試

起始位置：病患臉部放鬆，目視前方。

測試過程：測試者觀察病患臉部。

指導語：請提起你的鼻翼。

臨床關聯性

- 當嬰兒發生呼吸窘迫時，其提上唇鼻翼肌的收縮會增加。

提上唇肌

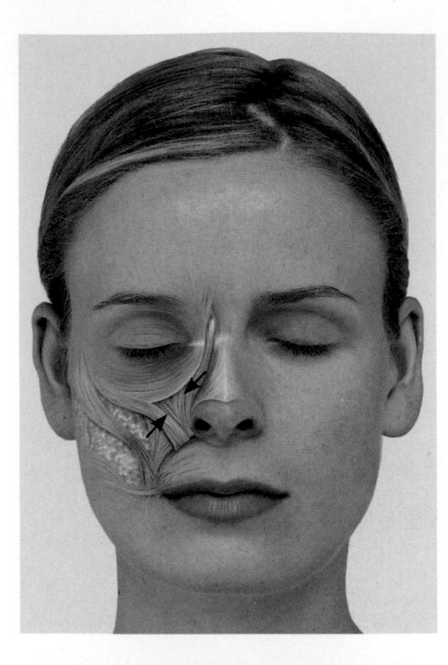

提上唇肌能提起上唇以及加深鼻唇溝，使前側牙齒與上牙齦露出。這條肌肉在大笑時也會收縮。

起點	上頷骨眶下緣；上頷骨額突
終點	上唇；口輪匝肌
神經支配	顏面神經顴支

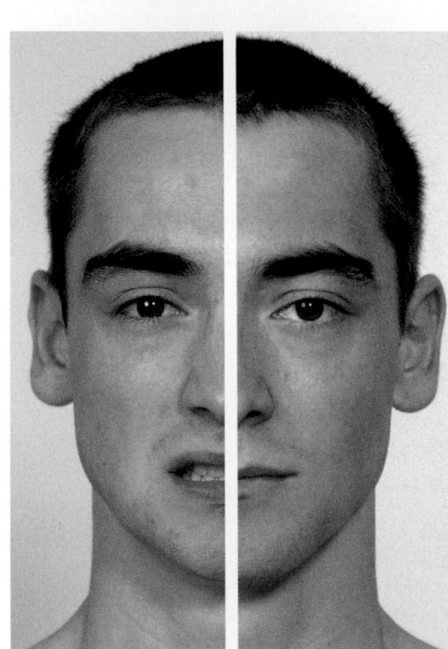

肌肉活動

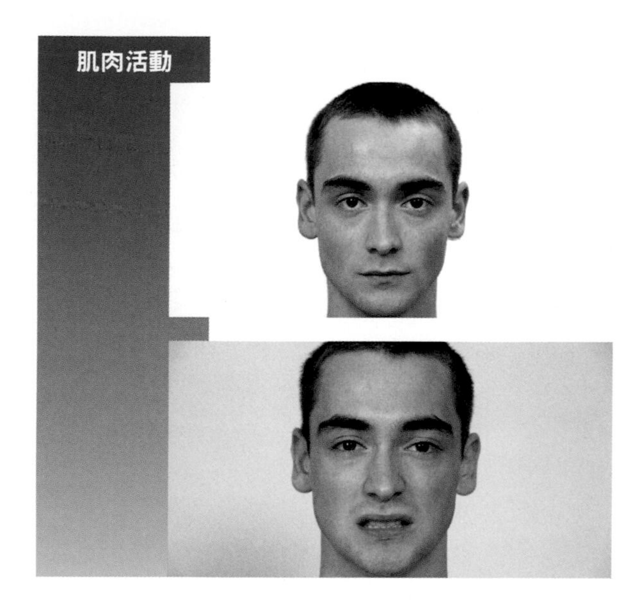

肌肉功能測試

起始位置：病患臉部放鬆，目視前方。

測試過程：測試者觀察病患臉部。

指導語：請提起你的上唇。

問題／評論

- 提上唇肌在作用時，會有提上唇鼻翼肌與顴小肌協助作用。

顴大肌

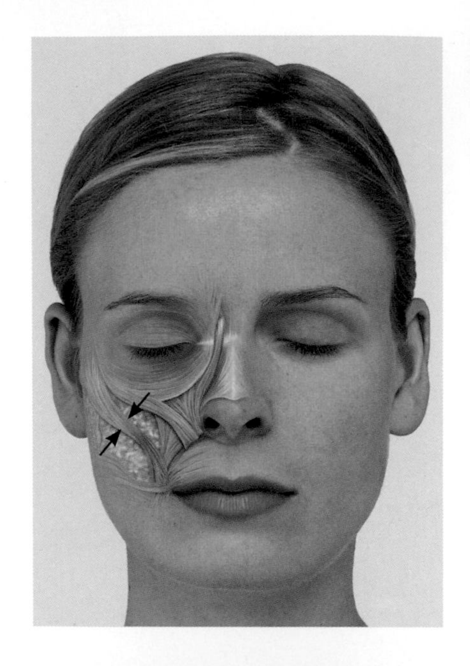

顴大肌能提高嘴角和加深鼻唇溝（例如在大笑或微笑時）。過程中會與提口角肌共同作用。

起點	顴骨中央；顳骨顴骨縫前側；腮腺筋膜
終點	口角皮膚、唇
神經支配	顏面神經顴支

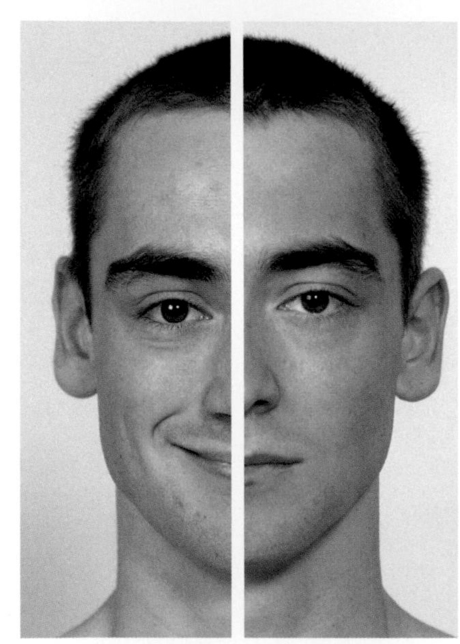

顴小肌

顴小肌的功能與提上唇肌相似，能夠提高上唇。

起點　　顴骨內側靠近中線的部分；顳骨顴骨縫背側

終點　　上唇外側

神經支配　　顏面神經顴支

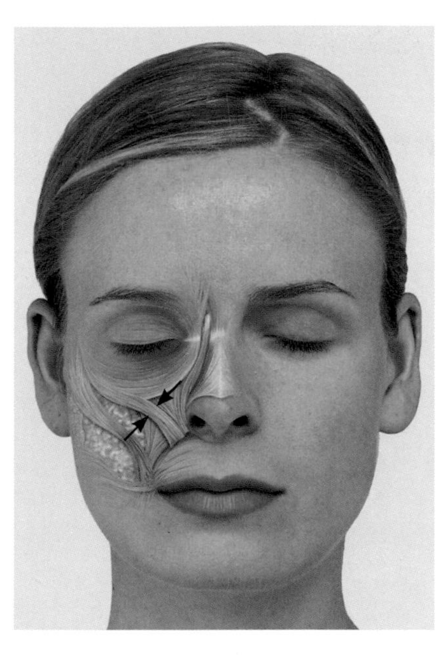

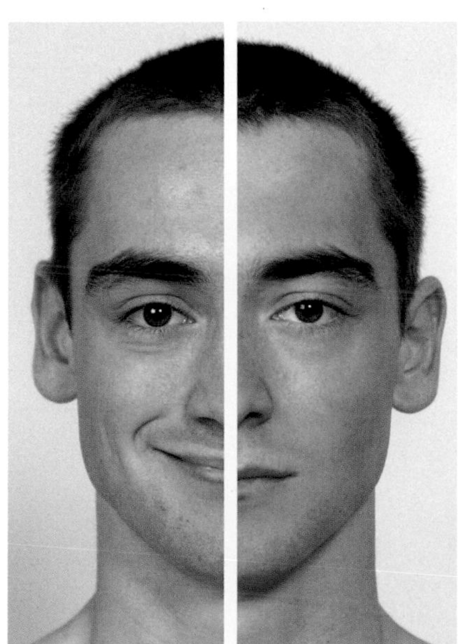

下列肌肉會共同測試：

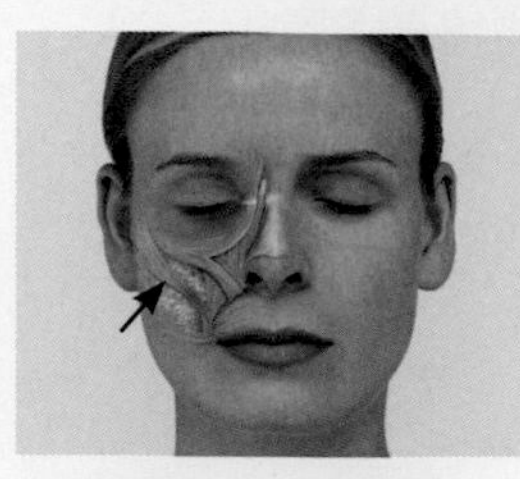

顴大肌 P384

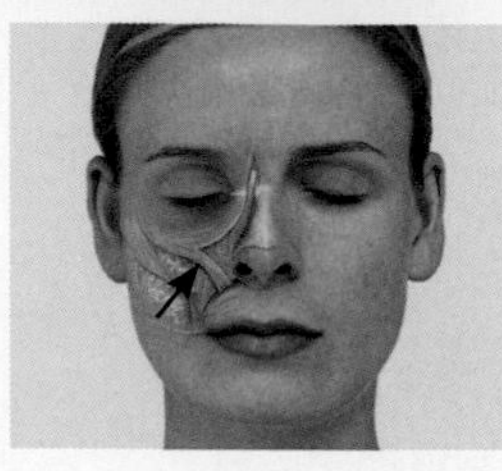

顴小肌 P385

肌肉活動

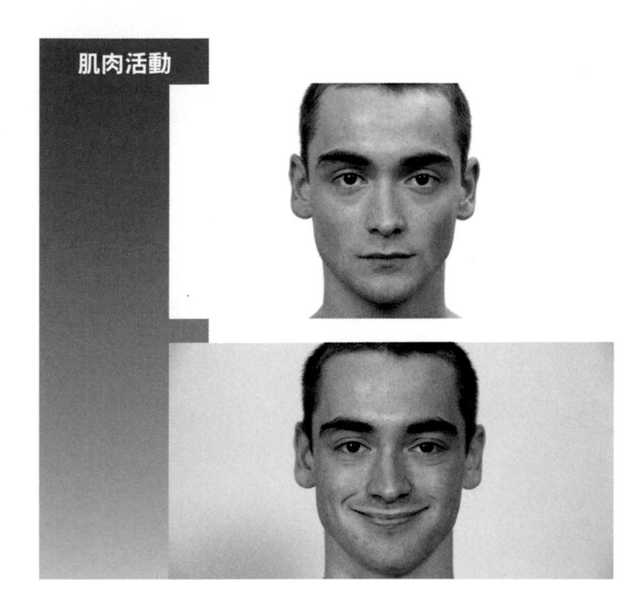

肌肉功能測試

起始位置：病患臉部放鬆，目視前方。

測試過程：測試者觀察病患臉部。

指導語：請微笑。

臨床關聯性

- 發生周邊性或中樞性顏面神經麻痺時，患側顴肌無力口角會下垂。

問題／評論

- 微笑和大笑時需要笑肌一起參與作用。
- 顴大肌與顴小肌共同作用。這兩條肌肉收縮會使鼻唇溝更加明顯。

笑肌

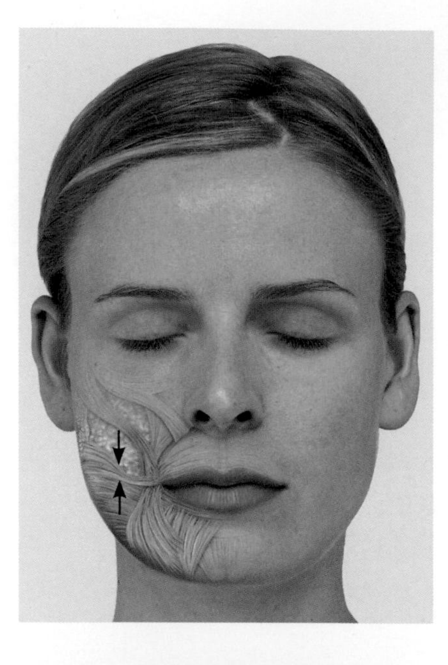

做笑的表情時，笑肌會協助提口角肌將口角往側邊牽拉，並產生酒窩。

起點　　　腮腺筋膜

終點　　　上唇；口角

神經支配　顏面神經頰支

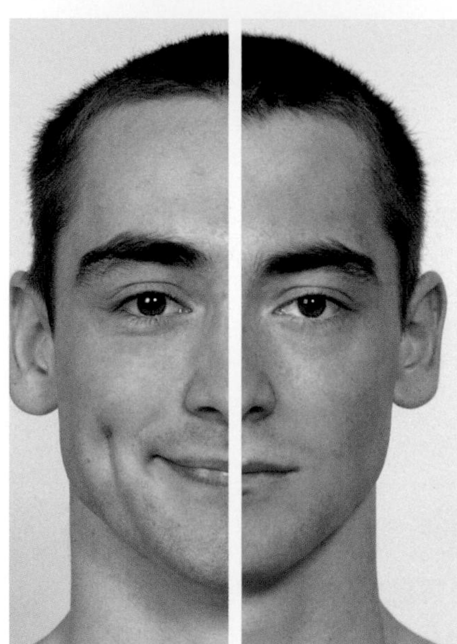

肌肉活動

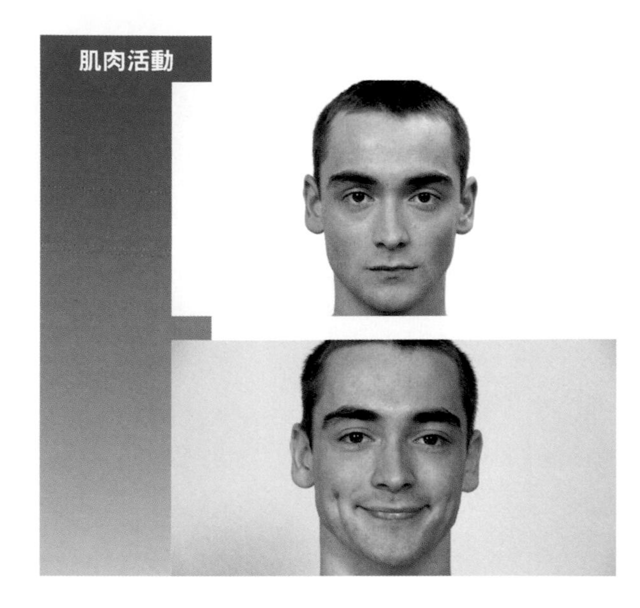

肌肉功能測試

起始位置：病患臉部放鬆，目視前方。

測試過程：測試者觀察病患臉部。

指導語：請向兩側拉動嘴角。

! 問題／評論

- 做笑的表情時，笑肌與提口角肌會共同作用。
- 有些人可能缺乏笑肌。

提口角肌

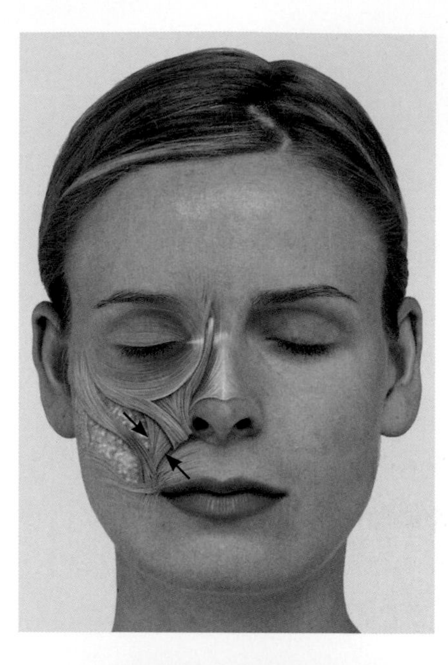

提口角肌可抬高口角並加深鼻唇溝。它與笑肌是最重要的笑表情肌。

起點	上頜骨眶下緣；上頜骨額突；眼輪匝肌
終點	上唇
神經支配	顏面神經顴支

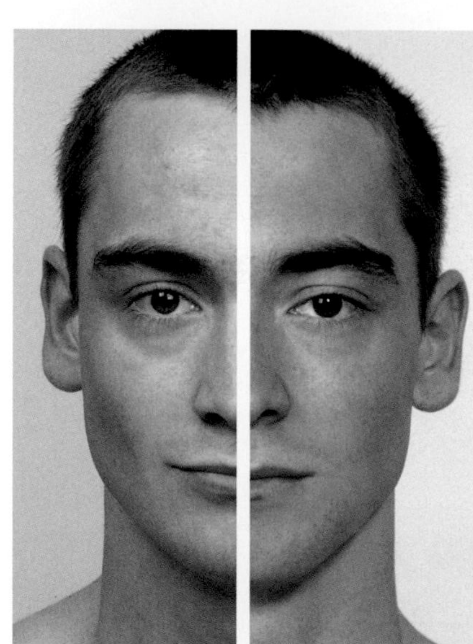

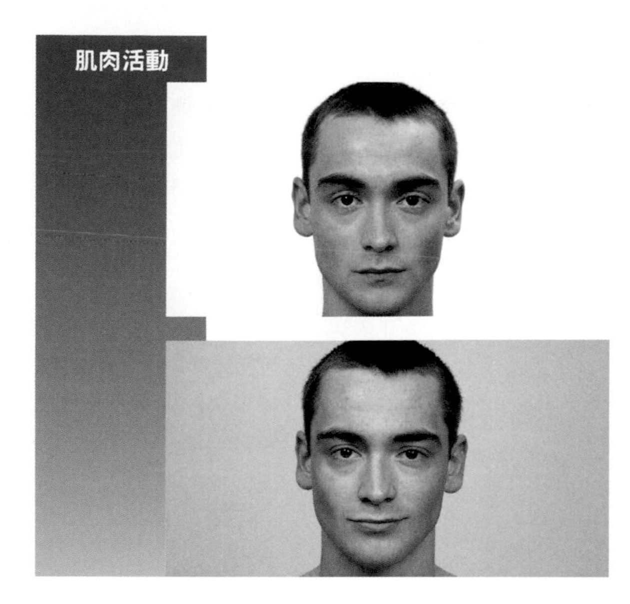

肌肉功能測試

起始位置：病患臉部放鬆，目視前方。

測試過程：測試者觀察病患臉部。

指導語：請向上提起嘴角。

頰肌

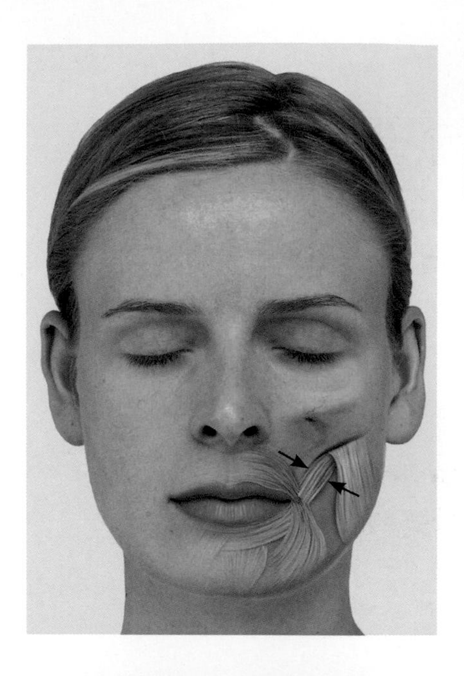

頰肌能向外側牽拉口角，這時候與口輪匝肌互為拮抗肌。但在咀嚼時，又能與口輪匝肌產生協同作用，將口內食物從兩側口腔前庭帶回牙齒間，這個過程中舌頭也會協助作用。吹奏小號等樂器時，頰肌能協助推動氣流從口腔吹出。

起點	上頜骨：第1臼齒牙槽突，翼突下頜縫 下頜骨：第2、3臼齒牙槽突
終點	口角，有部分肌束加入口輪匝肌
神經支配	顏面神經頰支
特殊性質	頰肌為臉頰肌肉的最底層

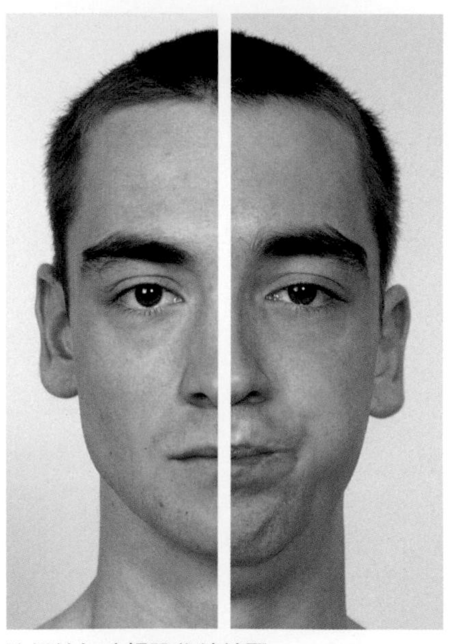

臉頰鼓起時頰肌收縮繃緊

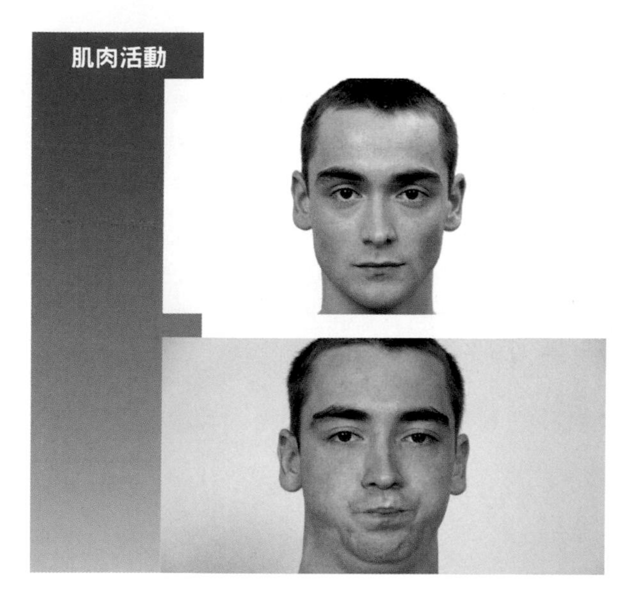

肌肉功能測試

起始位置：病患臉部放鬆，目視前方。

測試過程：測試者觀察病患臉部。

指導語：請你緊閉雙唇，想像你正在吹奏小號。

臨床關聯性

- 發生周邊性或中樞性顏面神經麻痺時，患側頰肌無力口角會下垂。

口輪匝肌

口輪匝肌是使嘴唇動作的主要肌肉。這個環形肌肉中距離口裂較遠的肌束，能使口裂縮小，唇紅向前突出，例如吹口哨的動作。若口輪匝肌中位於內部接近唇紅的肌束收縮時，可使唇紅向內捲貼近牙齒，外露部分減小。口輪匝肌的張力對於將唾液留在口腔內很重要。若這條肌肉麻痺時，唾液會不受控制地從嘴角流出。口輪匝肌是所有向外、向上或向下牽拉嘴唇與嘴角以張開嘴巴的表情肌的拮抗肌。

起點　下頷骨；上頷骨；嘴巴周圍皮膚

終點　嘴唇

神經支配　顏面神經頰支與下頷緣支

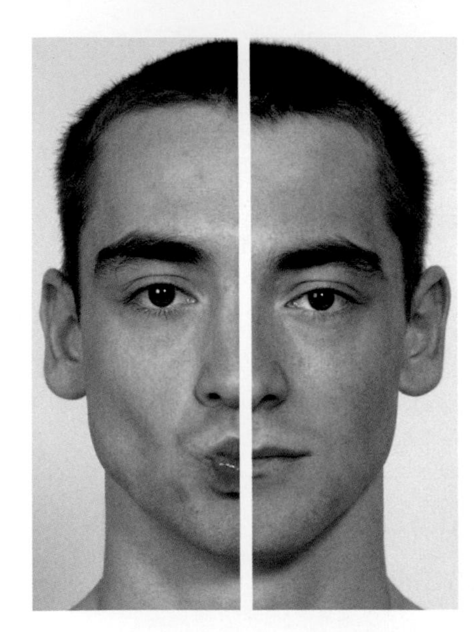

肌肉活動

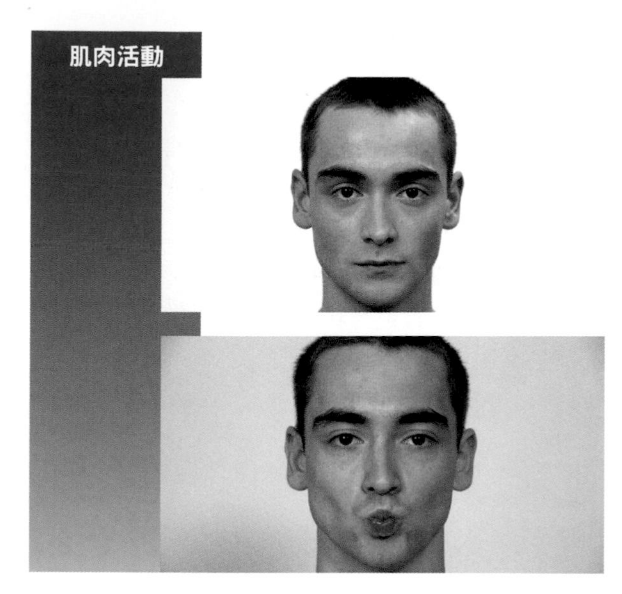

肌肉功能測試

起始位置：病患臉部放鬆，目視前方。

測試過程：測試者觀察病患臉部。

指導語：請你嘟嘴。

臨床關聯性

- 發生周邊性或中樞性顏面神經麻痺時，患側口輪匝肌無力口角會下垂。

問題／評論

- 動作上要確實讓嘴唇突出而不僅是抿嘴，因為抿嘴這個動作是由其他肌肉作用。

降口角肌

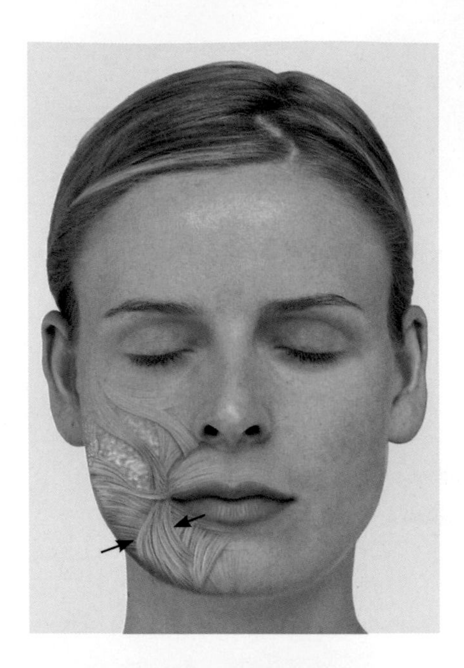

降口角肌可往下拉動嘴角，使鼻唇溝變淺。

起點	下頷骨下緣；頦孔下方
終點	嘴唇；臉頰；嘴角外側
神經支配	顏面神經下頷緣支

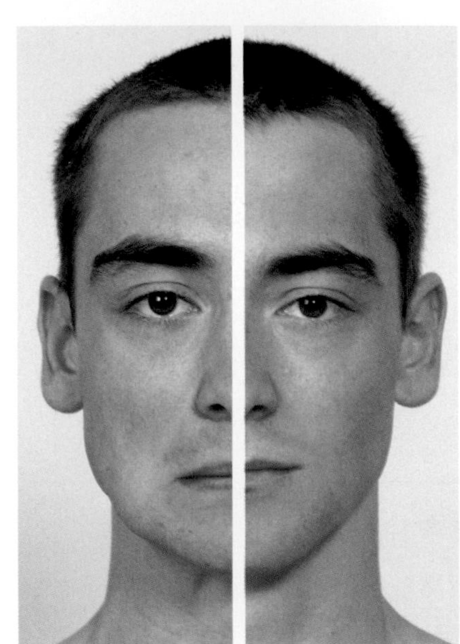

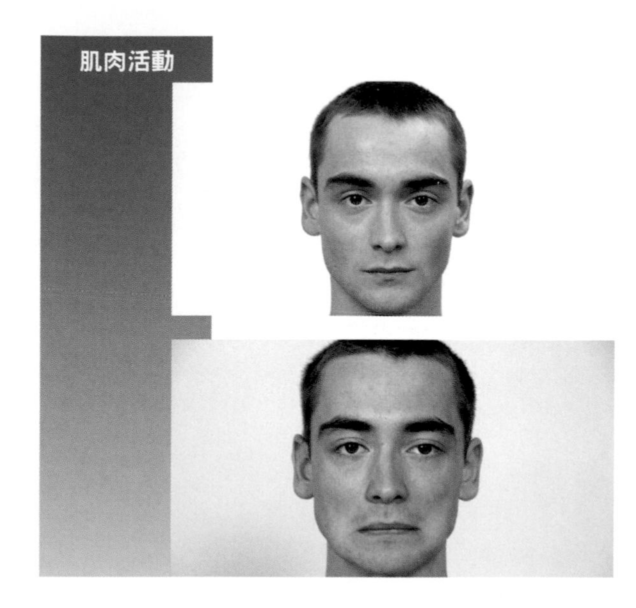

肌肉功能測試

起始位置：病患臉部放鬆，目視前方。

測試過程：測試者觀察病患臉部與頸部。

指導語：請你將嘴角往下拉。

臨床關聯性

- 降口角肌可產生悲傷的表情。

問題／評論

- 降口角肌與頸闊肌共同參與降口角的動作。

降下唇肌

降下唇肌能讓下唇向下、向外牽拉，並露出下方前側牙齒。這個過程會加深頦唇溝。

起點 下頜骨底部；頦孔內下方

終點 下唇

神經支配 顏面神經下頜緣支

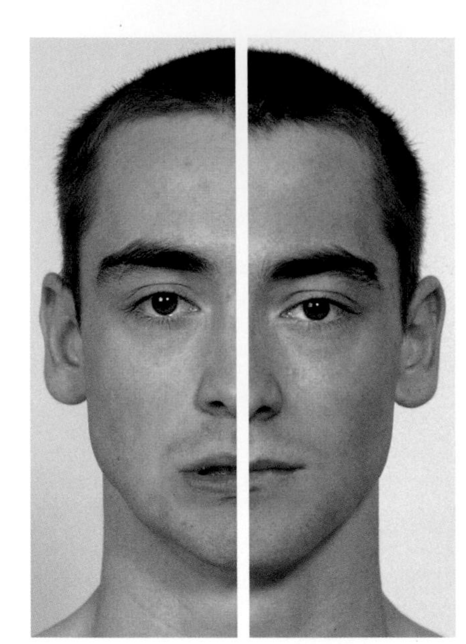

肌肉功能測試

肌肉活動

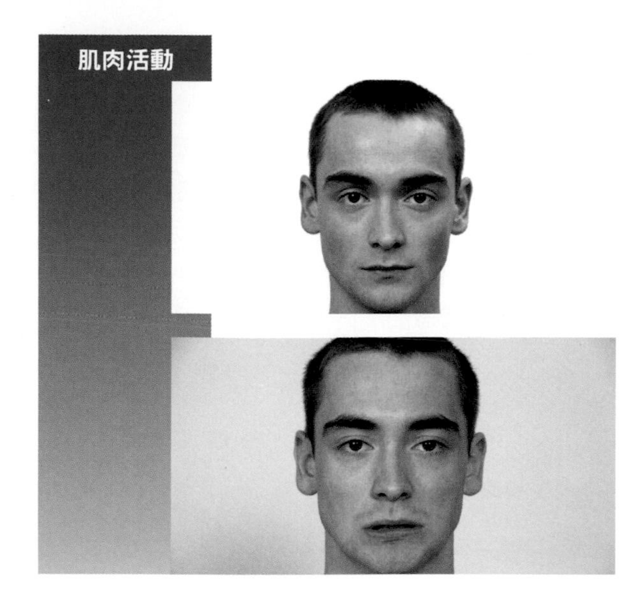

起始位置：病患臉部放鬆，目視前方。

測試過程：測試者觀察病患臉部。

指導語：請你向下、向外牽拉下唇。

頸闊肌

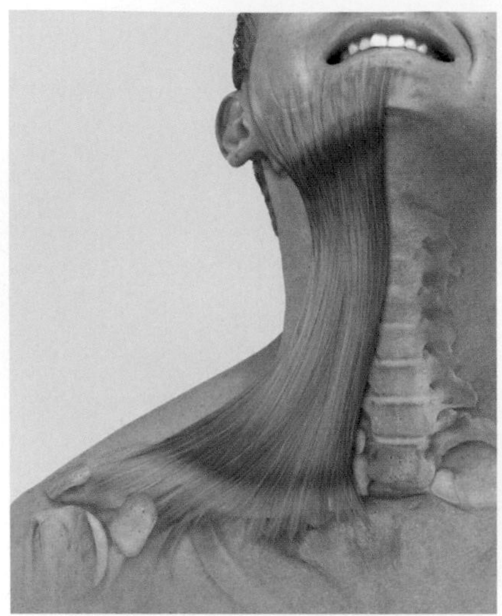

頸闊肌是位於頸部的表皮肌，它能使下頷到鎖骨頸部前側皮膚繃緊（尤其是在做出驚恐反應或自主收縮時）。因此，我們常常能在皮膚表面看到其輪廓。頸闊肌收縮時，能降下唇與嘴角。在人類身上，頸闊肌是幾乎沒有功能的退化肌肉。但在猿猴身上，頸闊肌能繃緊喉囊，加強此部位的共鳴。頸闊肌對於頸椎與顳顎關節的作用非常微弱。

起點　下頷骶部；腮腺筋膜

終點　鎖骨下方皮膚；胸筋膜

神經支配　顏面神經頸支

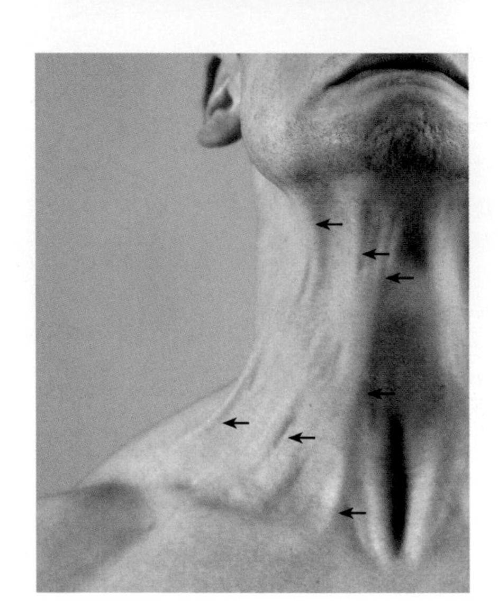

肌肉活動

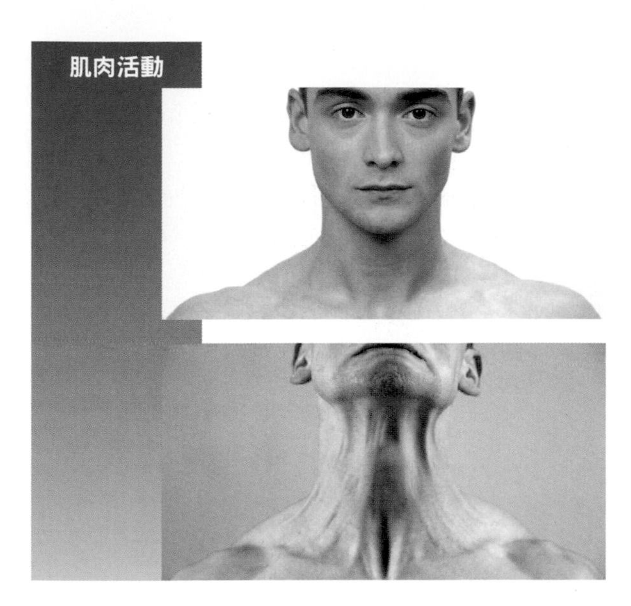

肌肉功能測試

起始位置：病患臉部放鬆，目視前方。

測試過程：測試者觀察病患臉部與頸部。

指導語：請用力將你的嘴角與下唇往下、往外側牽拉，將你的頸部前側皮膚繃緊。

6

頭部

6.2 咀嚼肌群

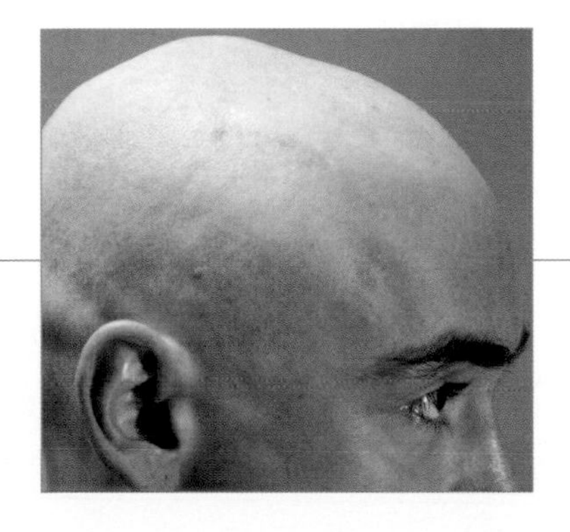

顳肌

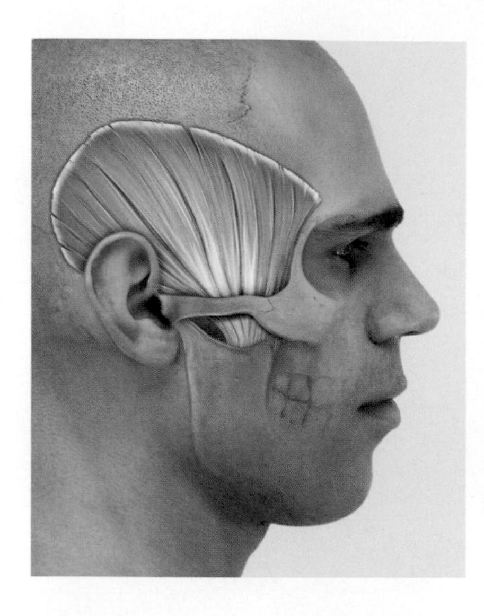

顳肌能產生強力的咬合動作，同時橫向的肌束也能將下頜骨向後拉。其休息時的張力能防止下頜骨受重力影響而下沉。

起點　顳窩；顳筋膜

終點　下頜骨冠狀突

神經支配　從三叉神經顳支發出的深顳神經

功能

協同肌	拮抗肌
顳顎關節	
提下頜骨	
嚼肌	二腹肌
翼內肌	下頜舌骨肌
	頦舌骨肌
	翼外肌
下頜骨前推（眼眶周圍的縱向肌束）	
翼外肌	舌骨肌群
翼內肌	深層嚼肌
淺層嚼肌	顳肌（橫向肌束）
下頜骨後拉（耳上方的橫向肌束）	
舌骨肌群	翼外肌
	翼內肌
	淺層嚼肌
	顳肌（縱向肌束）

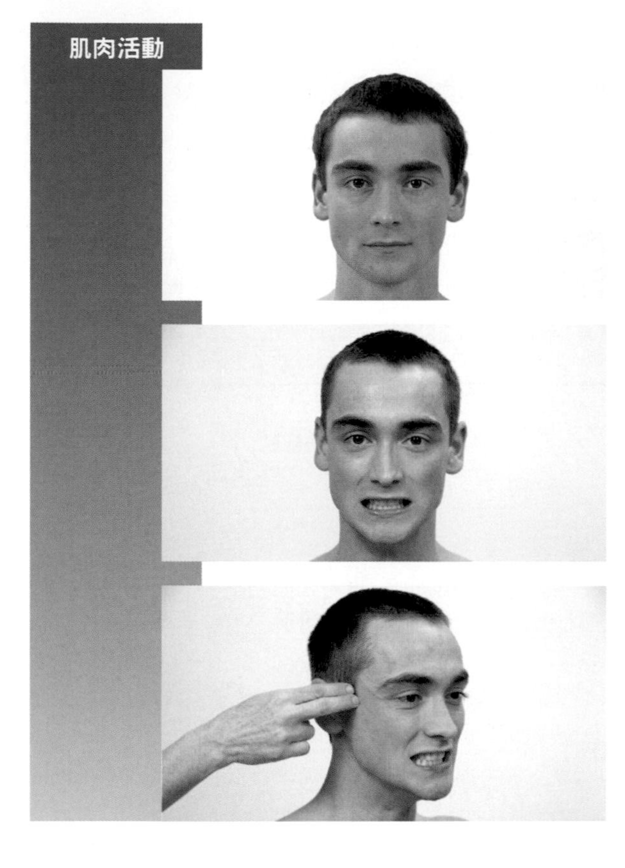

肌肉功能測試

起始位置：病患臉部放鬆，目視前方。

測試過程：測試者觀察病患臉部。

指導語：請維持嘴唇張開，咬緊牙關。

測試過程：測試者觸診顳肌。

指導語：請維持嘴唇張開，嘗試咬緊牙關。

問題／評論

- 沒有兩條主要協同肌－嚼肌與翼內肌－的共同收縮，很難觀察到顳肌。

嚼肌

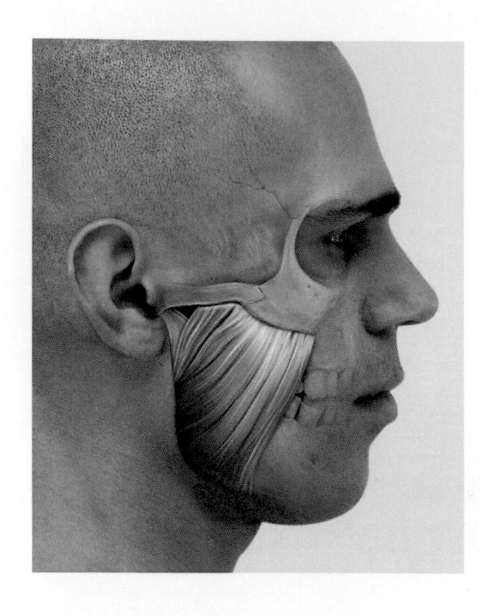

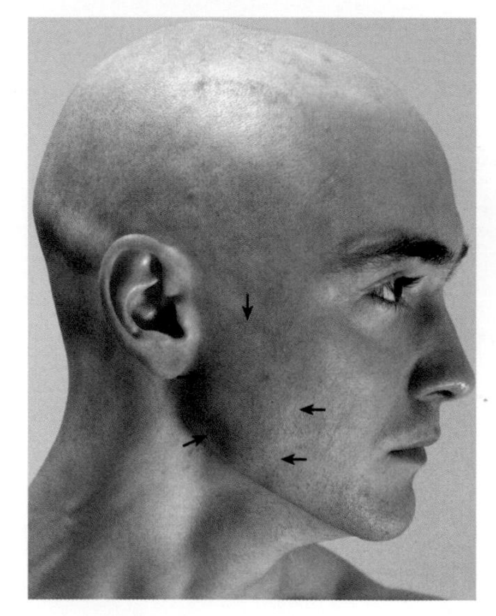

嚼肌能強力關閉嘴巴。它的淺層肌束也能將下頜骨往前推。

起點	淺部：顴骨弓前2/3下緣 深部：顴骨弓後1/3內側表面
終點	淺部：下頜角與嚼肌粗隆 深部：下頜支外側表面
神經支配	三叉神經下頜支發出的嚼肌神經

功能

協同肌	拮抗肌
顳顎關節	
提下頜骨	
顳肌	二腹肌
翼內肌	下頜舌骨肌
	頦舌骨肌
	翼外肌
下頜骨前推（淺部）	
翼外肌	舌骨肌群
翼內肌	深層嚼肌
顳肌（眼眶周圍的縱向肌束，作用弱）	顳肌（耳上方的橫向肌束）

肌肉功能測試

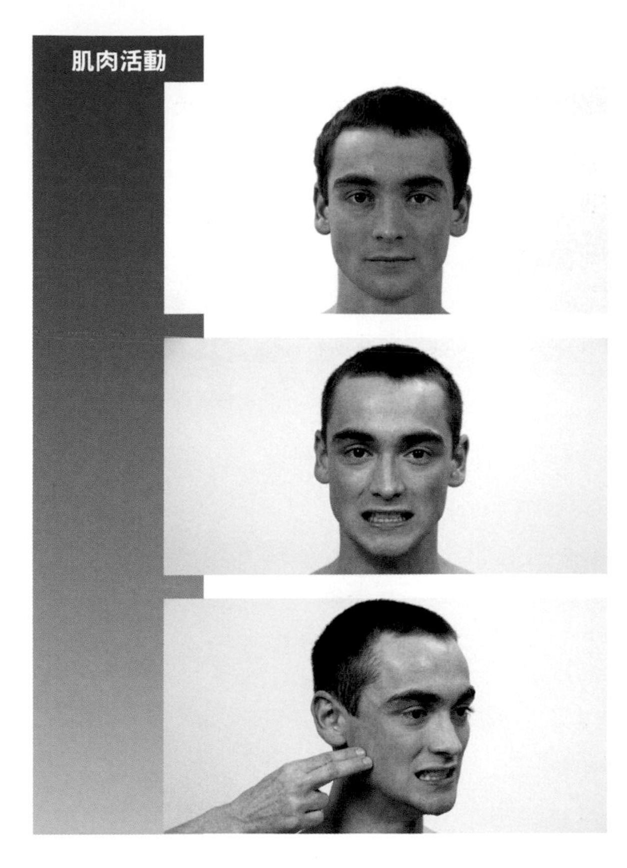

起始位置：病患臉部放鬆，目視前方。

測試過程：測試者觀察病患臉部。

指導語：請維持嘴唇張開，咬緊牙關。

測試過程：測試者觸診嚼肌。

指導語：請維持嘴唇張開，嘗試咬緊牙關。

臨床關聯性

- 在腦部創傷後，嚼肌可能出現痙攣反射，會造成張口困難以及嚴重的磨牙。
- 若嚼肌麻痺時，病患會用翼內肌與顳肌來代償作用。

問題／評論

- 顳肌與翼內肌會協助嚼肌的功能。

翼內肌

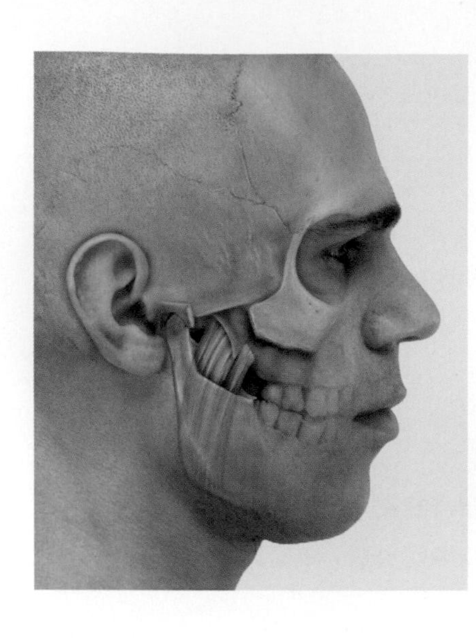

翼內肌會強力關閉嘴巴，將下頜骨輕微向前推。

起點　蝶骨的翼突窩
翼突外側板

終點　下頷角內側表面
翼肌粗隆

神經支配　三叉神經下頷支發出的翼內肌神經

功能

協同肌	拮抗肌
顳顎關節	
提下頷骨	
顳肌	二腹肌
嚼肌	下頷舌骨肌
	頦舌骨肌
	翼外肌
下頷骨前推	
翼外肌	顳肌（耳上方橫向肌束）
嚼肌淺部	
顳肌（眼眶周圍的縱向肌束，作用弱）	

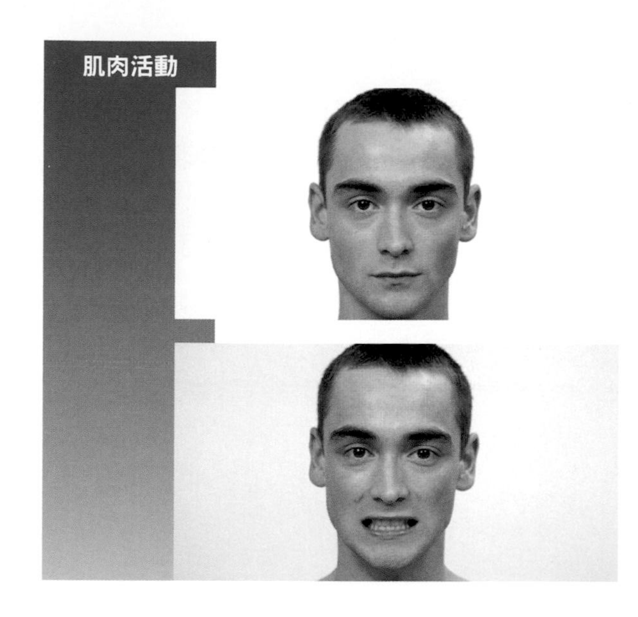

肌肉功能測試

起始位置：病患臉部放鬆，目視前方。

測試過程：測試者觀察病患臉部。

指導語：請維持嘴唇張開，咬緊牙關。

問題／評論

- 翼內肌也能使下頷骨側向移動（咀嚼過程中的研磨動作）。

翼外肌

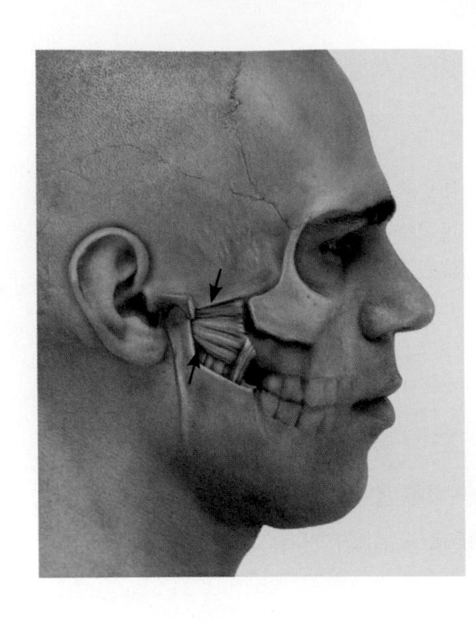

翼外肌向前接到下頜骨，不僅藉由其下部將下頜骨前牽拉，也藉由上部將顳顎關節盤向前牽拉，所以它是重要的開口肌肉。

起點 上頭：蝶骨大翼顳面
下頭：翼突外側板外面

終點 上頭：下頜骨髁突的翼肌凹窩，顳顎關節盤的前緣
下頭：下頜骨髁突的翼肌凹窩

神經支配 三叉神經下頜支發出的翼外肌神經（第5對腦神經）

功能

協同肌	拮抗肌
顳顎關節	
下頜骨前推	
翼內肌	顳肌（耳上方的橫向肌束）
嚼肌淺部	嚼肌深部
顳肌（眼眶周圍的縱向肌束，作用弱）	

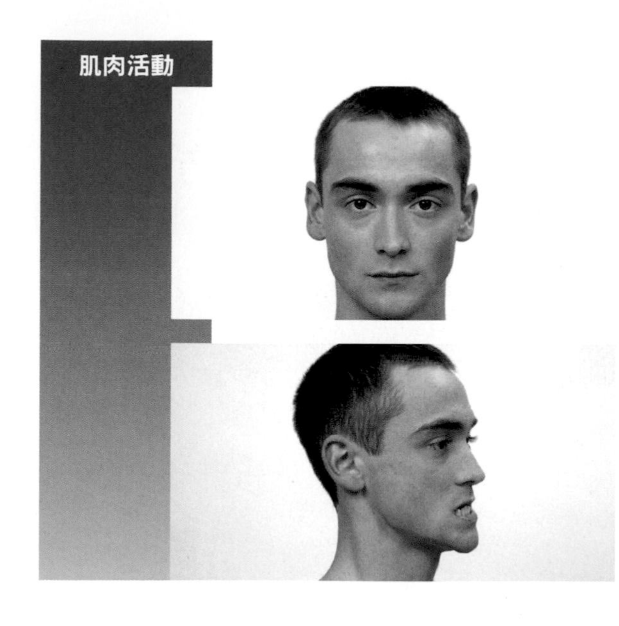

肌肉功能測試

起始位置：病患臉部放鬆，目視前方。

測試過程：測試者觀察病患臉部。

指導語：請張開嘴巴並向前伸下巴。

肌肉延展測試

咬肌 —— 顳肌和翼內肌

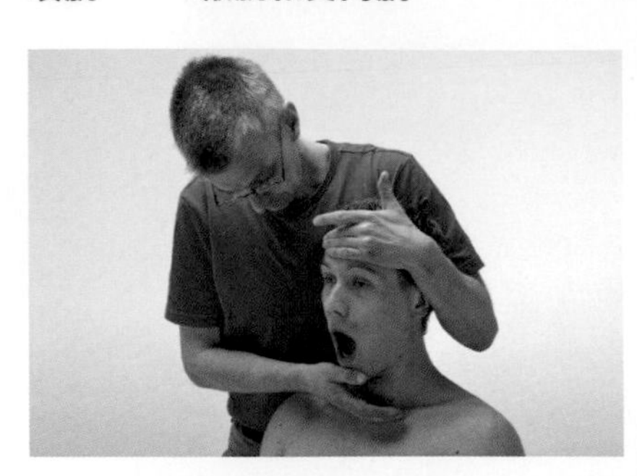

方法

治療師一隻手固定病患頭部，另一隻手被動將病患下頷骨打開至張口最大程度。

發現

如果病患無法張口至最大，且末端角度感覺到柔軟有彈性的組織在限制動作範圍，表示這三條肌肉有縮短現象。病患在肌肉延展過程有牽拉感。

6
頭部

6.3 舌頭肌群

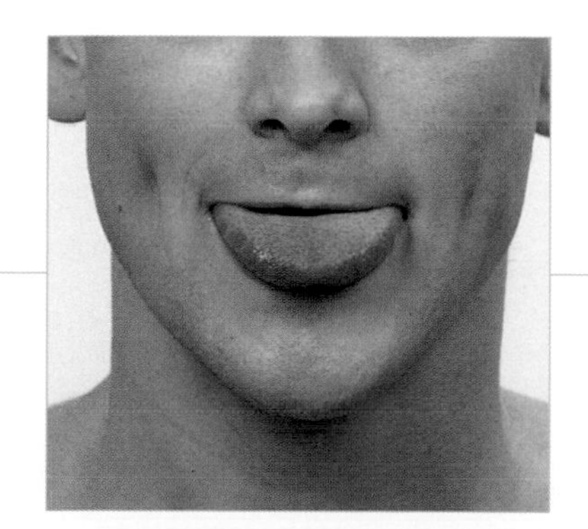

舌內肌

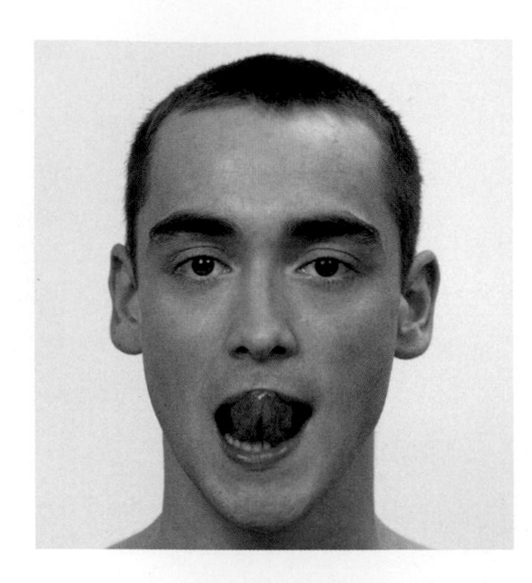

舌內肌決定舌頭的形狀，單獨一條舌內肌的作用取決於同時發生收縮的其他舌內肌。舌內肌收縮時，肌肉內部產生的組織壓反過來拮抗舌內肌的作用。

舌上縱肌能使舌頭變短、變寬，並使舌尖上抬。

舌下縱肌能使舌頭變短、變寬，並使舌尖下降。

舌橫肌能使舌頭變窄、變長，並使舌內緣捲起。

舌垂直肌能使舌頭攤平、變寬。

起點 舌上縱肌：舌根
舌下縱肌：舌根
舌橫肌：舌側緣
舌垂直肌：舌腱膜

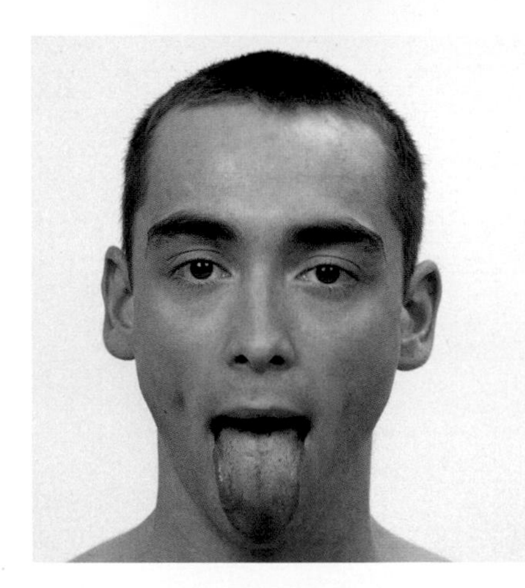

終點 舌上縱肌：舌尖
舌下縱肌：舌尖
舌橫肌：舌側緣
舌垂直肌：舌下表面

神經支配 舌下神經

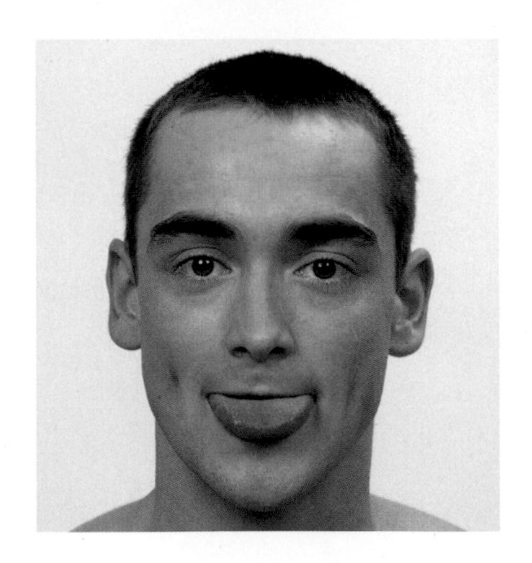

肌肉功能測試

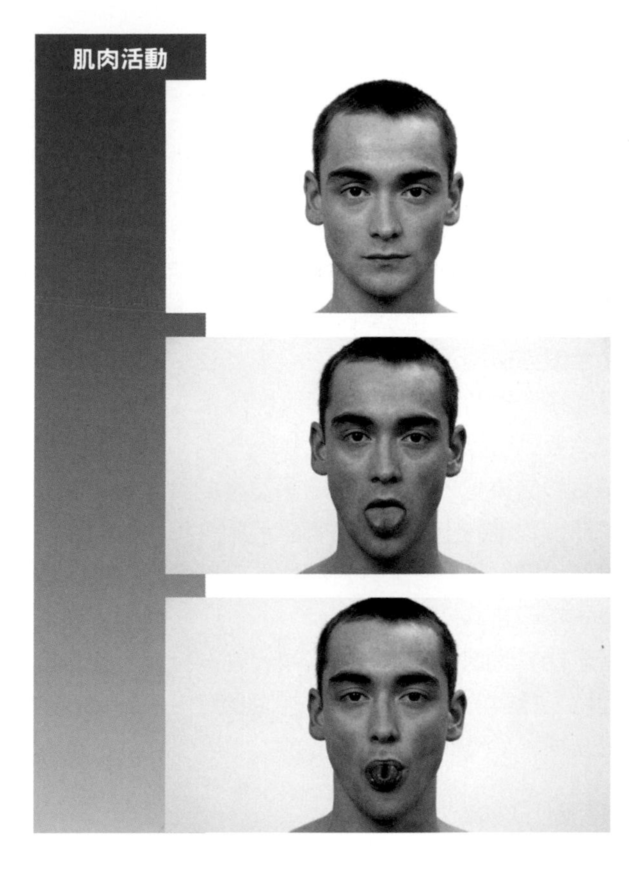

起始位置：病患臉部放鬆，目視前方。

測試過程：測試者觀察病患舌頭動作。

指導語：將你的舌頭伸出，再收回。

測試過程：測試者觀察病患舌頭動作。

指導語：將你的舌頭兩側向中間捲起，再攤平。

臨床關聯性

- 若舌下神經受損，舌尖會偏向受損一側。
- 罹患進行性系統性硬化症後，舌頭的靈活性會因舌繫帶變厚、變短而下降。

問題／評論

- 病患可能難以完成測試中的某些動作，但我們可以透過在轉換不同動作的過渡階段來觀察舌內肌的活動性。

舌外肌

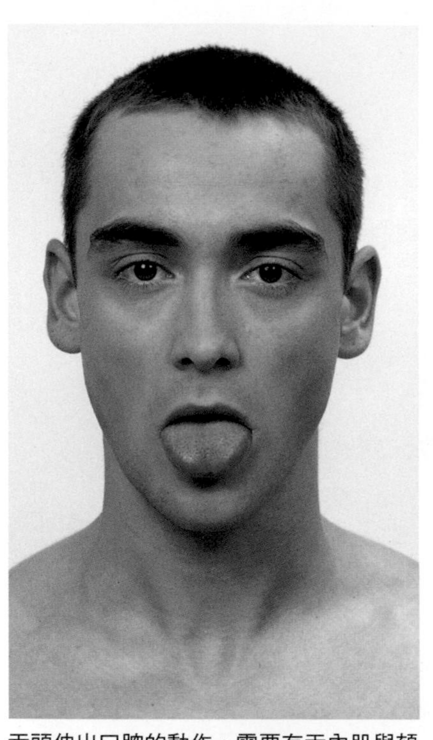

舌頭伸出口腔的動作，需要有舌內肌與頦舌肌的收縮。

舌外肌能在口腔內移動舌頭。根據肌肉的位置，它們能將舌頭前伸、後縮、上抬與下降。

頦舌肌能將舌頭拉向前下方。這樣在進食過程中，舌上的味蕾能充分接觸到食物。頦舌肌既能改變舌頭在口腔內的位置（像其他舌外肌一樣），還能在舌內肌使舌頭伸長的同時將舌頭伸出口腔。

舌骨舌肌能將舌根向後向下拉，因此在吞嚥過程中將食物推向食道。這個吞嚥後發生的動作由莖突舌肌起始。

小角舌肌與莖突舌肌功能相似。

莖突舌肌能將舌根向後上方牽引，在咀嚼之後的吞嚥階段，莖突舌肌收縮可將食物推向上顎，觸發吞嚥反射。這條肌肉在吸吮過程也有重要作用，因為它能將舌頭拉向口腔深處，就像注射器中的活塞一樣。

吞嚥時，腭舌肌能與腭咽肌共同收緊咽峽。在軟腭沒有被腭帆張肌與腭帆提肌上提與收緊時，腭舌肌能降低軟腭。吞嚥時，它也能將舌根上提。

起點
頦舌肌：下頜骨內側表面
舌骨舌肌：舌骨大角與舌骨體
小角舌肌：舌骨小角
莖突舌肌：顳骨莖突
腭舌肌： 腭腱膜

終點
頦舌肌：舌腱膜
舌骨舌肌：舌腱膜兩側
小角舌肌：舌腱膜
莖突舌肌：舌腱膜
腭舌肌：輻射狀匯入舌內肌

神經支配
頦舌肌、舌骨舌肌、小角舌肌、莖突舌肌：舌下神經
腭舌肌：舌咽神經和迷走神經

肌肉功能測試

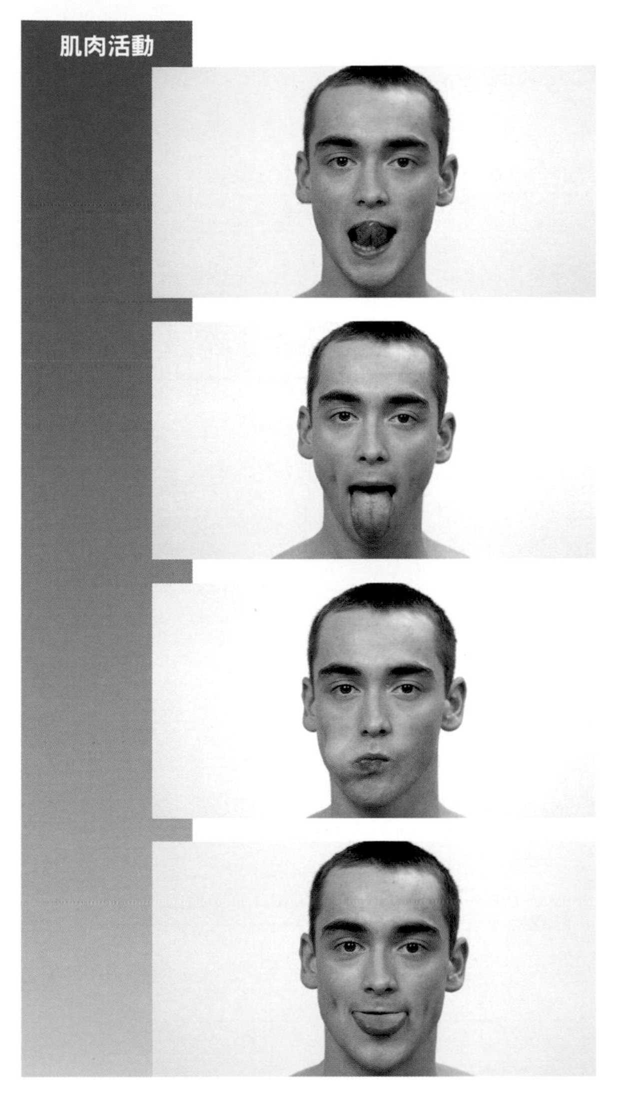

起始位置：病患臉部放鬆，目視前方。

測試過程：測試者觀察病患舌頭動作。

指導語：請你伸出舌頭，然後上下移動。

測試過程：測試者觀察病患舌頭動作。

指導語：請你伸出舌頭，然後向下移動舌尖。

測試過程：測試者觀察病患舌頭動作。

指導語：請你將舌尖先碰觸右內側臉頰，然後再往左內側臉頰。

測試過程：測試者觀察病患舌頭動作。

指導語：請你伸出舌頭，然後盡可能攤平變寬。

6
頭部

6.4 眼球肌群

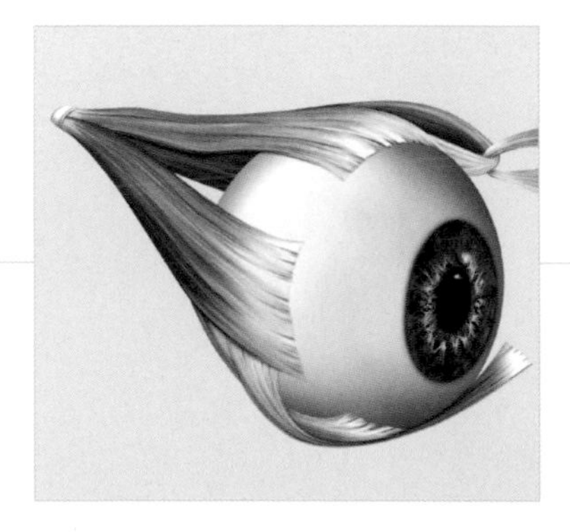

上直肌

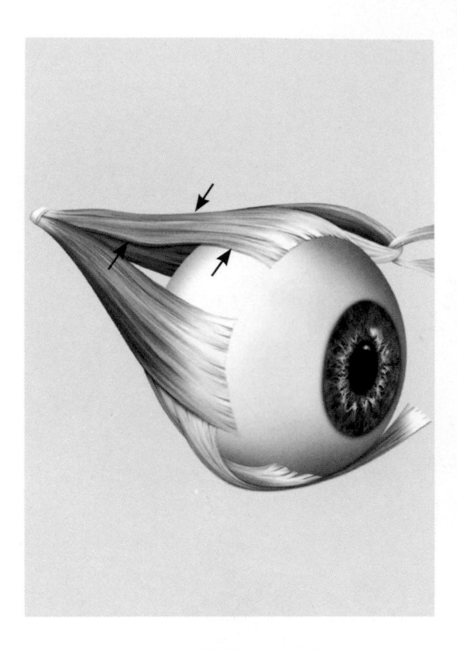

上直肌可使眼球上轉與內轉，使視線往上並往內25度。上直肌也能將眼球往眼眶後方牽拉。根據視線方向不同，其他眼球肌肉可能為協同肌，也可能是拮抗肌。本頁功能列表中的協同肌一欄，只列出對側眼球看向同一目標時的收縮肌肉。

起點　總腱環（位於視神經管上方的部分）

終點　眼球赤道前方、眼球頂部（靠近眼眶頂壁）

神經支配　動眼神經上支

功能

協同肌

對側眼球
下斜肌

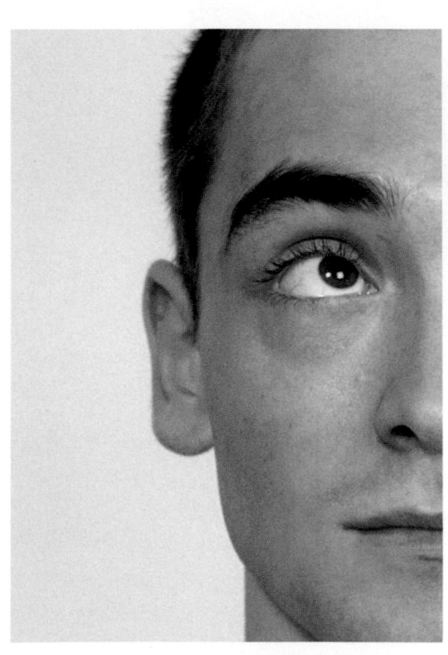

肌肉活動

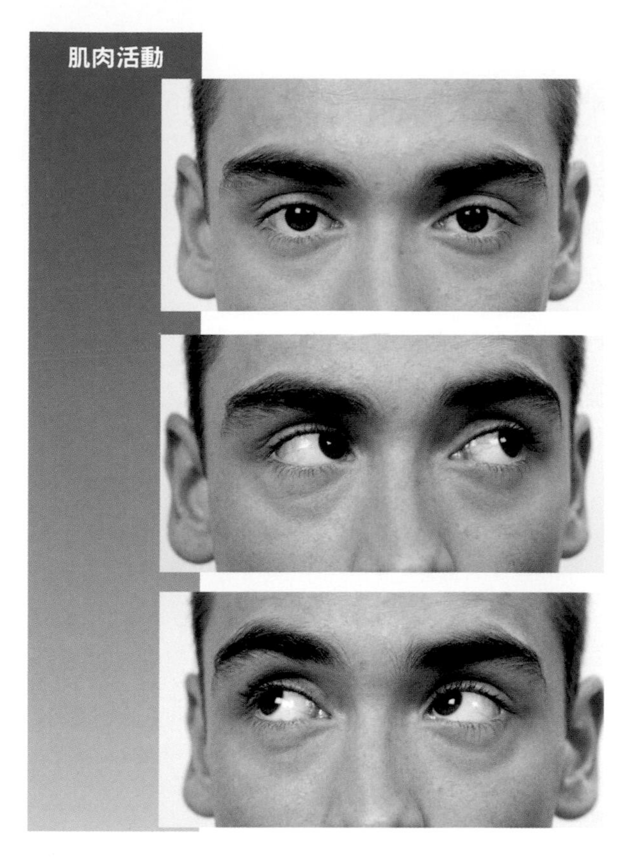

肌肉功能測試

起始位置：病患臉部放鬆，目視前方。

右上直肌測試

測試過程：測試者觀察病患右眼。

指導語：請你往左上方看。

左上直肌測試

測試過程：測試者觀察病患左眼。

指導語：請你往右上方看。

臨床關聯性

- 某一眼球運動神經麻痺時會導致複視。經驗豐富的臨床人員可透過複視的位置，判斷哪條神經出問題。若病患按指示將視線看向某個方向時重影程度變大，則說明控制眼球往這個方向動作的肌肉的神經支配出問題。

問題／評論

- 往左上方看時，左眼下斜肌負責左眼動作。
- 往右上方看時，右眼下斜肌負責右眼動作。

下直肌

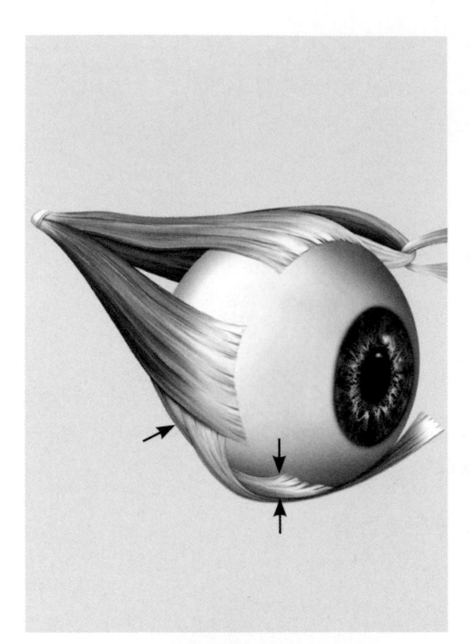

下直肌可使眼球下轉與內轉，也能將眼球往眼眶後方牽拉。根據視線方向不同，其他眼球肌肉可能為協同肌，也可能是拮抗肌。本頁功能列表中的協同肌一欄，只列出對側眼球看向同一目標時的收縮肌肉。

起點	總腱環（位於視神經管下的部分）
終點	眼球底部，眼球赤道前方
神經支配	動眼神經下支

功能

協同肌

對側眼球

上斜肌

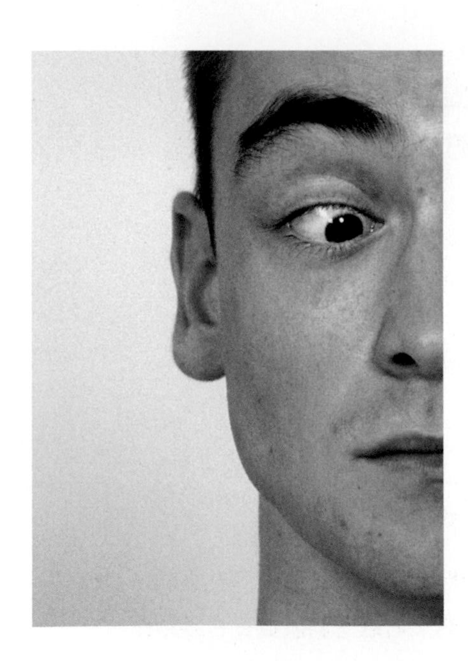

肌肉活動

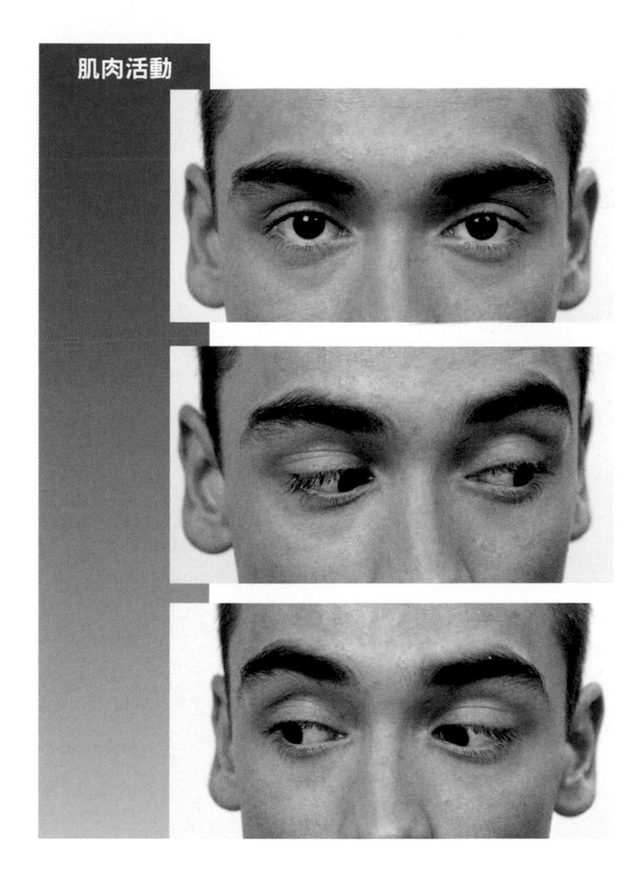

肌肉功能測試

起始位置：病患臉部放鬆，目視前方。

右下直肌測試

測試過程：測試者觀察病患右眼。

指導語：請你往左下方看。

左下直肌測試

測試過程：測試者觀察病患左眼。

指導語：請你往右下方看。

臨床關聯性

- 某一眼球運動神經麻痺時會導致複視。經驗豐富的臨床人員可透過複視的位置，判斷哪條神經出問題。若病患按指示將視線看向某個方向時重影程度變大，則說明控制眼球往這個方向動作的肌肉的神經支配出問題。

問題／評論

- 往左下方看時，左眼上斜肌負責左眼動作。
- 往右下方看時，右眼上斜肌負責右眼動作。
- 為了更清楚觀察到視線方向，可用手指撐開受測者的眼瞼。

上斜肌

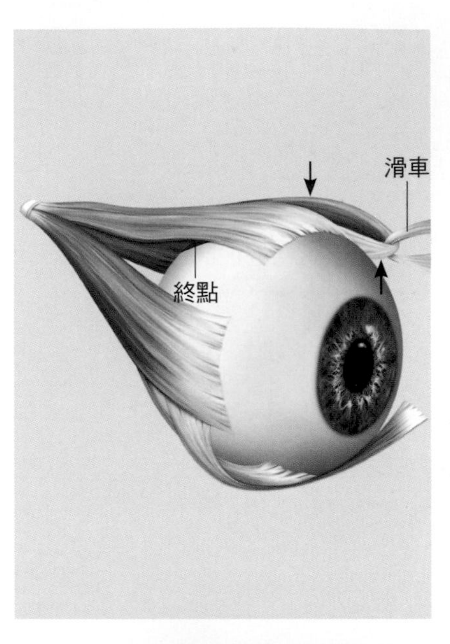

上斜肌能使眼球下轉、外轉與內旋。另外，它也能將眼球向眼眶前部牽拉以拮抗眼外直肌。根據視線方向不同，其他眼球肌肉可能為協同肌，也可能是拮抗肌。本頁功能列表中的協同肌一欄，只列出對側眼球看向同一目標時的收縮肌肉。

起點	眼眶（位於視神經管內側）
終點	眼球外上部，眼球赤道後方
神經支配	滑車神經
特殊性質	上斜肌肌腱在上斜肌滑車處發生轉折

功能

協同肌

對側眼球

下直肌

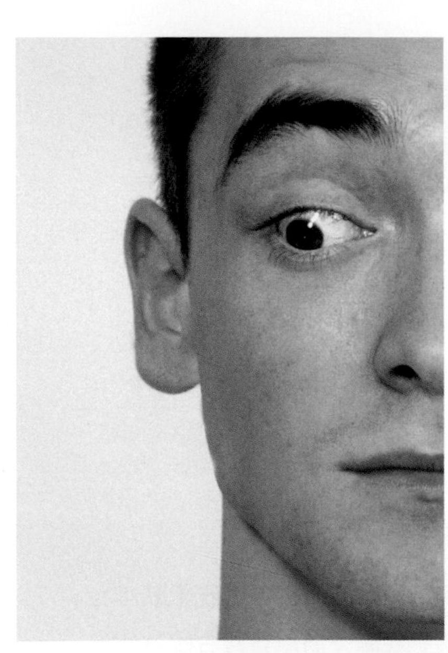

肌肉功能測試

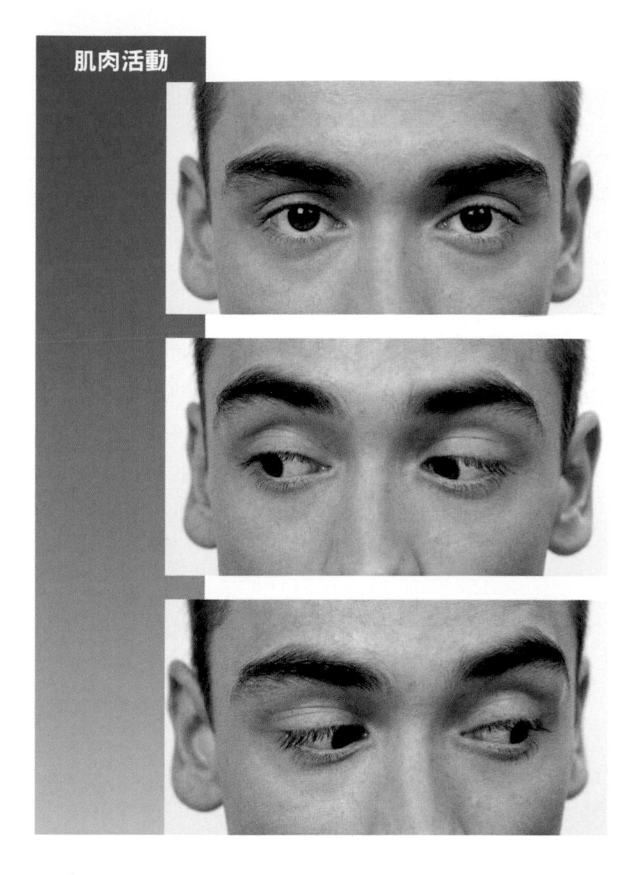

起始位置：病患臉部放鬆，目視前方。

右上斜肌測試

測試過程：測試者觀察病患右眼。

指導語：請你往右下方看。

左上斜肌測試

測試過程：測試者觀察病患左眼。

指導語：請你往左下方看。

臨床關聯性

- 上斜肌麻痺會造成眼球些微位移，通常患者頭部會往健康側旋轉與傾斜來代償。如果患者健側眼球固定，同時頭部向患側傾斜，患側眼球會往上轉（Bielschowsky現象）。

問題／評論

- 往右下方看時，左眼下直肌負責左眼動作。
- 往左下方看時，右眼下直肌負責右眼動作。
- 為了更清楚觀察到視線方向，可用手指撐開受測者眼瞼。

下斜肌

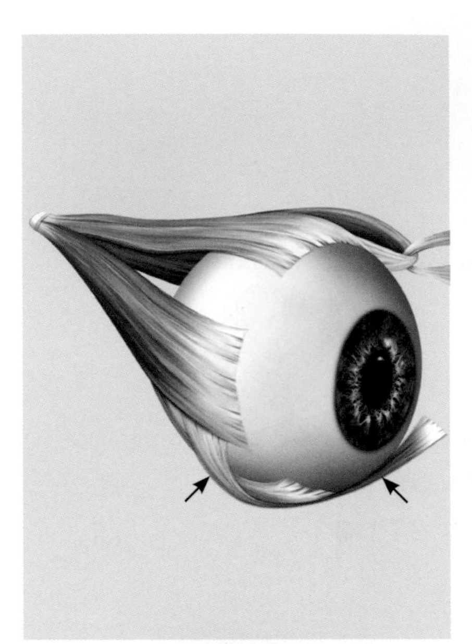

下斜肌能使眼球上轉、外轉與外旋。另外，它也能將眼球向眼眶前部牽拉以拮抗眼外直肌。根據視線方向不同，其他眼球肌肉可能為協同肌，也可能是拮抗肌。本頁功能列表中的協同肌一欄，只列出對側眼球看向同一目標時的收縮肌肉。

起點 眼眶下部（位於鼻淚管外側）

終點 眼球外側，眼球赤道後方

神經支配 動眼神經下支

功能

協同肌

對側眼球

上直肌

肌肉功能測試

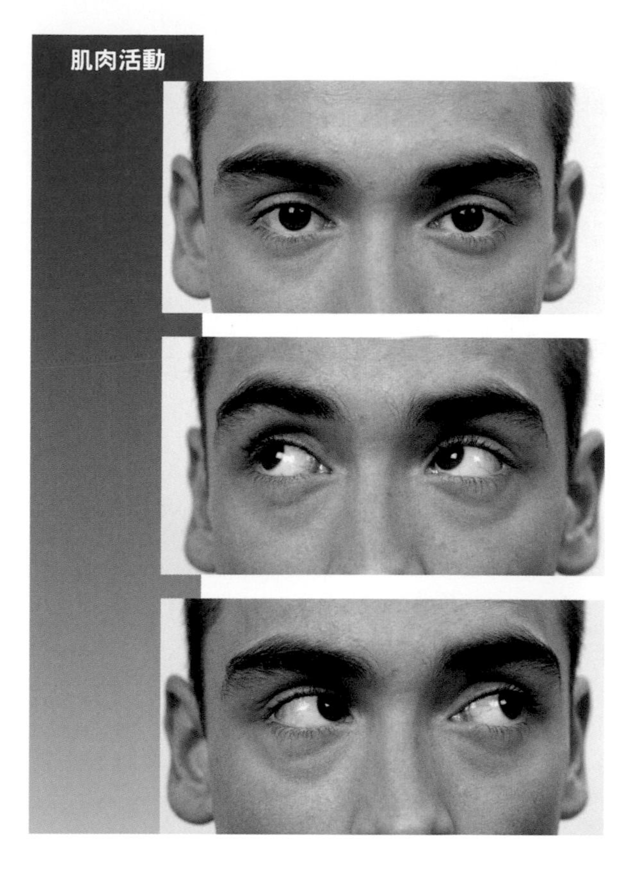

起始位置：病患臉部放鬆，目視前方。

右下斜肌測試

測試過程：測試者觀察病患右眼。

指導語：請你往右上方看。

左下斜肌測試

測試過程：測試者觀察病患左眼。

指導語：請你往左上方看。

臨床關聯性

- 某一眼球運動神經麻痺時會導致複視。經驗豐富的臨床人員可透過複視的位置，判斷哪條神經出問題。若病患按指示將視線看向某個方向時重影程度變大，則說明控制眼球往這個方向動作的肌肉的神經支配出問題。

問題／評論

- 往右上方看時，左眼上直肌負責左眼動作。
- 往左上方看時，右眼上直肌負責右眼動作。

內直肌

內直肌能使眼球內轉，單獨收縮時眼球只能在水平面上動作；它也能將眼球向眼眶後部牽拉。根據視線方向不同，其他眼球肌肉可能為協同肌，也可能是拮抗肌。本頁功能列表中的協同肌一欄，只列出對側眼球看向同一目標時的收縮肌肉。

起點	總腱環（位於視神經管內側）
終點	眼球內側，眼球赤道前方
神經支配	動眼神經下支

功能

協同肌

對側眼球

外直肌

---- 內直肌終點

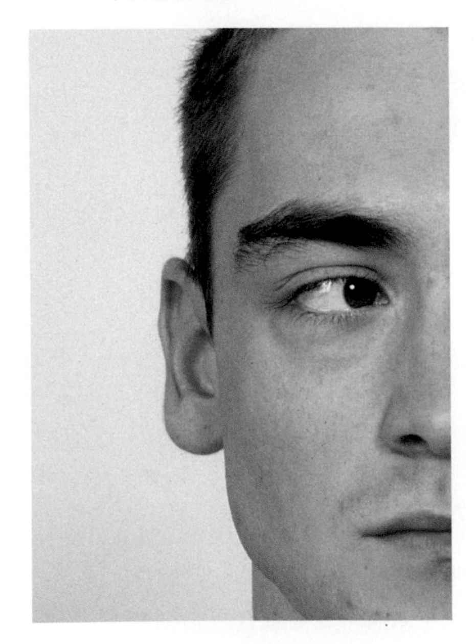

肌肉活動

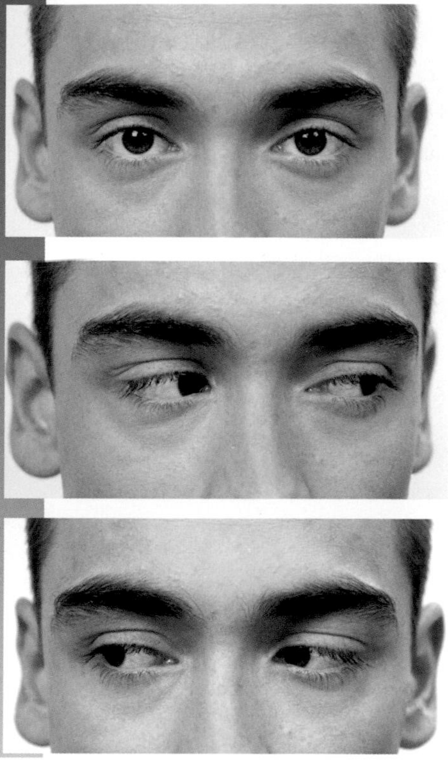

肌肉功能測試

起始位置：病患臉部放鬆，目視前方。

右內直肌測試

測試過程：測試者觀察病患右眼。

指導語：請你往左側看。

左內直肌測試

測試過程：測試者觀察病患左眼。

指導語：請你往右側看。

臨床關聯性

- 某一眼球運動神經麻痺時會導致複視。經驗豐富的臨床人員可透過複視的位置，判斷哪條神經出問題。若病患按指示將視線看向某個方向時重影程度變大，則說明控制眼球往這個方向動作的肌肉的神經支配出問題。

問題／評論

- 當眼球往內轉時，該側由內直肌負責，對側外轉則由對側外直肌負責。

外直肌

外直肌能使眼球外轉。與內直肌一樣，單獨收縮時眼球只能在水平面上動作；它也能將眼球向眼眶後部牽拉。根據視線方向不同，其他眼球肌肉可能為協同肌，也可能是拮抗肌。本頁功能列表中的協同肌一欄，只列出對側眼球看向同一目標時的收縮肌肉。

起點 總腱環（位於視神經管外側）

終點 眼球外側，眼球赤道前方

神經支配 外旋神經

功能

協同肌

對側眼球

內直肌

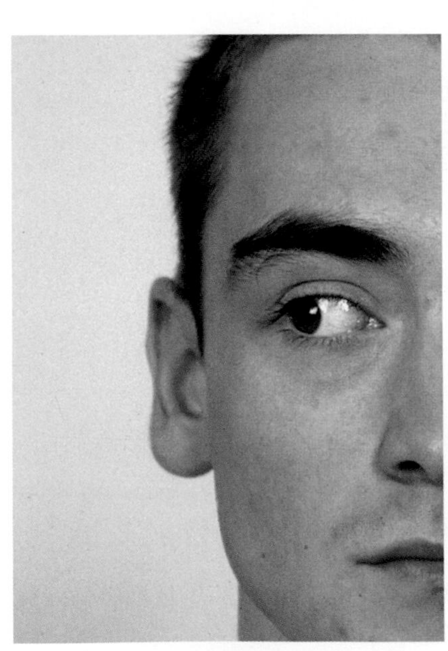

肌肉功能測試

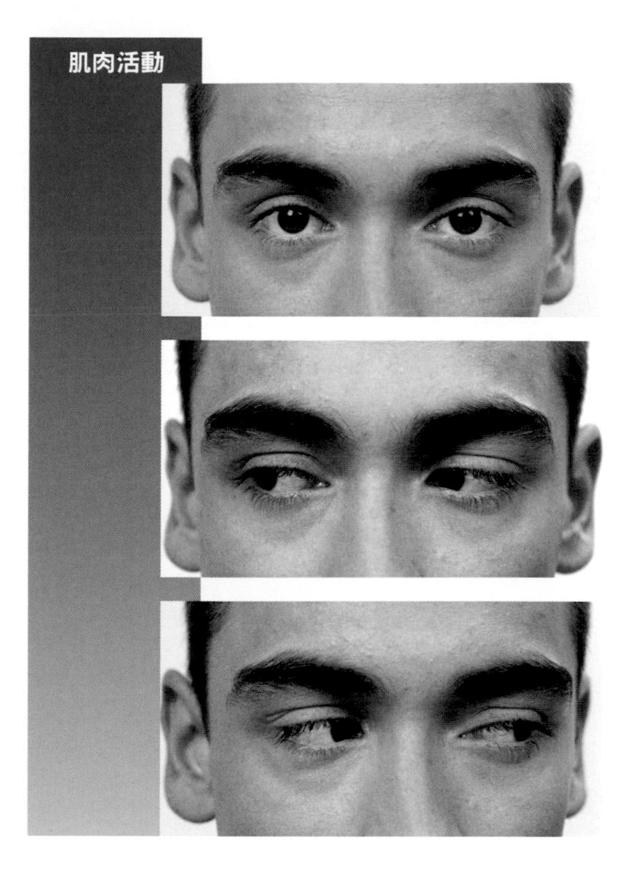

起始位置：病患臉部放鬆，目視前方。

右外直肌測試

測試過程：測試者觀察病患右眼。

指導語：請你往右側看。

左外直肌測試

測試過程：測試者觀察病患左眼。

指導語：請你往左側看。

臨床關聯性

- 外直肌麻痺時會造成眼睛內斜，眼睛出現複視症狀，視線往外時影響程度會加重。
- 外直肌麻痺是最常見的眼肌麻痺。

問題／評論

- 當眼球往外轉時，該側由外直肌負責；對側內轉則由對側內直肌負責。

6
頭部
6.5 支配頭部肌肉的運動神經

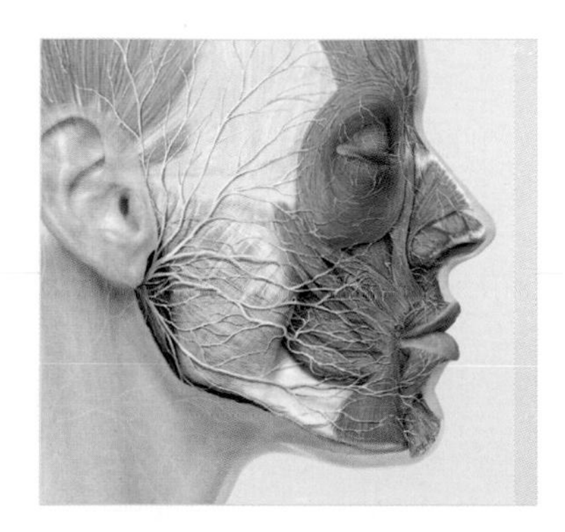

動眼神經、滑車神經和展神經

動眼神經

動眼神經是第3對腦神經。它穿過眶上裂進入眼眶，支配上瞼提肌、上直肌、下直肌、內直肌和下斜肌。它的副交感纖維成分支配瞳孔括約肌和睫狀肌（此二肌屬於眼內肌）。

說明

動眼神經受損表現為眼球移位和複視。如果其副交感纖維受損，則受損側的瞳孔將放大，不再具有適應性調節功能。

滑車神經

滑車神經是第4對腦神經。它經眶上裂進入眼眶，支配上斜肌。

說明

滑車神經受損表現為眼球移位和複視。

展神經

展神經是第6對腦神經。它經眶上裂進入眼眶，從內側進入外直肌並支配此肌。外直肌是展神經唯一支配的肌肉。

說明

展神經受損表現為眼球移位和複視。

1a 動眼神經上支
1b 動眼神經下支
2 滑車神經
3 展神經

下頜神經

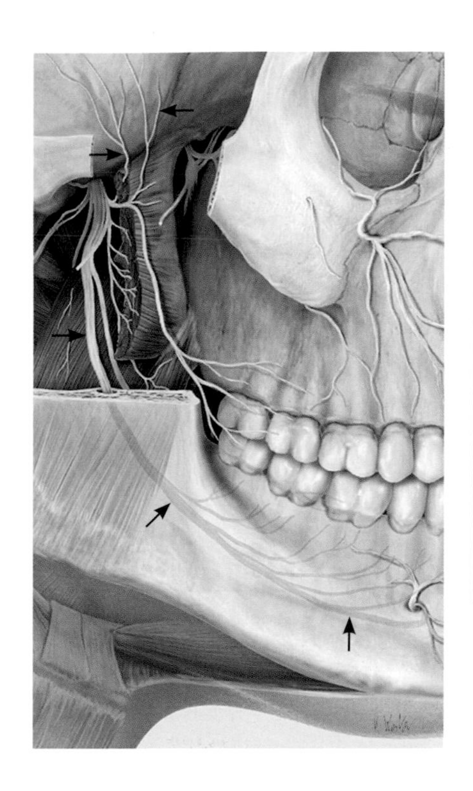

作為第5對腦神經——三叉神經（屬於第1鰓弓神經）——的三大分支之一，下頜神經經卵圓孔出顱，進入顳下窩，並在此處分為數支，下頜神經屬混合性神經，其中感覺根粗大、運動根細小，運動根有一分支支配咀嚼肌。

下頜神經還發出一個分支——下牙槽神經。下牙槽神經沿翼內肌外側下行，到達位於下頜支內面的下頜孔。在進入下頜孔前，它發出下頜舌骨肌神經支配下頜舌骨肌和二腹肌前腹。

面神經

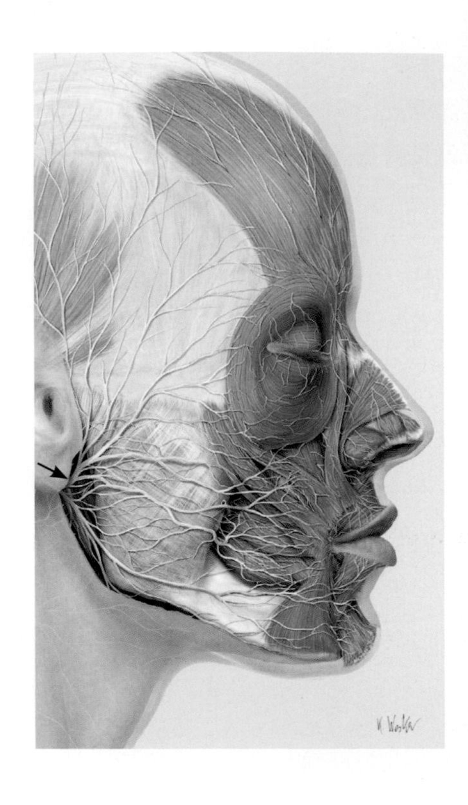

面神經是第7對腦神經，屬於第2鰓弓神經。它走行在顳骨岩部的面神經管內時，發出分支支配鐙骨肌。神經主幹由莖乳孔出顱後，發出一些細小分支支配耳周圍肌和枕肌。然後，主幹伴行莖突舌骨肌和二腹肌後腹並發出分支支配它們。接下來，主幹進入腮腺形成腮腺叢，並隨腮腺的分支發散出去，分為以下5個主要分支支配面肌和頸闊肌。

- 顳支：支配眼裂上方的表情肌
- 顴支：支配顴肌及下眼瞼處的表情肌
- 頰支：支配頰肌及口角上方的口部表情肌
- 下頜緣支：支配口裂下方及下頜處的表情肌
- 頸支：支配頸闊肌

說明

面癱有兩種。當大腦皮層中樞與腦幹中位於對側的面神經核之間的聯繫受損時，會發生中樞性面癱。這時面神經顳支因發自面神經核上部，此處神經元接受雙側皮質核束纖維，因而還能正常工作；而眼裂以下的表情肌因受對側支配（即支配這部分肌肉的神經纖維發自面神經核下部，後者僅接受對側皮質核束纖維）而癱瘓。當面神經核及面神經核以下的周圍神經受損時，則會發生周圍性面癱，這時眼裂以上的表情肌也會癱瘓。因腮腺腫瘤引起的神經受損首先就會造成表情肌癱瘓。

頭部肌肉神經支配		
神經名稱	支配肌肉	描述
動眼神經		第3對腦神經
	提上眼瞼肌	
	上直肌	
	下直肌	
	下斜肌	
	內直肌	
滑車神經		第4對腦神經
	上斜肌	
三叉神經		第5對腦神經
	顳肌	
	嚼肌	
	翼內肌	
	翼外肌	
展神經		第6對腦神經
	外直肌	
面神經		第7對腦神經
	顱頂肌	
	皺眉肌	
	降眉間肌	
	鼻肌	
	提上唇鼻翼肌	
	提上唇肌	
	顴肌	
	笑肌	
	提口角肌	
	頰肌	
	口輪匝肌	
	降口角肌	
	降下唇肌	
	頦肌	
	頸闊肌	
舌下神經		第12對腦神經
	舌內肌	

附錄

脊神經的節段性區域（前側）

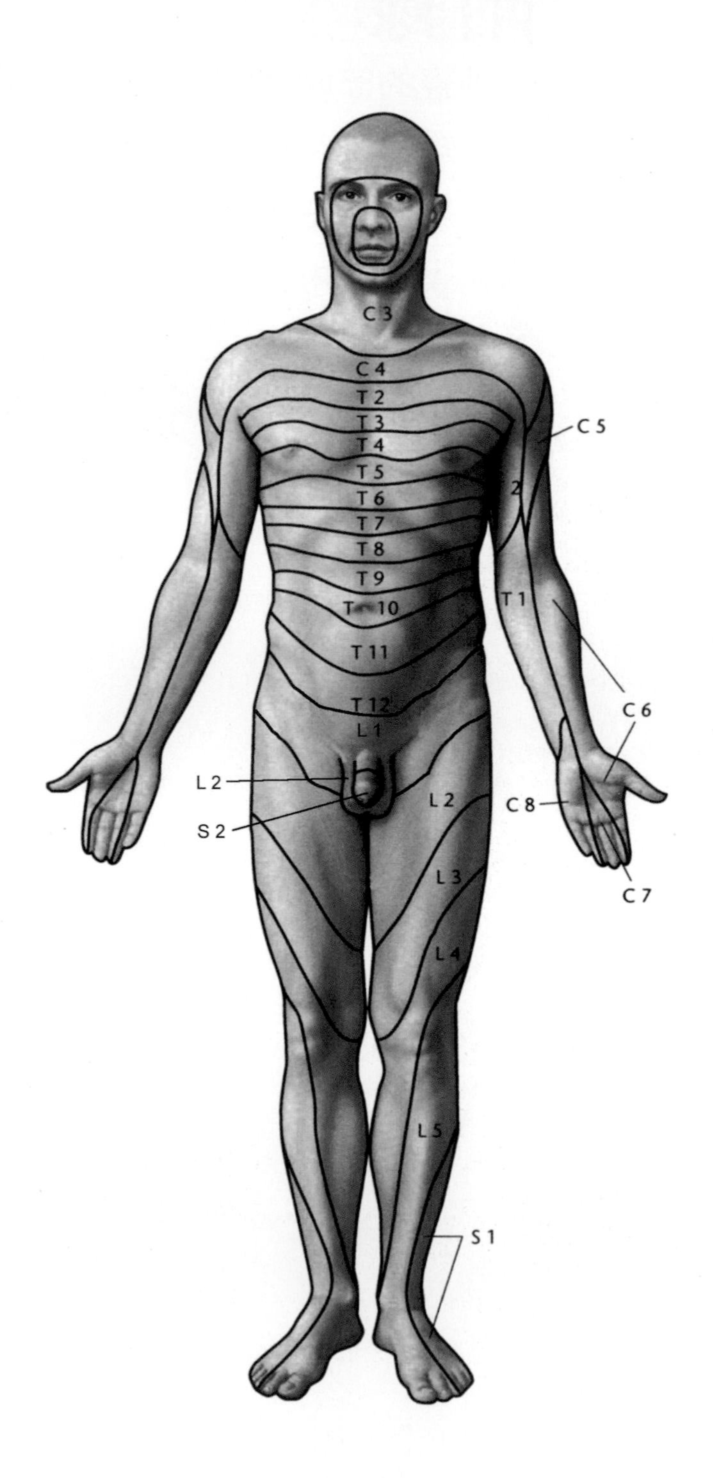

脊神經的節段性區域（後側）

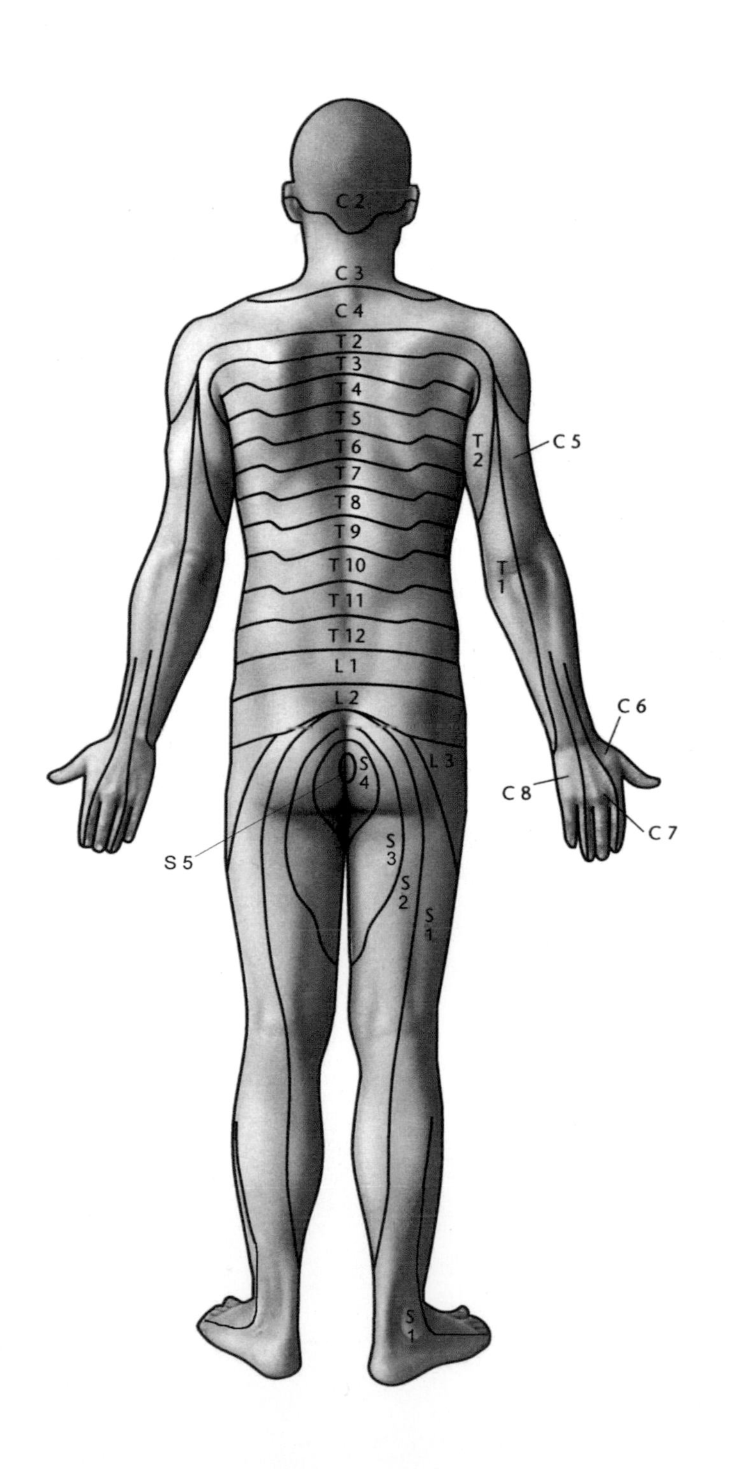

脊神經對肌肉的節段性支配

常出現在參考文獻和用於物理治療的指標性肌肉以藍色字體標註

C1

頭長肌

頭上斜肌

肩胛舌骨肌

頭前直肌

頭後大直肌

頭後小直肌

頭半棘肌

胸骨舌骨肌

胸骨甲狀肌

甲狀舌骨肌

C2

頭長肌

頭下斜肌

肩胛舌骨肌

頭前直肌

頭後大直肌

頭半棘肌

胸鎖乳突肌

胸骨舌骨肌

胸骨甲狀肌

上斜方肌

甲狀舌骨肌

C3

橫膈膜

頸髂肋肌

提肩胛肌

頭最長肌

頭長肌

頸長肌

頸多裂肌

肩胛舌骨肌

頸旋轉肌

頭半棘肌

頭夾肌

胸骨舌骨肌

胸骨甲狀肌

上斜方肌

C4

橫膈膜

頸髂肋肌

提肩胛肌

頭最長肌

頸最長肌

頭長肌

頸長肌

頸多裂肌

肩胛舌骨肌

大菱形肌

小菱形肌

頸旋轉肌

中斜角肌

頸半棘肌

頭半棘肌

頭夾肌

胸骨舌骨肌

棘上肌

上斜方肌

C5

橫膈膜

肱二頭肌

肱肌

肱橈肌

喙肱肌

中三角肌

前三角肌

後三角肌

頸髂肋肌

棘下肌

提肩胛肌

頭最長肌

頸最長肌

頸長肌

頸多裂肌

胸大肌鎖骨部

胸大肌胸肋部

大菱形肌

每條肌肉相對應的頁數請見索引。

頸旋轉肌
前斜角肌
中斜角肌
頸半棘肌
頭半棘肌
前鋸肌
頭夾肌
頸夾肌
鎖骨下肌
旋後肌
棘上肌
大圓肌
小圓肌

C6

外展拇長肌
肱二頭肌
肱肌
肱橈肌
喙肱肌
中三角肌
前三角肌
後三角肌
橈側伸腕短肌
橈側伸腕長肌
尺伸腕肌
伸小指肌
伸指肌
伸食指肌
伸拇短肌
伸拇長肌
橈側屈腕肌
頸髂肋肌
棘下肌
闊背肌
頭最長肌
頸最長肌
頸長肌
頸多裂肌
胸大肌鎖骨部
胸大肌胸肋部
胸小肌
旋前方肌
旋前圓肌
頸旋轉肌
前斜角肌
中斜角肌
頭半棘肌
前鋸肌
上後鋸肌
頭棘肌
頸夾肌
鎖骨下肌
肩胛下肌
旋後肌
棘上肌
大圓肌
小圓肌
肱三頭肌

C7

外展拇短肌
外展拇長肌
肘肌
肱肌
喙肱肌
橈側伸腕短肌
橈側伸腕長肌
尺側伸腕肌
伸小指肌
伸指肌
伸食指肌
伸拇短肌
伸拇長肌
橈側屈腕肌
尺側屈腕肌
屈指深肌
屈指淺肌
屈拇短肌
屈拇長肌
頸髂肋肌
闊背肌
頭最長肌
頸最長肌
頸多裂肌
對掌拇肌
掌短肌
掌長肌
胸大肌鎖骨部
胸大肌胸肋部
胸小肌
旋前方肌
旋前圓肌
頸旋轉肌
胸旋轉肌
前斜角肌

中斜角肌
後斜角肌
頸半棘肌
前鋸肌
上後鋸肌
頭棘肌
頸棘肌
頸夾肌
大圓肌
肱三頭肌

C8

外展小指肌
外展拇短肌
外展拇長肌
內收拇肌
肘肌
尺側伸腕肌
伸小指肌
伸指肌
伸食指肌
伸拇短肌
伸拇長肌
橈側屈腕肌
尺側屈腕肌
屈小指短肌
屈指深肌
屈指淺肌
屈拇短肌
屈拇長肌
頸髂肋肌
手部背側骨間肌
手部掌側骨間肌
闊背肌
頭最長肌
頸最長肌
手部蚓狀肌
頸多裂肌
對掌小指肌
對掌拇肌
掌短肌
掌長肌
胸大肌腹部
胸大肌鎖骨部
胸大肌胸肋部
胸小肌
旋前方肌
頸旋轉肌
胸旋轉肌
前斜角肌
中斜角肌
後斜角肌
頸半棘肌
上後鋸肌
頭棘肌
頸棘肌
肱三頭肌

T1

外展小指肌
外展拇短肌
內收拇肌
尺側屈腕肌
屈小指短肌
屈指深肌
屈指淺肌
屈拇短肌
屈拇長肌
頸髂肋肌
胸髂肋肌
外肋間肌
內肋間肌
手部背側骨間肌
手部掌側骨間肌
頭最長肌
頸最長肌
胸最長肌
手部蚓狀肌
胸多裂肌
對掌小指肌
對掌拇肌
掌短肌
掌長肌
胸大肌腹部
胸大肌胸肋部
旋前方肌
胸旋轉肌
上後鋸肌
頭棘肌
頸棘肌

T2

胸髂肋肌

每條肌肉相對應的頁數請見索引。

頸髂肋肌
外肋間肌
內肋間肌
頭最長肌
頸最長肌
胸最長肌
胸多裂肌
胸旋轉肌
上後鋸肌
頭棘肌
頸棘肌
胸棘肌

T3

頸髂肋肌
胸髂肋肌
外肋間肌
內肋間肌
頭最長肌
頸最長肌
胸最長肌
胸多裂肌
胸旋轉肌
頭半棘肌
胸半棘肌
胸棘肌

T4

頸髂肋肌
胸髂肋肌
外肋間肌
內肋間肌
頸最長肌
胸最長肌
胸多裂肌
胸旋轉肌
頭半棘肌
胸半棘肌
胸棘肌

T5

頸髂肋肌
胸髂肋肌
外肋間肌
內肋間肌
頸最長肌
胸最長肌
胸多裂肌
腹外斜肌
腹內斜肌
腹直肌
胸旋轉肌
頭半棘肌
胸半棘肌
胸棘肌
腹橫肌

T6

頸髂肋肌
胸髂肋肌
外肋間肌
內肋間肌
頸最長肌
胸最長肌
胸多裂肌
腹外斜肌
腹內斜肌
腹直肌
胸旋轉肌
頭半棘肌
胸半棘肌
胸棘肌
腹橫肌

T7

頸髂肋肌
腰髂肋肌
胸髂肋肌
外肋間肌
內肋間肌
胸最長肌
胸多裂肌
腹外斜肌
腹內斜肌
腹直肌
胸旋轉肌
胸棘肌
腹橫肌

T8

腰髂肋肌
胸髂肋肌
外肋間肌

內肋間肌
胸最長肌
胸多裂肌
腹外斜肌
腹內斜肌
腹直肌
胸旋轉肌
胸棘肌
腹橫肌

T9
腰髂肋肌
胸髂肋肌
外肋間肌
內肋間肌
胸最長肌
胸多裂肌
腹外斜肌
腹內斜肌
腹直肌
胸旋轉肌
腹橫肌

T10
腰髂肋肌
胸髂肋肌
外肋間肌
內肋間肌
胸最長肌
胸多裂肌
腹外斜肌
腹內斜肌
腹直肌
胸旋轉肌
胸棘肌
腹橫肌

T11
腰髂肋肌
胸髂肋肌
外肋間肌
內肋間肌
胸最長肌
胸多裂肌
腹外斜肌
腹內斜肌
腹直肌
胸旋轉肌
胸半棘肌
下後鋸肌
胸棘肌
腹橫肌

T12
腰髂肋肌
胸髂肋肌
腰橫突間外側肌
胸最長肌
胸多裂肌
腹外斜肌
腹內斜肌
腰方肌
腹直肌
胸旋轉肌
胸半棘肌
下後鋸肌
胸棘肌
腹橫肌

L1
提睪肌
腰髂肋肌
胸髂肋肌
腰橫突間外側肌
腰橫突間內側肌
胸最長肌
腰多裂肌
腹外斜肌
腹內斜肌
腰方肌
腹直肌
腰旋轉肌
下後鋸肌
胸棘肌
腹橫肌

L2
內收短肌
內收長肌
內收大肌腹部
提睪肌
股薄肌
腰髂肋肌

每條肌肉相對應的頁數請見索引。

髂腰肌
腰橫突間外側肌
腰橫突間內側肌
胸最長肌
腰多裂肌
閉孔外肌
恥骨肌
股四頭肌
股直肌
腰旋轉肌
縫匠肌
下後鋸肌
腹橫肌
股中間肌
股外側肌
股內側肌

L3

內收短肌
內收長肌
內收大肌腹部
股薄肌
腰髂肋肌
髂腰肌
腰橫突間外側肌
腰橫突間內側肌
胸最長肌
腰多裂肌
閉孔外肌
恥骨肌
股四頭肌
股直肌
腰旋轉肌
縫匠肌
股中間肌
股外側肌
股內側肌

L4

內收短肌
內收長肌
內收大肌背部
臀中肌
臀小肌
股薄肌
腰髂肋肌
髂腰肌
腰橫突間外側肌
腰橫突間內側肌
胸最長肌
腰多裂肌
閉孔外肌
股四頭肌
股直肌
腰旋轉肌
闊筋膜張肌
脛前肌
股中間肌
股外側肌
股內側肌

L5

股二頭肌
伸趾短肌
伸趾長肌
伸拇短肌
伸拇長肌
屈趾長肌
屈拇長肌
臀中肌
臀大肌
臀小肌
腰髂肋肌
腰橫突間外側肌
腰橫突間內側肌
胸最長肌
腰多裂肌
閉孔內肌
腓骨長肌
腓骨第三肌
梨狀肌
膕肌
腰旋轉肌
半膜肌
半腱肌
闊筋膜張肌
脛前肌
脛後肌

S1

外展拇肌
股二頭肌
伸趾短肌

伸趾長肌
伸拇短肌
伸拇長肌
屈趾短肌
屈趾長肌
屈拇短肌
屈拇長肌
腓腸肌
臀大肌
臀中肌
臀小肌
足部蚓狀肌
腰多裂肌
閉孔內肌
腓骨短肌
腓骨長肌
腓骨第三肌
梨狀肌
蹠肌
膕肌
半膜肌
半腱肌
比目魚肌
脛後肌

S2

外展小趾肌
外展拇肌
內收拇肌
股二頭肌
球海綿體肌
屈小趾短肌
屈趾短肌
屈趾長肌
屈拇短肌
屈拇長肌
腓腸肌
臀大肌
足部背側骨間肌
足部掌側骨間肌
坐骨海綿體肌
足部蚓狀肌
閉孔內肌
梨狀肌
蹠肌
足底方肌
半膜肌
半腱肌
比目魚肌
肛門外括約肌
脛後肌
會陰深橫肌
會陰淺橫肌

S3

外展小趾肌
內收拇肌
球海綿體肌
屈小趾短肌
屈拇短肌
髂骨尾骨肌
足部背側骨間肌
足部掌側骨間肌
坐骨海綿體肌
坐骨尾骨肌
提肛肌
足部蚓狀肌
恥骨尾骨肌
恥骨前列腺肌
恥骨直腸肌
恥骨陰道肌
足底方肌
肛門外括約肌
會陰深橫肌
會陰淺橫肌

S4

球海綿體肌
髂骨尾骨肌
坐骨海綿體肌
坐骨尾骨肌
提肛肌
恥骨尾骨肌
恥骨前列腺肌
恥骨直腸肌
恥骨陰道肌
肛門外括約肌
會陰深橫肌
會陰淺橫肌

每條肌肉相對應的頁數請見索引。

個別動作的主要肌肉
上肢與下肢關節

上肢

肩關節
屈曲／前屈

胸大肌胸肋部　50
前三角肌　30
肱二頭肌長頭　58
喙肱肌　54

伸直／後伸

闊背肌　44
肱三頭肌長頭　66
大圓肌　46
後三角肌　32

外展

中三角肌　34
肱二頭肌長頭　58
前三角肌　30

內收

胸大肌　48,50,52
闊背肌　44
大圓肌　46
喙肱肌　54

內轉

肩胛下肌　42
胸大肌鎖骨部　52
前三角肌　30
闊背肌　44
大圓肌　46

外轉

棘下肌　38
小圓肌　40
後三角肌　32

肘關節
屈曲

肱肌　62
肱二頭肌　58, 60
肱橈肌　64
旋前圓肌　72

伸直

肱三頭肌　66

前臂
旋後

旋後肌　70
肱二頭肌　58, 60
肱橈肌　64

旋前

旋前方肌　74
旋前圓肌　72
肱橈肌　64
橈側屈腕肌　84

腕關節
伸直

伸指肌　92
橈側伸腕長肌　78
橈側伸腕短肌　80
尺側伸腕肌　82
伸食指肌　94

屈曲

屈指淺肌　104
屈指深肌　106
尺側屈腕肌　88
橈側屈腕肌　84
屈拇長肌　112

尺側偏移

尺側屈腕肌　88
尺側伸腕肌　82
屈指深肌　106

橈側偏移

橈側屈腕肌　84
橈側伸腕長肌　78
橈側伸腕短肌　80

內轉

外轉

膝關節

屈曲

伸直

內轉

外轉

踝關節

背屈

蹠屈

距下關節與距跟舟關節

旋後

旋前

第2～5蹠趾關節

屈曲

伸直

第1蹠趾關節

屈曲

伸直

肌筋膜系統內對肌肉的分類

上肢

胸帶肌群

2-3	下斜方肌
1-2	中斜方肌
1-2	上斜方肌
3	提肩胛肌
2-3	大菱形肌
2-3	小菱形肌
2-3	前鋸肌
1-2	胸小肌
n.	鎖骨下肌

肩膀肌群

2	前三角肌
2	後三角肌
2	中三角肌
1	棘上肌
1	棘下肌
1	小圓肌
1	肩胛下肌
2-3	闊背肌
2	大圓肌
2-3	胸大肌腹部
2-3	胸大肌胸肋部
2-3	胸大肌鎖骨部
2	喙肱肌

手肘肌群

2-3	肱二頭肌
2	肱肌
2	肱橈肌
2-3	肱三頭肌
1-2	肘肌
1-2	旋後肌
1-2	旋前圓肌
1-2	旋前方肌

手腕肌群

3	橈側伸腕長肌
2	橈側伸腕短肌
2	尺側伸腕肌
2	橈側屈腕肌
2	掌長肌
2	尺側屈腕肌

手指關節肌群

2	伸指肌
2	伸食指肌
2	伸小指肌
1-2	伸拇短肌
2-3	伸拇長肌
1	蚓狀肌
3	屈指淺肌
2	屈指深肌
1-2	屈小指短肌
2	屈拇短肌
3	屈拇長肌
2	外展拇長肌
1-2	外展拇短肌
1-2	外展小指肌
1-2	手部背側骨間肌
1-2	手部掌側骨間肌
1-2	內收拇肌
1-2	對掌拇肌
1-2	對掌小指肌
1	掌短肌

下肢

髖部肌群

2-3	臀大肌
1-2,2-3	髂腰肌
3	縫匠肌
1-2	臀中肌
2	臀小肌
3	闊筋膜張肌
1	恥骨肌
3	內收長肌
2	內收短肌
3	股薄肌
2	內收大肌
1-2	梨狀肌
1-2	上孖肌

1-2 閉孔內肌
1 下孖肌
1 閉孔外肌
1 股方肌

膝蓋肌群

1-2-3 股四頭肌
3 股直肌
1-2 股內側肌
2 股中間肌
2 股外側肌
2-3 股二頭肌
3 半膜肌
3 半腱肌
1 膕肌

腳踝肌群

3 腓腸肌
3 蹠肌
1-2 比目魚肌
1-2 脛後肌
2-3 脛前肌
2 腓骨長肌
1-2 腓骨短肌
1-2 腓骨第三肌

趾關節肌群

1-2 伸拇短肌
2-3 伸拇長肌
1-2 伸趾短肌
2-3 伸趾長肌
2-3 屈拇短肌
2 屈拇長肌
2-3 屈趾短肌
3 屈趾長肌
1-2 蹠方肌
1-2 屈小趾短肌
1-2 足部背側骨間肌
2-3 外展拇肌
2-3 外展小趾肌
1-2 內收拇肌
1-2 足部掌側骨間肌
1-2 足部蚓狀肌

軀幹

腰椎背部深層肌肉

2-3 腰髂肋肌
1-2 腰橫突間外側肌
1-2 腰橫突間內側肌
1 腰旋轉肌
1-2 腰多裂肌

胸椎背部深層肌肉

3 胸髂肋肌
3 胸最長肌
2-3 胸棘肌
1-2 胸旋轉肌
1 胸多裂肌
1-2 胸半棘肌

頸椎背部深層肌肉

3 頸髂肋肌
1-2 頭最長肌
1-2 頸最長肌
2-3 頸夾肌
2-3 頭夾肌
1-2 頸棘肌
1-2 頭棘肌
1-2 頸旋轉肌
1-2 頸多裂肌
2 頸半棘肌
2 頭半棘肌
1 頭後小直肌
1 頭後大直肌
1 頭上斜肌
1 頭下斜肌

腹部腹側肌群

3 腹直肌
2-3 腹外斜肌
1 腹內斜肌
n. 提睪肌
1-2 腹橫肌
1-2 腰方肌

胸椎腹側肌群

1-2 外肋間肌
1-2 上後鋸肌
1-2 內肋間肌
1-2 下後鋸肌
1 橫膈膜

骨盆底肌群

1 提肛肌
1 恥骨陰道肌
1 恥骨前列腺肌

1 恥骨直腸肌
1 恥骨尾骨肌
1 髂骨尾骨肌
1 坐骨尾骨肌
1-2 肛門外括約肌
1-2 會陰深橫肌
1-2 會陰淺橫肌
1 坐骨海綿體肌
1 球海綿體肌

頸部

顏面肌群

3 胸鎖乳突肌
1-2 頭長肌
1 頭前直肌
1-2 頸長肌
2-3 前斜角肌
2-3 中斜角肌
2-3 後斜角肌
2 胸骨舌骨肌
2-3 肩胛舌骨肌
2-3 胸骨甲狀肌
2 甲狀舌骨肌
2-3 二腹肌
2-3 莖突舌骨肌
2 下頷舌骨肌
2 頦舌骨肌

頭部

顏面表情肌群

n. 顱頂肌
n. 皺眉肌
n. 降眉間肌
n. 眼輪匝肌
n. 提上眼瞼肌
n. 鼻肌
n. 提上唇鼻翼肌
n. 提上唇肌
n. 顴大肌
n. 顴小肌
n. 笑肌
n. 提口角肌
n. 頰肌
n. 口輪匝肌
n. 降口角肌
n. 降下唇肌
2-3 頸闊肌

咀嚼肌群

2-3 顳肌
1-2 嚼肌
1-2 翼外肌
1-2 翼內肌

舌頭肌群

n. 舌內肌
n. 舌外肌

眼球肌群

n. 上直肌
n. 下直肌
n. 上斜肌
n. 下斜肌
n. 內直肌
n.c. 外直肌

參考文獻

Bajek, S., D. Bobinac, et al. (2000). „Muscle fiber type distribution in multifidus muscle in cases of lumbar disc herniation", Acta Med Okayama 54(6): 235–241.

Belavy, D. L., G. Armbrecht, et al. (2011). „Muscle atrophy and changes in spinal morphology: is the lumbar spine vulnerable after prolonged bed-rest?", Spine (Phila Pa 1976) 36(2): 137–145.

Belavy, D. L., C. A. Richardson, et al. (2007). „Superficial lumbopelvic muscle overactivity and decreased cocontraction after 8 weeks of bed rest", Spine (Phila Pa 1976) 32(1): E23–29.

Bergmark, A. (1989). „Stability of the lumbar spine", Acta Orthopedia Scandavica 60 (supplement 230): 1–54.

Bogduk, N. (2000). „Klinische Anatomie von Lendenwirbelsäule und Sakrum", Heidelberg, Springer.

Brumagne, S., P. Cordo, et al. (2000). „The role of paraspinal muscle spindles in lumbosacral position sense in individuals with and without low back pain", Spine 25(8): 989–994.

Cholewicki, J. and S. M. McGill (1996). „Mechanical stability of the in vivo lumbar spine: implications for injury and chronic low back pain", Clinical Biomechanics 11(1): 1–15.

Damiano, D. (1993). „Reviewing muscle cocontraction: Is it a developmental, pathological or motor control issue?", Physical and Occupational Therapy in Pediatrics 12: 3–20.

Ferreira, P. H., M. L. Ferreira, et al. (2006). „Specific stabilisation exercise for spinal and pelvic pain: a systematic review", Aust J Physiother 52(2): 79–88.

Goldby, L. J., A. P. Moore, et al. (2006). „A randomized controlled trial investigating the efficiency of musculoskeletal physiotherapy on chronic low back disorder", Spine. 31(10): 1083–1093.

Grimaldi, A., C. Richardson, et al. (2009). „The association between degenerative hip joint pathology and size of the gluteus medius, gluteus minimus and piriformis muscles", Man Ther.

Hall, T. M. and R. L. Elvey (1999). „Nerve trunk pain: physical diagnosis and treatment." Man Ther 4(2): 63–73.

Hides, J., C. Brown, et al. (2012). „The relationship between lumbopelvic size, motorcontrol and lowerlimb muscle injuries among elite Australian football league players", IFOMPT, Quebec.

Hides, J. A., G. A. Jull, et al. (2001). „Long-term effects of specific stabilizing exercises for first-episode low back pain", Spine (Phila Pa 1976) 26(11): E243–248.

Hides, J. A., G. A. Jull, et al. (2001). „Long-term effects of specific stabilizing exercises for first-episode low back pain", Spine 26(11): 243–248.

Hides, J. A., C. A. Richardson, et al. (1996). „Multifidus muscle recovery is not automatic after resolution of acute, first-episode low back pain", Spine (Phila Pa 1976) 21(23): 2763–2769.

Hides, J. A., C. A. Richardson, et al. (1996). „Multifidus muscle recovery is not automatic after resolution of acute, first-episode low back pain", Spine 21(23): 2763–2769.

Hodges, P., W. van den Hoorn, et al. (2012). „Rate of cartilage loss in medial knee osteoarthritis is faster in patients with increased duration of cocontraction of medial knee muscles", IFOMPT, Quebec.

Hodges, P. W. and C. A. Richardson (1996). „Inefficient muscular stabilization of the lumbar spine associated with low back pain. A motor control evaluation of transversus abdominis", Spine (Phila Pa 1976) 21(22): 2640–2650.

Hodges, P. W. and C. A. Richardson (1996). „Inefficient muscular stabilization of the lumbar spine associated with low back pain", Spine 21(22): 2640–2650.

Hoffer, J. and S. Andreassen (1981). „Regulation of soleus muscle stiffness in premamillary cats", Journal of Neurophysiology 45(2): 267–285.

Hogan, N. (1990). „Mechanical impedance of the single- and multi-articular systems. Multiple Muscle Systems: Biomechanics and Movement Organization", J. M. Winters and S. L.-W. Woo, New York, Springer-Verlag: 149–164.

Janda, V. (1996). „Evaluation of muscular dysbalance, Williams & Wilkins", Baltimore.

Johansson, H., P. Sjolander, et al. (1991). „A sensory role for the cruciate ligaments", Clinical Orthopaedic and Related Research 268: 161–178.

Kendall, F., E. McCreary, et al. (1993). „Muscle testing and function, Williams and Wilkins."

Klein-Vogelbach, S. (1990). „Funktionelle Bewegungslehre", New York, Springer-Verlag.

Lieb, F. J. and J. Perry (1968). „Quadriceps function: an antomical and mechanical study using amputated limbs", Journal of Bone and Joint Surgery 50: 1535–1548.

Lloyd, D. G. (2001). „Rationale for training programs to reduce anterior cruciate ligament injuries in Australian football", J Orthop Sports Phys Ther 31(11): 645–654.

Luomajoki, H., J. Kool, et al. (2008). „Movement control tests of the low back; evaluation of the difference between patients with low back pain and healthy controls", BMC Musculoskelet Disord 9: 170.

MacDonald, D. A., G. L. Moseley, et al. (2006). „The lumbar multifidus: does the evidence support clinical beliefs?", Man Ther 11(4): 254–263.

Macintosh, J. E., N. Bogduk, et al. (1993). „The effects of flexion on the geometry and actions of the lumbar spine erector spinae", Spine 18(7): 884–893.

Macintosh, J. E., F. Valencia, et al. (1986). „The morphology of the human lumbar multifidus", Clinical Biomechanics 1: 196–204.

Mandell, P., E. Weitz, et al. (1993). „Isokinetic trunk strength and lifting strength measures: Differences and similarities between low-back-injured and noninjured workers", Spine 18(16): 2491–2501.

Mannion, A. F., M. Muntener, et al. (2001). „Comparison of three active therapies for chronic low back pain: results of a randomized clinical trial with one-year follow-up", Rheumatology (Oxford) 40(7): 772–778.

Mannion, A. F., S. Taimela, et al. (2001). „Active therapy for chronic low back pain part 1. Effects on back muscle activation, fatigability, and strength", Spine 26(8): 897–908.

Moseley, G. L. (2008). „I can't find it! Distorted body image and tactile dysfunction in patients with chronic back pain", Pain 140(1): 239–243.

Nadler, S. F., G. A. Malanga, et al. (2002). „Hip muscle imbalance and low back pain in athletes: influence of core strengthening", Med Sci Sports Exerc 34(1): 9–16.

Ng, J. K. F., C. A. Richardson, et al. (2002). „Fatigue-related changes in torque output and electromyographic parameters of trunk muscles during isometric axial rotation exertion: an investigation in patients with back pain and in healthy subjects", Spine 27(6): 637–646.

O'Sullivan, P., W. Dankaerts, et al. (2006). „Lumbopelvic kinematics and trunk muscle activity during sitting on stable and unstable surfaces", J Orthop Sports Phys Ther 36(1): 19–25.

O'Sullivan, P. B., A. Burnett, et al. (2003). „Lumbar repositioning deficit in a specific low back pain population", Spine (Phila Pa 1976) 28(10): 1074–1079.

OSullivan, P. B., L. T. Twomey, et al. (1997). „Evaluation of specific stabilisation exercises in the treatment of chronic low back pain with radiological diagnosis of spondylolysis or spondylolithesis", Spine 22: 2959–2967.

Panjabi, M. (1992). „The stabilising system of the spine. Part II. Neutral zone and stability hypothesis", Journal of Spinal Disorders 5(4): 390–397.

Radebold, A., J. Cholewicki, et al. (2001). „Impaired postural control of the lumbar spine is associated with delayed muscle response times in patients with chronic idiopathic low back pain", Spine 26(7): 724–730.

Richardson, C., P. Hodges, et al. (2009). „Segmentale Stabilisation im LWS- und Beckenbereich".

Richardson, C., P. Hodges, et al. (2009). „Segmentale Stabilisation im LWS-Beckenbereich. Therapeutische Übungen zur Behandlung von Low Back Pain", London, Churchill Livingstone.

Sahrmann, S. (2001). „Diagnosis and Treatment of Movement Impairment Syndromes", Oxford, Elsevier LTD.

Schifferdecker-Hoch, F. and A. Denner (1999). „Mobilitäts-, Muskelkraft- und Muskelleistungsfähigkeitsparameter der Wirbelsäule", Manuelle Medizin 37: 30–33.

Smith, M. D., A. T. Chang, et al. (2010). „Balance is impaired in people with chronic obstructive pulmonary disease", Gait Posture 31(4): 456–460.

Smith, M. D., M. W. Coppieters, et al. (2008). „Is balance different in women with and without stress urinary incontinence?", Neurourol Urodyn 27(1): 71–78.

Tsao, H., M. P. Galea, et al. (2010). „Driving plasticity in the motor cortex in recurrent low back pain", Eur J Pain.

Tsao, H. and P. W. Hodges (2008). „Persistence of improvements in postural strategies following motor control training in people with recurrent low back pain", J Electromyogr Kinesiol 18(4): 559–567.

van den Berg, F. (1999). „Strukturen der Funktionseinheit Gelenk", Angewandte Physiologie, Thieme, Stuttgart: 181–196.

Wang, H. K., A. Macfarlane, et al. (2000). „Isokinetic performance and shoulder mobility in elite volleyball athletes from the United Kingdom", Br J Sports Med 34(1): 39–43.

White, A. A. and M. M. Panjabi (1990). „Clinical Biomechanics of the Spine", J B Lippencott Company.

Zhao, W. P., Y. Kawaguchi, et al. (2000). „Histochemistry and morphology of the multifidus muscle in lumbar disc herniation: comparative study between diseased and normal sides", Spine 25(17): 2191–2199.

Referenzliteratur

Benninghoff, A. (2008): „Anatomie 1: Makroskopische Anatomie, Histologie, Embryologie, Zellbiologie“, Band 1, Urban & Fischer, München.

Brügger, A. (1986): „Die Erkrankungen des Bewegungsapparates und seines Nervensystems“, Gustav Fischer, New York.

Clarijs, J. P. et al.: „Compendium topografische en kinesiologische Ontleekunde“, Vrije Universiteit Brussel (unveröffentlicht).

Cody, J. (1991): „Visualizing muscles: A new ecorche approach to surface anatomy“, University Press of Kansas, Lawrence, KS.

Cutter, N. C., C. G. Kevorkian (1999): „Handbook of Manual Muscle Testing“, McGraw Hill, New York.

Field, D. (2006): „Field's anatomy, palpation and surface markings“, Butterworth Heinemann, Oxford.

Hahn von Dorsche, H., Dittel, R. (2005): „Anatomie des Bewegungssystems“, Neuromedizin Verlag, Bad Hersfeld.

Henne-Bruns, D. et al. (2001): „Chirurgie“, Thieme, Stuttgart.

Hislop, H. J., J. Montgomery (2000): „Daniels' und Worthinghams Muskeltests“, Urban & Fischer, München.

Kendall, F. P. et al. (2001): „Muskeln“, Urban & Fischer, München.

Leonhardt, H., B. Tillmann, G. Töndury, K. Zilles (1998): „Rauber/Kopsch, Anatomie des Menschen, in 4 Bänden“, Thieme, New York.

Palastanga, N., D. Field, R. Soames (2002): „Anatomy and human movement“, 4. Auflage, Butterworth-Heinemann, Oxford.

Rössler H.,W. Rüther (2000): „Orthopädie“, Urban & Fischer, München.

Sobotta, J. (2007): „Atlas der Anatomie des Menschen: Allgemeine Anatomie – Bewegungsapparat – Innere Organe – Neuroanatomie“, Urban & Fischer, München.

Terminologia Anatomica (1998): Thieme, Stuttgart.

Trepel, M. (2008): „Neuroanatomie“, Urban & Fischer, München.

Wayne, A. W., Mitchell, L. R., Vogl, D. (2007): „Gray's Anatomie für Studenten“, Urban & Fischer in Elsevier, München.

索引

Das Muskelbuch
Anatomie・Untersuchung・Bewegung
ISBN 978-3-86867-239-8

肌肉解剖、功能與測試全書

出　　版／楓書坊文化出版社
地　　址／新北市板橋區信義路163巷3號10樓
郵政劃撥／19907596 楓書坊文化出版社
網　　址／www.maplebook.com.tw
電　　話／02-2957-6096
傳　　真／02-2957-6435
作　　者／克勞斯-彼得・瓦勒留斯
阿斯德克・法蘭克
伯納・C・哥斯德
克莉絲汀・漢米爾頓
安利克・阿烈楊卓-拉豐
羅蘭德・克魯采
翻　　譯／黃崇舜
企劃編輯／陳依萱
校　　對／黃薇霓
港澳經銷／泛華發行代理有限公司
定　　價／980元
出版日期／2021年7月

國家圖書館出版品預行編目資料

肌肉解剖、功能與測試全書 / 克勞斯 - 彼得・瓦勒留斯等作；黃崇舜譯 . -- 初版 . -- 新北市：楓書坊文化出版社 , 2021.07
面；　公分

譯自：Das muskelbuch

ISBN 978-986-377-675-8（平裝）

1. 人體解剖學 2. 肌肉

394.28　　110005460